OpenCV 4 详解

基于 Python

冯振　陈亚萌◎编著

人民邮电出版社

北　京

图书在版编目（CIP）数据

OpenCV 4详解 ：基于Python / 冯振，陈亚萌编著
. -- 北京 ：人民邮电出版社，2021.9
ISBN 978-7-115-56603-4

Ⅰ. ①0… Ⅱ. ①冯… ②陈… Ⅲ. ①图像处理软件—
程序设计 Ⅳ. ①TP391.413

中国版本图书馆CIP数据核字(2021)第101041号

内 容 提 要

　　本书旨在讨论 OpenCV 4 的功能，以及 OpenCV 在图像处理和计算机视觉方面的应用。本书共
12 章，主要内容包括 OpenCV 的基础知识，数据的载入、显示与保存，图像基本操作，直方图，图
像滤波，图像形态学操作，目标检测，图像分析与修复，特征点检测与匹配，立体视觉，视频分析，
机器学习在 OpenCV 中的实现方式。

　　本书适合从事计算机视觉研究和开发的专业人士阅读，也可作为计算机相关专业的教材。

◆ 编　　著　冯　振　陈亚萌
　　责任编辑　谢晓芳
　　责任印制　王　郁　焦志炜

◆ 人民邮电出版社出版发行　　北京市丰台区成寿寺路 11 号
　　邮编　100164　电子邮件　315@ptpress.com.cn
　　网址　https://www.ptpress.com.cn
　　北京九州迅驰传媒文化有限公司印刷

◆ 开本：787×1092　1/16
　　印张：23.25　　　　　　　　　　2021 年 9 月第 1 版
　　字数：635 千字　　　　　　　　2025 年 1 月北京第 8 次印刷

定价：99.80 元

读者服务热线：(010)81055410　印装质量热线：(010)81055316
反盗版热线：(010)81055315
广告经营许可证：京东市监广登字 20170147 号

前　言

为什么会有这本书

　　近年来，关于计算机视觉的研究如火如荼，它极大地方便了人们的生活，并且吸引了越来越多的学生、老师以及研究人员的关注。OpenCV 作为计算机视觉领域中一个重要的工具库，自然也受到了更多的关注。OpenCV 自问世以来，一直以帮助研究人员和开发者提高研究开发的效率为目标，逐渐成为研究计算机视觉的老师和学生的重要工具，也成为初学者在计算机视觉方面快速入门的重要工具之一。

　　"磨刀不误砍柴工"，OpenCV 就是学习计算机视觉的过程中经常使用的工具。OpenCV 降低了计算机视觉的学习门槛，但是由于缺少系统的学习资料，尤其是官网上的学习文档与对应的版本之间存在着较大的滞后性，因此新版的 OpenCV 发布后的很长一段时间内，初学者都无法学以致用。

　　随着机器学习、深度学习等技术的发展，Python 庞大的扩展库为 Python 用户在编程过程中提供了极大的便利，OpenCV-Python 便是其中一员。在实际使用 OpenCV-Python 扩展库的过程中，更多的读者关心库中函数的基本原理及如何更快地上手使用。我们之前参与撰写了《OpenCV 4 快速入门》，这本书基于 C++。经常有读者在作者的"小白学视觉"公众号中询问在 Python 中使用 OpenCV 时遇到的问题，于是这本基于 Python 的 OpenCV 4 图书应运而生。本书以 Python 为基础，添加了部分新内容，可帮助使用 Python 的开发人员快速入门 OpenCV。

本书内容

　　本书是入门级的 OpenCV 4 指南，适合具有一定计算机视觉基础和 Python 编程基础但刚接触 OpenCV 4 的读者阅读。本书从安装 OpenCV 4 的过程开始介绍，以计算机视觉知识脉络为主线，由浅入深地介绍了 OpenCV 4 在计算机视觉领域的应用以及相关函数的使用。为了让读者更好地理解 OpenCV 4 中每个函数的原理和使用方式，在介绍 OpenCV 4 中的函数之前，本书首先会介绍相关的图像处理知识。但是，我们不想将本书写得像一本图像处理算法图书，而希望把更多的精力放在 OpenCV 4 的介绍上，因此本书对相关知识只做了简要介绍。如果读者对算法感兴趣，那么可以阅读相关的参考图书。

　　本书有 12 章，主要内容介绍如下。

　　第 1 章首先介绍 OpenCV 的发展过程、OpenCV 4 的新增功能，以及 OpenCV-Python 的安装过程、环境配置与安装过程中常见问题的解决方案，然后讲述 OpenCV 4 的模块结构和部分源代码。

　　第 2 章首先介绍 NumPy 的相关基础知识与操作函数，然后讲述 OpenCV 4 中图像文件、视频文件、XML 文件的加载与保存。

　　第 3 章介绍图像颜色空间、像素基本操作、图像变换、图像金字塔以及窗口交互操作等。这些操作是所有图像处理任务中基本的操作。

　　第 4 章不仅介绍图像直方图的绘制、相关操作以及直方图在实际任务中的应用，还讲述图像的模板匹配及其应用。

第 5 章介绍图像卷积、图像噪声的生成、线性滤波、非线性滤波以及图像的边缘检测等。

第 6 章介绍对二值图像滤波的过程，主要有像素距离、连通域、腐蚀、膨胀、开运算、闭运算等形态学应用。

第 7 章介绍如何在图像中进行形状检测、轮廓检测、矩的计算、点集拟合以及二维码的检测。

第 8 章介绍傅里叶变换、积分图像、图像分割与图像修复等。

第 9 章介绍角点的检测与绘制、多种特征点的检测与匹配。通过对该章的学习，读者将会掌握如何利用 OpenCV 4 在图像中提取任意一种特征点。

第 10 章介绍相机的成像原理，单目相机和双目相机的标定，以及图像的校正。相机模型是计算机视觉中最重要的模型之一。该章的内容是连接图像信息与环境信息的重要纽带。

第 11 章介绍如何在视频中跟踪移动的物体，主要方法有差值法、均值迁移法以及光流法。

第 12 章首先介绍通过 OpenCV 4 如何实现传统机器学习中的 k 均值聚类算法、k 近邻算法、决策树、支持向量机等，然后讨论在 OpenCV 4 中如何通过深度神经网络模型实现图像识别、风格迁移等。

本书介绍了 OpenCV 4 中的大量函数并展示了大量示例程序。当然，这并不是 OpenCV 4 的全部内容，只包括了 OpenCV 4 中常用的函数和功能。但是，当读者将本书介绍的内容熟练掌握后，对未介绍的延伸内容也会很快掌握。

本书能够激发你对计算机视觉和 OpenCV 的热爱。

配套资源

本书的配套资源（包括测试数据、源代码、代码运行结果等）均托管在 GitHub 上，在 GitHub 网站搜索 learnOpenCV4_Python 即可下载相关的资源。

考虑到读者可能不习惯使用 GitHub，我们也在"小白学视觉"微信公众号中提供了配套资源下载路径。如果你对代码有任何疑问，同样可以通过在微信公众号后台留言的方式进行提问，我们会尽快回复读者的问题。

致谢和声明

在本书的写作过程中，我们得到了许多人的帮助。

- 贾志刚提供了部分源代码和第 11 章的视频素材。
- 陈龙华审校了 NumPy 的相关知识与使用方法。
- 王春翔为第 9 章的 SIFT 特征点提供了材料。

众多的老师、同学、朋友为本书提供了修改意见。感谢胡佳悦、胡佳欣、于天航、龚有敏、张叶青、冉光韬、陈庆康、董晨、李培森、石瑞河、王淼、韩玮帝、陈震、陈晨曦，以及"小白学视觉"公众号的关注者！

此外，感谢郭延宁副教授一直以来的帮助。感谢实验室马广富、李传江、吕跃勇老师的鼓励和帮助。缺少他们的帮助，本书不可能如此顺利地呈现在读者的面前。本书的完成和出版是所有参与者共同努力的结果。

本书在写作过程中参考了大量的文献，借鉴了许多前人的工作成果。书中的示例程序部分来自 OpenCV 库的公开代码，但是大部分是作者设计与编写的。程序中使用的图像和视频数据主要来自 OpenCV 库。

本书涉及内容众多，加之作者水平有限，错漏之处在所难免。欢迎读者提出书中存在的问题，以便本书在下次印刷的时候能够以更高的品质呈现给读者。读者可以通过电子邮件、微信公众号等方式与作者联系。

作者的邮箱是 kmm014@163.com。

作者的微信公众号是"小白学视觉"（NoobCV）。

冯振　陈亚萌

服务与支持

本书由异步社区出品，社区（https://www.epubit.com/）为您提供后续服务。

提交勘误信息

作者和编辑尽最大努力来确保书中内容的准确性，但难免会存在疏漏。欢迎您将发现的问题反馈给我们，帮助我们提升图书的质量。

当您发现错误时，请登录异步社区，按书名搜索，进入本书页面，单击"提交勘误"，输入勘误信息，单击"提交"按钮即可，如下图所示。本书的作者和编辑会对您提交的勘误信息进行审核，确认并接受后，您将获赠异步社区的 100 积分。积分可用于在异步社区兑换优惠券、样书或奖品。

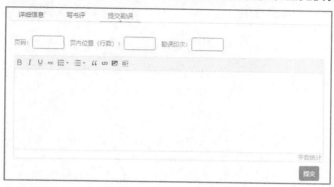

与我们联系

我们的联系邮箱是 contact@epubit.com.cn。

如果您对本书有任何疑问或建议，请您发邮件给我们，并请在邮件标题中注明本书书名，以便我们更高效地做出反馈。

如果您有兴趣出版图书、录制教学视频，或者参与图书翻译、技术审校等工作，可以发邮件给我们；有意出版图书的作者也可以到异步社区在线投稿（直接访问 www.epubit.com/contribute 即可）。

如果您所在的学校、培训机构或企业想批量购买本书或异步社区出版的其他图书，也可以发邮件给我们。

如果您在网上发现有针对异步社区出品图书的各种形式的盗版行为，包括对图书全部或部分内容的非授权传播，请您将怀疑有侵权行为的链接通过邮件发送给我们。您的这一举动是对作者权益的保护，也是我们持续为您提供有价值的内容的动力之源。

关于异步社区和异步图书

　　"异步社区"是人民邮电出版社旗下 IT 专业图书社区,致力于出版精品 IT 图书和相关学习产品,为作译者提供优质出版服务。异步社区创办于 2015 年 8 月,提供大量精品 IT 图书和电子书,以及高品质技术文章和视频课程。更多详情请访问异步社区官网 https://www.epubit.com。

　　"异步图书"是由异步社区编辑团队策划出版的精品 IT 专业图书的品牌,依托于人民邮电出版社近几十年的计算机图书出版积累和专业编辑团队,相关图书在封面上印有异步图书的 LOGO。异步图书的出版领域包括软件开发、大数据、人工智能、测试、前端、网络技术等。

异步社区

微信服务号

目　录

第1章 初识 OpenCV

OpenCV 是目前最流行的计算机视觉处理库之一，受到了计算机视觉领域众多研究人员的喜爱。本章将介绍 OpenCV 的发展过程、OpenCV 4 版本的新特性、OpenCV 的模块架构，以及如何在 Windows 系统与 Ubuntu 系统中安装 OpenCV 基础模块和扩展模块。此外，本章还展示了 OpenCV 中自带的示例程序，以展现 OpenCV 的强大功能。

1.1 OpenCV 简介

近年来，人工智能是伴随着科技发展出现的一个重要词汇，全球多个国家提出了发展人工智能的规划方案。我国也在大力发展人工智能，众多高校也纷纷成立了关于人工智能的学院与专业。而在人工智能领域，数字图像处理与计算机视觉占据着重要的地位，人脸识别、刷脸支付、无人驾驶等词汇都是数字图像处理与计算机视觉领域的重要成果。图像处理和计算机视觉技术与我们日常生活的关系越来越密切，越来越多的人已投身到相关技术的学习与研究中，而在学习与应用过程中一定会接触到 OpenCV。本节将介绍 OpenCV 与计算机视觉的联系以及 OpenCV 自身的发展过程。

1.1.1 OpenCV 与计算机视觉

提及计算机视觉（computer vision），就不得不提起图像处理（image processing）。二者虽然并没有明确的差异，但是通常将图像处理理解为计算机视觉的预处理过程，因此在介绍计算机视觉之前，本章先介绍图像处理。图像处理一般指数字图像处理（digital image processing），即通过数学函数和图像变换等手段对二维数字图像进行分析，获得图像数据的潜在信息，而不对图像本身进行任何的推理。它通常包括图像压缩，增强和复原，匹配、描述和识别，涵盖图像去除噪声、分割、特征提取等处理方法。

计算机视觉是一门研究如何使机器"看"的科学，即用计算机来模拟人的视觉机理，用摄像头代替人眼对目标进行识别、跟踪和测量等，通过处理视觉信息获得更深层次的信息。例如，通过拍摄环绕建筑物一周的视频，利用三维重建技术重建建筑物三维模型；通过放置在车辆上方的摄像头拍摄前方场景，推断车辆能否顺利通过前方区域等决策信息。对于人类来说，通过视觉获取环境信息是一件非常容易的事情，因此有人会误认为实现计算机视觉是一件非常容易的事情。但事实不是这样的，因为计算机视觉是一个逆问题，通过观测到的信息恢复被观测物体或环境的信息，在这个过程中会缺失部分信息，造成信息不足，增加问题的复杂性。例如，当通过单个摄像头拍摄场景时，因为失去了距离信息，所以常会出现图像中"人比楼房高"的现象。因此，计算机视觉领域的研究还有很长的路要走。

无论是图像处理还是计算机视觉，都需要在计算机中处理数据，因此研究人员不得不面对一个非常棘手的问题——将自己的研究成果通过代码输入计算机，进行仿真验证。而在这个过程中会重复编写基本的程序，这相当于为了制造一辆汽车，需要重新发明车轮子。为了给所有研究人员提供"车轮"，英特尔（Intel）提出了开源计算机视觉库（Open Source Computer Vision Library，OpenCV）的概念，通过在计算机视觉库中包含图像处理与计算机视觉的通用算法，避免重复无用的工作。因此，OpenCV 应运而生。OpenCV 由一系列 C 语言函数和 C++类构成，除支持使用 C/C++语言进行开发之外，它还支持 C#、Ruby 等编程语言，并提供了 Python、MATLAB、Java 等应用程序编程接口。它可以在 Linux、Windows、macOS、Android 和 iOS 等系统上运行。OpenCV 的出现极大地方便了计算机视觉研究人员的算法验证，得到了众多研究者的喜爱。经过 20 年的发展，它已经成为计算机视觉领域最重要的研究工具之一。图 1-1 是 OpenCV 的官方标识。

图 1-1　OpenCV 的官方标识

1.1.2　OpenCV 的发展

OpenCV 于 1999 年由英特尔建立，同时，它提出以下目标。
- 为基本的视觉应用提供开放且优化的源代码，以促进视觉研究的发展。
- 提供通用的构架来传播视觉知识，开发者可以在这个构架上继续开展工作。
- 不要求商业产品继续开放代码。

正是因为这三大目标，才使得 OpenCV 能够有效地避免"闭门造车"。同时，开放的源代码具有很好的可读性，并且可以根据需求改写，以符合研究人员的实际需求。另外，由于不要求商业产品开放源代码，因此 OpenCV 受到了企业的欢迎，更多的企业乐于将自己的研究成果上传到 OpenCV 库中，使得可移植的、性能优化的代码可以自由获取。因此，OpenCV 一经推出，便受到了众多研究者的欢迎。

OpenCV 第一个预览版本于 2000 年在 IEEE Conference on Computer Vision and Pattern Recognition 上公开，5 个测试版本之后陆续发布了。2000 年 12 月，针对 Linux 平台的 OpenCV beta 1 发布了。经过多年的调试与完善，2006 年支持 macOS 平台的 OpenCV 1.0 发布了，该版本主要通过 C 语言进行使用，这对于初学者来说比较困难，同时容易出现内存泄漏等问题。针对这些问题，2009 年 9 月 OpenCV 2.0 版本发布了，该版本的更新主要包括 C++接口、新功能的代码以及原有代码的优化，此次更新使得 OpenCV 变得更容易使用、更加安全。2011 年 8 月，OpenCV 2.3 版本更新以后，约定每隔 6 个月发布一个新的 OpenCV 版本。2014 年 8 月，OpenCV 3.0.0 Alpha 版本的发布意味着 OpenCV 进入了新的时代。2018 年 11 月、2019 年 4 月和 2019 年 11 月 OpenCV 4.0.0（本书后续简称为 OpenCV 4.0）、OpenCV 4.1.0（本书后续简称为 OpenCV 4.1）和 OpenCV 4.1.2 这 3 个版本接连发布了。它们更新了众多与机器学习相关的功能，标志着 OpenCV 与机器学习的联系更加紧密。

1.1.3　OpenCV 4 新增了什么

自从 2015 年 6 月 OpenCV 3.0.0 版本发布，时隔 3 年半 OpenCV 4.0 版本发布，这标志着 OpenCV 进入 4.x 版本。OpenCV 4.0 进一步完善了核心接口，并添加了二维码检测器、ONNX 转换格式等新功能。OpenCV 官方给出的新版本的重要更新如下。
- OpenCV 4.0 基于 C++ 11 标准，因此要求编译器兼容 C++ 11 标准，所需的 CMake 至少是 3.5.1 版本。
- 移除了 OpenCV 1.x 版本中 C 语言方面的大量 API。

- core 模块中的 Persistence（用于存储和加载 XML、YAML 或 JSON 格式的结构化数据）可以用 C++来重新实现，因此在新版本中移除了 C 语言的 API。
- 新增了基于图的高效图像处理流程模块 G-API。
- dnn 模块包括实验使用的 Vulkan 后端，且支持 ONNX 格式的网络。
- Kinect Fusion 算法已针对 CPU 和 GPU 进行了优化。
- objdetect 模块中添加了二维码检测器和解码器。
- DIS dense optical flow 算法从 opencv_contrib 模块转移到 video 模块。

在撰写本书的过程中，OpenCV 4.1.2 版本已经推出，为了保证读者了解最新的内容，我们将继续介绍 OpenCV 4.1 版本和 OpenCV 4.1.2 版本中重要的更新。

- 缩短了 core 和 imgproc 模块中部分较大函数的执行时间。
- videoio 模块中添加了 Android Media NDK API。
- 在 opencv_contrib/stereo 模块中实现了密集立体匹配算法。
- 将原图像质量分析模块 quality 添加到 opencv_contrib/stereo 模块中。
- 增加了手眼标定模型。
- 对 dnn 模块进行了如下改进。
  - ➢ 添加了 TensorFlow 中的多个网络。
  - ➢ 初步支持 3D 卷积网络。
  - ➢ 推理引擎后端支持异步推理。
  - ➢ 实现了网络的可视化。
- 对 calib3d 模块进行了如下改进。
  - ➢ 添加了用于求解 PnP 问题的新 IPPE 算法。
  - ➢ 添加了姿势优化例程。
- 更新了与匹配与追踪相关的内容。
- 重新设计了日志子系统并且提高了其稳定性。

其中 OpenCV 4.1.2 版本更新的内容如下。

- Google Summer of Code（GSoC）项目集成了新的内容。
  - ➢ 对 OpenCV.js 中的线程和 SIMD 进行了优化。
  - ➢ 添加了基于学习的超分辨率模块。
- 对 dnn 模块进行了如下改进。
  - ➢ 增加了具有自动预处理和后处理功能的高级 API。
  - ➢ OpenVINO 2019R3 增加了推理引擎后端。
- 增加了对 MIPS 平台 SIMD 的支持。
- 对库中的 API 进行了优化，优化了 dotProd、FAST Corners、HOG、Pyramid-LK、norm、warpPerspective 等算法。
- 提高了 Aruco 项目中白色标记的检测精度，并添加了独立的模型生成器。
- 提高了二维码检测的准确性。

综合以上几个版本的重要更新内容，你可以发现 OpenCV 4 的更新方向是去除一些过时的 C 语言的 API，增加更多图像处理与计算机视觉算法模型。更重要的是，OpenCV 逐步集成了深度学习模型，便于使用者通过深度学习解决计算机视觉问题。因此，在人工智能的潮流下，研究计算机视觉领域的研究人员非常有必要了解并学习 OpenCV 4 的用法。

1.2　安装 OpenCV-Python

Python 是由 Guido van Rossum 发明的一种编程语言，由于其语法具有简洁清晰、易读、易维护等特性，因而被广大用户所欢迎。与 C/C++代码相比，Python 代码的运行速度并无竞争力，但 Python 借助自身 API 和工具，可以使用其他语言轻松扩展，也被当作"胶水语言"来使用。OpenCV-Python 便使用 Python 对 OpenCV C++进行了封装，不仅兼顾了 Python 语言的便利，还保证了运行速度（其后台仍使用 C++代码）。在撰写本书时，OpenCV 的版本已经更新至 4.1.2.30，本书中开发环境的配置过程以 4.1.2 版本为例，掌握本节的环境配置方法后可以灵活配置其他版本的开发环境。

> **注意**　在 Python 中，对于图像的操作均以 NumPy 为基础，为便于更好地使用 OpenCV-Python，建议进一步了解 NumPy，本书第 2 章会对 NumPy 进行简单介绍。

1.2.1　在 Windows 系统中安装 OpenCV-Python

大多数学生开发者使用的是 Windows 系统，说到 Windows 系统，就不得不提到微软强大的 Visual Studio 集成开发环境（IDE）。Visual Studio 拥有大量不同的版本，不同版本对于 OpenCV 版本的兼容性也不尽相同。虽然 Visual Studio 2019 已经发布了，但是目前 OpenCV 4.1 仅支持 Visual Studio 2015 和 Visual Studio 2017 两个版本。因此，在 Windows 环境下，使用 OpenCV 4.1 版本的开发者需要将 IDE 更新到上面提到的两个版本。Visual Studio 的安装和使用方法并不是本书的重点，读者可以到微软官网下载需要的版本，按照教程安装和使用。本书中使用的操作系统为 64 位的 Windows 10 系统，使用 Visual Studio 2017 版本。推荐读者在学习本书的过程中与作者使用同一版本的 IDE，这样可以缩短示例代码的调试时间，将更多的精力用在学习 OpenCV 的算法和代码中。

你可以利用预构建的二进制文件方式在 Windows 系统中安装 OpenCV-Python。安装过程主要分为两个部分，分别是安装 OpenCV 库和配置环境。考虑到安装过程的完整性，本书将会从安装 Python 开始介绍如何安装 OpenCV-Python。以下是安装的详细流程。

1. 下载并安装 Python

首先进入 Python 的官方网站，之后找到 Downloads 选项，进入下载界面。下载界面内有多种 Python 版本的下载链接，如图 1-2 所示。找到指定版本并单击 Download，进入该版本下载内容的详细页面，如图 1-3 所示。根据自己计算机的系统环境，选择安装包进行下载，此处下载 3.6.8 版本。如果读者还没有安装 Python，那么建议和作者使用相同的版本。

Release version	Release date		Click for more
Python 3.7.2	Dec. 24, 2018	Download	Release Notes
Python 3.6.8	Dec. 24, 2018	Download	Release Notes
Python 3.7.1	Oct. 20, 2018	Download	Release Notes
Python 3.6.7	Oct. 20, 2018	Download	Release Notes
Python 3.5.6	Aug. 2, 2018	Download	Release Notes
Python 3.4.9	Aug. 2, 2018	Download	Release Notes
Python 3.7.0	June 27, 2018	Download	Release Notes

图 1-2　多种 Python 版本的下载链接

Files

Version	Operating System	Description	MD5 Sum	File Size	GPG
Gzipped source tarball	Source release		48f393a04c2e66c77bfc114e589ec630	23010188	SIG
XZ compressed source tarball	Source release		51aac91bdf8be95ec0a62d174890821a	17212420	SIG
macOS 64-bit/32-bit installer	Mac OS X	for Mac OS X 10.6 and later	eb1a23d762946329c2aa3448d256d421	33258809	SIG
macOS 64-bit installer	Mac OS X	for OS X 10.9 and later	786c4d9183c754f58751d52f509bc971	27073838	SIG
Windows help file	Windows		0b04278f5bdb8ee85ae5ae66af0430b2	7868305	SIG
Windows x86-64 embeddable zip file	Windows	for AMD64/EM64T/x64	73df7cb2f1500ff36d7dbeeac3968711	7276004	SIG
Windows x86-64 executable installer	Windows	for AMD64/EM64T/x64	72f37686b7ab240ef70fdb931bdf3cb5	31830944	SIG
Windows x86-64 web-based installer	Windows	for AMD64/EM64T/x64	39dde5f535c16d642e84fc7a69f43e05	1331744	SIG
Windows x86 embeddable zip file	Windows		60470b4cceba52094121d43cd3f6ce3a	6560373	SIG
Windows x86 executable installer	Windows		9c7b1ebdd3a8df0eebfda2f107f1742c	30807656	SIG
Windows x86 web-based installer	Windows		80de96338691698e10a935ecd0bdaacb	1296064	SIG

图 1-3　详细页面

下载完成后，你将会得到名为 python-3.6.8-amd64.exe 的文件，可以通过双击此文本直接进行安装。安装界面如图 1-4 所示。在安装过程中，建议勾选 Add Python 3.6 to PATH 选项，此选项可以将 Python 添加到系统环境变量中，极大地简化环境配置的过程。然后单击 Install Now，进行默认安装，或选择 Customize installation，进行自定义安装。

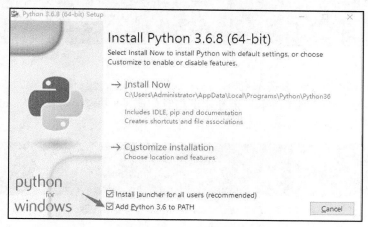

图 1-4　Python 安装界面

安装成功后，通过 Win+R 组合键打开运行界面。在运行界面中，输入 cmd，打开命令提示窗口。在命令提示窗口中，输入 python 命令。若显示图 1-5 所示的信息，则表示 Python 安装成功，并且已进入 Python 交互模式。

```
C:\Users\Raytine>python
Python 3.6.8 (tags/v3.6.8:3c6b436a57, Dec 24 2018, 00:16:47) [MSC v.1916 64 bit (AMD64)] on win32
Type "help", "copyright", "credits" or "license" for more information.
>>>
```

图 1-5　Python 安装成功

2. 安装相关库

在使用 OpenCV-Python 的过程中，你会使用 Python 的其他库。例如，当通过 OpenCV 读取图像时，数据将存储至 ndarray 对象中，NumPy 库对 ndarray 对象的操作函数将为我们处理图像提供很大方便；Matplotlib 库中的相关函数便于我们对直方图进行绘制等。虽然上述两个库并不是使用

Python 进行图像处理的必需库，但是在本书教程中将会用到该库中的大量函数，为了保证读者可以顺利运行本书中的示例程序，推荐读者在自己的计算机中安装上述两个库。

按照前面介绍的步骤，重新进入命令提示窗口。输入安装 NumPy 库的命令 `pip install numpy` 之后会出现一个下载进度条，下载完成之后会自动进行安装，安装过程如图 1-6 所示。

图 1-6　NumPy 的安装过程

之后输入安装 Matplotlib 库的命令 `pip install matplotlib`，同样会出现一个下载进度条，下载完成之后也会自动进行安装，安装过程如图 1-7 所示。

图 1-7　Matplotlib 库的安装过程

安装完成后，再次打开命令提示窗口，输入 `python` 进入交互模式，输入 `import numpy as np` 和 `import matplotlib as plt`。若显示的信息如图 1-8 所示，则表示 NumPy 库和 Matplotlib 库安装成功，并可以正常工作。

图 1-8　验证 NumPy 库和 Matplotlib 库是否安装成功

3. 安装 OpenCV

安装 OpenCV 的方式主要有两种：第一种是通过 `pip` 方式来安装；第二种是通过下载 OpenCV 安装包来安装。一般情况下，我们会以第一种方式进行安装，安装过程类似于 NumPy 库和 Matplotlib 库的安装过程。本书将分别对这两种安装方式进行详细介绍。

1）通过 pip 方式安装 OpenCV-Python

通过 `pip` 方式安装 OpenCV 与安装 NumPy 库类似，都是通过命令进行的，具体命令为 `pip install opencv-python`。这种方式会安装最新版本的 OpenCV，但是要安装指定版本的 OpenCV（例如比较经典的 OpenCV 2.4.9 版本），就需要明确声明要安装的 OpenCV 版本号，具体命令为 `pip install opencv-python==2.4.9`。本书中使用的是 OpenCV 4.1.2.30，该版本为写作本书时最新的版本，因此不需要指定版本号。由于读者在阅读本书时可能 OpenCV 版本已经更新，因此使用默认安装命令可安装最新版本。

　　读者可以使用命令 `pip install opencv-python==4.1.2.30` 进行 4.1.2.30 版本的安装。安装过程如图 1-9 所示。

图 1-9　OpenCV 安装过程

　　OpenCV 主库中的函数可以满足大部分图像处理需求，但像图像细化、SURF 特征算法等函数放在了 Contrib 扩展模块中。扩展模块可以理解为对主库的一个扩展和补充，里面包含了很多还没有正式发布的算法。通过 pip 方式安装带有扩展模块的 OpenCV 和上述安装 OpenCV 的方法类似，不过具体命令为 `pip install opencv-contrib-python`。通过这种方式同样会安装最新版本带有扩展模块的 OpenCV，和上述安装指定版本 OpenCV 类似，我们同样可以通过 `pip install opencv-contrib-python==4.1.2.30` 进行指定版本的安装。安装过程如图 1-10 所示。

图 1-10　安装 OpenCV 4.1.2.30

　　图 1-11 展示了如何验证是否成功安装 OpenCV。

图 1-11　验证是否成功安装 OpenCV

2）通过下载 OpenCV 安装包安装 OpenCV-Python

　　OpenCV SDK 的获取非常简单，在 OpenCV 官网中选择 Releases 选项，找到 OpenCV 4.1.2 版本的下载界面。OpenCV 4.1.2 版本安装包下载区域如图 1-12 所示。Docs 选项链接到 OpenCV 的文档库，其中包含模块组成、函数介绍等内容，不过文档内容全部是英文的，阅读起来可能存在许多不方便之处。Sources 选项链接到 Ubuntu 等 Linux 系统的安装包，其安装方式会在后面介绍。GitHub 选项链接到 GitHub 中 OpenCV 4.1.2 版本的下载文件，其内容与通过其他选项下载的内容是一致的。Windows 选项、iOS pack 选项和 Android 选项分别链接到 Windows 系统、iOS 系统与 Android 系统下的安装包。最后一个选项 Release Notes 链接到最新版本的更新信息。这里我们直接选择 Windows 选项进行下载即可。

　　下载完成后得到 opencv-4.1.2-vc14_vc15.exe 文件，这样我们便可以开始安装了。其实所谓的安装是一个解压的过程，可执行文件是一个自解压的程序，双击后便会提示我们选择解压路径，这里根据自己需求选择路径即可。特别要说明的是，该程序会将所有文件解压到 opencv 文件夹下，因此不需要在解压路径中单独新建 opencv 文件夹。选择好路径后单击 Extract 按钮，等待解压过程的结束。整个 OpenCV 安装包的大小约为 1GB，根据计算机的性能，等待时间从几十秒到几分不等。安装过程如图 1-13 和图 1-14 所示。

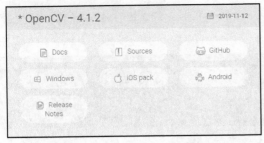

图 1-12　OpenCV 4.1.2 版本安装包下载区域

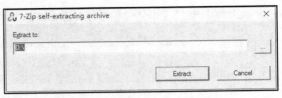

图 1-13　选择提取 OpenCV 路径

　　解压结束后，从刚才选择的路径下查看是否多了一个名为 opencv 的文件夹，该文件夹内应含有 build 和 sources 两个子文件夹。如果发现没有它们，则说明解压错误，建议删除后重新解压。build 文件夹内包含主要的 OpenCV 相关文件，里面含有头文件与库文件等重要信息，接下来的环境配置工作都将围绕其展开。sources 文件夹里放置的是源代码，以及例程和图片，后续章节也会对其中的一部分进行介绍。如果要减少占用的硬盘空间，原则上我们是可以删除 sources 文件夹的，但这里并不推荐这样做，毕竟大多数情况下计算机的硬盘空间是充足的。

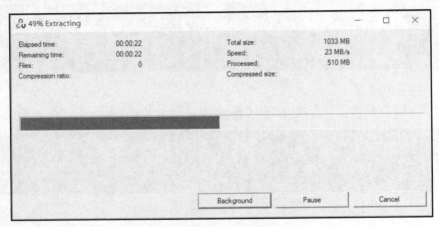

图 1-14　解压过程

　　之后配置相关文件。转到..\opencv\build\python\cv2\python-x.x（x 的具体数值取决于读者计算机中安装的 Python 版本）下，将该目录下的 cv2.cp36-win_amd64 文件复制到..\Python36\Lib\sitepackages 目录下。

　　最后配置系统环境变量。右击"此电脑"，选择"属性"，在弹出的界面中选择"高级系统设置"，打开"系统属性"对话框，单击"环境变量"按钮，在"系统变量"选项区域中，找到 Path，单击"编辑"按钮，弹出"编辑系统变量"对话框。将..\opencv\build\x64\vc15\bin 添加到环境变量中，添加完成后单击确定并重启计算机使环境变量生效。

> **注意**　不使用 pip 安装 OpenCV-Python 扩展模块的方式过于复杂。由于篇幅限制，本章不再详细介绍。

　　执行完上述步骤后，便完成了 OpenCV 的安装。此时打开命令提示窗口，进入 Python 交互模式，输入 import cv2 as cv 和 print(cv.__version__)，若显示的信息与图 1-10 相同，则表示 OpenCV-Python 安装成功，并可以正常工作。同样需要注意的是，输出结果中的 4.1.2.30 是当前 OpenCV 的版本信息，读者如果安装的是其他版本，此处可能会输出其他结果。

1.2.2 在 Ubuntu 系统中安装 OpenCV-Python

虽然本书中的程序代码主要在 Windows 系统下运行，但是有一些读者使用 Ubuntu 系统进行计算机视觉的学习，因此本节将介绍如何在 Ubuntu 系统中安装 OpenCV。如果读者仅仅在 Windows 系统中使用 OpenCV，那么可以跳过本节内容。对于 Ubuntu 的不同版本，这里不做过多说明，感兴趣的读者可以自行查询相关内容。本书使用的是 Ubuntu 16.04 系统及 Python 3.6，因此将会介绍如何在该环境下安装 OpenCV 4.1.2.30。可能有读者使用 Ubuntu 14.04、Ubuntu 18.04 或者 Ubuntu 20.04，在其中安装 OpenCV 4.1.2.30 的方法和步骤都是相似的。

类似于在 Windows 上安装 OpenCV-Python，在 Ubuntu 系统上同样有两种主要的安装方式：第一种是通过 pip 方式安装；第二种是从源代码进行安装。一般情况下，我们同样会使用第一种方式进行安装，安装过程和 Windows 系统中相同。本书将分别对这两种安装方式进行详细介绍。

1. 通过 pip 方式安装 OpenCV-Python

要在 Ubuntu 系统中使用 pip 安装 OpenCV-Python，请参考 Windows 系统中安装方式。读者可以选择安装是否带有扩展模块的 OpenCV-Python，同样可以通过上述介绍的命令指定安装版本，此处不再赘述。在 Ubuntu 系统中安装不带扩展模块的 OpenCV-Python 的过程如图 1-15 所示。

图 1-15　在 Ubuntu 系统中通过 pip 安装不带扩展模块的 OpenCV-Python 的过程

安装完成后，读者同样可以进入 Python 交互模式，通过图 1-11 中的相关命令，查看是否可以输出正确版本，以确认是否安装成功。

2. 利用源代码构建 OpenCV-Python

1）安装 OpenCV 需要的依赖项

由于最新版的 OpenCV 4.1.2 需要 CMake 3.5.1 版本的支持，因此需要保证计算机中安装的 CMake 编译器版本高于 3.5.1。使用代码清单 1-1 中的命令安装最新版 CMake。

代码清单 1-1　安装 CMake

```
1  sudo apt-get update
2  sudo apt-get upgrade
3  sudo apt-get install build-essential cmake
```

其中，第 1~2 行分别用于更新软件源和查看是否有软件需要更新。第 1~2 行一般在安装系统后初次下载软件或者更换源之后执行，根据实际情况，你可以不输入第 1~2 行。安装的 build-essential 是 Linux 系统中常用的一些编译工具，cmake 命令会直接安装最新版 CMake 编译器。

使用 OpenCV 4.1.2 需要很多的依赖项，例如图片编码库、视频编码库等。不过这些依赖项仅针对某些特定的功能，即使某些功能的依赖项没有安装，也不会影响 OpenCV 4.1.2 的编译与使用，只是在使用特定功能时会出现问题。因此，在不确定某些功能以后会不会用到时，建议将常用的依赖项都进行安装。使用代码清单 1-2 中的命令安装依赖项。

代码清单 1-2　安装依赖项

```
1  sudo apt-get install libavcodec-dev libavformat-dev libswscale-dev libv4l-dev libxvid
2  core-dev libx264-dev libatlas-base-dev gfortran libgtk2.0-dev libjpeg-dev libpng-dev
```

若要结合 Python 使用 OpenCV，需要安装 Python 开发库。如果没有安装，则无法生成 Python 的链接。Python 开发库有 Python 2.7 和 Python 3.5 两个版本。默认情况下，Ubuntu 系统中自带 Python 2.7 版本，读者可以通过 python 命令查看自己系统中 Python 的版本。如果读者能确定不使用某一版本，那么可以不用安装对应版本的开发库。Python 开发库可以通过代码清单 1-3 中的命令进行安装。

代码清单 1-3　安装 Python 开发库

```
sudo apt-get install python2.7-dev python3.5-dev
```

2）编译和安装 OpenCV

安装完成所有依赖项之后，就可以进行 OpenCV 4.1.2 的编译与安装了。由于 Ubuntu 系统中需要通过编译来安装 OpenCV，因此需要在图 1-12 中选择 Sources 选项，下载用于 Ubuntu 系统的 OpenCV 4.1.2 安装文件。下载后解压到待安装路径（待安装路径可以根据个人喜好自由设置），为了安装方便，作者将 OpenCV 4.1.2 解压在根目录下，并命名为 opencv4.1.2。

> ✏️ **注意**　　　这个路径在后续编译时需要使用，建议放置在根目录等易找的路径中，命名要尽量简洁。

再次使用 Ctrl+Alt+T 组合键打开终端。使用代码清单 1-4 中的命令进入下载的 opencv4.1.2 文件夹中，并创建名为 build 的文件夹，之后进入该文件夹，准备进行编译和安装。

代码清单 1-4　创建文件夹

```
1  cd opencv4.1.2
2  mkdir build
3  cd build
```

代码中的 cd 是打开或进入某个文件夹的命令，后面接需要打开的文件夹。mkdir 是创建文件夹的命令，后面接需要创建的文件夹的名字。创建新文件夹的目的是接下来编译时将生成的中间文件都放在这个新的文件夹中，这样做不会因为编译过程中生成的文件使原文件夹中的内容变得混乱，这种方式在 Ubuntu 系统中非常常见。

接下来，开始编译和安装工作，命令在代码清单 1-5 中给出。

代码清单 1-5　编译和安装

```
1  cmake -D CMAKE_BUILD_TYPE=RELEASE -D CMAKE_INSTALL_PREFIX=/usr/local ..
2  sudo make -j4
3  sudo make install
```

命令中 CMAKE_BUILD_TYPE 是编译的模式参数，CMAKE_INSTALL_PREFIX 是安装路径参数。这些参数都可以省略，但是在安装多个版本的 OpenCV 时，设置不同的安装路径将变得很有必要。第 1 行命令的最后一定不要忘记添加 ".." 指令，其含义是告诉编译器将要编译的文件是上一层文件夹中的 CMakeList.txt 文件。第二行命令完成最终的编译，-j4 的意思是启用 4 个线程同时进行编译。你可以根据计算机的性能自主选择，例如，要启用 8 个线程，使用-j8，若只用单线程，可以使用默认值。

之后根据计算机的性能，编译完成的时间长短不同。在编译完成后，用代码清单 1-5 中第 3 行的命令安装 OpenCV 4.1.2。

3）配置环境

安装完 OpenCV 4.1.2，你还需要通过配置环境告诉系统安装的 OpenCV 4.1.2 的位置。按照如下步骤操作即可完成环境配置，所有的命令在代码清单 1-6 中给出。

　　首先，执行代码清单 1-6 中的第 1 行命令。这可能会打开一个空白的文件，但无论文件是否为空白文件，都需要在末尾添加路径/usr/local/lib。这里添加的内容与我们编译时设置的路径有关，如果安装路径发生变化，这里添加的内容也要随之改变。保存文件并退出后，使用代码清单 1-5 中第 2 行命令使配置路径生效。

　　接下来，配置 bash。在终端通过代码清单 1-6 中的第 3 行命令打开 bash.bashrc 文件，在打开的文件末尾加上 OpenCV 的安装路径，如代码清单 1-6 中第 4 行和第 5 行所示。这里需要重点说明的是，文件路径需要与设置的安装路径相对应。保存输入内容后，通过代码清单 1-6 中的第 6 行和第 7 行命令更新系统的配置环境，最终完成 OpenCV 4.1.2 的安装。

代码清单 1-6　Ubuntu 系统中配置 OpenCV 4.1.2 环境

```
1   sudo gedit /etc/ld.so.conf.d/opencv.conf
2   sudo ldconfig
3   sudo gedit /etc/bash.bashrc
4   PKG_CONFIG_PATH=$PKG_CONFIG_PATH:/usr/local/lib/pkgconfig
5   export PKG_CONFIG_PATH
6   source /etc/bash.bashrc
7   sudo updatedb
```

　　4）验证 OpenCV 4.1.2 是否安装成功

　　安装了 OpenCV 4.1.2 后，需要验证它是否安装成功。进入 Python 交互模式，在终端输入代码清单 1-7 中的代码。

代码清单 1-7　验证是否安装成功

```
1   import cv2 as cv
2   print(cv.__version__)
```

　　如果可以正确显示版本信息，则表示已成功安装 OpenCV 4.1.2。

1.3　OpenCV 的模块架构

　　为了更全面地了解 OpenCV，首先，你需要了解 OpenCV 的整体模块架构，对每个模块的功能有初步认识，之后才能在后续的学习中知道每个功能函数出自哪个模块，在原有功能的基础上进行调整与改进。本节将讲述 OpenCV 4.1.2 的模块架构，介绍每个模块的主要功能。

　　打开 OpenCV 4.1.2 的安装目录，在…\opencv\build\include 文件夹中只有一个名为 opencv2 的文件夹。这里需要再次说明，在 OpenCV 4 之前的版本中，该文件夹下有 opencv 和 opencv2 两个文件夹，而在 OpenCV 4 中将两者整合成一个 opencv2 文件夹。打开 opencv2 文件夹就可以看到 OpenCV 4.1.2 的模块架构，如图 1-16 所示。

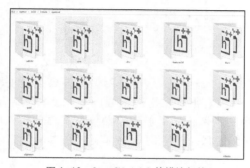

图 1-16　OpenCV 4.1.2 的模块架构

　　这些模块有的经过多个版本的更新已较完善，包含了较多的功能；有的模块还在逐渐发展中，包含的功能相对较少。接下来，将按照文件夹的顺序介绍模块的功能。

- calib3d——这个模块名称是由 calibration（校准）和 3D 这两个单词的缩写组成的。通过名字我们可以知道，模块主要包含相机标定与立体视觉等功能，例如物体位姿估计、三维重建、摄像头标定等。
- core——核心功能模块。模块主要包含 OpenCV 库的基础结构以及基本函数，例如 OpenCV 基本数据结构、绘图函数、数组操作相关函数、动态数据结构等。
- dnn——深度学习模块。这个模块是 OpenCV 4.0 版本的一个特色，主要用于构建神经网络、加载序列化网络模型等。但是该模块目前仅适用于正向传递计算（测试网络），原则上不支持反向计算（训练网络）。
- features2d——这个模块名称是由 features（特征）和 2D 这两个单词的缩写组成的。其功能主要为处理图像特征点，例如特征检测、描述与匹配等。
- flann——这个模块名称是 Fast Library for Approximate Nearest Neighbors（快速近似最近邻库）的缩写。这个模块主要包括高维的近似近邻快速搜索算法与聚类等。
- gapi——这个模块是 OpenCV 4 中新增加的模块，旨在加速常规的图像处理。与其他模块相比，这个模块的主要作用是充当框架而不是某些特定的计算机视觉算法。
- highgui——高层图形用户界面，主要用于创建和操作显示图像的窗口，处理鼠标事件以及键盘命令，提供图形交互可视化的界面等。
- imgcodecs——图像文件读取与保存模块，主要用于图像文件的读取与保存。
- imgproc——这个模块名称是由 image（图像）和 process（处理）两个单词的缩写组成的，是重要的图像处理模块。它主要用于图像滤波、几何变换、直方图、特征检测与目标检测等。
- ml——机器学习模块。它主要用于统计分类、回归和数据聚类等。
- objdetect——目标检测模块，主要用于图像目标检测，例如检测 Haar 特征。
- photo——计算摄影模块，主要用于图像修复和去噪等。
- stitching——图像拼接模块，主要用于寻找特征点、匹配图像、估计旋转、自动校准、接缝估计等。
- video——视频分析模块，主要用于运动估计、背景分离、对象跟踪等。
- videoio——视频输入/输出模块，主要用于读取与写入视频过程图像序列。

　　通过对 OpenCV 4.1.2 的模块构架的学习，读者已经对 OpenCV 4.1.2 的整体架构有了一定的了解。简单来说，其实 OpenCV 就是将众多图像处理模块集成在一起的软件开发包（Software Development Kit，SDK），其自身并不复杂，只要通过学习，就可掌握其使用方式。

1.4　示例程序

　　OpenCV 4.1.2 的源代码包含许多示例程序，这些程序保存在...\opencv\sources\smaples 文件夹中，涉及范围从图片处理到视频处理，从传统图像处理到基于机器学习的图像处理。它们凝聚了很多开发人员的心血，其中有很多实用性很强的程序。本节结合 OpenCV 4.1.2 新增加的功能，选取 5 个常见并且实用的示例程序，通过讲解示例程序的调试与使用过程，展示 OpenCV 的强大功能与迷人之处。介绍的每一个示例程序都可以在本书学完之后根据学习内容从无到有来实现。

1.4.1 配置运行环境

无论是在 Windows 系统下还是在 Ubuntu 系统下，Python 文件都可以通过 `python xxx.py [setting]` 的方式来执行，`xxx` 是所要执行的 Python 文件名称，`setting` 是所需参数（对于有些程序非必需，可不填）。首先，需要找到示例程序所在位置，由于我们使用 Python 语言，因此源代码都会在...\samples\python 文件夹中。为了便于阅读，OpenCV 中源代码的命名方式要求尽可能通过文件名展示程序的功能，因此使用者通过文件名会对源代码功能有一个大致的了解。

当我们面对一个陌生的程序并且不知道应该输入什么参数时，可以通过查看程序文档来了解程序的使用方式。OpenCV 示例程序的前几行通常会介绍应该如何执行此程序。例如，代码清单 1-8 中是 edge.py 的部分内容。

代码清单 1-8　edge.py 的部分内容

```
1  '''
2  This sample demonstrates Canny edge detection.
3  Usage:
4      edge.py [<video source>]
5      Trackbars control edge thresholds.
6  '''
```

根据函数中的说明，你可以通过"可执行程序+video 文件"的方式调用该示例程序，通过 Trackbars 来控制边缘检测的阈值。了解了该示例程序的执行方式后，我们便可以根据需求执行该示例程序。

1.4.2 边缘检测

首先介绍的 edge.py 示例程序是关于 Canny 边缘检测的。该示例程序会生成两种不同算法的边缘来提取 UI，每个界面上方都有一个滑动条，通过拖曳实现不同条件下的边缘提取。该示例程序在...\sources\samples\python 文件夹中。

打开源代码，找到示例程序的前几行，了解示例程序的使用方法，具体如代码清单 1-8 所示。

这段代码已经在前面解释过了，这里就不再解释了。输入执行示例程序所需要的参数后，直接运行程序，运行结果如图 1-17 所示。根据 OpenCV 中 cv.Canny()函数可知，其中 thrs1 指的是滞后阈值中的低阈值，thrs2 指的是滞后阈值中的高阈值。你可以通过拖曳界面上方的滑块实现不同的边缘检测效果。

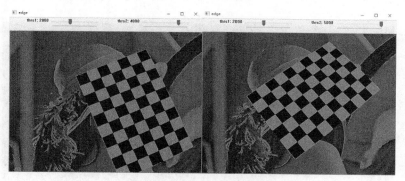

图 1-17　edge.py 程序运行结果

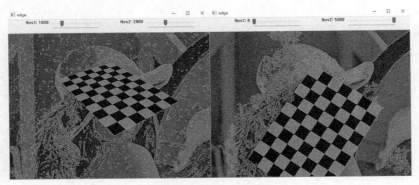

图 1-17 edge.py 程序运行结果（续）

1.4.3 *k* 聚类算法

OpenCV 内部包含了许多与机器学习相关的算法，kmeans.py 示例程序利用可视化界面实现并展示了 *k* 聚类算法。首先，随机生成一些散点（虽然是随机的，但是为了具有良好的展示效果，生成随机点的过程其实是一个伪随机过程），之后利用 *k* 聚类算法将散点划分为不同的群体，并确定每个群体的中心点位置。该示例程序在...\sources\samples\python 文件夹中。

打开源代码，找到示例程序中的前几行，了解示例程序的使用方法，具体内容在代码清单 1-9 中给出。

代码清单 1-9　kmeans.py 中的使用说明

```
1  '''
2  K-means clusterization sample.
3  Usage:
4     kmeans.py
5     Keyboard shortcuts:
6        ESC - exit
7        Space - generate new distribution
8  '''
```

上述代码介绍了示例程序的功能、使用方法，以及如何用键盘进行操作。kmeans.py 后面没有跟任何参数，这说明执行该示例程序并不需要额外的参数输入，因此直接执行示例程序就可以得到运行结果。在示例程序运行时，按空格键会再次生成随机点并进行分类，分类的结果以不同的颜色来标识。当要退出程序时，可以直接按 Esc 键。图 1-18 给出了 4 次运行的结果。

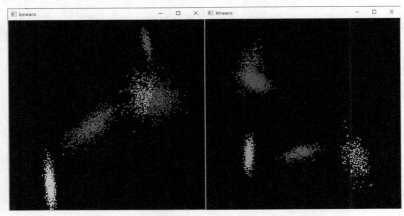

图 1-18 kmeans.py 运行 4 次的结果

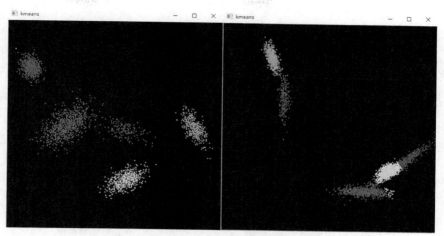

图 1-18　kmeans.py 运行 4 次的结果（续）

> **注意**　　由于散点是随机生成的，因此每次运行结果也不会相同，读者的运行结果可能会与图 1-18 所示不同。

1.4.4　特征点匹配

指纹识别是目前应用最广泛的生物识别技术之一，与我们的日常生活息息相关。图像匹配算法是指纹识别算法中的一个重要组成部分。OpenCV 包含了许多图像匹配算法，find_obj.py 示例程序利用特征点进行图像匹配。不同算法的具体实现各有不同,但原理都是通过算法检测图像的特征点，然后对检测出的特征点进行配对，从而实现图像之间的匹配。该示例程序在…\sources\samples\python 文件夹中。

打开源代码，找到示例程序中的前几行，了解示例程序的使用方法，具体内容在代码清单 1-10 中给出。

代码清单 1-10　find_obj.py 中的使用说明

```
1   '''
2   Feature-based image matching sample.
3
4   Note, that you will need the *****//github***/opencv/opencv_contrib repo
    for SIFT and SURF
5
6   Usage:
7     find_obj.py [--feature=<sift|surf|orb|akaze|brisk>[-flann]][ <image1>
8                                                    <image2> ]
9     --feature  - Feature to use.Can be sift, surf, orb or brisk.
10    Append '-flann' to feature name to use Flann-based matcher instead bruteforce.
11
12  Press left mouse button on a feature point to see its matching point.
13  '''
```

该示例程序有两组参数：第 1 组参数是选择特征检测的方法，例如在--feature 参数后面添加'-flann'将会调用 Flann 特征匹配器；第 2 组参数是进行匹配的两幅图像。执行示例程序后就可以得到图像匹配的结果。图 1-19 给出了原图以及匹配后的结果。

图 1-19　原图及匹配结果

1.4.5　行人检测

近年来，自动驾驶技术一直是相关行业的热门技术。行人检测是自动驾驶技术的一个难点，在 OpenCV 的示例程序中，同样包含了一个针对图像的行人检测示例程序。peopledetect.py 示例程序采用方向梯度直方图（Histogram of Oriented Gradient，HOG）特征来进行行人检测。该示例程序在…\sources\samples\python 文件夹中。

打开源代码，找到示例程序中的前几行，了解示例程序的使用方法，具体内容在代码清单 1-11 中给出。

代码清单 1-11　peopledetect.py 中的使用说明

```
1  '''
2  example to detect upright people in images using HOG features
3
4  Usage:
5      peopledetect.py <image_names>
6
7  Press any key to continue, ESC to stop.
8  '''
```

该示例程序可以通过"可执行程序+图像文件"的方式调用。利用这种调用方式执行该示例程序后，行人检测的结果如图 1-20 所示。

> ⚡ **注意**　　从图 1-20 中可以看出，该程序的检测结果并不是很好。读者在学习完本书后可以改进该程序或者使用更好的算法。

图 1-20 行人检测结果

1.4.6 手写数字识别

支持向量机（Support Vector Machine，SVM）与 k 近邻算法是机器学习领域的经典算法，OpenCV 同样包含了这两个算法，并且给出了结合这两种算法的 digits.py 示例程序。该示例程序中将这两个算法用于手写数字识别，并从 digits.png 中加载手写数字的数据集，然后训练 SVM 和 k 近邻分类器并评估它们的准确率。该示例在…\sources\samples\python 文件夹中。

打开源代码，找到示例程序中的前几行，了解示例程序的使用方法，具体内容在代码清单 1-12 中给出。

代码清单 1-12   digits.py 中的使用说明

```
1  '''
2  SVM and K Nearest digit recognition.
3
4  Sample loads a dataset of handwritten digits from 'digits.png'.
5  Then it trains a SVM and K Nearest classifiers on it and evaluates
6  their accuracy.
7
8  Usage:
9     digits.py
10 '''
```

第 9 行中，digits.py 后面没有跟任何参数，这说明执行该示例程序并不需要额外的参数输入。因此，直接运行示例程序就可以得到结果（见图 1-21）。这里，SVM 算法的误识别率为 1.8%，k 近邻算法的误识别率为 3.4%。

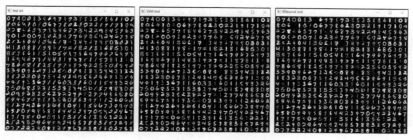

图 1-21 运行结果

17

1.5　本章小结

　　本章首先介绍了 OpenCV 的发展历史和 OpenCV 4 版本新增加的内容，然后介绍了在 Windows 系统和 Ubuntu 系统中如何下载、安装和配置 OpenCV 4.1.2 的主模块与扩展模块，之后介绍了在安装过程中常见问题的解决办法。此外，本章还介绍了在使用 OpenCV-Python 时常用的两个库——NumPy 和 Matplotlib 的安装方法。接下来，为了使读者能够对 OpenCV 整体结构有所了解，本章介绍了 OpenCV 4.1.2 的模块构架。本章最后介绍了 OpenCV 4.1.2 中的多个经典示例程序。

第 2 章　载入、显示与保存数据

　　要对一张图片进行处理，首先需要获得这张图片。在日常生活中，我们可以通过相机、手机等方式获得一张图片，并以某种格式把它存放在硬盘空间中。同样，一个处理图像的程序需要通过某种方式获取图像，同时以某种类型把它存放在某个容器内，并通过某种形式展示给用户。因此，本章将介绍图像数据的载入、存储，以及输出，包括图像与视频的读取方式，程序中图像存储容器的创建与使用方式，以及如何将处理后的结果以图片或者视频形式进行保存等。

2.1　图像的表示

　　与我们平时看到的图像存在巨大的差异，数字图像在计算机中是以矩阵形式存储的（见图 2-1），矩阵中的每一个元素都描述一定的图像信息，如亮度、颜色等信息。数字图像处理就是通过一系列矩阵运算过程从而提取更高级的信息，因此学习图像处理之前，首先需要学会如何操作这些矩阵信息。接触过 Python 编程的读者可能会知道，在程序中，字符串以 string 类型保存，整数以 int 类型保存，等等。在使用 NumPy 时，图像被读取后，将保存在一个 N 维数组对象 ndarray 中，此后便可以通过对该 ndarray 对象进行运算以完成对图像的操作。

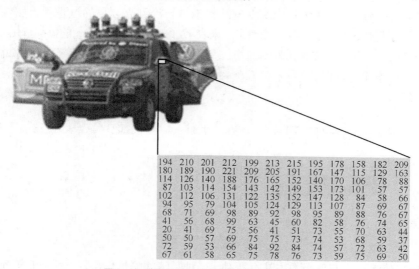

图 2-1　数字图像在计算机中的矩阵存储形式

2.1.1　图像基础

　　在系统学习图像操作前，我们先思考一个问题：日常生活中的图像画面究竟是如何在计算机中表示并进行旋转、裁剪的呢？首先，我们需要了解一个概念——数字图像。因为日常生活中见到的图像一般是连续形式的模拟图像，所以处理数字图像的一个先决条件就是将连续图像进行离散化处理，转化为数字图像，这个过程主要包括采样、量化和数字表示 3 个过程。

1. 采样

采样是图像在空间上的离散化过程，即用空间上部分点的灰度值代表图像，这些点称为采样点。由于图像是一种二维分布的信息，因此对它进行采样处理的过程一般分为两步。

（1）将二维信号处理为一维信号，即沿垂直方向按一定行间隔从上到下顺序扫描来得到一维信号。

（2）对得到的一维信号按一定间隔进行采样来得到离散信号。对于运动图像（即时间域上的连续图像），需要先在时间轴上采样，再沿垂直方向采样，最后沿水平方向采样。在对一幅图像采样时，若每行（即横向）的像素数为 M，共有 N 行，则图像的大小为 $M \times N$ 像素。

在进行采样时，采样点间隔的选取决定了采样后图像的质量。间隔越大，采样后图像像素越少，质量越差；反之，像素越多，质量越好。一般情况下，采样点间隔根据图像中细节的多少来决定，细节越丰富，间隔应越小。采样过程与采样间隔如图 2-2 所示。

图 2-2　采样过程与采样间隔

2. 量化

模拟图像经过采样后，在时间和空间上离散化为像素，但采样所得到的像素值（即灰度值）仍是连续量。把采样后所得的各像素的灰度值从模拟量转换到离散量的过程称为图像灰度的量化。图 2-3（a）说明了量化过程。若连续灰度值用 z 来表示，满足 $z_i \leqslant z \leqslant z_{i+1}$ 的值都量化为整数 q_i，q_i 称为像素的灰度值，z 和 q_i 的差称为量化误差。一般像素值量化后用 1 字节来表示。如图 2-3（b）所示，把黑→灰→白连续变化的灰度值量化为 0～255 共 256 级灰度值，表示亮度从深到浅，对应图像中的颜色为从黑到白。

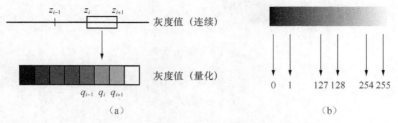

图 2-3　量化示意图

把连续灰度值量化为灰度级的方法有两种，一种是等间隔量化，另一种是非等间隔量化。等间隔量化就是简单地把采样值的灰度范围等间隔地分割并进行量化。对于像素灰度值在黑白范围内较均匀分布的图像，使用这种量化方法可以得到较小的量化误差，该方法也称为均匀量化或线性量化。为了减少量化误差，引入了非等间隔量化的方法。非等间隔量化是指根据一幅图像具体的灰度值分布的概率密度函数,按总的量化误差最小的原则进行量化。具体做法是对图像中像素灰度值频繁出现的灰度值范围,量化间隔取小一些;而对于那些像素灰度值极少出现的范围,量化间隔取大一些。因为图像灰度值的概率分布密度函数根据图像而异,所以不可能找到一个适用于各种图像的最佳非等间隔量化方案。一般采用等间隔量化。

3. 数字表示

模拟图像经过采样和量化之后就会得到一个数字矩阵,这个数字矩阵就是我们所要的图像的数字表示,即数字图像矩阵。我们用 $f(x, y)$ 来表示一幅模拟图像,图像采样后得到的数字图像有 M 行和 N 列,用 g 来表示这个矩阵,坐标 (x, y) 的值经过采样、量化之后变为矩阵 g 中相对应的离散值。因此,在计算机中可以用式(2-1)来表示一幅图像。

$$g = \begin{bmatrix} g(0,0) & g(0,1) & \cdots & g(0,N-1) \\ g(1,0) & g(1,1) & \cdots & g(1,N-1) \\ \vdots & \vdots & & \vdots \\ g(M-1,0) & g(M-1,1) & \cdots & g(M-1,N-1) \end{bmatrix} \tag{2-1}$$

其中,$g(i, j)$ 必须为非负数,且小于或等于量化的最大值,即 $0 \leqslant g(i, j) \leqslant 255$。

上述用 $g(i, j)$ 来表示 (i, j) 位置上灰度值的大小,单纯反映单一色域的关系。对于彩色图像,各点的数值还应当反映色彩的变化,可用 $g(i, j, n)$ 表示,其中 n 代表不同的颜色通道。对于动态图像,可用 $g(i, j, n, t)$ 来表示,其中 t 代表时间。例如,图 2-1 便是一幅灰度数字图像在计算机中的矩阵表示。

2.1.2　NumPy 相关介绍

介绍了图像在计算机中的表示方式,本节将重点介绍如何灵活地将图像读取到计算机中。NumPy 是一个功能强大的 Python 库,其名称源自 Numerical 和 Python。由于 NumPy 库提供了大量可进行数值运算的库函数,因此它广泛应用于数学计算、图像处理和计算机图形学等领域。在读取图像时,OpenCV 会将图像读取到 ndarray 对象中,此后你可利用 OpenCV 或 NumPy 中的函数对其进行操作。此处先对 NumPy 做简单的介绍,以帮助读者理解后面章节的内容。更多时候,我们不需要对 NumPy 做更深入的了解,但具有数组编程思维的开发人员会写出更高效的代码。本节将介绍 NumPy 的常用属性及函数,以便读者可以更好地理解和应用。若读者对 NumPy 有了解,可以跳过本节内容。

1. ndarray 对象及其常用属性

ndarray 是 NumPy 中可进行快速数学运算、具有广播能力且节约空间的 N 维数组对象,可在数组处理中灵活使用。相对于 Python 库中的 array.array,ndarray 不但支持多维数组,而且提供了更多的操作功能,但 ndarray 对象中的所有元素必须为相同类型。为了保持一致,在本章及后面的几章中,我们将采用 import numpy as np 命令对 NumPy 库函数进行调用。接下来,介绍 ndarray 的常用属性。

1）ndarray.shape

ndarray.shape 表示数组的维度,返回一个元组,元组的长度即 ndim（维度）。此属性可用于获取图像的尺寸,对于可以用 n 行和 m 列的数组表示的灰度图像 img,img.shape 为 (n, m)；对于需要由 3 个 n 行和 m 列的数组表示的 BGR 图像 img0,img0.shape 为 $(n, m, 3)$。

2）ndarray.dtype

ndarray.dtype 表示数组中元素的数据类型。图像在计算机中由像素构成的矩阵表示,每个像素值的大小决定了图像的质量。如果用 8 位无符号整数存储 16 位图像,会造成图像的颜色改变,从而显示错误的图像。同时，相同的数据类型在不同的计算机环境下可能占用不同的内存空间。为了让所有计算机环境下相同数据类型占用相同的内存空间，NumPy 提供了与内存位数相对应的数据类型。表 2-1 列出了 NumPy 中常见的数据类型、取值范围，以及对应 C++ 版本的 OpenCV 中的表示方式。

表 2-1　NumPy 中常见数据类型、取值范围以及对应 C++ 版本的 OpenCV 中的表示方式

数据类型	取值范围	C++ 版本的 OpenCV 中表示方式
uint8（8 位无符号整数）	0～255	CV_8U
int8（8 位符号整数）	−128～127	CV_8S
uint16（16 位无符号整数）	0～65 535	CV_16U
int16（16 位符号整数）	−32 768～32 767	CV_16S
int32（32 位符号整数）	−2 147 483 648～2 147 483 647	CV_32S
float32（32 位单精度浮点数）	−FLT_MAX～FLT_MAX, INF, NAN	CV_32F
float64（64 位双精度浮点数）	−DBL_MAX～DBL_MAX, INF, NAN	CV_64F

3）ndarray.ndim

ndarray.ndim 表示数组的维度。在图像中，ndim 可用来表示图像的通道（channel）数。值得注意的是，C++ 版本中灰度图像的通道数 img.channel() = 1，NumPy 中灰度图像的通道数 img.ndim = 2。为了方便，我们在本书中称灰度图像为单通道图像。

在 OpenCV 函数中，通常使用 C1、C2、C3、C4 分别表示单通道、双通道、三通道和四通道。对于表 2-1 中的每一种数据类型，都存在多个通道的情况，将数据类型与通道数结合便得到了 OpenCV 中对图像数据类型的完整定义。例如，CV_8UC1 表示的就是 8 位单通道数据，可用于表示 8 位灰度图；而 CV_8UC3 表示的是 8 位三通道数据，可用于表示 8 位彩色图。

注意　尽管图像矩阵在 Python 中是先读取至 NumPy 的 ndarray 对象中，再进行后续操作的，但在某些函数的使用过程中，仍然需要使用 C++ 版本的 OpenCV 中的表述方式。为了方便使用 Python 的读者阅读，之后章节尽量使用 NumPy 中的数据类型描述函数原型，这可能和源代码中采用 C++ 版本的表述不同，它们的含义其实相同。

4）ndarray.size

ndarray.size 表示数组元素的总个数，在图像中常用它来计算数组中像素的个数。

为了展示以上各个属性的含义和使用方法，代码清单 2-1 给出了以上属性的使用示例。首先，对一幅图像进行读取，后续章节会详细介绍读取图像的 cv.imread() 函数，这里我们只需要知道它用于读取图像就可以了。读取成功后，分别输出 4 个属性的结果，结果已在图 2-4 中给出。

```
图像的形状: (442, 442, 3)
元素数据类型: uint8
图像通道数: 3
像素总数: 586092
```

图 2-4　读取图像各个属性的结果

代码清单 2-1　Numpy_Attributes.py 中 ndarray 对象常用属性的使用示例

```
1  # -*- coding:utf-8 -*-
2  import cv2 as cv
3  import sys
4
5
6  if __name__ == '__main__':
```

```
7       # 读取图像并判断是否读取成功
8       img = cv.imread('./images/flower.jpg')
9       if img is None:
10          print('Failed to read flower.jpg.')
11          sys.exit()
12      else:
13          print('图像的形状: {}\n 元素数据类型: {}\n 图像通道数: {}\n 像素总数: {}'
14                .format(img.shape, img.dtype, img.ndim, img.size))
```

2. NumPy 常用函数

既然图像可以被读取至 NumPy 对象中，那么也可以使用 NumPy 来创建图像。后面章节在介绍函数使用方式时会使用到数组矩阵、访问图像的部分元素或通道、创建随机数等操作。在此我们将对这些操作逐一进行介绍。

1）创建 ndarray 对象

np.array()函数是创建数据最简单的方式，可以接受一切序列型的对象，并且可以指定对象中元素的数据类型。若没有指定，则会自动为新创建的数组推断一个合适的数据类型。此外，np.ones()函数和 np.zeros()函数也是常用来创建 ndarray 对象的函数。np.ones()函数可以创建一个全 1 的矩阵；np.zeros()函数可以创建一个全 0 的矩阵。

2）ndarray 对象的切片和索引

在对图像进行操作的时候，常需要对图像的像素或某一通道进行操作。此时，对 ndarray 对象进行切片和索引可以快捷地完成上述操作。例如，img[0, 0]可以选择灰度图像 img 中位于(0, 0)位置的像素；img[$x1$:$x2$, $y1$:$y2$]可以对灰度图像 img 进行裁剪，其中 $x1$、$y1$ 为图像左上角的坐标，x_2、y_2 为图像右下角的坐标；img1[:, :, 0]可以选取彩色图像 img 中的蓝色通道。应用这种方式比使用 OpenCV 中的拆分通道函数 cv.split()高效很多。

3）生成随机数

np.random 模块中提供了能够生成多种随机数的函数，我们可以根据自身需求定义样本值的区间、概率分布等。例如，np.random.randint()函数可以从给定的范围内随机选取整数；np.random.randn()函数可以产生服从均值为 0、标准差为 1 的正态分布的数据。

为了更好地理解以上各个函数的含义和使用方法，代码清单 2-2 给出了使用以上各个函数的示例程序。第一部分分别使用 np.array()、np.ones()和 np.zeros()创建大小为 5×5 的 ndarray 对象，运行结果在图 2-5 中给出；第二部分使用切片和索引对图像执行像素读取、灰度/RGB 图像裁剪和通道分离操作，运行结果在图 2-6 中给出；第三部分分别使用 np.random.randint()函数和 np.random.randn()函数生成两个随机数矩阵，运行结果在图 2-7 中给出。

代码清单 2-2　Numpy_Operations.py 中 NumPy 相关函数的操作示例

```
1    # -*- coding:utf-8 -*-
2    import cv2 as cv
3    import numpy as np
4    import datetime
5    import sys
6
7
8    if __name__ == '__main__':
9        # 创建 ndarray 对象
10       # 使用 np.array()创建一个 5×5、数据类型为 float32 的对象（即矩阵）
11       a = np.array([[1, 2, 3, 4, 5],
12                     [6, 7, 8, 9, 10],
13                     [11, 12, 13, 14, 15],
14                     [16, 17, 18, 19, 20],
```

```
15                    [21, 22, 23, 24, 25]], dtype='float32')
16   # 使用 np.ones()创建一个 5×5、数据类型为 uint8 的全 1 对象
17   b = np.ones((5, 5), dtype='uint8')
18   # 使用 np.zeros()创建一个 5×5、数据类型为 float32 的全 0 对象
19   c = np.zeros((5, 5), dtype='float32')
20   print('创建对象（np.array）: \n{}'.format(a))
21   print('创建对象（np.ones）: \n{}'.format(b))
22   print('创建对象（np.zeros）: \n{}'.format(c))
23
24   # ndarray 对象切片和索引
25   image = cv.imread('./images/flower.jpg')
26   # 判断图像是否读取成功
27   if image is None:
28       print('Failed to read flower.jpg.')
29       sys.exit()
30   gray = cv.cvtColor(image, cv.COLOR_BGR2GRAY)
31   # 读取图像位于（45,45）的像素值
32   print('位于（45,45）的像素值为{}'.format(gray[45, 45]))
33   # 裁剪部分图像（灰度图像和 RGB 图像）
34   res_gray = gray[40:280, 60:340]
35   res_color1 = image[40:280, 60:340, :]
36   res_color2 = image[100:220, 80:220, :]
37   # 通道分离
38   b = image[:, :, 0]
39   g = image[:, :, 1]
40   r = image[:, :, 2]
41   # 展示裁剪和分离通道结果
42   cv.imshow('Result crop gray', res_gray)
43   cv.imshow('Result crop color1', res_color1)
44   cv.imshow('Result crop color2', res_color2)
45   cv.imshow('Result split b', b)
46   cv.imshow('Result split g', g)
47   cv.imshow('Result split r', r)
48
49   # 生成随机数
50   # 生成一个 5×5、取值范围为 0~100 的数组
51   values1 = np.random.randint(0, 100, (5, 5), dtype='uint8')
52   # 生成一个 2×3、元素服从均值为 0、标准差为 1 的正态分布的数组
53   values2 = np.random.randn(2, 3)
54   print('生成随机数（np.random.randint）: \n{}'.format(values1))
55   print('生成随机数（np.random.randn）: \n{}'.format(values2))
56
57   cv.waitKey(0)
58   cv.destroyAllWindows()
```

创建对象（np.array）:	创建对象（np.ones）:	创建对象（np.zeros）:
[[1. 2. 3. 4. 5.]	[[1 1 1 1 1]	[[0. 0. 0. 0. 0.]
[6. 7. 8. 9. 10.]	[1 1 1 1 1]	[0. 0. 0. 0. 0.]
[11. 12. 13. 14. 15.]	[1 1 1 1 1]	[0. 0. 0. 0. 0.]
[16. 17. 18. 19. 20.]	[1 1 1 1 1]	[0. 0. 0. 0. 0.]
[21. 22. 23. 24. 25.]]	[1 1 1 1 1]]	[0. 0. 0. 0. 0.]]

图 2-5　Numpy_Operations.py 运行结果（创建 ndarray 对象）

位于（45, 45）的像素值为235

图 2-6　Numpy_Operations.py 运行结果（ndarray 对象切片和索引）

生成随机数（np.random.randint）：
[[81 26 96 96 2]
 [41 46 47 70 67]
 [61 36 71 54 1]
 [76 34 21 48 7]
 [0 42 23 98 95]]

生成随机数（np.random.randn）：
[[-0.74696082 -0.53421278 0.04265898]
 [-1.66394696 -1.46403877 -0.76332065]]

图 2-7　Numpy_Operations.py 运行结果（生成随机数）

注意　　由于篇幅限制，且 NumPy 中的相关操作并不属于本书重点，因此此处仅介绍了相关函数的简单使用方法，并列举了少量示例帮助读者理解，读者可以根据自己的掌握情况灵活学习。

为了直观展示使用 NumPy 的切片和索引操作的效率比使用 OpenCV 中的相关函数高，代码清单 2-3 分别给出了使用 OpenCV 中的函数和 NumPy 中的切片与索引进行通道分离和将 BGR 图像转为 RGB 图像的示例程序。为使得结果差异更明显，每种操作分别重复 100 000 次，使用的时间（单位为秒）在图 2-8 中给出，可以明显看出，NumPy 的切片和索引方式的操作效率更高。由于不同处理器的计算能力不同，因此读者的运行结果可能会有少许差异，但结论不变。

通道分离（OpenCV）: 12.33804s
通道分离（NumPy）: 0.083451s
BGR转RGB（OpenCV）: 1.924508s
BGR转RGB（NumPy）: 0.035027s

图 2-8　每种操作使用的时间

代码清单 2-3　Compare_opencv_numpy.py 中的 OpenCV/NumPy 对比示例

```
1  import cv2 as cv
2  import numpy as np
```

```
3   import datetime
4   import sys
5
6
7   if __name__ == '__main__':
8       image = cv.imread('./images/flower.jpg')
9       # 判断图像是否读取成功
10      if image is None:
11          print('Failed to read flower.jpg.')
12          sys.exit()
13
14      # 对比通道的分离
15      # 使用 OpenCV 中的 cv.split() 函数
16      begin1 = datetime.datetime.now()
17      for i in range(100000):
18          b1, g1, r1 = cv.split(image)
19      end1 = datetime.datetime.now()
20      print('通道分离(OpenCV): {}s'.format((end1 - begin1).total_seconds()))
21      # 使用 NumPy 中的切片和索引
22      begin2 = datetime.datetime.now()
23      for i in range(100000):
24          b2 = image[:, :, 0]
25          g2 = image[:, :, 1]
26          r2 = image[:, :, 2]
27      end2 = datetime.datetime.now()
28      print('通道分离(NumPy): {}s'.format((end2 - begin2).total_seconds()))
29
30      # 将 BGR 图像转为 RGB 图像
31      # 使用 OpenCV 中的 cv.cvtColor() 函数
32      begin3 = datetime.datetime.now()
33      for i in range(100000):
34          image_rgb = cv.cvtColor(image, cv.COLOR_BGR2RGB)
35      end3 = datetime.datetime.now()
36      print('BGR 转 RGB(OpenCV): {}s'.format((end3 - begin3).total_seconds()))
37      # 使用 NumPy 中的切片和索引
38      begin4 = datetime.datetime.now()
39      for i in range(100000):
40          image_rgb = image[:, :, ::-1]
41      end4 = datetime.datetime.now()
42      print('BGR 转 RGB(NumPy): {}s'.format((end4 - begin4).total_seconds()))
```

注意　　　NumPy 在对图像进行通道分离时表现良好，但并不代表 NumPy 中的所有操作都比 OpenCV 中相关函数的表现要好。此处仅为读者提供一种可以提高效率的思路，具体使用方式请读者根据实际情况进行适当选择。

2.2　图像的读取与显示

2.1.2 节介绍了 NumPy 中的 ndarray 对象以及与图像相关的常用属性，代码清单 2-2 读取了一幅图像，并显示了这幅图像。本节将详细介绍图像读取和显示的相关函数。

2.2.1　图像读取函数

我们在前面已经见过了图像读取函数 cv.imread() 的调用方式，代码清单 2-4 给出了该函数的原型。

代码清单 2-4　cv.imread()函数的原型

```
1    img = cv.imread(filename
2                    [, flags])
```

- `filename`：需要读取的图像的路径，包含图像名称和图像文件扩展名。
- `flags`：读取图像的形式标志，如将彩色图像按照灰度图来读取，默认是按照彩色图像格式读取。

cv.imread()函数用于读取指定的图像文件，并将读取结果返回。如果图像路径错误、破损或者格式不被支持，则无法正确读取图像，但此时并不会报错，而是返回 None。因此，使用命令 print(img) 查看得到的结果是否为 None，进而判断是否成功读取了图像。该函数的第 1 个参数以字符串形式给出需要读取的图像的路径，第 2 个参数设置读取图像的形式，默认以彩色图的形式读取。针对不同需求可以更改参数，OpenCV 4.1.2 给出了 13 种读取图像的形式，如原样式读取、以灰度图读取、以彩色图读取、多位数读取、将图像缩小一定尺寸读取等，具体可选择的标志在表 2-2 中给出。这里需要指出的是，通过编解码器内部转换可将彩色图像转成灰度图，这可能会与 OpenCV 中将彩色图像转成灰度图函数的转换结果存在差异。这些标志在功能不冲突的前提下可以同时声明多个，彼此之间用"|"隔开。

表 2-2　　　　　　　　　　　　cv.imread()函数中可选择的标志

标志	简记	作用
cv.IMREAD_UNCHANGED	−1	按照图像原样读取，保留 alpha 通道（第 4 个通道）
cv.IMREAD_GRAYSCALE	0	将图像转换成单通道灰度图像后读取
cv.IMREAD_COLOR	1	将图像转换成三通道 BGR 彩色图像后读取
cv.IMREAD_ANYDEPTH	2	保留原图像的 16 位、32 位深度。若不声明该标志，则转成 8 位深度后读取
cv.IMREAD_ANYCOLOR	4	以任何可能的颜色格式读取图像
cv.IMREAD_LOAD_GDAL	8	使用 GDAL 驱动程序加载图像
cv.IMREAD_REDUCED_GRAYSCALE_2	16	将图像转换成单通道灰度图像，尺寸缩小至原来的 1/2。更改最后一位数字可以缩小至原来的 1/4（最后一位改为 4）和原来的 1/8（最后一位改为 8）
cv.IMREAD_REDUCED_COLOR_2	17	将图像转换成三通道彩色图像后读取，尺寸缩小至原来的 1/2。更改最后一位数字可以缩小至 1/4（最后一位改为 4）和 1/8（最后一位改为 8）
cv.IMREAD_IGNORE_ORIENTATION	128	不以 EXIF 的方向旋转图像

cv.imread()函数能够读取多种格式的图像文件，但是由于不同操作系统使用的编解码器不同，因此在某个系统中能够读取的图像文件可能在其他系统中就无法读取。无论在哪个系统中，BMP 文件和 DIB 文件始终都是可以读取的。在 Windows 系统和 macOS 中，默认情况下使用 OpenCV 自带的图像编码器（libjpeg、libpng、libtiff 和 libjasper），因此这两种操作系统可以读取 JPEG（.jpg、.jpeg、.jpe）、PNG、TIFF（.tiff、.tif）等格式的文件。在 Linux 系统中，需要自行安装这些编解码器，安装后，Linux 系统同样可以读取这些类型的文件。不过需要说明的是，该函数能否读取文件数据与扩展名无关，而是通过文件内容确定图像的类型。例如，在将一个文件的扩展名由.png 修改成.exe 后，cv.imread()函数一样可以读取该图像，但将扩展名.exe 改成.png 后，cv.imread()函数便不能加载该文件。

注意

在默认情况下，读取图像的像素数目必须小于 2^{30}，这个要求在绝大多数图像处理领域是可以的，但是卫星遥感图像、超高分辨率图像的像素数目可能会超过这个阈值，你可以通过修改系统变量中的参数 cv.OPENCV_IO_MAX_IMAGE_PIXELS 来调整能够读取的图像的最大像素数目。

2.2.2　图像窗口函数

在之前的程序中并没有见到窗口函数，因为我们在使用 OpenCV 显示图像时如果没有主动定义图像窗口，它会自动生成一个窗口用于显示图像。有时，我们需要在显示图像之前对图像窗口进行操作（例如添加滑块），因此需要提前创建图像窗口。代码清单 2-5 给出了创建窗口的函数的原型。

代码清单 2-5　cv.namedWindow()函数的原型

```
1   None = cv.namedWindow(winname
2                          [, flags])
```

- winname：窗口名称，用作窗口的标识符。
- flags：窗口属性设置标志。

该函数会创建一个窗口变量，用于显示图像和滑块，通过窗口名称引用该窗口。如果在创建窗口时已经存在具有相同名称的窗口，则该函数不会执行任何操作。创建一个窗口需要占用部分内存资源，因此通过该函数创建窗口后，在不需要窗口时需要关闭窗口来释放内存资源。

该函数的第 1 个参数用于唯一识别窗口。第 2 个参数主要用于设置窗口的大小是否可调、显示的图像是否填充满窗口等，具体可选择的标志已在表 2-3 中给出。类似于表 2-2 中的标志，这些标志在功能不冲突的前提下可以同时声明多个，不同参数之间用"|"隔开即可。在默认情况下，该函数加载的标志为 cv.WINDOW_AUTOSIZE | cv.WINDOW_KEEPRATIO | cv.WINDOW_GUI_EXPANDED。

表 2-3　　　　　　　　　cv.namedWindow()函数中可选择的标志

标志	简记	作用
cv.WINDOW_NORMAL	0x00000000	显示图像后，允许用户随意调整窗口大小
cv.WINDOW_AUTOSIZE	0x00000001	根据图像大小显示窗口，不允许用户调整大小
cv.WINDOW_OPENGL	0x00001000	创建窗口的时候会支持 OpenGL
cv.WINDOW_FULLSCREEN	1	全屏显示窗口
cv.WINDOW_FREERATIO	0x00000100	调整图像尺寸以充满窗口
cv.WINDOW_KEEPRATIO	0x00000000	保持图像的比例
cv.WINDOW_GUI_EXPANDED	0x00000000	创建的窗口允许添加工具栏和状态栏
cv.WINDOW_GUI_NORMAL	0x00000010	创建没有状态栏和工具栏窗口的方法

2.2.3　图像显示函数

我们在前面已经介绍了图像显示函数 cv.imshow()的调用方式，现在代码清单 2-6 给出该函数的原型。

代码清单 2-6　cv.imshow()函数的原型

```
1   None = cv.imshow(winname,
2                    img)
```

- winname：要显示图像的窗口的名称，用字符串形式赋值。
- img：要显示的图像。

该函数会在指定的窗口中显示图像，如果在此函数之前没有创建同名的图像窗口，就会使用 cv.WINDOW_AUTOSIZE 标志创建一个窗口，显示图像的原始大小。如果创建了图像窗口，则会缩放图像以适应窗口属性。该函数会根据图像的深度（数据类型）将其缩放，具体缩放规则如下。

- 如果图像是 uint8 类型的，则按照原样显示。
- 如果图像是 uint16 类型或者 int32 类型的，则会将像素值除以 256，将范围由$[0, 255 \times 256]$映射到$[0, 255]$。
- 如果图像是 float32 和 float64 类型的，则将像素乘以 255，即将范围由$[0, 1]$映射到$[0, 255]$。这里需要特殊说明的是，第 2 个参数类似于 cv.imread()中读取的 ndarray 形式的矩阵。

注意 此函数运行后会继续执行后面的程序，如果后面的程序执行完直接退出，那么程序中需要显示的图像有可能闪一下便消失了，因此在需要显示图像的程序中，往往在 cv.imshow()函数后会有 cv.waitKey()函数，以将程序暂停一段时间。具体暂停时间可以通过参数赋值给函数，单位为毫秒。如果函数的参数取默认值或者为 "0"，则表示等待用户按键结束暂停该函数。

与显示窗口功能对应，OpenCV 提供了两个关闭窗口资源的函数，分别是 cv.destroyWindow() 和 cv.destroyAllWindows()，代码清单 2-7 给出这两个函数的原型。

代码清单 2-7　cv.destroyWindow()和 cv.destroyAllWindows()函数的原型

```
1  # 关闭指定名称的窗口
2  None = cv.destroyWindow(winname)
3  # 关闭所有窗口
4  None = cv.destroyAllWindows()
```

winname 表示要关闭的窗口名称。

通过名称我们可以知道，cv.destroyWindow()可以用于关闭一个指定名称的窗口，在括号内输入需要关闭的窗口名称即可。cv.destroyAllWindows()可以关闭程序中所有的窗口，一般用于程序的最后。事实上，在一个简单的程序里，我们并不需要调用这些函数，因为程序退出时会自动关闭应用程序中的所有资源和窗口。即使不主动释放窗口，也会在程序结束时释放窗口资源，但是 OpenCV 4.0 版本在结束时会报出没有释放窗口的错误，而 OpenCV 4.1.2 版本则不会报错。

2.3　视频的加载与摄像头的调用

前面已经介绍了如何通过使用 cv.imread()函数读取图像数据，本节将介绍在 OpenCV 中为读取视频文件和调用摄像头而设计的 cv.VideoCapture()函数。

2.3.1　读取视频数据

虽然视频文件是由连续的多帧图片组成的，但是 cv.imread()函数并不能直接读取视频文件，需要用专门的视频读取函数进行视频读取。代码清单 2-8 给出了 cv.VideoCapture()函数的原型。

代码清单 2-8　cv.VideoCapture()函数的原型

```
1  <VideoCapture object> = cv.VideoCapture()
2  <VideoCapture object> = cv.VideoCapture(filename
3                                    [, apiPreference])
```

- filename：读取的视频文件名称。

- apiPreference：读取数据时设置的属性，例如编码格式、是否调用 OpenNI 等。

第 1 行的 cv.VideoCapture()函数构造一个能够读取与处理视频文件的视频对象，并将该对象返回。代码清单 2-8 中的第 1 行是 cv.VideoCapture()函数的默认构造函数，通过该函数先创建一个 VideoCapture 对象，具体读取什么视频文件，需要在使用时通过 open()函数指出，例如语句 `video.open("video_ test.avi")` 表示 VideoCapture 对象 video 读取名为 video_test.avi 的视频文件。当我们输入错误的视频文件名称时，程序不会报错，而会继续执行，但是当使用视频对象变量时，程序将会报错。为避免这个问题，你可以通过 VideoCapture 对象中的 isOpened()函数判断是否成功读取了视频文件。如果读取成功，则返回值为 True；如果读取失败，则返回值为 False。

第 2 行的 cv.VideoCapture()函数在给出声明变量的同时将视频数据赋值给变量。可以读取的文件种类包括视频文件（例如 video.avi）、图像序列或者视频流的 URL。该函数默认情况下自动搜索合适的视频属性标志，在使用时一般可以省略，只需要输入视频名称。

通过 cv.VideoCapture()函数创建一个视频对象之后，你还需要从这个对象里读取出每一帧的图像。在 cv.VideoCapture()对象中提供了 read()函数用于读取一帧图像，例如通过 `ret, img = video.read()` 代码从 video 对象中读取一张图像并存放在 img 变量中。同时 ret 变量表示是否成功从 video 对象中读取到图像，若正常读取，则返回 True；若读取失败，则返回 False。通常，你也可以通过 ret 变量来判断读取视频文件时是否已经到了末尾。

VideoCapture 对象同时提供了可以查看视频属性的函数 get(propId)，通过设定 propId 可以获取视频属性，例如视频的像素大小、帧数和帧率等，其取值为 0～18 的任意整数。get()方法中 propId 的可选标志在表 2-4 中给出。

表 2-4　　　　　　　　　　get()方法中 propId 的可选标志

标记	简记	含义
cv.CAP_PROP_POS_MSEC	0	视频文件的当前位置（以毫秒为单位）
cv.CAP_PROP_POS_FRAMES	1	下一个被解码的帧索引，以 0 为起点
cv.CAP_PROP_POS_AVI_RATIO	2	视频文件的相关位置，0 代表视频开始，1 代表视频结束
cv.CAP_PROP_FRAME_WIDTH	3	视频流中图像的宽度
cv.CAP_PROP_FRAME_HEIGHT	4	视频流中图像的高度
cv.CAP_PROP_FPS	5	视频流中图像的帧率（每秒帧数）
cv.CAP_PROP_FOURCC	6	编解码器的 4 字符代码
cv.CAP_PROP_FRAME_COUNT	7	视频流中图像的帧数
cv.CAP_PROP_FORMAT	8	返回的 Mat 对象的格式
cv.CAP_PROP_MODE	9	指示当前捕捉的模式
cv.CAP_PROP_BRIGHTNESS	10	图像的亮度（仅适用于支持的相机）
cv.CAP_PROP_CONTRAST	11	图像对比度（仅适用于相机）
cv.CAP_PROP_SATURATION	12	图像饱和度（仅适用于相机）
cv.CAP_PROP_HUE	13	图像的色相（仅适用于相机）
cv.CAP_PROP_GAIN	14	图像的增益（仅适用于支持的相机）
cv.CAP_PROP_EXPOSURE	15	曝光（仅适用于支持的相机）
cv.CAP_PROP_CONVERT_RGB	16	布尔值，确定是否应该将图像转换为 RGB 格式
cv.CAP_PROP_WHITE_BALANCE_BLUE_U	17	白平衡（目前不支持）
cv.CAP_PROP_RECTIFICATION	18	立体相机校正标记（目前仅 DC1394 v 2.x 支持）

为了展示 cv.VideoCapture()函数的使用方法，代码清单 2-9 给出了读取视频、输出视频的属性并按照原帧率显示视频的示例程序 Read_video.py。在播放视频文件时，利用 cv.waitKey()函数调整两帧图像之间的时间间隔，从而控制视频的播放速度。使用 `cv.waitKey(1000/video.get(cv.CAP_PROP_FPS))`设置按照原帧率显示视频。如果设置的时间间隔高于这个数，则播放速度会减慢；若设置的时间间隔太低，则播放速度会加快。整个示例程序的运行结果在图 2-9 中给出。

代码清单 2-9　Read_video.py

```
1   # -*- coding:utf-8 -*-
2   import cv2 as cv
3
4
5   if __name__ == '__main__':
6       video = cv.VideoCapture('./videos/road.mp4')
7
8       # 判断是否成功创建视频流
9       while video.isOpened():
10          ret, frame = video.read()
11          if ret is True:
12              cv.imshow('Video', frame)
13
14              # 设置视频播放速度
15              # 读者可以尝试将该值进行更改，并观察视频播放速度的变化
16              cv.waitKey(int(1000 / video.get(cv.CAP_PROP_FPS)))
17              # 按下 Q 键退出
18              if cv.waitKey(1) & 0xFF == ord('q'):
19                  break
20          else:
21              break
22
23      # 输出相关信息
24      print('视频中图像的宽度为{}'.format(video.get(cv.CAP_PROP_FRAME_WIDTH)))
25      print('视频中图像的高度为{}'.format(video.get(cv.CAP_PROP_FRAME_HEIGHT)))
26      print('视频帧率为{}'.format(video.get(cv.CAP_PROP_FPS)))
27      print('视频总帧数为{}'.format(video.get(cv.CAP_PROP_FRAME_COUNT)))
28      # 释放并关闭窗口
29      video.release()
30      cv.destroyAllWindows()
```

视频中图像的宽度为960.0
视频中图像的高度为544.0
视频帧率为29.541150764748725
视频总帧数为1014.0

图 2-9　Read_video.py 程序运行结果

2.3.2　摄像头的直接调用

cv.VideoCapture()函数还可以通过调用摄像头的方式来获取视频，其使用方式与从文件中读取视频类似，我们在代码清单 2-10 中给出了该函数的原型。

代码清单 2-10　cv.VideoCapture()函数的原型

```
1  <VideoCapture object> = cv.VideoCapture(index
2                                          [, apiPreference])
```

- `index`：摄像头的索引号，参数 0 表示使用计算机的默认摄像头，同样可以设置为 1 或其他参数以选择其他摄像头。
- `apiPreference`：读取数据时设置的属性，例如编码格式、是否调用 OpenNI 等。

cv.VideoCapture()函数同样可以返回一个视频对象，只是其中的参数不同。调用摄像头时，需要填写的参数为 index，即摄像头的索引。我们将代码清单 2-9 中第 6 行代码里的`'./videos/road.mp4'`改为 0，并在 `cv.imshow('Video', frame)` 语句前添加 `frame = cv.flip(frame,1)`，对摄像头拍摄的图像进行水平翻转。更改后再次运行程序，运行结果如图 2-10 所示。由于相关代码与代码清单 2-9 有过多重复，因此此处不再赘述，读者可以查看…/chapter2/Read_video1.py 程序。

图 2-10　运行结果

2.4　数据的保存

在图像处理过程中会生成新的图像（例如，将模糊的图像经过算法处理后变得更加清晰，将彩色图像变成灰度图像等），需要将处理的结果以图像或者视频的形式保存成文件。本节会详细讲述如何将 ndarray 数组对象保存为图像或者视频文件。

2.4.1　保存图像

OpenCV 提供了 cv.imwrite()函数用于将 ndarray 数组对象保存成图像，该函数的原型在代码清单 2-11 中给出。

代码清单 2-11　cv.imwrite()函数的原型

```
1  retval = cv.imwrite(filename,
2                      img
3                      [, params])
```

- `filename`：保存图像的路径和文件名，包含图像格式。
- `img`：将要保存的 Array 类型的数组。
- `params`：保存图片格式时的属性设置标志。

该函数用于将 ndarray 数组对象保存成图像文件，并将保存结果返回。如果成功保存，则返回 True；否则，返回 False。cv.imwrite()函数可以保存的图像格式参考 cv.imread()函数能够读取的图像文件格式。使用该函数通常只能保存 8 位的单通道图像和 BGR 图像，但是你可以通过更改第 3 个参数保存其他格式的图像。不同数据类型的图像能够保存的格式如下。

- 数据类型为 uint16 的图像可以保存成 PNG、JPEG、TIFF 格式文件。
- 数据类型为 float32 的图像可以保存成 PFM、TIFF、OpenEXR 和 Radiance HDR 格式文件。
- 四通道（最后一个通道为 alpha 通道）的图像可以保存成 PNG 格式文件。其中，对于完全透明的像素，设置 alpha 为 0；对于完全不透明的像素，设置 alpha 为 255/65 535。

该函数的第 3 个参数在一般情况下不需要填写，保存成指定的文件格式时只需要更改第 1 个参数的图像格式，但是如果需要保存的数组中数据比较特殊（如 16 位深度数据），则需要设置第 3 个参数。代码清单 2-12 列出了 cv.imwrite()函数的第 3 个参数的两种设置方式。cv.imwrite()函数中常见的可选择标志在表 2-5 中给出。

代码清单 2-12　cv.imwrite()函数中第 3 个参数的设置方式

```
1    # 将 img 以等级为 95 的图像质量保存
2    cv.imwrite(filename,
3            img,
4            [int(cv.IMWRITE_JPEG_QUALITY), 95])
5    # 将 img 以值为 6 的压缩级别进行保存
6    cv.imwrite(filename,
7            img,
8            [int(cv.IMWRITE_PNG_COMPRESSION), 6])
```

表 2-5　　　　　　　　　　cv.imwrite()函数中常见的可选择标志

标志	简记	作用
cv.IMWRITE_JPEG_QUALITY	1	保存成 JPEG 格式的文件的图像质量，范围为 0~100，默认值为 95
cv.IMWRITE_JPEG_PROGRESSIVE	2	表示是否启用增强 JPEG 格式，若设置为 1，表示启用，默认值为 0（False）
cv.IMWRITE_JPEG_OPTIMIZE	3	表示是否启用对 JPEG 格式进行优化，若设置为 1，表示启用，默认值为 0（False）
cv.IMWRITE_JPEG_LUMA_QUALITY	5	JPEG 文件单独的亮度质量等级，取值范围为 0~100，默认值为 0
cv.IMWRITE_JPEG_CHROMA_QUALITY	6	JPEG 文件单独的色度质量等级，取值范围为 0~100，默认值为 0
cv.IMWRITE_PNG_COMPRESSION	16	保存成 PNG 文件时的压缩级别，范围为 0~9，值越高意味着尺寸越小，压缩时间越长，默认值为 1（最佳速度设置）
cv.IMWRITE_TIFF_COMPRESSION	259	保存成 TIFF 文件时的压缩方案

为了展示 cv.imwrite()函数的使用方式，代码清单 2-13 给出了生成带有 alpha 通道的矩阵，并保存成 PNG 格式图像的 Save_image.py 程序。Save_image.py 程序运行后会输出处理前后的通道数，结果在图 2-11 中给出。同时，该程序生成一幅四通道的 PNG 格式图像。为了更直观地看到图像结果，我们在图 2-12 中给出了使用 Matplotlib 中 pyplot 库里的 show()函数展示的图像和保存后的四通道图像。通过 pyplot 库进行绘图的相关内容将在第 4 章中进行详细介绍，此处读者只需要知道其作用。

```
原图的通道数为3
处理后的通道数为4
```

图 2-11　处理前后图像的通道数对比

代码清单 2-13　Save_image.py

```
1  # -*- coding:utf-8 -*-
2  import cv2 as cv
3  import sys
4  import numpy as np
5  import matplotlib.pyplot as plt
6
7
8  if __name__ == '__main__':
9      # 读取图像并判断是否读取成功
10     img = cv.imread('./images/flower.jpg')
11     if img is None:
12         print('Failed to read flower.jpg.')
13         sys.exit()
14     else:
15         # 添加 alpha 通道（cv.merge()函数将在第 3 章具体讲解）
16         zeros = np.ones(img.shape[:2], dtype=img.dtype) * 100
17         result = cv.merge([img, zeros])
18         print('原图的通道数为{}'.format(img.shape[2]))
19         print('处理后的通道数为{}'.format(result.shape[2]))
20
21         # 展示图像
22         plt.imshow(result)
23         plt.show()
24
25         # 保存图像
26         cv.imwrite('./results/flower_alpha.png', result)
```

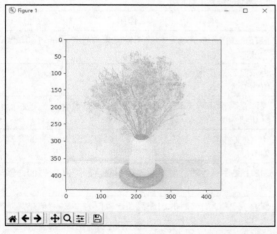 

图 2-12　展示的图像和保存后的四通道图像

2.4.2　保存视频

　　有时我们需要将多幅图像生成视频，或者直接将摄像头拍摄到的数据保存成视频文件。OpenCV 中提供了 cv.VideoWriter()函数用于实现视频文件的保存，代码清单 2-14 给出了该函数的原型及其构造函数。

代码清单 2-14　cv.VideoWriter()函数的原型及其构造函数

```
1  <VideoWriter object>=cv.VideoWriter()
2  <VideoWriter object>=cv.VideoWriter(filename,
3                                      fourcc,
```

```
4                              fps,
5                              frameSize
6                              [, isColor])
```

- `filename`：保存视频的路径和文件名。
- `fourcc`：压缩帧的 4 字符编/解码器选项。
- `fps`：保存视频的帧率，即每秒多少张图像。
- `frameSize`：视频帧的大小。
- `isColor`：表示是否以彩色形式保存视频，默认使用彩色形式。

代码清单 2-14 中第 1 行展示的函数原型的使用方法与 cv.VideoCapture()的相同，都创建并返回一个用于保存视频的数据流对象，后续通过 open()函数设置保存的文件的名称、编/解码器、帧数等一系列参数。对于 fourcc 参数，你可以设置的编/解码器选项在表 2-6 中给出，如果赋值为 "−1"，则会自动搜索合适的编/解码器。对于 fps 参数可以根据需求自由设置，例如，将原视频二倍速播放、将原视频慢动作播放等。对于 frameSize 参数，这里需要注意的是，在设置时一定要与图像的尺寸相同，不然无法保存视频。

表 2-6　　　　　　　　　　　　对于 fourcc 可以设置的编/解码器选项

编/解码器选项（写法一）	编/解码器选项（写法二）	含义
cv.VideoWriter_fourcc('D','I','V','X')	cv.VideoWriter_fourcc(*'DIVX')	MPEG-4 编码
cv.VideoWriter_fourcc('P','I','M','1')	cv.VideoWriter_fourcc(*'PIM1')	MPEG-1 编码
cv.VideoWriter_fourcc('M','J','P','G')	cv.VideoWriter_fourcc(*'MJPG')	JPEG 编码（运行效果一般）
cv.VideoWriter_fourcc('M', 'P', '4', '2')	cv.VideoWriter_fourcc(*'MP42')	MPEG-4.2 编码
cv.VideoWriter_fourcc('D', 'I', 'V', '3')	cv.VideoWriter_fourcc(*'DIV3')	MPEG-4.3 编码
cv.VideoWriter_fourcc('U', '2', '6', '3')	cv.VideoWriter_fourcc(*'U263')	H.263 编码
cv.VideoWriter_fourcc('I', '2', '6', '3')	cv.VideoWriter_fourcc(*'I263')	H.263I 编码
cv.VideoWriter_fourcc('F', 'L', 'V', '1')	cv.VideoWriter_fourcc(*'FLV1')	FLV1 编码

cv.VideoWriter()函数与 cv.VideoCapture()有很多的相似之处，都具有 isOpened()函数（以查看是否成功创建了一个视频流），同样可以通过 get()函数查看视频流中的各种属性。在保存视频时，程序将一帧帧的图像赋值给视频流并生成视频，最后同样需要使用 release()关闭视频流，同时关闭窗口。

代码清单 2-15 给出了通过摄像头生成新的视频文件的 Save_video.py 示例程序，以便读者体会 cv.VideoWriter()函数和 cv.VideoCapture()函数的相似之处，以及使用时的注意事项。该程序获取的视频截图如图 2-13 所示。读者可运行该程序，并在…/chapter2/videos 文件夹中查看是否生成了 Save_video.avi 文件。

代码清单 2-15　Save_video.py

```
1  # -*- coding:utf-8 -*-
2  import cv2 as cv
3
4
5  if __name__ == '__main__':
6      # 设置编/解码方式
7      fourcc = cv.VideoWriter_fourcc(*'DIVX')
8
9      #  采用摄像头获取图像
10     video = cv.VideoCapture(0)
```

```
11    # 使用 cv.VideoWriter() 函数的原型
12    # result = cv.VideoWriter()
13    # result.open('./videos/Save_video.avi', fourcc, 20.0, (640, 480))
14    # 使用 cv.VideoWriter() 的构造函数
15    result = cv.VideoWriter('./videos/Save_video.avi', fourcc, 20.0, (640, 480))
16
17    # 判断是否成功创建视频流
18    while video.isOpened():
19        ret, frame = video.read()
20        if ret is True:
21            # 将每一帧图像进行水平翻转
22            frame = cv.flip(frame, 1)
23
24            # 将一帧帧图像写入视频
25            result.write(frame)
26            cv.imshow('Video', frame)
27            cv.waitKey(25)
28
29            # 按下 Q 键退出
30            if cv.waitKey(1) & 0xFF == ord('q'):
31                break
32        else:
33            break
34
35    # 释放并关闭窗口
36    video.release()
37    result.release()
38    cv.destroyAllWindows()
```

图 2-13　Save_video.py 程序获取的视频截图

2.4.3　保存和读取 XML 和 YMAL 文件

除图像数据之外，有时程序中长度较小的 ndarray 数组对象、字符串、数组等数据也需要保存，这些数据通常保存成 XML 文件或者 YAML 文件。本节将介绍如何利用 OpenCV 4 中的函数将数据保存成 XML 文件或者 YAML 文件，以及如何读取这两种文件中的数据。

XML 是一种元标记语言。元标记就是使用者可以根据自身需求定义自己的标记，可以用\<age\>、\<color\>等标记来定义数据的含义，例如用\<age\>24\</age\>来表示 age 数据的数值为 24。同时，XML是一种结构化的语言，它通过 XML 可以知道数据之间的隶属关系，例如\<color\>\<red\>100\</red\>

<blue>150</blue></color>表示在 color 数据中有两个名为 red 和 blue 的数据，两者的数据值分别是 100 和 150。通过标记的方式，无论以任何形式保存数据，只要文件满足 XML 格式，读取的数据就不会出现歧义。XML 文件的扩展名是 ".xml"。

YMAL 是一种以数据为中心的语言，通过 "变量:数值" 的形式表示每个数据的数值，通过不同的缩进表示不同数据之间的结构和隶属关系。YMAL 可读性高，常用来表达资料序列的格式。它参考了多种语言，包括 XML、C、Python、Perl 等。YMAL 文件的扩展名是 ".ymal" 或者 ".yml"。

OpenCV 4 中提供了用于生成和读取 XML 文件和 YMAL 文件的 cv.FileStorage()函数，在该函数中定义了初始化数据、写入数据和读取数据等的方法。我们在使用该函数时首先需要对其进行初始化，初始化可以理解为声明需要操作的文件和操作类型。OpenCV 4 提供了两种初始化的方法，分别是不输入任何参数的初始化（可以理解为只定义，并未初始化）和输入文件名称、操作类型的初始化。在使用后一种方法进行初始化时，其构造函数在代码清单 2-16 中给出。

代码清单 2-16　cv.FileStorage()构造函数

```
1  <FileStorage object> = cv.FileStorage(filename,
2                                         flags
3                                         [, encoding])
```

- filename：打开的文件名称。
- flags：对文件执行的操作类型标志。
- encoding：编码格式。

该构造函数用于声明打开的文件名称和操作的类型，并返回初始化的 FileStorage 对象。注意，filename 参数是字符串类型，文件的扩展名可以是 ".xml" ".ymal" 或者 ".yml"。打开的文件可以存在或者不存在，但是当对文件进行读取操作时，需要已经存在的文件。flags 参数表示对文件执行读取操作、写入操作等，常用标志在表 2-7 中给出。最后一个参数是文件的编码格式，目前暂不支持 UTF-16 XML 编码，需要使用 UTF-8 XML 编码，通常情况下使用该参数的默认值即可。

表 2-7　　　　　　　　　cv.FileStorage()构造函数中常用的标志

标志	简记	说明
cv.FileStorage_READ	0	读取文件中的数据
cv.FileStorage_WRITE	1	向文件中重新写入数据，会覆盖之前的数据
cv.FileStorage_APPEND	2	向文件中继续写入数据，新数据在原数据之后
cv.FileStorage_MEMORY	4	将数据写入或者读取到内部缓冲区

打开文件后，使用 isOpened()函数判断是否成功打开文件。如果成功打开文件，则该函数返回 True；若失败，则返回 False。

若 cv.FileStorage()函数中没有任何参数，那么表明没有声明打开的文件和操作的类型，因此需要通过其中的 open()函数单独进行声明，该函数的原型在代码清单 2-17 中给出。

代码清单 2-17　cv.FileStorage.open()函数的原型

```
1  retval = cv.FileStorage.open(filename,
2                               flags
3                               [, encoding])
```

该函数解决了 cv.FileStorage()函数没有声明打开文件的问题。该函数中所有的参数及含义与代码清单 2-16 中的相同，此处不再赘述。同样，通过该函数打开文件后，你仍然可以通过 FileStorage 类中的 isOpened()函数判断是否成功打开了文件。

打开文件后，使用 cv.FileStorage.write()函数将数据写入文件中，该函数的原型在代码清单 2-18 中给出。

代码清单 2-18 cv.FileStorage.write()函数的原型
```
1  None = cv.FileStorage.write(name,
2                               val)
```

- name：写入文件中的变量名称。
- val：变量值。

该函数能够将不同数据类型的变量名称和变量值写入文件中。注意，val 参数目前支持实数、字符串和矩阵这 3 种类型的数据。

在读取文件中的数据时，只需要通过变量名就可以读取变量值。例如，file.getNode('x') 用于读取 file 文件中变量名为 x 的变量值。对于 cv.FileStorage.write()函数中可以写入的 3 种数据类型，读取时也需要使用不同的函数进行读取：对于实数型节点，需要使用.real()函数；对于字符串型节点，需要使用.string()函数；对于矩阵型节点，需要使用.mat()函数。例如，file.getNode ('x').real()可以读取 file 中变量名为 x 的实数值。

为了展示如何生成与读取 XML 文件和 YMAL 文件，代码清单 2-19 给出了实现文件写入和读取的 Filestorage.py 示例程序。程序中首先使用 write()函数向文件中写入数据，然后使用 getNode() 函数从文件中读取数据。数据的写入和读取方法在前面已经介绍过，此处只需要重点了解数据的写入和读取方法。该程序读取数据文件的结果在图 2-14 中给出，生成的 XML 文件和 YAM（YMAL） 文件中的数据分别在图 2-15 和图 2-16 中给出。

代码清单 2-19 Filestorage.py 保存和读取 XML 和 YAM（YMAL）文件
```
1   # -*- coding:utf-8 -*-
2   import cv2 as cv
3   import numpy as np
4
5
6   if __name__ == '__main__':
7       # 创建 FileStorage 对象 file，用于写入数据
8       # 读者可以尝试将文件扩展名改为.yml 或.yaml
9       # file = cv.FileStorage('./data/MyFile.yml', cv.FileStorage_WRITE)
10      # file = cv.FileStorage('./data/MyFile.yaml', cv.FileStorage_WRITE)
11      file = cv.FileStorage('./data/MyFile.xml', cv.FileStorage_WRITE)
12
13      # 写入数据
14      file.write('name', '张三')
15      file.write('age', 16)
16      file.write('date', '2019-01-01')
17      scores = np.array([[98, 99], [96, 97], [95, 98]])
18      file.write('scores', scores)
19
20      # 释放对象
21      file.release()
22
23      # 创建 FileStorage 对象 file1，用于读取数据
24      file1 = cv.FileStorage('./data/MyFile.xml', cv.FileStorage_READ)
25
26      # 判断 MyFile.xml 文件是否成功打开
27      if file1.isOpened():
28          # 读取数据
29          name1 = file1.getNode('name').string()
```

```
30      age1 = file1.getNode('age').real()
31      date1 = file1.getNode('date').string()
32      scores1 = file1.getNode('scores').mat()
33
34      # 展示读取结果
35      print('姓名：{}'.format(name1))
36      print('年龄：{}'.format(age1))
37      print('记录日期：{}'.format(date1))
38      print('成绩单：{}'.format(scores1))
39  else:
40      print('Can\'t open MyFile.xml.')
41
42  # 释放对象
43  file1.release()
```

姓名：张三
年龄：16.0
记录日期：2019-01-01
成绩单：[[98 99]
 [96 97]
 [95 98]]

图 2-14　Filestorage.py 程序读取数据文件的结果

```
    MyFile.xml    MyFile.yml    MyFile.yaml
1   <?xml version="1.0"?>
2   <opencv_storage>
3   <name>"张三"</name>
4   <age>16</age>
5   <date>"2019-01-01"</date>
6   <scores type_id="opencv-matrix">
7     <rows>3</rows>
8     <cols>2</cols>
9     <dt>i</dt>
10    <data>
11      98 99 96 97 95 98</data></scores>
12  </opencv_storage>
```

图 2-15　Filestorage.py 程序生成的 XML 文件中的数据

```
    MyFile.xml    MyFile.yml    MyFile.yaml
1   %YAML:1.0
2   ---
3   name: "张三"
4   age: 16
5   date: "2019-01-01"
6   scores: !!opencv-matrix
7     rows: 3
8     cols: 2
9     dt: i
10    data: [ 98, 99, 96, 97, 95, 98 ]
```

```
    MyFile.xml    MyFile.yml    MyFile.yaml
1   %YAML:1.0
2   ---
3   name: "张三"
4   age: 16
5   date: "2019-01-01"
6   scores: !!opencv-matrix
7     rows: 3
8     cols: 2
9     dt: i
10    data: [ 98, 99, 96, 97, 95, 98 ]
```

图 2-16　Filestorage.py 程序生成的 YML 文件和 YAML 文件中的数据

2.5　本章小结

　　本章首先介绍了 Python 中用于存放图像数据的 ndarray 数组对象的常用属性、函数及使用方法，之后介绍了 OpenCV 中图像的读取和显示方式，以及视频加载与摄像头调用的相关函数及示例程序。本章最后介绍了如何保存图像、视频文件，以及与 XML、YML（YAML）文件的保存与读取相关的函数。

　　本章涉及的主要函数如下。

- cv.imread()：用于读取图像文件。
- cv.namedWindow()：创建一个显示图像的窗口。
- cv.imshow()：在指定窗口中显示图像。

- cv.destroyWindow()：关闭某个窗口。
- cv.destroyAllWindows()：关闭所有窗口。
- cv.VideoCapture()：读取视频文件/调用摄像头读取视频文件。
- cv.imwrite()：保存图像文件。
- cv.VideoWriter()：保存视频文件。
- cv.FileStorage()：读取或者保存 XML、YML（YAML）文件。

第3章 图像基本操作

在获取图像后，你首先需要了解处理图像的基本操作，例如对图像颜色的分离、像素的改变、图像的拉伸与旋转，以及在图像中添加一些基础的图形或文字，并进行简单的处理。因此，本章重点介绍 OpenCV 4 中提供的图像基本操作，包括颜色空间的转换、像素的操作、图像形状的改变、绘制几何图形的方法，以及生成图像金字塔的方法等。

3.1 颜色空间

在数字图像中，通过红、绿、蓝 3 种颜色的混合能够展现各种的颜色，这种颜色空间称为 RGB 颜色空间。RGB 颜色空间是常见的颜色空间，常用于表示和显示图像。为了能够表示 3 种颜色的混合，图像以多通道的形式分别存储某一种颜色的红色分量、绿色分量和蓝色分量。除 RGB 颜色空间以外，图像的颜色空间还有 YUV、HSV 和 GRAY 等。了解图像的颜色空间对于分割拥有颜色区分特征的图像具有重要的意义，例如提取图像中的红色物体可以通过比较图像红色通道的像素值来实现。

3.1.1 颜色空间与转换

OpenCV 中提供了超过 150 种进行颜色空间转换的方法，本节将讲述 RGB 颜色空间、HSV 颜色空间、Lab 颜色空间、YUV 颜色空间及 GRAY 颜色空间，以及它们之间的数学转换关系，同时介绍在这几种颜色空间之间变换的函数。

1. RGB 颜色空间

RGB 颜色空间的名称是由 3 种颜色的英文首字母组成的，这 3 种颜色分别是红色（Red）、绿色（Green）和蓝色（Blue）。在 OpenCV 中，第 1 个通道对应蓝色（B）分量，第 2 个通道对应绿色（G）分量，第 3 个通道对应红色（R）分量。OpenCV 4 中，第 1 个通道也可以用于存储红色分量。但是这两种顺序对应的图像的 RGB 颜色空间是相同的，RGB 颜色空间如图 3-1 所示。3 个通道对于颜色描述的范围是相同的，因此 RGB 颜色空间可表示为一个立方体。在 RGB 颜色空间中，所有的颜色都是由这 3 种颜色通过不同比例的混合得到的。如果 3 种颜色分量都为 0，则表示黑色；如果 3 种颜色分量相同且都为最大值，则表示白色。每个通道都表示某一种颜色由 0 到 1 的过程，不同位数的图像表示将这个颜色变化过程细分成不同的层级，例如，对于三通道数据类型为 uint8 的图像，每个通道将这个过程量化成 256 个等级，分别由 0～255 的整数表示。在这个颜色空间的基础上，增加第 4 个通道，即得到 RGBA 颜色空间，第 4 个通道表示颜色的透明度，当没有透明度需求的时候，RGBA 颜色空间就会退化成 RGB 颜色空间。

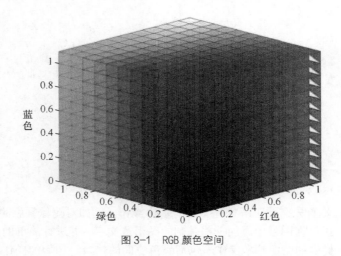

图 3-1　RGB 颜色空间

2. YUV 颜色空间

YUV 颜色空间是电视信号系统所采用的颜色编码方式。这 3 个变量分别表示的是图像的亮度（Y）、红色分量与亮度的信号差值（U）、蓝色分量与亮度的信号差值（V）。这种颜色空间主要用于视频和图像的传输，该颜色空间的产生与电视机的发展历程密切相关。由于彩色电视机在黑白电视机之后才出现，因此用于彩色电视机的视频信号需要能够兼容黑白电视机。彩色电视机需要 3 个通道的数据才能显示彩色，而黑白电视机只需要 1 个通道的数据，因此，为了使视频信号能够兼容彩色电视机与黑白电视机，可将 RGB 编码方式转变成 YUV 编码方式。其中，Y 通道表示图像的亮度，黑白电视机只需要使用该通道就可以显示黑白视频图像，而彩色电视机通过将 YUV 编码转成 RGB 编码方式，便可以显示彩色图像。这较好地解决了同一个视频信号兼容不同类型电视机的问题。RGB 颜色空间与 YUV 颜色空间之间的转换关系如式（3-1a）与式（3-1b）所示，其中 R、G、B 的取值范围均为 0～255。

$$\begin{cases} Y = 0.299R + 0.587G + 0.114B \\ U = -0.147R - 0.289G + 0.436B \\ V = 0.615R - 0.515G - 0.100B \end{cases} \tag{3-1a}$$

$$\begin{cases} R = Y + 1.14V \\ G = Y - 0.39U - 0.58V \\ B = Y + 2.03U \end{cases} \tag{3-1b}$$

3. HSV 颜色空间

HSV 是由色调（Hue）、饱和度（Saturation）和亮度（Value）这 3 个术语的首字母组成的，通过名字也可以看出，该颜色空间通过这 3 个特性对颜色进行描述。色相是色彩的基本属性，就是平时常说的颜色，例如红色、蓝色等，色相可表示为 0°～360°的圆心角；饱和度是指颜色的纯度，饱和度越高，色彩越纯越艳，随着饱和度降低，色彩则逐渐变灰、变暗，饱和度的取值范围是 0～1；亮度是颜色的明亮程度，其取值范围为 0 到计算机中允许的最大亮度值。由于色相、饱和度和亮度的取值范围不同，因此 HSV 颜色空间用锥形表示，其形状如图 3-2 所示。RGB 颜色空间中存在的 3 个颜色分量与最终颜色联系不直观，而 HSV 颜色空间更加符合人类感知颜色的方式——通过颜色、深浅及亮暗。

4. Lab 颜色空间

Lab 颜色空间弥补了 RGB 颜色空间的不足，是一种与设备无关的、基于生理特征的颜色空间。

在 Lab 颜色空间中，L 表示亮度（Luminosity），a 和 b 是两个颜色通道。a 与 b 的取值范围都为−128～+127，其中 a 通道中的数值由小到大对应的颜色是从绿色变成红色，b 通道中的数值由小到大对应的颜色是由蓝色变成黄色。Lab 颜色空间可表示为一个球形，如图 3-3 所示。

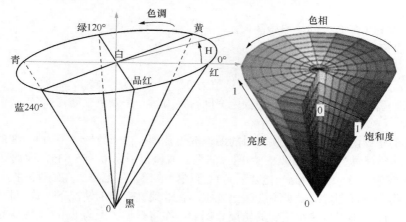

图 3-2　HSV 颜色空间

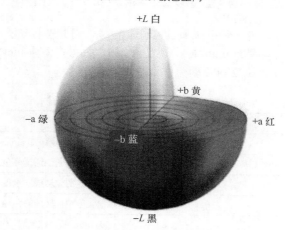

图 3-3　Lab 颜色空间

5. GRAY 颜色空间

GRAY 颜色空间是一个关于灰度图像的颜色空间，使用英文单词 gray 的大写形式命名该颜色空间。灰度图像只有 1 个通道，灰度值根据图像位数由 0 到最大灰度值依次表示由黑到白。例如在 8UC1 格式中，由黑到白被量化成 256 个等级，通过 0～255 的整数来表示，其中 255 表示白色。彩色图像具有颜色丰富、信息含量大的特性，但是灰度图在图像处理中依然具有一定的优势。例如，灰度图像具有在相同尺寸和相同压缩格式下所占空间小、易于采集和便于传输等优点。常用的 RGB 颜色空间转成灰度图的方式如式（3-2）所示。

$$GRAY=0.3R+0.59G+0.11B \tag{3-2}$$

6. 不同颜色空间之间的互相转换

为了实现图像在不同颜色空间之间的相互转换，OpenCV 4 提供了 cv.cvtColor()函数，代码清单 3-1 给出该函数的原型。

代码清单 3-1 cv.cvtColor()函数的原型

```
1  dst = cv.cvtColor(src,
2                    code
3                    [, dst
4                    [, dstCn]])
```

- src：待转换颜色空间的原始图像。
- code：颜色空间转换的标志（见表 3-1）。
- dst：颜色空间转换后的目标图像。
- dstCn：目标图像中的通道数。默认值为 0。

cv.cvColor()函数用于将图像从一个颜色空间转换为另一个颜色空间，并将转换后的结果通过值返回。

需要注意的是该函数在进行转换前后的图像取值范围，由于数据类型为 uint8 的图像的像素取值范围为 0～255，数据类型为 uint16 的图像的像素取值范围为 0～65 535，而数据类型为 float32 的图像的像素范围为 0～1，因此一定要注意目标图像的像素值范围。在线性变换的情况下，范围问题不需要考虑，目标图像的像素不会超出范围。在非线性变换的情况下，你应将输入的 RGB 图像归一化到适当的范围内以获得正确的结果。例如，在将数据类型为 uint8 的图像转换成数据类型为 float32 的图像时，需要先将图像像素除以 255 以缩放到 0～1 范围内，以防止产生错误结果。

注意　如果转换过程中添加了 alpha 通道，则其值将设置为相应通道范围的最大值：数据类型为 uint8 时，设置为 255，数据类型为 uint16 时设置为 65535，数据类型为 float32 时设置为 1。

表 3-1　　　　　　　　　cv.cvtColor()函数中颜色空间转换的标志

标志	简记	作用
cv.COLOR_BGR2BGRA	0	为 RGB 图像添加 alpha 通道
cv.COLOR_BGR2RGB	4	更改彩色图像通道颜色的顺序
cv.COLOR_BGR2GRAY	10	把彩色图像转成灰度图像
cv.COLOR_GRAY2BGR	8	把灰度图像转成彩色图像（伪彩色）
cv.COLOR_BGR2YUV	82	从 RGB 颜色空间转成 YUV 颜色空间
cv.COLOR_YUV2BGR	84	从 YUV 颜色空间转成 RGB 颜色空间
cv.COLOR_BGR2HSV	40	从 RGB 颜色空间转成 HSV 颜色空间
cv.COLOR_HSV2BGR	54	从 HSV 颜色空间转成 RGB 颜色空间
cv.COLOR_BGR2Lab	44	从 RGB 颜色空间转成 Lab 颜色空间
cv.COLOR_Lab2BGR	56	从 Lab 颜色空间转成 RGB 颜色空间

为了展示同一幅图像在不同颜色空间中的样子，代码清单 3-2 给出了前面几种颜色空间互相转换的 Convert_color.py 程序，运行结果如图 3-4 所示。需要说明的是，Lab 颜色空间具有负数，而通过 cv.imshow()函数显示的图像无法显示负数，因此我们在程序中使用 cv.imwrite()函数将其保存下来再进行查看。在该程序中，为了防止转换后出现数值越界的情况，我们先将图像从 uint8 类型转成 float32 类型，再执行颜色空间转换操作。

代码清单 3-2 Convert_color.py

```
1  # -*- coding:utf-8 -*-
2  import cv2 as cv
```

```
3   import sys
4   import numpy as np
5
6
7   if __name__ == '__main__':
8       # 读取图像并判断是否读取成功
9       img = cv.imread('./images/lena.jpg')
10      if img is None:
11          print('Failed to read lena.jpg.')
12          sys.exit()
13      else:
14
15          # 将图像进行颜色空间转换
16          image = img.astype('float32')
17          image *= 1.0 / 255
18          HSV = cv.cvtColor(image, cv.COLOR_BGR2HSV)
19          YUV = cv.cvtColor(image, cv.COLOR_BGR2YUV)
20          Lab = cv.cvtColor(image, cv.COLOR_BGR2Lab)
21          GRAY = cv.cvtColor(image, cv.COLOR_BGR2GRAY)
22
23          # 展示结果
24          cv.imshow('Origin Image', image)
25          cv.imshow('HSV Image', HSV)
26          cv.imshow('YUV Image', YUV)
27          cv.imshow('Lab Image', Lab)
28          # 由于计算出的 Lab 结果会有负数值，不能通过 cv.imshow() 函数显示，
29          # 因此我们可以先使用 cv.imwrite() 函数保存再进行查看
30          cv.imwrite('./results/Convert_color_Lab.jpg', Lab)
31          cv.imshow('GRAY Image', GRAY)
32
33          # 关闭窗口
34          cv.waitKey(0)
35          cv.destroyAllWindows()
```

图 3-4 Convert_color.py 程序的运行结果

该程序利用了 NumPy 库中的 astype()函数将矩阵数据类型从 uint8 转换为 float32。在使用图像数据时，你也会经常遇到不同数据类型转换的问题，因此接下来将详细介绍该转换方法，代码清单 3-3 给出了 astype()函数在 NumPy 中的原型。

代码清单 3-3　np.astype()函数的原型

```
1    dst = ndarray.astype(dtype
2                        [, order = 'K']
3                        [, cast = 'unsafe']
4                        [, subok = True]
5                        [, copy = True])
```

- dtype：转换后图像的数据类型。
- order：在内存中的存储顺序，默认值为'K'。
- cast：数据类型转换的级别，默认值为'unsafe'。
- subok：声明是否传递子类。
- copy：声明是否返回新分配的数组。

该函数可以将已有数组矩阵的数据类型进行转换，并将转换后的结果通过值返回。注意，order 参数的可选值有'C'、'F'、'A'、'K'。其中，'C'表示 C 顺序；'F'表示 FORTRAN 顺序；'A' 表示若所有数组都是列连续的，则按照 FORTRAN 顺序；'K'表示数组元素在内存中出现的顺序尽可能相近。对于 cast 参数，'no'表示完全不能转换，'equiv'表示仅允许按字节顺序更改，'safe' 表示仅允许保留值的强制类型转换，'same_kind'表示仅允许同一类型之间相互转换，'unsafe' 表示可进行任何数据转换。subok 和 copy 参数均为布尔型对象。subok 参数的默认值为 True，表示子类将被传递。copy 参数的默认值同样为 True，True 表示返回一个新分配的数组，False 表示返回输入的数组。一般情况下，除 dtype 参数以外，其余参数可以采用默认值。

3.1.2　多通道分离与合并

在图像颜色空间中，不同的分量存放在不同的通道中。如果我们只需要颜色空间中的某一个分量（例如，只需要处理 RGB 图像中的红色通道），则可以将红色通道从三通道的数据中分离出来再进行处理。这种方式可以减少数据所占用的内存，加快程序的运行速度。同时，当我们分别处理完多个通道后，需要将所有通道合并在一起重新生成 RGB 图像。针对图像多通道的分离与合并，第 2 章已经做过简单介绍，这里主要介绍如何使用 OpenCV 4 中提供的 cv.split()函数和 cv.merge()函数实现分离与合并。

1．多通道分离函数 cv.split()

OpenCV 中提供了多通道分离函数 cv.split()，代码清单 3-4 给出了该函数的原型。

代码清单 3-4　cv.split()函数的原型

```
1    mv = cv.split(m
2                 [, mv])
```

- m：待分离的多通道图像。
- mv：分离后的单通道图像。

该函数主要用于将多通道的图像分离成若干单通道的图像，并将分离后的结果通过值返回。

2．多通道合并函数 cv.merge()

OpenCV 4 中提供了多通道合并函数 cv.merge ()，代码清单 3-5 给出了该函数的原型。

代码清单 3-5　cv.merge()函数的原型

```
1    dst = cv.merge(mv
2                  [, dst])
```

- mv：需要合并的图像。
- dst：合并后输出的图像。

该函数主要用于将多幅图像合并成一幅多通道图像，并将合并后的结果通过值返回。其功能与 cv.split()函数相对应，对于输入尺寸和数据类型一致的多幅图像，输出结果是一幅多通道的图像，其通道数目是所有输入图像通道数目的总和。对于需要合并的图像，每幅图像必须拥有相同的尺寸和数据类型。合并后输出的图像与需要合并的图像具有相同的尺寸和数据类型，通道数等于所有输入图像的通道数总和。这里需要说明的是，用于合并的图像并非都是单通道的，也可以把多幅通道数目不相同的图像合并成一幅通道更多的图像。虽然这些图像的通道数目可以不相同，但是需要所有图像具有相同的尺寸和数据类型。

3. 图像多通道分离与合并示例程序

为了使读者更加熟悉图像多通道分离与合并的操作，同时加深对图像不同通道作用的理解，在代码清单 3-6 中实现了图像的多通道分离与合并操作。程序中首先将 RGB 图像分离为 b、g、r 通道，然后分别进行通道数目相同和不相同的图像矩阵合并。由于双通道矩阵不能通过 cv.imshow() 进行查看，因此新建一个和图像尺寸相同的全 0 矩阵，将 b、g、r 通道自由组合后和全 0 矩阵合并。为了验证 cv.merge()函数合并的图像不受通道数目的影响，程序中合并了三通道图像 bg（由 b 通道、g 通道和全 0 矩阵合并后的三通道图像），以及 3 个单通道图像 r、zeros（表示全 0 矩阵）、zeros，合并后矩阵的通道数为 6，但是这不能通过 cv.imshow()进行查看，仅用于验证可以进行多通道合并，因此在最后的运行结果（见图 3-5）中没有给出其合并后的结果，读者可以运行该程序并查看该图像矩阵内的数据及相关属性。

代码清单 3-6　Split_and_merge.py

```
1  # -*- coding:utf-8 -*-
2  import cv2 as cv
3  import sys
4  import numpy as np
5
6
7  if __name__ == '__main__':
8      # 读取图像并判断是否读取成功
9      img = cv.imread('./images/lena.jpg')
10     if img is None:
11         print('Failed to read lena.jpg.')
12         sys.exit()
13
14     # 通道分离
15     b, g, r = cv.split(img)
16
17     # 创建一个和图像尺寸相同的全 0 矩阵
18     zeros = np.zeros(img.shape[:2], dtype='uint8')
19
20     # 将通道数目相同的图像矩阵合并
21     bg = cv.merge([b, g, zeros])
22     gr = cv.merge([zeros, g, r])
23     br = cv.merge([b, zeros, r])
24     # 将通道数目不相同的图像矩阵进行合并
25     bgr_6 = cv.merge([bg, r, zeros, zeros])
26
27     # 展示结果
28     cv.imshow('Blue', b)
29     cv.imshow('Green', g)
30     cv.imshow('Red', r)
```

```
31      cv.imshow('Blue_Green', bg)
32      cv.imshow('Green_Red', gr)
33      cv.imshow('Blue_Red', br)
34
35      # 关闭窗口
36      cv.waitKey(0)
37      cv.destroyAllWindows()
```

图 3-5　Split_and_merge.py 程序的运行结果

3.2　图像像素的操作

　　介绍图像的不同通道之后，本章接下来将对每个通道内图像像素的相关操作进行介绍。关于像素的概念，在前面已经有所介绍，例如，在数据类型为 uint8 的图像中，像素取值范围由黑到白被分成了 256 份，由灰度值 0～255 表示这个变化的过程。灰度值的大小表示的是像素的亮暗程度，同时灰度值的变化程度也表示了图像纹理的变化程度，因此了解像素的相关操作是了解图像的第一步。

3.2.1　图像像素统计

　　我们可以将数字图像理解成一定大小的矩阵，矩阵中每个元素的大小表示图像中每个像素的亮暗程度。查找矩阵中的最大值就是寻找图像中灰度值最大的像素，计算矩阵的平均值就是计算图像像素的平均灰度（它可以用来表示图像整体的亮暗程度）。因此，针对矩阵数据的统计工作在图像像素中同样具有一定的意义。OpenCV 4 集成了求取图像像素最大值、最小值、均值、标准差等函数。本节将详细介绍这些函数。

1. 寻找图像像素的最大值与最小值

OpenCV 4 中提供了寻找图像像素的最大值、最小值的函数 cv.minMaxLoc()，代码清单 3-7 给出该函数的原型。

代码清单 3-7　cv.minMaxLoc()函数的原型

```
1  minVal, maxVal, minLoc, maxLoc = cv.minMaxLoc(src
2                                              [, mask])
```

- src：需要寻找最大值和最小值的图像（图像可表示为矩阵）。
- mask：图像掩模。
- minVal：图像中的最小值。
- maxVal：图像中的最大值。
- minLoc：图像中的最小值在矩阵中的坐标。
- maxLoc：图像中的最大值在矩阵中的坐标。

该函数实现的功能是寻找图像中指定区域内的最值，并将寻找到的最值的相关结果通过值返回。需要注意的是，第 1 个参数必须表示单通道图像矩阵。对于多通道的图像，使用 np.reshape() 函数将其转换为单通道图像，或者分别寻找每个通道的最值，然后寻找指定区域内的最值。第 2 个参数用于在图像的指定区域内寻找最值，参数默认值为 None，表示寻找范围是图像中的所有数据。第 3~6 个参数为函数的返回值。

注意　　如果图像中存在多个最大像素值或者最小像素值，那么 cv.minMaxLoc()函数输出的最值位置为按行扫描从左至右第 1 次检测到的最值位置。

在对图像进行操作的过程中，往往需要对图像尺寸和通道数目进行改变，np.reshape()函数可以帮助我们对图像矩阵的形状进行调整，代码清单 3-8 给出该函数的原型。

代码清单 3-8　np.reshape()函数的原型

```
1  dst = np.reshape(array,
2                   shape
3                   [, order])
```

- array：需要调整尺寸和通道数的图像。
- shape：重塑后的矩阵的维度。
- order：读取/写入元素时的顺序。

该函数可以对图像的尺寸和通道数进行调整，并将调整后的结果通过值返回。注意，第 2 个参数一般以元组的形式传入。例如，(2, 6)表示将矩阵调整为 2 行 6 列，当我们不知道矩阵中共有多少元素时，也可以将其中一个维度设为−1，此时函数可以根据元素的个数自动计算。对于第 3 个参数，'C'表示按照 C 顺序读取/写入元素；'F'表示按照 FORTRAN 顺序读取/写入元素；'A'表示如果该矩阵在内存中连续，则按照 FORTRAN 顺序读取/写入元素（否则，按 C 顺序）；默认值为'C'。

注意　　在使用第 2 个参数时，应保证新形状和原始形状兼容。例如，若原始形状为(4, 3)，可设置新形状为(2, 6)、(3, 4)等；否则，可能会出现错误和矩阵内元素丢失的情况。对于较大的矩阵，若不能预先计算出矩阵元素个数，则可灵活运用−1 进行填充。

为了让读者更加了解 cv.minMaxLoc() 函数的使用方法，代码清单 3-9 给出寻找矩阵最值的示例程序。程序中创建一个 ndarray 对象 array，分别将其重塑为不同尺寸与通道数的图像 img1 和 img2，并分别求取最值，以展示如何对多通道数据求最值。图 3-6 中给出了该程序的最终运行结果。

代码清单 3-9　Find_min_max_loc.py

```
1   # -*- coding:utf-8 -*-
2   import cv2 as cv
3   import numpy as np
4
5
6   if __name__ == '__main__':
7       # 新建array
8       array = np.array([1, 2, 3, 4, 5, 10, 6, 7, 8, 9, 10, 0])
9       # 将array调整为维度为 3×4 的单通道图像
10      img1 = array.reshape((3, 4))
11      minval_1, maxval_1, minloc_1, maxloc_1 = cv.minMaxLoc(img1)
12      print('图像img1中最小值为%s, 其位置为%s' % (minval_1, minloc_1))
13      print('图像img1中最大值为%s, 其位置为%s' % (maxval_1, maxloc_1))
14
15      # 将array重塑为 3×2×2 的多通道图像
16      img2 = array.reshape((3, 2, 2))
17      # 先将多通道图像重塑
18      img2_re = img2.reshape((1, -1))
19      minval_2, maxval_2, minloc_2, maxloc_2 = cv.minMaxLoc(img2_re)
20      print('图像img2中最小值为%s, 其位置为%s' % (minval_2, minloc_2))
21      print('图像img2中最大值为%s, 其位置为%s' % (maxval_2, maxloc_2))
```

```
图像img1中最小值为0.0，其位置为 (3, 2)
图像img1中最大值为10.0，其位置为 (1, 1)
图像img2中最小值为0.0，其位置为 (11, 0)
图像img2中最大值为10.0，其位置为 (5, 0)
```

图 3-6　Find_min_max_loc.py 程序的运行结果

2. 计算图像的均值和标准差

图像的均值表示图像整体的亮暗程度，图像的均值越大，图像整体越亮。标准差表示图像中明暗变化的程度，标准差越大，表示图像中明暗变化越明显。OpenCV 4 提供了 cv.mean() 函数用于计算图像的均值，提供了 cv.meanStdDev() 函数用于同时计算图像的均值和标准差。代码清单 3-10 给出了 cv.mean() 函数的原型。

代码清单 3-10　cv.mean() 函数的原型

```
1   retal = cv.mean(src
2                      [, mask])
```

- src：待求均值的图像。
- mask：图像掩模。

该函数用来求取图像中每个通道的均值，将计算结果存放至一个长度为 4 的元组中并返回。每个位置代表对应通道的均值，若没有该通道，则对应值为 0.0。第 1 个参数用来输入待求均值的图像，其通道数目 c 为 1～4 的整数。第 2 个参数为图像掩模，尺寸与第 1 个参数相同，用于标记求取哪些区域的均值。求取函数均值的原理是在第 1 个参数中除以第 2 个参数里值为 1 的像素数 N，计算的原理如式（3-3）所示。当不输入第 2 个参数时，表示求取第 1 个参数中全部像素的均值。

$$N = \sum_{I,\text{mask}(I)\neq 0} 1$$
$$M_c = \left(\sum_{I,\text{mask}(I)\neq 0}\text{src}(I)_c\right)/N \tag{3-3}$$

其中，M_c 表示第 c 个通道的均值，I 表示输入图像；$\text{src}(I)_c$ 表示第 c 个通道中像素的灰度值。

cv.meanStdDev()函数可以同时求取图像每个通道的均值和标准差，其原型在代码清单 3-11 中给出。

代码清单 3-11　cv.meanStdDev()函数的原型

```
1  mean, stddev = cv.meanStdDev(src
2                               [, mean
3                               [, stddev
4                               [, mask]]])
```

- src：待求均值和标准差的图像。
- mean：图像每个通道的均值。
- stddev：图像每个通道的标准差。
- mask：图像掩模。

该函数可以同时求取图像的均值和标准差，并将求取结果通过值返回。第 1 个参数和第 4 个参数与 cv.mean()函数中的相关参数相同，第 4 个函数默认表示计算矩阵内所有区域的均值和标准差。如果输入图像只有一个通道，则该函数求取的均值和标准差中只有一个数据。第 2 个参数和第 3 个参数为可选参数，这两个参数可以使用默认值。当使用默认值时，可以以返回值的形式给出均值和标准差。该函数的计算原理如式（3-4）所示。

$$N = \sum_{I,\text{mask}(I)\neq 0} 1$$
$$M_c = \left(\sum_{I,\text{mask}(I)\neq 0}\text{src}(I)_c\right)/N \tag{3-4}$$
$$\text{stddev}_c = \sqrt{\sum_{I,\text{mask}(I)\neq 0}\left(\text{src}(I)_c - M_c\right)^2/N}$$

我们在代码清单 3-12 中首先创建一个 array 矩阵，然后将该矩阵使用 reshape()函数分别调整为单通道图像 img1 和多通道图像 img2，接着利用上述两个函数计算 img1 与 img2 这两个图像矩阵的均值和标准差，并在图 3-7 中给出程序的运行结果。

代码清单 3-12　Mean_and_meanStdDev.py

```
1  # -*- coding:utf-8 -*-
2  import cv2 as cv
3  import numpy as np
4
5
6  if __name__ == '__main__':
7      # 新建array
8      array = np.array([1, 2, 3, 4, 5, 10, 6, 7, 8, 9, 10, 0])
9      # 将array调整为3×4的单通道图像img1
10     img1 = array.reshape((3, 4))
11     # 将array调整为3×2×2的多通道图像img2
12     img2 = array.reshape((3, 2, 2))
13
14     # 分别计算图像img1和img2的均值与标准差
15     mean_img1 = cv.mean(img1)
16     mean_img2 = cv.mean(img2)
17
```

```
18    mean_std_dev_img1 = cv.meanStdDev(img1)
19    mean_std_dev_img2 = cv.meanStdDev(img2)
20
21    # 输出 cv.mean() 函数的计算结果
22    print('cv.mean() 函数计算结果如下：')
23    print('图像 img1 的均值为{}'.format(mean_img1))
24    print('图像 img2 的均值为{}，\n 其中第 1 个通道的均值为{}，\n 第 2 个通道的均值为{}'
25         .format(mean_img2, mean_img2[0], mean_img2[1]))
26    print('*' *30)
27    # 输出 cv.meanStdDev() 函数的计算结果
28    print('cv.meanStdDev() 函数计算结果如下：')
29    print('图像 img1 的均值为{}，\n 标准差为{}'.format(mean_img1[0], float(mean_std_dev_
          img1[1])))
30    print('图像 img2 的均值为{}，\n 其中第 1 个通道的均值为{}，\n 第 2 个通道的均值为{}\n'
31         '标准差为{}，其中第 1 个通道的标准差为{}，\n 第 2 个通道的标准差为{}\n'
32         .format(mean_img2, mean_img2[0], mean_img2[1],
33         mean_std_dev_img2[1], float(mean_std_dev_img2[1][0]), float(mean_
          std_dev_img2[1][0])))
```

```
cv.mean() 函数计算结果如下：
图像 img1 的均值为 (5.416666666666666, 0.0, 0.0, 0.0)
图像 img2 的均值为 (5.5, 5.333333333333333, 0.0, 0.0)，
其中第一个通道的均值为 5.5，
第二个通道的均值为 5.333333333333333
cv.meanStdDev() 函数计算结果如下：
图像 img1 的均值为 5.416666666666666，
标准差为 3.32812092461931
图像 img2 的均值为 (5.5, 5.333333333333333, 0.0, 0.0)，
其中第一个通道的均值为 5.5，
第二个通道的均值为 5.333333333333333
标准差为  [[ 2.98607881]
 [ 3.63623737]]，其中第一个通道的标准差为 2.9860788111948193，
第二个通道的标准差为 2.9860788111948193
```

图 3-7　Mean_and_meanStdDev.py 程序的运行结果

3.2.2　两图像间的像素操作

前面介绍的计算最值、平均值等操作都对一幅图像进行处理，接下来将介绍两幅图像间的像素操作，包含两幅图像的比较运算、逻辑运算等。

1．两幅图像的比较运算

OpenCV 4 中提供了求取两幅图像中较大或者较小灰度值的 cv.max()、cv.min() 函数，这两个函数依次比较两幅图像中灰度值的大小，保留较大（较小）的灰度值。这两个函数的原型在代码清单 3-13 中给出。

代码清单 3-13　cv.max() 和 cv.min() 函数的原型

```
1    dst = cv.max(src1,
2                 src2
3                 [, dst])
4    dst = cv.min(src1,
5                 src2
6                 [, dst])
```

- src1：第 1 幅图像，可以是任意通道数的矩阵。
- src2：第 2 幅图像，尺寸、通道数及数据类型与第 1 个参数一致。

- dst：保留对应位置较大（较小）灰度值后的图像，尺寸、通道数和数据类型与输入参数一致。

这两个函数的功能相对来说比较简单，就是比较图像中像素的大小，按要求保留较大值或者较小值，最后生成新的图像，并通过值返回。例如，第 1 幅图像的(x, y)位置的灰度值为 100，第 2 幅图像同样位置的灰度值为 0，较大值为 100。为了更直观地体会这两个函数的用法，代码清单 3-14 给出了利用这两个函数进行图像比较的示例程序，程序的部分运行结果分别在图 3-8～图 3-10 中给出。这种比较运算主要用于对矩阵类型数据的处理，例如与掩模图像进行比较运算可以达到抠图或者选择通道的效果。

代码清单 3-14　Max_and_min.py

```
1   # -*- coding:utf-8 -*-
2   import cv2 as cv
3   import numpy as np
4
5
6   if __name__ == '__main__':
7       # 新建 a 和 b
8       a = np.array([1, 2, 3.3, 4, 5, 9, 5, 7, 8.2, 9, 10, 2])
9       b = np.array([1, 2.2, 3, 1, 3, 10, 6, 7, 8, 9.3, 10, 1])
10      img1 = np.reshape(a, (3, 4))
11      img2 = np.reshape(b, (3, 4))
12      img3 = np.reshape(a, (2, 3, 2))
13      img4 = np.reshape(b, (2, 3, 2))
14
15      # 对两幅单通道图像进行比较
16      max12 = cv.max(img1, img2)
17      min12 = cv.min(img1, img2)
18
19      # 对两幅多通道图像进行比较
20      max34 = cv.max(img3, img4)
21      min34 = cv.min(img3, img4)
22
23      # 对两幅彩色图像进行比较
24      img5 = cv.imread('./images/lena.jpg')
25      img6 = cv.imread('./images/noobcv.jpg')
26      max56 = cv.max(img5, img6)
27      min56 = cv.min(img5, img6)
28      cv.imshow('conMax', max56)
29      cv.imshow('conMin', min56)
30
31      # 对两幅灰度图像进行比较
32      img7 = cv.cvtColor(img5, cv.COLOR_BGR2GRAY)
33      img8 = cv.cvtColor(img6, cv.COLOR_BGR2GRAY)
34      max78 = cv.max(img7, img8)
35      min78 = cv.min(img7, img8)
36      cv.imshow('conMax_GRAY', max78)
37      cv.imshow('conMin_GRAY', min78)
38
39      # 与掩模图像进行比较
40      # 生成一个 300×300 的低通掩模矩阵
41      src = np.zeros((512, 512, 3), dtype='uint8')
42      src[100:400, 100:400] = 255
43      min_img5_src = cv.min(img5, src)
44      cv.imshow('Min img5 src', min_img5_src)
45
46      # 生成一个显示红色通道的低通掩模矩阵
47      src1 = np.zeros((512, 512, 3), dtype='uint8')
```

```
48    src1[:, :, 2] = 255
49    min_img5_src1 = cv.min(img5, src1)
50    cv.imshow('Min img5 src1', min_img5_src1)
51
52    # 关闭窗口
53    cv.waitKey(0)
54    cv.destroyAllWindows()
```

	0	1	2	3
0	1.00000	2.00000	3.30000	4.00000
1	5.00000	9.00000	5.00000	7.00000
2	8.20000	9.00000	10.00000	2.00000

	0	1	2	3
0	1.00000	2.20000	3.00000	1.00000
1	3.00000	10.00000	6.00000	7.00000
2	8.00000	9.30000	10.00000	1.00000

	0	1	2	3
0	1.00000	2.20000	3.30000	4.00000
1	5.00000	10.00000	6.00000	7.00000
2	8.20000	9.30000	10.00000	2.00000

	0	1	2	3
0	1.00000	2.00000	3.00000	1.00000
1	3.00000	9.00000	5.00000	7.00000
2	8.00000	9.00000	10.00000	1.00000

图 3-8　Max_and_min.py 程序中两个矩阵进行比较运算的部分结果

图 3-9　Max_and_min.py 程序中两幅彩色图像和两幅灰度图像进行比较运算的结果

图 3-10　Max_and_min.py 与掩模图像进行比较运算的结果

2. 两幅图像的逻辑运算

OpenCV 4 针对两幅图像像素之间的"与""或""异或"及"非"运算分别提供了 cv.bitwise_and()、cv.bitwise_or()、cv.bitwise_xor() 和 cv.bitwise_not() 函数，代码清单 3-15 给出了这 4 个函数的原型。在了解这些函数的用法之前，我们先了解一下图像像素逻辑运算的规则。图像像素间的逻辑运算与数值间的逻辑运算相同，具体规则在图 3-11 中给出。像素的"非"运算只能针对一个数值进行，因此，在图 3-11 中，对像素求非运算时表示对图像 1 的像素值执行"非"运算。如果像素取值只有 0 和 1，那么图 3-11 中的前 4 行数据正好对应所有的运算规则，但是数据类型为 uint8 的图像中像素值的范围为 0～255，此时的逻辑运算就需要将像素值转成二进制数后再进行。因为数据类型为 uint8，所以对

0 求"非"是 11111111，也就是 255。在图 3-11 的最后一行数据中，像素值 5 对应的二进制数为 101，像素值 6 对应的二进制数是 110，因此执行"与"运算后为 100（4），执行"或"运算后为 111（7），执行"异或"运算后为 011（3），对像素值 5 进行"非"运算后为 11111010（250）。了解了像素的逻辑运算原理之后，我们再来看 OpenCV 4 中提供的逻辑运算函数的使用方法。

图像数据类型	像素值1	像素值2	与	或	异或	非（图像1）
二值	0	0	0	0	0	1
二值	1	0	0	1	1	0
二值	0	1	0	1	1	1
二值	1	1	1	1	0	0
8位（uint8）	0	0	0	0	0	255
8位	5	6	4	7	3	250

图 3-11　图像逻辑运算规则

代码清单 3-15　像素逻辑运算函数的原型

```
1   //对像素求"与"运算
2   dst = cv.bitwise_and(src1,
3                        src2
4                        [, dst
5                        [, mask]])
6   //对像素求"或"运算
7   dst = cv.bitwise_or(src1,
8                        src2
9                        [, dst
10                       [, mask]])
11  //对像素求"异或"运算
12  dst = cv.bitwise_xor(src1,
13                        src2
14                        [, dst
15                        [, mask]])
16  //对像素求"非"运算
17  dst = cv.bitwise_not(src,
18                        [, dst
19                        [, mask]])
```

- src1：第 1 幅图像，可以是多通道图像数据。
- src2：第 2 幅图像，尺寸、通道数及数据类型都需要与第 1 个参数一致。
- dst：逻辑运算输出结果，尺寸、通道数和数据类型与第 1 个参数一致。
- mask：掩模矩阵，用于设置图像或矩阵中逻辑运算的范围。
- src：输入的图像矩阵。

这几个函数都执行相应的逻辑运算，并将运算结果通过值返回。值得注意的是，在进行逻辑运算时，一定要保证两个图像矩阵之间的尺寸、数据类型和通道数相同。当需要对多个通道进行逻辑运算时，不同通道之间应独立进行。为了更加直观地理解两幅图像中像素间的逻辑运算，代码清单 3-16 给出了对两幅黑白图像中像素执行逻辑运算的示例程序，程序中同时对彩色图像求"非"运算，运行结果在图 3-12 中给出。

代码清单 3-16　Logic_Operation.py

```
1   # -*- coding:utf-8 -*-
```

```
2   import cv2 as cv
3   import numpy as np
4
5
6   if __name__ == '__main__':
7       # 创建两幅黑白图像
8       img1 = np.zeros((200, 200), dtype='uint8')
9       img2 = np.zeros((200, 200), dtype='uint8')
10      img1[50:150, 50:150] = 255
11      img2[100:200, 100:200] = 255
12      # 读取图像并判断是否读取成功
13      img = cv.imread('./images/lena.jpg')
14      if img is None:
15          print('Failed to read lena.jpg.')
16          sys.exit()
17
18      # 进行逻辑运算
19      Not = cv.bitwise_not(img1)
20      And = cv.bitwise_and(img1, img2)
21      Or = cv.bitwise_or(img1, img2)
22      Xor = cv.bitwise_xor(img1, img2)
23      img_Not = cv.bitwise_not(img)
24
25      # 展示结果
26      cv.imshow('img1', img1)
27      cv.imshow('img2', img2)
28      cv.imshow('Not', Not)
29      cv.imshow('And', And)
30      cv.imshow('Or', Or)
31      cv.imshow('Xor', Xor)
32      cv.imshow('Origin', img)
33      cv.imshow('Img_Not', img_Not)
34      cv.waitKey(0)
35      cv.destroyAllWindows()
```

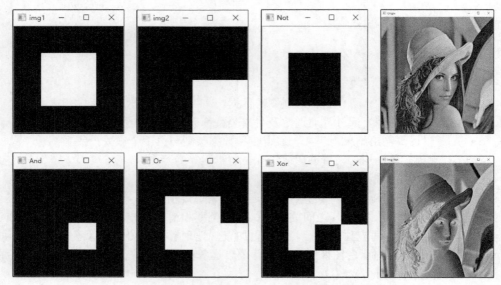

图 3-12 Logic_Operation.py 程序的运行结果

3.2.3 图像二值化

我们在前面的程序中生成了一张只有黑色和白色的图像，这种"非黑即白"的图像的灰度值无论在什么数据类型中只有最大值和最小值两种，因此称其为二值图像。二值图像的色彩种类少，可以进行高度压缩，以节省存储空间。将非二值图像经过计算变成二值图像的过程称为图像的二值化或者阈值化。OpenCV 4 提供了 cv.threshold() 和 cv.adaptiveThreshold() 这两个函数用于实现图像的二值化。我们首先介绍 cv.threshold() 函数的使用方法，该函数的原型在代码清单 3-17 中给出。

代码清单 3-17　cv.threshold() 函数的原型

```
1  retval, dst = cv.threshold(src,
2                             thresh,
3                             maxval,
4                             type
5                             [, dst])
```

- src：待二值化的图像，图像的数据类型只能是 uint8 或 float32，这与图像通道数目的要求和选择的二值化方法相关。
- thresh：二值化的阈值。
- maxval：二值化过程中的最大值。此参数只在 cv.THRESH_BINARY 和 cv.THRESH_BINARY_INV 两种二值化方法中才发挥作用，但在使用其他方法时也需要输入。
- type：选择图像二值化方法的标志。
- dst：二值化后的图像，与输入图像具有相同的尺寸、数据类型和通道数。

该函数是众多二值化方法的集成，所有的方法都实现了一个功能，就是给定一个阈值并计算所有灰度值与这个阈值的关系，得到最终的比较结果，并将结果通过值返回。该函数中有些阈值比较方法输出的灰度值并不是二值的，而是一个取值范围，不过为了体现常用的功能，我们仍然称其为二值化函数或者阈值比较函数。该函数的部分参数和返回值仅针对特定的算法才有用，即使不使用这些算法，在使用函数时也需要明确给出。该函数的参数 type 是选择二值化计算方法的标志，用于选择二值化方法，以及控制哪些参数对函数的计算结果产生影响。可以选择的标志在表 3-2 中给出。接下来将详细地介绍每种标志对应的二值化原理和需要的参数。

表 3-2　二值化方法可选择的标志

标志	简记	作用
THRESH_BINARY	0	若灰度值大于阈值，取最大值，对于其他值，取 0
THRESH_BINARY_INV	1	若灰度值大于阈值，取 0，对于其他值，取最大值
THRESH_TRUNC	2	若灰度值大于阈值，取阈值，对于其他值，不变
THRESH_TOZERO	3	若灰度值大于阈值，不变，对于其他值，取 0
THRESH_TOZERO_INV	4	若灰度值大于阈值，取 0，对于其他值，不变
THRESH_OTSU	8	使用大津法自动寻求全局阈值
THRESH_TRIANGLE	16	使用三角形法自动寻求全局阈值

1. THRESH_BINARY 和 THRESH_BINARY_INV

THRESH_BINARY 和 THRESH_BINARY_INV 标志表示相反的二值化方法。THRESH_BINARY 将灰度值与阈值（参数 thresh）进行比较。如果灰度值大于阈值，就将灰度值改为 cv.threshold() 函数中参数 maxval 的值；否则，将灰度值改成 0。THRESH_BINARY_INV 标志的作用正好与 THRESH_BINAR 相反。如果灰度值大于阈值，就将灰度值改为 0；否则，将灰度值改为 maxval 的值。这两种标志的计算公式在式（3-5）中给出。

$$BINARY(x,y)=\begin{cases} maxval & \text{当 src}(x,y) > \text{thresh时} \\ 0 & \text{其他} \end{cases}$$
$$BINARY\_INV(x,y)=\begin{cases} 0 & \text{当 src}(x,y) > \text{thresh时} \\ maxval & \text{其他} \end{cases} \tag{3-5}$$

2. THRESH_TRUNC

THRESH_TRUNC 标志相当于重新给图像的灰度值设定一个最大值，将大于最大值的灰度值全部设置为新的最大值。具体逻辑为将灰度值与参数 thresh 进行比较，如果灰度值大于 thresh，则将灰度值改为 thresh；否则，保持灰度值不变。这种方法没有使用到函数中参数 maxval 的值，因此 maxval 的值对本方法不产生影响。这种标志的计算公式在式（3-6）中给出。

$$TRUNC(x,y)=\begin{cases} threshold & \text{当 src}(x,y) > \text{thresh时} \\ src(x,y) & \text{其他} \end{cases} \tag{3-6}$$

3. THRESH_TOZERO 和 THRESH_TOZERO_INV

THRESH_TOZERO 和 THRESH_TOZERO_INV 标志表示相反的阈值比较方法。THRESH_TOZERO 表示将灰度值与参数 thresh 进行比较，如果灰度值大于 thresh，则保持不变；否则，将灰度值改为 0。THRESH_TOZERO_INV 方法与其相反，将灰度值与 thresh 进行比较，如果灰度值小于或等于 thresh，则保持不变；否则，将灰度值改为 0。这种两种方法都没有使用到函数中参数 maxval 的值，因此 maxval 的值对本方法不产生影响。这两个标志的计算公式在式（3-7）中给出。

$$TOZERO(x,y)=\begin{cases} src(x,y) & \text{当 src}(x,y) > \text{thresh时} \\ 0 & \text{其他} \end{cases}$$
$$TOZERO\_INV(x,y)=\begin{cases} 0 & \text{当 src}(x,y) > \text{thresh时} \\ src(x,y) & \text{其他} \end{cases} \tag{3-7}$$

前面 5 种标志都支持输入多通道的图像，在计算时分别对每个通道进行阈值比较。为了更加直观地理解上述阈值比较方法，我们假设图像灰度值是连续变化的信号，将阈值比较方法比作滤波器，绘制连续信号通过滤波器后的信号形状，结果如图 3-13 所示，图中横线为设置的阈值，阴影波形为原始信号通过滤波器后的信号形状。

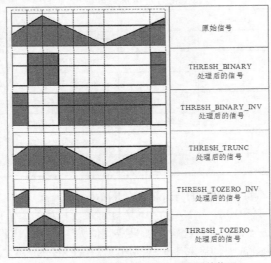

图 3-13　由 5 种阈值比较方法得到的信号

4. THRESH_OTSU 和 THRESH_TRIANGLE

THRESH_OTSU 和 THRESH_TRIANGLE 标志表示获取阈值的方法，并不是阈值的比较方法的标志。这两种标志可以和前面5种标志一起使用，例如 cv.THRESH_BINARY | cv.THRESH_OTSU。前面5种标志在调用 cv.threshold()函数时都需要人为地设置阈值，如果你对图像不了解，设置的阈值不合理，则会对处理后的效果造成严重的影响。这两个标志分别表示利用大津（OTSU）法和三角形（TRIANGLE）法结合图像灰度值分布特性获取二值化的阈值，并将阈值以函数返回值的形式给出。因此，如果把 cv.threshold()函数的最后一个参数设置为这两个标志中的任何一个，那么函数的参数 thresh 将由系统自动给出，但是在调用函数的时候仍然不能省略。需要注意的是，目前 OpenCV 4 中针对这两个标志只支持输入 8 位单通道类型的图像。

cv.threshold()函数在全局只使用一个阈值，在实际情况下，由于光照不均匀及阴影的存在，全局只有一个阈值会使得阴影处的白色区域也会被函数二值化成黑色区域，因此 cv.adaptiveThreshold()函数提供了两种局部自适应阈值的二值化方法，该函数的原型在代码清单 3-18 中给出。

代码清单 3-18　cv.adaptiveThreshold()函数的原型

```
1  dst = cv.adaptiveThreshold(src,
2                             maxValue,
3                             adaptiveMethod,
4                             thresholdType,
5                             blockSize,
6                             C
7                             [, dst])
```

- `src`：待二值化的图像，只能是 8 位单通道类型的图像。
- `maxValue`：二值化后的最大值，要求为非零数。
- `adaptiveMethod`：自适应确定阈值的方法，分为均值法（cv.ADAPTIVE_THRESH_MEAN_C）和高斯法（cv.ADAPTIVE_THRESH_GAUSSIAN_C）两种。
- `thresholdType`：选择图像二值化方法的标志，只能是 cv.THRESH_BINARY 或 cv.THRESH_BINARY_INV。
- `blockSize`：自适应确定阈值的像素邻域大小，一般取值为 3、5、7。
- `C`：从平均值或者加权平均值中减去的常数，可以为正数也可以为负数。
- `dst`：二值化后的图像，与输入图像具有相同的尺寸、数据类型。

cv.adaptiveThreshold()函数可将灰度图像转换成二值化的图像，通过均值法和高斯法自适应地计算 blockSize × blockSize 邻域内的阈值，之后进行二值化处理。其原理与前面的相同，此处不再赘述。

为了展示图像二值化的效果，代码清单 3-19 给出了分别对彩色图像和灰度图像进行二值化的示例程序，程序运行结果在图 3-14 和图 3-15 中给出。通过结果可以看出，只采用单一阈值会将较暗的白色区域也二值化为黑色色域，因此需要使用动态的阈值。

代码清单 3-19　Threshold.py

```
1  # -*- coding:utf-8 -*-
2  import cv2 as cv
3  import numpy as np
4
5
6  if __name__ == '__main__':
7      # 读取图像并判断是否读取成功
8      img = cv.imread('./images/lena.jpg')
9      if img is None:
```

```
10          print('Failed to read lena.jpg.')
11          sys.exit()
12    gray = cv.cvtColor(img, cv.COLOR_BGR2GRAY)
13    # 彩色图像二值化
14    _, img_B = cv.threshold(img, 125, 255, cv.THRESH_BINARY)
15    _, img_B_V = cv.threshold(img, 125, 255, cv.THRESH_BINARY_INV)
16    cv.imshow('img_B', img_B)
17    cv.imshow('img_B_V', img_B_V)
18    # 灰度图像二值化
19    _, gray_B = cv.threshold(gray, 125, 255, cv.THRESH_BINARY)
20    _, gray_B_V = cv.threshold(gray, 125, 255, cv.THRESH_BINARY_INV)
21    cv.imshow('gray_B', gray_B)
22    cv.imshow('gray_B_V', gray_B_V)
23    # 灰度图像 TOZERO 变换
24    _, gray_T = cv.threshold(gray, 125, 255, cv.THRESH_TOZERO)
25    _, gray_T_V = cv.threshold(gray, 125, 255, cv.THRESH_TOZERO_INV)
26    cv.imshow('gray_T', gray_T)
27    cv.imshow('gray_T_V', gray_T_V)
28    # 灰度图像 TRUNC 变换
29    _, gray_TRUNC = cv.threshold(gray, 125, 255, cv.THRESH_TRUNC)
30    cv.imshow('gray_TRUNC', gray_TRUNC)
31    # 灰度图像大津法和三角形法二值化
32    img1 = cv.imread('./images/threshold.png', cv.IMREAD_GRAYSCALE)
33    _, img1_O = cv.threshold(img1, 100, 255, cv.THRESH_BINARY |
34    cv.THRESH_OTSU)
35    _, img1_T = cv.threshold(img1, 125, 255, cv.THRESH_BINARY |
36    cv.THRESH_TRIANGLE)
37    cv.imshow('img1', img1)
38    cv.imshow('img1_O', img1_O)
39    cv.imshow('img1_T', img1_T)
40    # 灰度图像自适应二值化
41    adaptive_mean = cv.adaptiveThreshold(img1, 255,
42    cv.ADAPTIVE_THRESH_MEAN_C, cv.THRESH_BINARY, 13, 0)
43    adaptive_gauss = cv.adaptiveThreshold(img1, 255,
44    cv.ADAPTIVE_THRESH_GAUSSIAN_C, cv.THRESH_BINARY, 13, 0)
45    cv.imshow('adaptive_mean', adaptive_mean)
46    cv.imshow('adaptive_gauss', adaptive_gauss)
47    cv.waitKey(0)
48    cv.destroyAllWindows()
```

图 3-14　Threshold.py 程序中 cv.threshold()函数的处理结果

图 3-14 Threshold.py 程序中 cv.threshold()函数的处理结果（续）

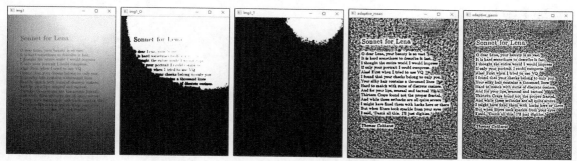

图 3-15 Threshold.py 程序中全局单一阈值和局部多阈值的处理结果

3.2.4 LUT

前面介绍的阈值比较方法中只有一个阈值，如果需要与多个阈值进行比较，就需要用到查找表（Look-Up-Table，LUT）。简单来说，LUT 就是一个灰度值的映射表，以灰度值作为索引，以灰度值映射后的数值作为表中的内容。例如，我们有一个长度为 5 的存放字符的数组 $P[a,b,c,d,e]$，LUT 就是通过这个数组将 0 映射成 a，将 1 映射成 b，依此类推，其映射关系为 $P[0]=a$，$P[1]=b$。OpenCV 4 提供了 cv.LUT()函数，用于实现灰度值的 LUT 功能，代码清单 3-20 给出了该函数的原型。

代码清单 3-20　cv.LUT()函数的原型

```
1  dst = cv.LUT(src,
2             lut
3             [, dst])
```

- src：输入图像。
- lut：256 个灰度值的查找表。
- dst：输出图像。

该函数用于实现灰度值的 LUT 功能，并将结果通过值返回。第 1 个参数仅支持 8 位的数据，但可以是多通道的图像。第 2 个参数是一个 1×256 的矩阵，其中存放着每个灰度值经过映射后的数值，示例如图 3-16 所示，可以是单通道的图像或者与第 1 个参数具有相同的通道数。如果第 2 个参数是单通道的图像，则 src 中的每个通道都按照一个 LUT 进行映射；如果第 2 个参数是多通道的图像，则 src 中的第 i 个通道按照第 2 个参数的第 i 个通道的 LUT 进行映射。与之前的函数不同，该函数输出的图像的数据类型不与原图像的数据类型保持一致，而和 LUT 的数据类型保持一致，这是因为将原灰度值映射到新的空间时，需要与新空间中的数据类型保持一致。最后一个参数的维度与第 1 个参数相同，数据类型与第 2 个参数相同。

原灰度值	0	1	2	3	4	⋯	100	101	102	⋯	253	254	255
映射后	0	0	0	0	0		1	1	1		2	2	2

图 3-16　LUT 设置示例

为了展示使用 LUT 处理图像的效果，代码清单 3-21 给出了通过 cv.LUT()函数将灰度图像和彩色图像分别进行处理的示例程序。程序中分别应用单通道和三通道的查找表对彩色图像进行映射，最终结果在图 3-17 中给出。

代码清单 3-21　LUT.py

```
1   # -*- coding:utf-8 -*-
2   import cv2 as cv
3   import numpy as np
4   import sys
5
6
7   if __name__ == '__main__':
8       # LUT 第 1 层
9       LUT_1 = np.zeros(256, dtype='uint8')
10      LUT_1[101: 201] = 100
11      LUT_1[201:] = 255
12      # LUT 第 2 层
13      LUT_2 = np.zeros(256, dtype='uint8')
14      LUT_2[101: 151] = 100
15      LUT_2[151: 201] = 150
16      LUT_2[201:] = 255
17      # LUT 第 3 层
18      LUT_3 = np.zeros(256, dtype='uint8')
19      LUT_3[0: 101] = 100
20      LUT_3[101: 201] = 200
21      LUT_3[201:] = 255
22
23      # 合并三通道
24      LUT = cv.merge((LUT_1, LUT_2, LUT_3))
25      # 读取图像并判断是否读取成功
26      img = cv.imread('./images/lena.jpg')
27      if img is None:
28          print('Failed to read lena.jpg.')
29          sys.exit()
30      gray = cv.cvtColor(img, cv.COLOR_BGR2GRAY)
31      out0 = cv.LUT(img, LUT_1)
32      out1 = cv.LUT(gray, LUT_1)
33      out2 = cv.LUT(img, LUT)
34
35      # 展示结果
36      cv.imshow('out0', out0)
37      cv.imshow('out1', out1)
38      cv.imshow('out2', out2)
39      cv.waitKey(0)
40      cv.destroyAllWindows()
```

图 3-17 LUT.py 程序的运行结果

3.3 图像连接和图像变换

在日常生活中注册某些账户时，你经常需要提交规定尺寸的个人照片，同时有些开源的算法也需要输入规定尺寸的图像。然而，有时我们拥有的图像尺寸并不符合要求，因此就需要调整图像的尺寸。为了解决这个问题，本节将介绍如何通过 OpenCV 4 中的函数实现图像形状的变换，包括图像尺寸变换、图像翻转及图像旋转等。

3.3.1 图像连接

图像连接是指将两个具有相同高度或者宽度的图像连接在一起，一幅图像的下（左）边缘是另一幅图像的上（右）边缘。图像连接常用在需要对两幅图像内容进行对比或者内容中存在对应信息并显示对应关系时。例如，当使用线段连接两幅图像中相同的像素时，就需要先将两幅图像组成一幅新的图像，再连接相同的像素。

OpenCV 4 中针对图像垂直（上下）连接和水平（左右）连接这两种方式提供了两个不同的函数。cv.vconcat()函数用于实现矩阵的垂直连接，该函数可以连接多个矩阵，其原型在代码清单 3-22 中给出。

代码清单 3-22　cv.vconcat()函数的原型
```
1  dst = cv.vconcat(src
2                   [, dst])
```

- src：需要连接的图像（图像可以用矩形表示）。
- dst：连接后的图像（图像可以用矩形表示）。

该函数对多幅输入图像进行垂直连接，并将连接后的结果通过值返回。第 1 个参数用于输入多个需要连接的图像，要求输入图像均具有相同的长度、数据类型和通道数。第 2 个参数为可选参数，表示输出图像连接后的结果，其长度和输入图像相同，高度为所有输入图像的高度之和。

cv.hconcat()函数用于实现图像的水平连接。与 cv.vconcat()函数类似，该函数同样可以连接多幅图像，其原型在代码清单 3-23 中给出。

代码清单 3-23　cv.hconcat()函数的原型
```
1  dst = cv.hconcat(src
2                   [, dst])
```

- src：需要连接的图像。
- dst：连接后的图像。

该函数对多幅图像进行水平连接，并将连接后的结果通过值返回。该函数中所有参数的含义与 cv.vconcat()函数中的相同。需要注意的是，该函数要求第 1 个参数中所有的图像具有相同的高度、数据类型和通道数，不然无法进行水平连接。

为了展示图像连接的效果和相关函数的使用方法，代码清单 3-24 给出了连接小型矩阵和图像的示例程序。程序中分别对矩阵进行两个方向的连接，并对一幅图像中 4 个象限的子图像进行拼接，最终连接成原始图像。小型矩阵的连接结果在图 3-18 中给出，图像的连接结果在图 3-19 中给出。

代码清单 3-24　Concat.py

```
1   # -*- coding:utf-8 -*-
2   import cv2 as cv
3   import numpy as np
4   import sys
5
6
7   if __name__ == '__main__':
8       # 矩阵的垂直和水平连接
9       # 定义矩阵 A 和 B
10      A = np.array([[1, 7], [2, 8]])
11      B = np.array([[4, 10], [5, 11]])
12      # 垂直连接
13      V_C = cv.vconcat((A, B))
14      # 水平连接
15      H_C = cv.hconcat((A, B))
16      print('垂直连接结果：\n{}'.format(V_C))
17      print('水平连接结果：\n{}'.format(H_C))
18
19      # 图像的垂直和水平连接
20      # 读取 4 张图像
21      # 读取图像并判断是否读取成功
22      img00 = cv.imread('./images/lena00.jpg')
23      img01 = cv.imread('./images/lena01.jpg')
24      img10 = cv.imread('./images/lena10.jpg')
25      img11 = cv.imread('./images/lena11.jpg')
26      if img00 is None or img01 is None or img10 is None or img11 is None:
27          print('Failed to read images.')
28          sys.exit()
29
30      # 图像连接
31      # 水平连接
32      img0 = cv.hconcat((img00, img01))
33      img1 = cv.hconcat((img10, img11))
34      # 垂直连接
35      img = cv.vconcat((img0, img1))
36      # 显示结果
37      cv.imshow('img00', img00)
38      cv.imshow('img01', img01)
39      cv.imshow('img10', img10)
40      cv.imshow('img11', img11)
41      cv.imshow('img0', img0)
42      cv.imshow('img1', img1)
43      cv.imshow('img', img)
44      cv.waitKey(0)
45      cv.destroyAllWindows()
```

水平连接结果：
[[1 7 4 10]
 [2 8 5 11]]

垂直连接结果：
[[1 7]
 [2 8]
 [4 10]
 [5 11]]

图 3-18　Concat.py 程序中小型矩阵的连接结果

图 3-19　Concat.py 程序中图像的连接结果

3.3.2　图像尺寸变换

图像尺寸变换实际上就是改变图像的长和宽，实现图像的缩放。OpenCV 4 提供了 cv.resize()函数用于将图像修改成指定尺寸，其原型如代码清单 3-25 所示。

代码清单 3-25　cv.resize()函数的原型

```
1  dst = cv.resize(src,
2                  dsize
3                  [, dst
4                  [, fx
5                  [, fy
6                  [, interpolation]]]])
```

- src：输入图像。
- dsize：输出图像的尺寸。
- dst：输出图像。
- fx：水平轴的比例因子，如果沿水平轴将图像放大为原来的 2 倍，则指定为 2。
- fy：垂直轴的比例因子，如果沿垂直轴将图像放大为原来的 2 倍，则指定为 2。
- interpolation：插值方法的标志，可以选择的参数在表 3-3 中给出。

cv.resize()函数主要用来对图像尺寸进行缩放，并将尺寸修改后的图像通过值返回。第 1 个参数表示需要修改尺寸的图像。第 3 个参数表示数据类型与输入图像相同的输出图像。第 2 个参数或者第 4、5 个参数均可用于调整输出图像的尺寸，因此这两类参数在实际中只需要使用一类就行。当根据这两类参数计算出来的输出图像尺寸不一致时，以第 2 个参数设置的图像尺寸为准。dsize 与 fx、fy 的关系如下。

$$dsize = Size(round(fx * src.cols), round(fy * src.rows))$$

最后一个参数表示图像插值方法。图像缩放相同的尺寸时选择不同的插值方法会具有不同效果。一般来讲，如果要缩小图像，通常使用 cv.INTER_AREA 标志会有较好的效果；而放大图像时通常采用 cv.INTER_CUBIC 和 cv.INTER_LINEAR 标志会有比较好的效果。放大图像的这两个标志中，前者的计算速度较慢，后者的速度较快，前者的效果比后者好。

表 3-3　　　　　　　　　　　　　　　插值方法中可以选择的标志

标志	简记	作用
cv.INTER_NEAREST	0	最近邻插值法
cv.INTER_LINEAR	1	双线性插值法
cv.INTER_CUBIC	2	双三次插值法
cv.INTER_AREA	3	使用像素区域关系重新采样，首选用于图像缩小，图像放大时效果与 cv.INTER_NEAREST 相似
cv.INTER_LANCZOS4	4	Lanczos 插值法
cv.INTER_LINEAR_EXACT	5	位精确双线性插值法
cv.INTER_MAX	7	用掩模进行插值

为了展示图像插值的作用和效果，代码清单 3-26 给出了图像缩放的示例程序。程序中首先以灰度图像的形式读入一幅图像，之后利用 cv.INTER_AREA 将图像缩小，并分别利用 cv.INTER_CUBIC、cv.INTER_NEAREST 和 cv.INTER_LINEAR 这 3 种方法将图像放大到相同的尺寸，根据结果比较这 3 种插值方法的差异。该程序的运行结果在图 3-20 中给出。

代码清单 3-26　Resize.py

```
1    # -*- coding:utf-8 -*-
2    import cv2 as cv
3    import sys
4
5
6    if __name__ == '__main__':
7        # 读取图像并判断是否读取成功
8        img = cv.imread('./images/lena.jpg', cv.IMREAD_GRAYSCALE)
9        if img is None:
10           print('Failed to read lena.jpg.')
11           sys.exit()
12
13       # 将图像缩小
14       small_img = cv.resize(img, (15, 15), fx=0, fy=0, interpolation=cv.INTER_AREA)
15       # 最近邻插值法
16       big_img1 = cv.resize(small_img, (30, 30), fx=0, fy=0, interpolation=cv.INTER_NEAREST)
17       # 双线性插值法
18       big_img2 = cv.resize(small_img, (30, 30), fx=0, fy=0, interpolation=cv.INTER_LINEAR)
19       # 双三次插值法
20       big_img3 = cv.resize(small_img, (30, 30), fx=0, fy=0, interpolation=cv.INTER_CUBIC)
21       # 展示结果
22       cv.namedWindow('small', cv.WINDOW_NORMAL)
23       cv.imshow('small', small_img)
24       cv.namedWindow('big_img1', cv.WINDOW_NORMAL)
25       cv.imshow('big_img1', big_img1)
26       cv.namedWindow('big_img2', cv.WINDOW_NORMAL)
27       cv.imshow('big_img2', big_img2)
28       cv.namedWindow('big_img3', cv.WINDOW_NORMAL)
29       cv.imshow('big_img3', big_img3)
```

```
30    cv.waitKey(0)
31    cv.destroyAllWindows()
```

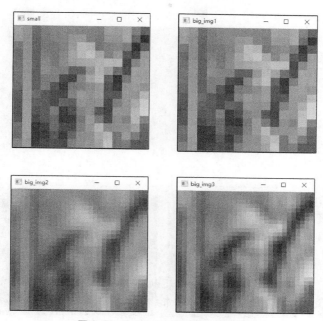

图 3-20　Resize.py 程序的运行结果

3.3.3 图像翻转变换

本节介绍图像翻转变换，OpenCV 4 中提供了 **cv.flip()** 函数用于图像的翻转，该函数的原型在代码清单 3-27 中给出。

代码清单 3-27　cv.flip() 函数的原型

```
1    dst = cv.flip(src,
2                  flipCode
3                  [, dst])
```

- **src**：输入图像。
- **flipCode**：翻转方式的标志。若数值大于 0，表示绕 y 轴翻转；若数值等于 0，表示绕 x 轴翻转；若数值小于 0，表示绕两条轴旋转。
- **dst**：输出图像，与参数 **src** 具有相同的尺寸、数据类型及通道数。

cv.flip() 函数的功能和参数都比较简单，这里不做过多介绍。代码清单 3-28 给出了图像翻转的示例程序，读者可以根据程序运行结果观察该函数的效果。该程序的运行结果在图 3-21 中给出。

代码清单 3-28　Flip.py

```
1    # -*- coding:utf-8 -*-
2    import cv2 as cv
3    import sys
4
5
6    if __name__ == '__main__':
7        # 读取图像并判断是否读取成功
8        img = cv.imread('./images/lena.jpg')
9        if img is None:
```

```
10        print('Failed to read lena.jpg.')
11        sys.exit()
12   # 沿 x 轴翻转
13   img_x = cv.flip(img, 0)
14   # 沿 y 轴翻转
15   img_y = cv.flip(img, 1)
16   # 先 x 轴翻转，再 y 轴翻转
17   img_xy = cv.flip(img, -1)
18   # 展示结果
19   cv.imshow('img', img)
20   cv.imshow('img_x', img_x)
21   cv.imshow('img_y', img_y)
22   cv.imshow('img_xy', img_xy)
23   cv.waitKey(0)
24   cv.destroyAllWindows()
```

图 3-21   Flip.py 程序的运行结果

3.3.4   图像仿射变换

介绍完图像的缩放和翻转后，本章接下来将要介绍图像的旋转。但是，OpenCV 4 并没有专门用于图像旋转的函数，而是通过图像仿射变换实现图像旋转。首先需要确定旋转角度和旋转中心，之后确定旋转矩阵，最终通过仿射变换实现图像旋转。针对这个流程，OpenCV 4 提供了 cv.getRotationMatrix2D()函数（用于计算旋转矩阵）和 cv.warpAffine()函数（用于实现图像的仿射变换）。本节首先介绍计算旋转矩阵的 cv.getRotationMatrix2D()函数，该函数的原型在代码清单 3-29 中给出。

代码清单 3-29   cv.getRotationMatrix2D()函数的原型
```
1   retal = cv.getRotationMatrix2D(center,
2                                  angle,
3                                  scale)
```

- center：图像旋转的中心。
- angle：图像旋转的角度，单位为度，正值代表逆时针旋转。
- scale：沿两条轴的缩放比例，可以实现旋转过程中的图像缩放。若不需要缩放，则输入 1。
  cv.flip()函数可以计算仿射变换的旋转矩阵，并将计算结果通过值返回。该函数接受第 1 个参数（旋转中心）和第 2 个参数（旋转角度），返回维度为 2×3 的图像旋转矩阵。如果我们已知图像旋转矩阵，那么可以自己生成旋转矩阵而不调用该函数。该函数生成的旋转矩阵 $\boldsymbol{R}$ 与旋转角度（angle）和旋转中心（center）的关系如式（3-8）所示。

$$\boldsymbol{R} = \begin{bmatrix} \alpha & \beta & (1-\alpha)\text{center}.x - \beta\text{center}.y \\ -\beta & \alpha & \beta\text{center}.x + (1-\alpha)\text{center}.y \end{bmatrix} \qquad (3\text{-}8)$$

其中

$$\alpha = \text{scale} \times \cos(\text{angle})$$

$$\beta = \text{scale} \times \sin(\text{angle})$$

确定旋转矩阵后,通过cv.warpAffine()函数进行仿射变换就可以实现图像的旋转,代码清单3-30给出了 cv.warpAffine()函数的原型。

代码清单 3-30   cv.warpAffine()函数的原型

```
1  dst = cv.warpAffine(src,
2                      M,
3                      dsize
4                      [, dst
5                      [, flags
6                      [, borderMode
7                      [, borderValue]]]])
```

- `src`:输入图像。
- `M`:2×3 的变换矩阵。
- `dsize`:输出图像的尺寸。
- `dst`:仿射变换后的输出图像,与第1个参数的数据类型相同,但是尺寸与 `dsize` 相同。
- `flags`:插值方法的标志。
- `borderMode`:像素边界外推方法的标志。
- `borderValue`:填充边界使用的数值,默认情况下为0。

cv.warpAffine()函数可以对图像进行仿射变换,并将变换后的结果通过返回值返回。该函数拥有多个参数,但是多数与前面介绍的图像尺寸变换函数中的对应的参数具有相同的含义。该函数中第2个参数为前面求取的图像旋转矩阵。该函数中的第5个参数相比图像尺寸变换增加了两个标志,二者可以与其他插值方法一起使用,见表3-4。像素边界外推方法的标志见表3-5。

表3-4   图像仿射变换中补充的插值方法的标志

标志	简记	作用
cv.WARP_FILL_OUTLIERS	8	填充所有输出图像的像素。如果部分像素落在输入图像的边界外,那么它们的值设定为 fillval
cv.WARP_INVERSE_MAP	16	表示参数 M 为输出图像到输入图像的反变换

表3-5   像素边界外推方法的标志

标志	简记	作用
cv.BORDER_CONSTANT	0	用特定值填充,如 iiiiii|abcdefgh|iiiiiii
cv.BORDER_REPLICATE	1	两端复制填充,如 aaaaaa|abcdefgh|hhhhhhh
cv.BORDER_REFLECT	2	倒序填充,如 fedcba|abcdefgh|hgfedcb
cv.BORDER_WRAP	3	正序填充,如 cdefgh|abcdefgh|abcdefg
cv.BORDER_REFLECT_101	4	不包含边界值倒序填充,如 gfedcb|abcdefgh|gfedcba
cv.BORDER_TRANSPARENT	5	随机填充,uvwxyz|abcdefgh|ijklmno
cv.BORDER_REFLECT101	4	与 cv.BORDER_REFLECT_101 相同
cv.BORDER_DEFAULT	4	与 cv.BORDER_REFLECT_101 相同
cv.BORDER_ISOLATED	16	不关心感兴趣区域之外的部分

在介绍了该函数中每个参数的含义之后，本节介绍一下仿射变换的概念。仿射变换就是图像的旋转、平移和缩放操作的统称，可以表示为线性变换和平移变换的叠加。仿射变换的数学表示是先乘以一个线性变换矩阵再加上一个平移向量，其中线性变换矩阵为 2×2 的矩阵，平移向量为 2×1 的向量，至此读者可能理解了为什么函数需要输入一个 2×3 的变换矩阵。假设存在一个线性变换矩阵 A 和平移向量 b，两者与输入的 M 矩阵之间的关系如式（3-9）所示。

$$M = \begin{bmatrix} A & b \end{bmatrix} = \begin{bmatrix} a_{00} & a_{01} & b_{00} \\ a_{10} & a_{11} & b_{10} \end{bmatrix} \qquad (3\text{-}9)$$

根据旋转矩阵 A 和平移向量 b，以及图像像素值 $\begin{bmatrix} x & y \end{bmatrix}^{\mathrm{T}}$，仿射变换的数学原理可以用式（3-10）来表示。

$$T = A \begin{bmatrix} x \\ y \end{bmatrix} + b \qquad (3\text{-}10)$$

仿射变换又称为三点变换，如果知道变换前后每张图像中 3 个像素坐标的对应关系，就可以求得仿射变换中的变换矩阵 M。OpenCV 4 提供了利用 3 个对应像素来确定变换矩阵 M 的函数 cv.getAffineTransform()，该函数的原型在代码清单 3-31 中给出。

代码清单 3-31　cv.getAffineTransform()函数的原型

```
1  retval = cv.getAffineTransform(src,
2                                 dst)
```

- src：原图像中 3 个像素的坐标。
- dst：目标图像中 3 个像素的坐标。

该函数可以通过变换前后像素坐标的对应关系计算仿射变换的旋转矩阵，并将计算结果通过值返回。该函数的两个参数都是数据类型为 float32 的 ndarray 数组对象。在生成数组的时候，你无须关心像素点的输入顺序，但是需要保证像素点的对应关系。该函数的返回值是一个 2×3 的变换矩阵。

有了前面变换矩阵的求取，就可以利用 cv.warpAffine()函数实现矩阵的仿射变换。代码清单 3-32 实现了图像的旋转，以及图像 3 点映射的仿射变换，最终结果在图 3-22 中给出。

代码清单 3-32　WarpAffine.py

```
1  # -*- coding:utf-8 -*-
2  import cv2 as cv
3  import numpy as np
4  import sys
5
6
7  if __name__ == '__main__':
8      # 读取图像并判断是否读取成功
9      img = cv.imread('./images/lena.jpg')
10     if img is None:
11         print('Failed to read lena.jpg.')
12         sys.exit()
13     # 设置图像旋转角度、尺寸、旋转中心等参数
14     angle = 30
15     h, w = img.shape[:-1]
16     size = (w, h)
17     center = (w / 2.0, h / 2.0)
18     # 计算仿射变换矩阵
19     rotation0 = cv.getRotationMatrix2D(center, angle, 1)
20     # 进行仿射变换
21     img_warp0 = cv.warpAffine(img, rotation0, size)
```

```
22
23     # 根据定义的 3 个点进行仿射变换
24     src_points = np.array([[0, 0], [0, h - 1], [w - 1, h - 1]], dtype='float32')
25     dst_points = np.array([[w * 0.11, h * 0.2], [w * 0.15, h * 0.7], [w * 0.81, h *
       0.85]], dtype='float32')
26     rotation1 = cv.getAffineTransform(src_points, dst_points)
27     img_warp1 = cv.warpAffine(img, rotation1, size)
28
29     # 展示结果
30     cv.imshow('img_warp0', img_warp0)
31     cv.imshow('img_warp1', img_warp1)
32     cv.waitKey(0)
33     cv.destroyAllWindows()
```

图 3-22 WarpAffine.py 程序的运行结果

3.3.5 图像透视变换

本节将介绍图像的另一种变换——透视变换。透视变换是指按照物体成像投影规律进行变换，即将物体重新投影到新的成像平面上，其原理如图 3-23 所示。透视变换常用于机器人视觉导航研究中。相机视场与地面存在倾斜角使得物体成像产生畸变，因此通常通过透视变换实现对物体图像的校正。透视变换中，透视前的图像和透视后的图像之间的变换关系可以用一个 3×3 的变换矩阵来表示，该矩阵可以通过两张图像中 4 个对应点的坐标来求取，因此透视变换又称作"4 点变换"。与仿射变换一样，OpenCV 4 中提供了根据 4 个对应点求取变换矩阵的 cv.getPerspectiveTransform() 函数和进行透视变换的 cv.warpPerspective() 函数，接下来将介绍这两个函数的使用方法。这两个函数的原型分别在代码清单 3-33 和代码清单 3-34 中给出。

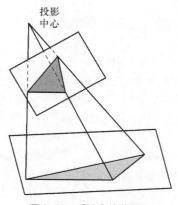

图 3-23 透视变换的原理

代码清单 3-33 cv.getPerspectiveTransform()函数的原型

```
1    retval = cv.getPerspectiveTransform(src,
2                                        dst
3                                        [, solveMethod])
```

- src：原图像中 4 个像素的坐标。
- dst：目标图像中 4 个像素的坐标。
- solveMethod：选择计算透视变换矩阵方法的标志。

该函数可以计算透视变换的旋转矩阵，并将计算结果通过值返回。该函数的第 1 个和第 2 个输入参数都是数据类型为 float32 的 ndarray 数组对象。在生成数组的时候，你无须关心像素的输入顺序，但是需要注意像素的对应关系，函数的返回值是一个 3×3 的变换矩阵。该函数中的最后一个参数用于根据 4 个对应点的坐标选择计算透视变换矩阵的方法，它可以选择的标志在表 3-6 中给出，默认情况下选择的是最佳主轴元素的高斯消元法 cv.DECOMP_LU。

表 3-6   cv.getPerspectiveTransform()函数中选择计算透视变换矩阵方法的标志

标志	简记	作用
cv.DECOMP_LU	0	最佳主轴元素的高斯消元法
cv.DECOMP_SVD	1	奇异值分解（SVD）方法
cv.DECOMP_EIG	2	特征值分解法
cv.DECOMP_CHOLESKY	3	Cholesky 分解法
cv.DECOMP_QR	4	QR 分解法
cv.DECOMP_NORMAL	16	使用归一化公式，可以与前面的标志一起使用

代码清单 3-34 cv.warpPerspective()函数的原型

```
1    dst = cv.warpPerspective(src,
2                             M,
3                             dsize
4                             [, dst
5                             [, flags
6                             [, borderMode
7                             [, borderValue]]]])
```

- src：输入图像。
- M：3×3 的变换矩阵。
- dsize：输出图像的尺寸。
- dst：透视变换后的输出图像，与 src 数据类型相同，但尺寸与 dsize 相同。
- flags：插值方法的标志。
- borderMode：像素边界外推方法的标志。
- borderValue：填充边界使用的数值，默认情况下为 0。

该函数可以对图像进行透视变换，并将变换后的图像通过值返回。该函数中所有参数的含义与 cv.warpAffine()函数中相应参数的含义相同，此处不再赘述。为了说明该函数在实际应用中的作用，代码清单 3-35 给出了将相机视线不垂直于二维码平面拍摄的图像经过透视变换变成相机视线垂直于二维码平面拍摄的图像。为了寻找透视变换关系，我们需要寻找拍摄的图像中二维码 4 个角点的坐标和透视变换后角点对应的理想坐标。本程序中，我们在.../data/noobcvqr_points.txt 中给出了拍摄的图像中二维码 4 个角点的坐标，并希望透视变换后二维码可以充满全部的图像，因此程序中使用的对应点的坐标是通过读取该文件获取的。但是在实际工程中，二维码的角点坐标可以通过角点检测方式获取，具体方式将在后面章节进行介绍。

代码清单 3-35　WarpPerspective.py

```
1   # -*- coding:utf-8 -*-
2   import cv2 as cv
3   import numpy as np
4   import sys
5
6
7   if __name__ == '__main__':
8       # 读取图像并判断是否读取成功
9       img = cv.imread('./images/noobcvqr.png')
10      if img is None:
11          print('Failed to read noobcvqr.png.')
12          sys.exit()
13
14      h, w = img.shape[:-1]
15      size = (w, h)
16      # 读取透视变换前 4 个角点的坐标
17      points_path = './data/noobcvqr_points.txt'
18      with open(points_path, 'r') as f:
19          src_points = np.array([tx.split(' ') for tx in f.read().split('\n')], dtype=
                'float32')
20
21      # 设置透视变换后 4 个角点的坐标
22      max_pt = np.max(src_points)
23      dst_points = np.array([[0.0, 0.0], [max_pt, 0.0], [0.0, max_pt], [max_pt, max_pt]],
                dtype='float32')
24      # 计算透视变换矩阵
25      rotation = cv.getPerspectiveTransform(src_points, dst_points)
26      # 透视变换投影
27      img_warp = cv.warpPerspective(img, rotation, size)
28
29      # 展示结果
30      cv.imshow('Origin', img)
31      cv.imshow('img_warp', img_warp)
32      cv.waitKey(0)
33      cv.destroyAllWindows()
```

3.3.6　极坐标变换

极坐标变换就是将图像从直角坐标系变换到极坐标系中。它可以将圆形图像变换成矩形图像（见图 3-24），常用于处理钟表、圆盘等图像。圆形图案边缘上的文字经过极坐标变换后可以垂直地排列在新图像的边缘，便于文字的识别和检测。

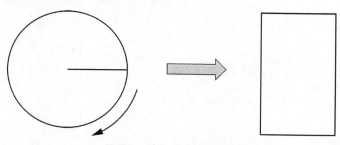

图 3-24　极坐标变换的作用

OpenCV 4 提供了 cv.warpPolar()函数，用于实现图像的极坐标变换，该函数的原型在代码清单 3-36 中给出。

代码清单 3-36　cv.warpPolar()函数的原型

```
1  dst = cv.warpPolar(src,
2                     dsize,
3                     center,
4                     maxRadius,
5                     flags
6                     [, dst])
```

- src：原图像。
- dsize：目标图像的大小。
- center：极坐标变换时极坐标在原图像中的原点。
- maxRadius：变换时边界圆的半径。
- flags：插值方法与极坐标映射方法的标志。
- dst：极坐标变换后的输出图像。

该函数实现了图像极坐标变换和半对数极坐标变换，并将变换后的图像通过值返回。该函数中的 src 参数可以是灰度图像也可以是彩色图像。center 参数同样适用于逆变换。maxRadius 参数决定了逆变换时的比例参数。flags 参数可选择的标志已在表 3-3 中给出，极坐标映射方法的选择标志在表 3-7 给出，两种方法的标志之间可以通过"+"或者"|"号进行连接。dst 参数是变换后的输出图像，它与输入图像具有相同的数据类型和通道数。

表 3-7　cv.warpPolar()函数中 flags 参数可选择的标志

标志	说明
cv.WARP_POLAR_LINEAR	极坐标变换
cv.WARP_POLAR_LOG	半对数极坐标变换
cv.WARP_INVERSE_MAP	逆变换

该函数既可以对图像进行极坐标正变换，也可以进行逆变换，关键在于最后一个参数如何选择。为了了解图像极坐标变换的功能以及相关函数的使用，代码清单 3-37 给出了对表盘图像进行极坐标正变换和逆变换的示例程序。程序中选取表盘的中心作为极坐标的原点，变换的结果在图 3-25 中给出。

代码清单 3-37　WarpPolar.py

```
1  # -*- coding:utf-8 -*-
2  import cv2 as cv
3  import numpy as np
4  import sys
5
6
7  if __name__ == '__main__':
8      # 读取图像并判断是否读取成功
9      img = cv.imread('./images/dial.png')
10     if img is None:
11         print('Failed to read dial.png.')
12         sys.exit()
13
14     h, w = img.shape[:-1]
15     # 计算极坐标在图像中的原点
```

```
16        center = (w / 2, h / 2)
17        # 极坐标正变换
18        img_res = cv.warpPolar(img, (300, 600), center, center[0], cv.INTER_LINEAR + cv.
              WARP_POLAR_LINEAR)
19        # 极坐标逆变换
20        img_res1 = cv.warpPolar(img_res, (w, h), center, center[0], cv.INTER_LINEAR + cv.
              WARP_POLAR_LINEAR + cv.WARP_INVERSE_MAP)
21
22        # 展示结果
23        cv.imshow('Origin', img)
24        cv.imshow('img_res', img_res)
25        cv.imshow('img_res1', img_res1)
26        cv.waitKey(0)
27        cv.destroyAllWindows()
```

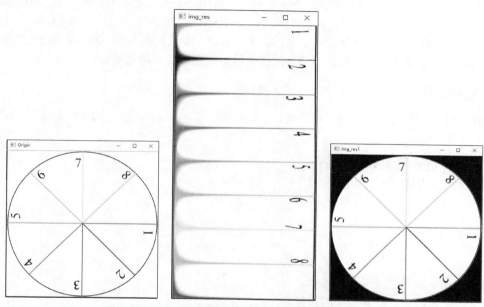

图 3-25　WarpPolar.py 程序中极坐标正变换和逆变换的结果

3.4　在图像上绘制几何图形和生成文字

有时，我们需要根据自身的需求在图像中绘制一些图案以起到突出某些内容的作用，例如，把某些特别的区域用圆圈起来，或者在图中输入文字进行说明。因此，本节将介绍 OpenCV 4 中用于绘制基础图形和生成文字的函数。

3.4.1　绘制圆

圆是我们平时最常使用的图形之一，OpenCV 4 提供了 cv.circle()函数，用于绘制圆，该函数的原型在代码清单 3-38 中给出。

代码清单 3-38　cv.circle()函数的原型

```
1   img = cv.circle(img,
2                   center,
3                   radius,
```

```
4                color
5                [, thickness
6                [, lineType
7                [, shift]]])
```

- img：需要在其上绘制圆的图像。
- center：圆心坐标。
- radius：圆的半径，单位为像素。
- color：圆的颜色。
- thickness：轮廓的宽度。
- lineType：线条的类型。
- shift：center 和 radius 的小数位数。

该函数用于在一张图像中绘制圆，并将绘制圆形后的图像通过值返回。如果 thickness 参数为负值，则绘制一个实心圆，其默认值为 1。lineType 参数的可选值有 cv.FILLED、cv.LINE_4、cv.LINE_8 和 cv.LINE_AA，默认值为 cv.LINE_8。shift 参数默认为 0。该函数的使用方法参见代码清单 3-45。需要注意的是，该函数的输入图像就是绘制圆后的输出图像。

3.4.2　绘制线段

本节介绍如何在图像中绘制线段。OpenCV 4 提供了 cv.line()函数，用于绘制线段，其原型在代码清单 3-39 中给出。

代码清单 3-39　cv.line()函数的原型

```
1  img = cv.line(img,
2             pt1,
3             pt2,
4             color
5             [, thickness
6             [, lineType
7             [, shift]]])
```

- img：绘制的线段所在的图像。
- pt1：线段起点在图像中的坐标。
- pt2：线段终点在图像中的坐标。
- color：线条的颜色，用三通道表示。
- thickness：线条的粗细，默认值为 1。
- lineType：线条的类型，默认值为 cv.LINE_8。
- shift：点坐标中的小数位数，默认值为 0。

该函数利用两点确定一条直线的方式在图像中画出一条线段，并将绘制线段后的图像通过值返回。该函数中很多参数的含义与 cv.circle()函数的一致，此处不再赘述。该函数的使用方法参见代码清单 3-45。同样，该函数的输入图像也是绘制线段后的输出图像。

3.4.3　绘制椭圆

OpenCV 4 提供了 cv.ellipse()函数，用于绘制椭圆，其原型在代码清单 3-40 中给出。

代码清单 3-40　cv.ellipse()函数的原型

```
1  img = cv.ellipse(img,
2               center,
3               axes,
```

```
4                       angle,
5                       startAngle,
6                       endAngle,
7                       color
8                       [, thickness
9                       [, lineType
10                      [, shift]]])
```

- img：绘制的椭圆所在的图像。
- center：椭圆的中心。
- axes：椭圆的长半轴的长度。
- angle：椭圆旋转的角度，单位为度。
- startAngle：椭圆弧起始的角度，单位为度。
- endAngle：椭圆弧终止的角度，单位为度。
- color：线条的颜色，用三通道表示。
- thickness：线条的粗细，默认值为 1。
- lineType：线条的类型，默认值为 cv.LINE_8。
- shift：点坐标中的小数位数，默认值为 0。

该函数用于在一张图像中绘制椭圆形的图案，并将绘制椭圆形后的图像通过值返回。该函数中很多参数的含义与 cv.circle() 函数中对应参数的含义一致，此处不再赘述。该函数通过选定椭圆中心位置和长半轴的长度唯一确定一个椭圆，并且可以控制旋转角度来改变椭圆在坐标系中的位置。通过设置椭圆弧的起始和终止角度，你可以绘制完整的椭圆或者一部分椭圆弧。与 cv.circle() 函数相同，当边界线的宽度值为负数的时候，你将绘制一个实心的椭圆。同样，该函数的输入图像就是绘制椭圆后的输出图像。

OpenCV 4 还提供了函数 cv.ellipse2Poly()，用于输出近似椭圆边界的像素坐标，但是它不会在图像中绘制椭圆，其原型在代码清单 3-41 中给出。

代码清单 3-41　cv.ellipse2Poly() 函数的原型

```
1  pts = cv.ellipse2Poly(center,
2                        axes,
3                        angle,
4                        startAngle,
5                        endAngle,
6                        delta)
```

- center：椭圆的中心。
- axes：椭圆长半轴的长度。
- angle：椭圆旋转的角度，单位为度。
- startAngle：椭圆弧起始的角度，单位为度。
- endAngle：椭圆弧终止的角度，单位为度。
- delta：后续折线顶点之间的角度，相当于定义了近似精度。
- pts：近似的椭圆边界的像素坐标集合。

该函数可以用来计算近似的椭圆边界的像素坐标，并将计算结果通过值返回。该函数中的部分参数与 cv.ellipse() 函数中对应参数的含义一致，只是不将近似的椭圆边界输出到图像中，而是通过返回值将近似的椭圆边界的坐标存储至 ndarray 对象中，便于后续的处理。绘制椭圆的相关函数的使用方法参见代码清单 3-45。

3.4.4　绘制多边形

在几何中，多边形也是重要的成员，而在多边形中，矩形又是比较特殊的类型，因此 OpenCV 4 除提供绘制多边形的函数 cv.fillPoly()外，还提供了绘制矩形的函数 cv.rectangle()。我们先介绍矩形的绘制，之后再介绍多边形的绘制。代码清单 3-42 给出了 cv.rectangle()函数的两种原型。

代码清单 3-42　cv.rectangle()函数的原型

```
1   img = cv.rectangle(img,
2                      pt1,
3                      pt2,
4                      color
5                      [, thickness
6                      [, lineType
7                      [, shift]]])
8
9   img = cv.rectangle(img,
10                     rec,
11                     color,
12                     [, thickness
13                     [, lineType
14                     [, shift]]])
```

- img：绘制的矩形所在的图像。
- pt1：矩形的一个顶点。
- pt2：矩形中与 pt1 相对的顶点，即两个点在对角线上。
- color：线条的颜色，用三通道表示。
- thickness：线条的粗细，默认值为 1。
- lineType：线条的类型，默认值为 cv.LINE_8。
- shift：点坐标中的小数位数，默认值为 0。
- rec：矩形左上角的顶点，以及矩形的长和宽。

该函数用于在一张图像中绘制矩形图案，并将绘制后的图像通过值返回。该函数中与前文含义一致的参数不再重复介绍。在 OpenCV 4 定义的这两种函数原型中，一种是利用矩形对角线上的两个顶点的坐标确定一个矩形，另一种是利用左上角顶点坐标以及矩形的长和宽唯一确定一个矩形。在绘制矩形时，你同样可以控制边界线的宽度来绘制一个实心的矩形。

 注意　参数 rec 需要以元组的形式进行输入，第 1~4 个元素依次为顶点的 x 坐标、顶点的 y 坐标、矩形的宽和矩形的高。

接下来介绍多边形绘制函数 cv.fillPoly()的使用方法，其原型在代码清单 3-43 中给出。

代码清单 3-43　cv.fillPoly()函数的原型

```
1   img = cv.fillPoly(img,
2                     pts,
3                     color
4                     [, lineType
5                     [, shift
6                     [, offset]]])
```

- img：绘制的多边形所在的图像。

- pts：多边形顶点数组，即可以存放多个多边形的顶点坐标的数组。
- color：线条的颜色，用三通道表示。
- lineType：线条的类型，默认值为 cv.LINE_8。
- shift：点坐标中的小数位数，默认值为 0。
- offset：所有顶点的可选偏移量。

该函数用于在一张图像中绘制多边形图案，并将绘制多边形后的图像通过值返回。函数中与前文含义相同的参数不再重复介绍。该函数通过依次连接多边形的顶点实现多边形的绘制。多边形的顶点需要按照顺时针或者逆时针的顺序依次给出，通过控制边界线宽度可以指定是否绘制实心的多边形。需要说明的是，pts 参数是一个数组，数组中存放的是每个多边形的顶点坐标数组，其中数据的类型为 int32。绘制多边形的相关函数的使用方法将在代码清单 3-45 中给出，读者一定要认真地体会其使用方法。

3.4.5 生成文字

本节介绍如何在图像中生成文字的函数 cv.putText()，该函数的原型在代码清单 3-44 中给出。

代码清单 3-44　cv.putText()函数的原型
```
1    img = cv.putText(img,
2                     text,
3                     org,
4                     fontFace,
5                     fontScale,
6                     color
7                     [, thickness
8                     [, lineType
9                     [, bottomLeftOrigin]]])
```

- img：显示文字的图像。
- text：输出到图像中的文字，目前 OpenCV 4 只支持英文。
- org：图像中文字字符串的左下角像素坐标。
- fontFace：字体类型的选择标志，见表 3-8。
- fontScale：字体的大小。
- color：字体的颜色，用三通道表示。
- thickness：线条的粗细，默认值为 1。
- lineType：线条的类型，默认值为 cv.LINE_8。
- bottomLeftOrigin：图像数据原点的位置，默认位于左上角。如果参数值改为 True，则原点位于左下角。

表 3-8　　　　　　　　　　　　　字体类型的选择标志

标志	简记	作用
cv.FONT_HERSHEY_SIMPLEX	0	正常大小的无衬线字体
cv.FONT_HERSHEY_PLAIN	1	小尺寸的无衬线字体
cv.FONT_HERSHEY_DUPLEX	2	正常大小的较复杂的无衬线字体
cv.FONT_HERSHEY_COMPLEX	3	正常大小的衬线字体
cv.FONT_HERSHEY_TRIPLEX	4	正常大小的较复杂的衬线字体
cv.FONT_HERSHEY_COMPLEX_SMALL	5	小尺寸的衬线字体

续表

标志	简记	作用
cv.FONT_HERSHEY_SCRIPT_SIMPLEX	6	手写风格的字体
cv.FONT_HERSHEY_SCRIPT_COMPLEX	7	复杂的手写风格字体
cv.FONT_ITALIC	16	斜体字体

该函数用于在一张图像中添加文字，并将添加文字后的图像通过值返回。函数中与前文含义相同的参数不再重复介绍。目前该函数只支持英文输出，如果要在图像中输出中文，需要添加额外的依赖项，这里不进行扩展，有需求的读者可以寻找相关资料进行进一步的学习。

为了体会绘制几何图形和生成文字的函数的用法，以及观察绘制的图形和生成的文字，代码清单 3-45 给出了本节介绍的所有函数的使用方式。读者可以认真体会其使用方式并观察最终结果，尤其要注意绘制多边形函数的使用方式。该程序的运行结果在图 3-26 中给出。

代码清单 3-45　Plot.py

```
1  # -*- coding:utf-8 -*-
2  import cv2 as cv
3  import numpy as np
4  import sys
5
6
7  if __name__ == '__main__':
8      # 生成一幅黑色图像，用于在其中绘制图形
9      img = np.zeros((512, 512, 3), dtype='uint8')
10     # 绘制圆形
11     # 绘制实心圆
12     img = cv.circle(img, (50, 50), 25, (255, 255, 255), -1)
13     # 绘制空心圆
14     img = cv.circle(img, (100, 50), 20, (255, 255, 255), 4)
15
16     # 绘制直线
17     img = cv.line(img, (100, 100), (200, 100), (255, 255, 255), 2, cv.LINE_4, 0)
18
19     # 绘制椭圆
20     img = cv.ellipse(img, (300, 255), (100, 70), 0, 0, 270, (255, 255, 255), -1)
21
22     # 用一些点近似一个椭圆
23     points = cv.ellipse2Poly((200, 400), (100, 70), 0, 0, 360, 2)
24     # 使用直线将上述点显示出来
25     for i in range(len(points) - 1):
26         img = cv.line(img, (points[i][0], points[i][1]), (points[i + 1][0],
                 points[i + 1][1]), (255, 0, 0), 2, cv.LINE_4, 0)
27     img = cv.line(img, (points[-1][0], points[-1][1]), (points[0][0], points[0][1]),
                 (255, 0, 0), 2, cv.LINE_4, 0)
28
29     # 绘制矩形
30     img = cv.rectangle(img, (50, 400), (100, 450), (0, 255, 0), -1)
31     img = cv.rectangle(img, (400, 450, 60, 50), (0, 0, 255), 2)
32
33     # 绘制多边形
34     pts = np.array([[350, 83], [463, 90], [500, 171], [421, 194], [338, 141]], dtype=
                 'int32')
35     img = cv.fillPoly(img, [pts], (255, 0, 0), 8)
36
```

```
37      # 添加文字
38      img = cv.putText(img, 'Learn OpenCV', (150, 70), 2, 1, (0, 255, 0))
39      # 展示结果
40      cv.imshow('Image', img)
41      cv.waitKey(0)
42      cv.destroyAllWindows()
```

图 3-26 Plot.py 程序的运行结果

3.5 感兴趣区域

　　有时我们只对一张图像中的部分区域感兴趣，而原图像又比较大，如果带着非感兴趣区域一起处理会占用大量的内存，因此我们希望从原图像中截取部分图像后再进行处理。我们将这个区域称作感兴趣区域（Region Of Interest，ROI），Python 中的 ROI 可以通过 NumPy 中的索引实现。本节将详细介绍 NumPy 中的索引方式以截取 ROI 的方式。

　　从原图中截取部分内容，就是将需要截取的部分在原图像中的位置标记出来。你可以用 NumPy 中的索引对需要截取的部分进行提取，索引方式在代码清单 3-46 中给出。

代码清单 3-46　NumPy 中的索引方式

```
ROI = img[x1: x2, y1: y2]
```

- ROI：提取的感兴趣区域的结果。
- img：待提取的感兴趣区域所在的图像。
- x1：感兴趣区域在原图像中左上角的 x 坐标。
- x2：感兴趣区域在原图像中右下角的 x 坐标。
- y1：感兴趣区域在原图像中左上角的 y 坐标。
- y2：感兴趣区域在原图像中右下角的 y 坐标。

该方法的具体实践可以参考代码清单 3-48 中的示例程序。

　　Python3 中的拷贝方式分为浅拷贝和深拷贝。浅拷贝就是只建立一个能够访问图像数据的变量。通过浅拷贝创建的变量访问的数据与原变量访问的数据相同，如果通过任意一个变量更改了数据，则通过另一个变量读取数据时会读取到更改之后的数据。本节介绍的图像截取以及通过"="符号进行赋值的方式都是浅拷贝方式，在程序中需要慎重使用以避免更改原始数据。深拷贝在创建变量的同时会在内存中分配新的地址，用于存储数据，因此通过原变量访问的数据地址和通过新变量访问的数据地址不相同，即使改变了其中一个，另一个也不会改变。深拷贝可以通过 copy()函数实现，其原型在代码清单 3-47 中给出。

代码清单 3-47　copy()函数的原型

```
a = b.copy()
```

- a：拷贝结果。
- b：原拷贝区域。

为了详细地展示图像截图功能，以及深拷贝与浅拷贝之间的区别，代码清单 3-48 给出截取部分图像并在原图像中添加新的图像的示例程序。其中，分别通过对原图像 img 进行浅拷贝与深拷贝创建了图像变量 img1 和 img2，之后在原图像中截取 ROI，在截图时就将感兴趣区域浅拷贝到 ROI1、深拷贝到 ROI_copy 中。之后在原图像中使用模板图像 mask 替换图像中的部分元素以验证深拷贝和浅拷贝的变量是否改变。可以发现，不论是原图像还是 ROI，深拷贝图像都没有发生改变，浅拷贝图像都发生改变。之后在原图像 img 中绘制一个实心的红色圆形，浅拷贝的 img2 和浅拷贝的 ROI1 中的内容都会有所改变，但是自始至终深拷贝图像中的内容都没有发生改变。该程序的运行结果在图 3-27 中给出。

代码清单 3-48　DeepShallowcopy.py

```
1   # -*- coding:utf-8 -*-
2   import cv2 as cv
3   import sys
4
5
6   if __name__ == '__main__':
7       # 读取图像并判断是否读取成功
8       img = cv.imread('./images/lena.jpg')
9       noobcv = cv.imread('./images/noobcv.jpg')
10      if img is None or noobcv is None:
11          print('Failed to read lena.jpg or noobcv.jpg.')
12          sys.exit()
13      mask = cv.resize(noobcv, (200, 200))
14      # 深拷贝
15      img1 = img.copy()
16      # 浅拷贝
17      img2 = img
18      # 截取图像的 ROI
19      ROI = img[206: 406, 206: 406]
20      # 深拷贝
21      ROI_copy = ROI.copy()
22      # 浅拷贝
23      ROI1 = ROI
24      img[206: 406, 206: 406] = mask
25      # 展示结果
26      cv.imshow('img + noobcv1', img1)
27      cv.imshow('img + noobcv2', img2)
28      cv.imshow('ROI copy1', ROI_copy)
29      cv.imshow('ROI copy2', ROI1)
30
31      # 在图像中绘制圆形
32      img = cv.circle(img, (300, 300), 20, (0, 0, 255), -1)
33      # 展示结果
34      cv.imshow('img + circle1', img1)
35      cv.imshow('img + circle2', img2)
36      cv.imshow('ROI circle1', ROI_copy)
37      cv.imshow('ROI circle2', ROI1)
38      cv.waitKey(0)
39      cv.destroyAllWindows()
```

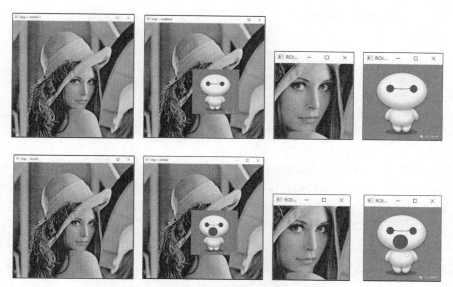

图 3-27　DeepShallowcopy.py 程序运行结果

3.6　图像金字塔

图像金字塔是通过多个分辨率表示图像的一种有效且简单的结构。一个图像金字塔是一系列以金字塔形状排列的分辨率逐步降低的图像。图像金字塔的底部是待处理图像的高分辨率表示，而顶部是低分辨率表示。本节将介绍图像金字塔中比较有名的两种金字塔——高斯金字塔和拉普拉斯金字塔。

3.6.1　高斯金字塔

构建图像的高斯金字塔是解决尺度不确定性的一种常用方法。高斯金字塔是指通过下采样不断地将图像的尺寸缩小，进而在金字塔中包含多个尺度的图像。高斯金字塔的形式如图 3-28 所示。一般情况下，高斯金字塔的最底层为原图像，每向上一层就会通过下采样缩小一次图像的尺寸。通常情况下，图像的长与宽会缩小为原来的一半，但是如果有特殊需求，缩小的尺寸也可以根据实际情况进行调整。由于每次图像的长与宽都缩小为原来的一半，图像缩小的速度非常快，因此常见的高斯金字塔的层数为 3～6。OpenCV 4 提供了 cv.pyrDown()函数，专门用于图像的下采样计算，便于构建图像的高斯金字塔，该函数的原型在代码清单 3-49 中给出。

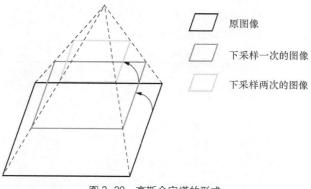

原图像

下采样一次的图像

下采样两次的图像

图 3-28　高斯金字塔的形式

代码清单 3-49 cv.pyrDown()函数的原型

```
1  dst = cv.pyrDown(src
2                  [, dst
3                  [, dstsize
4                  [, borderType]]])
```

- src：输入的待下采样的图像。
- dst：输出的下采样后的图像。
- dstsize：输出图像的尺寸，可以使用默认值。
- borderType：像素边界外推方法的标志。

该函数用于实现图像模糊并对其进行下采样，并将下采样后的结果通过值返回。dst 的尺寸可以指定，但是数据类型和通道数应与 src 参数相同。默认情况下，函数输出的图像的长与宽均为输入图像的长与宽的一半，也可以通过参数 dstsize 来设置输出图像的大小。需要注意的是，无论输出尺寸为多少，都应满足式（3-11）中的条件。该函数首先将原图像与内核矩阵进行卷积，内核矩阵如式（3-12）所示，之后通过不使用偶数行和列的方式对图像进行下采样，最终获得尺寸缩小后的下采样图像。

$$\begin{cases} \left| 2\mathbf{dstsize.width} - \mathbf{src.cols} \right| \leqslant 2 \\ \left| 2\mathbf{dstsize.height} - \mathbf{src.rows} \right| \leqslant 2 \end{cases} \tag{3-11}$$

$$k = \frac{1}{256} \begin{bmatrix} 1 & 4 & 6 & 4 & 1 \\ 4 & 6 & 24 & 6 & 4 \\ 6 & 24 & 36 & 24 & 6 \\ 4 & 16 & 24 & 16 & 4 \\ 1 & 4 & 6 & 4 & 1 \end{bmatrix} \tag{3-12}$$

cv.pyrDown()函数的功能与 cv.resize()函数一样，但是二者使用的是内部算法不同。cv.pyrDown()函数的具体使用方式，以及如何构建图像金字塔，将在代码清单 3-51 中给出。

3.6.2 拉普拉斯金字塔

拉普拉斯金字塔与高斯金字塔正好相反，高斯金字塔通过底层图像构建上层图像，而拉普拉斯金字塔是通过上层小尺寸的图像构建下层大尺寸的图像。拉普拉斯金字塔具有预测残差的作用，它需要与高斯金字塔联合使用。假设我们已经有一个高斯金字塔，对于其中的第 k 层图像（高斯金字塔最下面为第 0 层），首先通过下采样得到一幅长与宽均缩小一半的图像，即高斯金字塔中的第 $k+1$ 层或者不在高斯金字塔中，之后对这张图像再进行上采样，将图像尺寸恢复到第 k 层图像的尺寸。最后求取高斯金字塔中第 k 层图像与经过上采样后得到的图像的插值图像，这幅插值图像就是拉普拉斯金字塔的第 k 层图像。整个过程如图 3-29 所示。

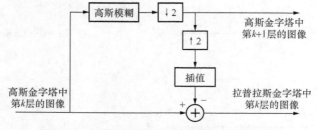

图 3-29 由高斯金字塔求取拉普拉斯金字塔的过程

对于上采样操作，OpenCV 4 提供了 cv.pyrUp()函数来实现，其原型在代码清单 3-50 中给出。

代码清单 3-50　cv.pyrUp()函数的原型

```
1  dst = cv.pyrUp(src
2                      [, dst
3                      [, dstsize
4                      [, borderType]]])
```

- src：输入待上采样的图像。
- dst：输出上采样后的图像。
- dstsize：输出图像的尺寸，可以使用默认值。
- borderType：像素边界外推方法的标志。

该函数用于实现图像模糊并对其进行上采样，之后将上采样后的结果通过值返回。该函数中所有参数的含义与 cv.pyrDown()函数中的类似，使用方式一致，此处不再赘述。

为了展示下采样函数 cv.pyrDown()和上采样函数 cv.pyrUp()的使用方式，以及高斯金字塔和拉普拉斯金字塔的构建过程，代码清单 3-51 给出了构建高斯金字塔和拉普拉斯金字塔的示例程序。程序中将原始图像作为高斯金字塔的第 0 层图像，之后依次构建高斯金字塔的每一层图像。完成高斯金字塔的构建之后，我们从上到下取出高斯金字塔中的每一层图像。如果取出的图像是高斯金字塔最上面一层图像，则先将其下采样再上采样，之后求取从高斯金字塔中取出的图像与上采样后的图像的插值图像，作为拉普拉斯金字塔的最上面一层。如果从高斯金字塔中取出的第 k 层图像不是最上面一层图像，则直接对高斯金字塔中的第（k+1）层图像进行上采样，并计算高斯金字塔的第 k 层图像与上采样结果的插值图像，将插值图像作为拉普拉斯金字塔的第 k 层图像。该程序最终的运行结果在图 3-30 和图 3-31 中给出。

代码清单 3-51　Pyramid.py

```
1  # -*- coding:utf-8 -*-
2  import cv2 as cv
3  import sys
4
5
6  # 构建高斯金字塔
7  def gauss_image(image):
8      # 设置下采样次数
9      level = 3
10     img = image.copy()
11     gauss_images = []
12     gauss_images.append(G0)
13     cv.imshow('Gauss_0', G0)
14     for i in range(level):
15         dst = cv.pyrDown(img)
16         gauss_images.append(dst)
17         cv.imshow('Gauss_{}'.format(i + 1), dst)
18         img = dst.copy()
19     return gauss_images
20
21
22 # 构建拉普拉斯金字塔
23 def laplian_image(image):
24     gauss_images = gauss_image(image)
25     level = len(gauss_images)
26     for i in range(level-1, 0, -1):
27         expand = cv.pyrUp(gauss_images[i], dstsize=gauss_images[i-1].shape[:2])
28         lpls = cv.subtract(gauss_images[i-1], expand)
```

```
29        cv.imshow('Laplacian_{}'.format(level-i), lpls)
30    # 为了构建最上面一层，需要先进行下采样再进行上采样
31    expand = cv.pyrUp(cv.pyrDown(gauss_images[3]), dstsize=gauss_images[3].shape[:2])
32    lpls = cv.subtract(gauss_images[3], expand)
33    cv.imshow('Laplacian_{}'.format(0), lpls)
34
35
36 if __name__ == '__main__':
37    # 读取图像并判断是否读取成功
38    G0 = cv.imread('./images/lena.jpg')
39    if G0 is None:
40        print('Failed to read lena.jpg.')
41        sys.exit()
42
43    laplian_image(G0)
44    cv.waitKey(0)
45    cv.destroyAllWindows()
```

图 3-30　Pyramid.py 程序中构建的高斯金字塔

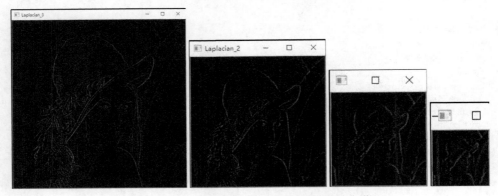

图 3-31　Pyramid.py 程序中构建的拉普拉斯金字塔

3.7 窗口交互操作

　　交互操作能够增加用户对程序流程的控制，使得程序可以根据用户需求实现不同的处理效果。有时，某一个参数的作用需要反复尝试不同的数值来获得。交互操作不仅可以在程序运行过程中改变参数数值、避免重复运行程序、节省时间，还能够增加结果的对比效果。本节将介绍 OpenCV 4

中的图像窗口滑动条和鼠标响应两种窗口交互操作。

3.7.1 图像窗口滑动条

顾名思义，图像窗口滑动条就是在显示图像的窗口中创建的能够通过滑动改变数值的滑动条。有时，我们需要动态调节某些参数，以使图像处理的效果更加明显。滑动条可以很好地胜任这项工作。OpenCV 4 中，你可以通过 cv.createTrackbar()函数在显示图像的窗口上创建滑动条，该函数的原型在代码清单 3-52 中给出。

代码清单 3-52　cv.createTrackbar()函数的原型

```
1  cv.createTrackbar(trackbarname,
2                    winname,
3                    value,
4                    count
5                    [, onChange
6                    [, userdata]])
```

- trackbarname：滑动条的名称。
- winname：在其中创建滑动条的窗口的名称。
- value：指向整数变量的指针。
- count：滑动条的最大值。
- onChange：每次滑动条更改位置时要调用的函数指针。
- userdata：传递给回调函数的可选参数。

该函数能够在图像窗口的上方创建一个范围从 0 开始的滑动条，并将创建后的结果通过值返回。由于滑动条只能输出整数，因此如果需要得到小数，则必须进行后续处理，如输出值除以 10 得到含有一位小数的数据。注意，value 指向的值反映滑动条的位置。在创建滑动条时，该参数确定了滑动条的初始位置，当滑动条创建完成后，该指针指向的整数随着滑动条的移动而改变。如果使用的 value 参数是全局变量，则可以不用修改 userdata 参数，使用参数的默认值 0 即可。

为了展示滑动条动态改变参数的方法以及动态参数在程序中的作用，代码清单 3-53 给出了通过滑动条改变图像亮度的示例程序。程序中 value 参数控制图像亮度系数，为了使图像亮度变化比较平缓，将 value 参数除以 100 以得到含有两位小数的亮度系数，并将图像原始灰度值乘以亮度系数得到最终的图像。为了保证每次亮度的改变都是在原始图像的基础上实现的，设置了两个表示图像的全局变量 img 和 img1，其中 img 表示原始图像，img1 表示亮度改变后的图像。程序中，通过拖曳滑动条可以动态地改变图像的亮度，运行结果在图 3-32 中给出。

代码清单 3-53　CreateTrackbar.py

```
1  # -*- coding:utf-8 -*-
2  import cv2 as cv
3  import numpy as np
4  import sys
5
6
7  def call_backl_brightness(x):
8      global value, img, img1
9      value = cv.getTrackbarPos('brightness', 'Brighter')
10     img1 = np.uint8(np.clip((value / 100 * img), 0, 255))
11
12
13 if __name__ == '__main__':
14     # 读取图像并判断是否读取成功
15     img = cv.imread('./images/lena.jpg')
```

```
16    img1 = img.copy()
17    if img is None:
18        print('Failed to read lena.jpg.')
19        sys.exit()
20    cv.namedWindow('Brighter')
21    # 设置滑动条的初始值为100
22    value = 100
23    # 创建滑动条
24    cv.createTrackbar('brightness', 'Brighter', value, 300, call_backl_brightness)
25
26    while True:
27        cv.imshow('Brighter', img1)
28        if cv.waitKey(1) == ord('q'):
29            break
30    cv.destroyAllWindows()
```

图 3-32　CreateTrackbar.py 程序中滑动条的不同位置对图像亮度的改变

3.7.2　鼠标响应

有时我们需要在图像中标记出重要的区域，通过鼠标可以很好地完成这项任务，因此 OpenCV 4 提供了鼠标响应函数 cv.setMouseCallback()，该函数的原型在代码清单 3-54 中给出。

代码清单 3-54　cv.setMouseCallback()函数的原型

```
1    None = cv.setMouseCallback(winname,
2                              onMouse,
3                              [, userdata])
```

- winname：在其中添加鼠标响应的窗口的名称。
- onMouse：鼠标响应的回调函数。
- userdata：传递给回调函数的可选参数。

该函数能够在指定的图像窗口中添加鼠标响应。注意，onMouse 在鼠标状态发生改变时调用。userdata 参数一般情况下使用默认值 0 即可。回调函数中鼠标响应事件的可选标志在表 3-9 给出。

表 3-9		回调函数中鼠标响应事件的可选标志
标志	**简记**	**说明**
cv.EVENT_MOUSEMOVE	0	鼠标指针在窗口上移动
cv.EVENT_LBUTTONDOWN	1	按下鼠标左键
cv.EVENT_RBUTTONDOWN	2	按下鼠标右键
cv.EVENT_MBUTTONDOWN	3	按下鼠标中键
cv.EVENT_LBUTTONUP	4	释放鼠标左键
cv.EVENT_RBUTTONUP	5	释放鼠标右键
cv.EVENT_MBUTTONUP	6	释放鼠标中键
cv.EVENT_LBUTTONDBLCLK	7	双击鼠标左键
cv.EVENT_RBUTTONDBLCLK	8	双击鼠标右键
cv.EVENT_MBUTTONDBLCLK	9	双击鼠标中键
cv.EVENT_MOUSEWHEEL	10	正值表示向前滚动，负值表示向后滚动
cv.EVENT_MOUSEHWHEEL	11	正值表示向左滚动，负值表示向右滚动

表 3-10 列出了回调函数中鼠标响应的标志。

表 3-10		回调函数中鼠标响应的标志
标志	**简记**	**说明**
cv.EVENT_FLAG_LBUTTON	1	按住鼠标左键拖曳
cv.EVENT_FLAG_RBUTTON	2	按住鼠标右键拖曳
cv.EVENT_FLAG_MBUTTON	4	按住鼠标中键拖曳
cv.EVENT_FLAG_CTRLKEY	8	按下 Ctrl 键
cv.EVENT_FLAG_SHIFTKEY	16	按下 Shift 键
cv.EVENT_FLAG_ALTKEY	32	按下 Alt 键

简单来说，鼠标响应就是当鼠标指针位于对应的图像窗口内时，时刻检测鼠标指针状态，当鼠标指针状态发生改变时，调用回调函数，根据回调函数中事件逻辑选择执行相应的操作。例如，若回调函数中只处理鼠标左键按下的事件，即判断标志是否为 cv.EVENT_LBUTTONDOWN，则只有当标志为 cv.EVENT_LBUTTONDOWN 时，才有相应的逻辑操作；否则，将不会执行任何操作。

为了展示鼠标响应的使用方法，代码清单 3-55 给出了绘制鼠标指针移动轨迹的示例程序。在该程序中，如果鼠标右键被按下，则会提示"请单击鼠标左键进行轨迹的绘制"，单击左键会输出当前鼠标指针的坐标，并将该坐标定义为某段轨迹的起始位置。之后按住左键移动鼠标指针，会进入第 3 个逻辑判断，绘制鼠标指针的移动轨迹。示例程序中绘制轨迹的方式是在前一时刻和当前时刻鼠标指针的位置间绘制直线，这种方式可以避免因鼠标指针移动过快而带来的轨迹出现断点的问题。该程序的运行结果在图 3-33 中给出。

代码清单 3-55　Mouse.py

```
1  # -*- coding:utf-8 -*-
2  import cv2 as cv
3  import sys
4
5
6  def draw(event, x, y, flags, param):
```

```
7      global img, pre_pts
8
9      # 鼠标右键按下
10     if event == cv.EVENT_RBUTTONDOWN:
11         print('请单击鼠标左键进行轨迹的绘制')
12
13     # 鼠标左键按下
14     if event == cv.EVENT_LBUTTONDOWN:
15         pre_pts = (x, y)
16         print('轨迹起始坐标为: {}, {}'.format(x, y))
17
18     # 鼠标指针移动
19     if event == cv.EVENT_MOUSEMOVE and flags == cv.EVENT_FLAG_LBUTTON:
20         pts = (x, y)
21         img = cv.line(img, pre_pts, pts, (0, 0, 255), 2, 5,0)
22         pre_pts = pts
23         cv.imshow('image', img)
24
25
26  if __name__ == '__main__':
27      # 读取图像并判断是否读取成功
28      img = cv.imread('./images/lena.jpg')
29      img1 = img.copy()
30      if img is None:
31          print('Failed to read lena.jpg.')
32          sys.exit()
33      pre_pts = -1, -1
34      cv.imshow('image', img)
35      cv.setMouseCallback('image', draw)
36      cv.waitKey(0)
37      cv.destroyAllWindows()
```

图 3-33　Mouse.py 程序的运行结果

3.8　本章小结

本章主要介绍了图像的基本操作，包括颜色空间，图像像素操作，图像变换，在图像中绘制几何图形和文字，图像感兴趣区域的提取，图像金字塔的构建，以及窗口滑动条和鼠标响应等相关内容。这些内容是图像处理的基础，读者需要熟练掌握。

本章涉及的主要函数如下。

- cv.cvtColor()：实现图像颜色空间转换。
- np.astype()：实现图像数据类型转换。
- cv.split()：实现图像多通道分离。
- cv.merge()：实现图像多通道合并。
- cv.minMaxLoc()：寻找矩阵中的最大值和最小值，以及最大值和最小值在矩阵中的位置。
- np.reshape()：改变矩阵的维度和通道数。
- cv.mean()：计算矩阵中每个通道的平均值。
- cv.meanStdDev()：计算矩阵中每个通道的平均值和标准方差。
- cv.max() /cv.min()：计算矩阵中每个对应元素的最大值/最小值。
- cv.bitwise_and()：实现像素"与"运算。
- cv.bitwise_or()：实现像素"或"运算。
- cv.bitwise_xor()：实现像素"异或"运算。
- cv.bitwise_not()：实现像素"非"运算。
- cv.threshold()：实现像素阈值操作。
- cv.adaptiveThreshold()：实现像素自适应阈值操作。
- cv.LUT()：实现图像查找表。
- cv.vconcat() /cv.hconcat()：实现图像垂直连接/水平连接。
- cv.resize()：改变图像尺寸。
- cv.flip()：实现图像翻转。
- cv.warpAffine()：实现图像仿射变换。
- cv.warpPerspective()：实现图像透视变换。
- cv.warpPolar()：实现图像极坐标变换。
- cv.circle()：在图像中绘制圆形。
- cv.line()：在图像中根据两点绘制一条直线。
- cv.ellipse()：在图像中绘制椭圆。
- cv.ellipse2Poly()：输出近似椭圆边界的像素坐标。
- cv.rectangle()：在图像中绘制矩形。
- cv.fillPoly()：在图像中绘制多边形。
- cv.putText()：在图像中生成文字。
- copy()：实现图像深拷贝。
- cv.pyrDown()：实现图像下采样。
- cv.pyrUp()：实现图像上采样。
- cv.createTrackbar()：在图像窗口中创建滑动条。
- cv.setMouseCallback()：添加鼠标响应事件。

第4章　直方图

本章介绍图像像素值的统计学特性——直方图，了解直方图的统计学原理、直方图代表的图像特性、通过 OpenCV 自带函数或其他库函数进行直方图的绘制，以及直方图在图像处理中的应用（例如图像均衡化、直方图匹配和图像的反向投影等）。除此之外，本章还将介绍通过比较图像像素实现图像的模板匹配。

4.1　直方图的计算与绘制

直方图是图像处理中非常重要的像素统计工具，不再表征任何的图像纹理信息，而是表示图像像素的统计特性。由于同一物体无论是旋转还是平移，在图像中都应具有相同的灰度值，因此直方图具有平移不变性、缩放不变性等优点。这可以用来查看图像整体的变化形式，例如图像是否变暗、图像灰度值主要集中在哪些区域等。在特定的条件下，也可以利用直方图进行图像的识别，例如对数字、字母的识别。

4.1.1　直方图的计算

简单来说，图像处理中，直方图就是统计图像中每个灰度值的个数之后，将灰度值作为横轴，以灰度值的个数或者灰度值所占比值作为纵轴绘制的统计图。通过直方图，你可以看出图像中哪些灰度值数目较多，哪些较少。你可以通过一定的方法将灰度值较集中的区域映射到较稀疏的区域，从而使图像在灰度值上分布得更加符合期望状态。通常情况下，灰度值代表亮暗程度，因此通过直方图可以分析图像亮暗对比度，并调整图像的亮暗程度。

OpenCV 4 提供了函数 cv.calcHist()，该函数能够统计出图像中每个灰度值的个数，代码清单 4-1 给出该函数的原型。

代码清单 4-1　cv. calcHist()函数的原型

```
1  hist = cv.calcHist(images,
2                     channels,
3                     mask,
4                     histSize,
5                     ranges
6                     [, hist
7                     [, accumulate]])
```

- images：待计算直方图的图像数组。
- channels：需要统计的通道索引。

- mask：图像掩模。
- histSize：存放每个维度直方图的数组尺寸。
- ranges：每个图像通道中灰度值的取值范围。
- hist：输出的直方图，是一个数组。
- accumulate：表示是否累积统计直方图的标志。

该函数用于统计图像中每个灰度值的个数，并将统计结果通过值返回。注意，对于该函数的第 1 个参数，数组中所有的图像应具有相同的尺寸和数据类型，并且数据类型只能是 uint8、uint16 和 float32 中的一种，但是不同图像的通道数可以不同。传入值时应使用中括号[]括起来，例如[img]。对于灰度图，第 2 个参数的值为[0]；对于彩色图，它的值可以为[0]、[1]、[2]，分别对应该图像的 3 个通道 B、G、R。第 3 个参数可以用来设置需要统计图像直方图的区域，默认值为 None（代表整个图像）。第 5 个参数通常为[0, 256]。输出的直方图一般保存至维度为 histSize×1 的数组对象中。关于最后一个参数，True 表示累积，表示当统计新图像的直方图时，之前图像的统计结果不会被清除，该功能主要用于统计多幅图像整体的直方图。例如，为了统计一幅数据类型为 uint8 的单通道图像的直方图，需要统计 0～255 内每一个灰度值在图像中的像素个数。如果某个灰度值在图像中没有，那么该灰度值的统计结果就是 0。由于该函数具有较多的参数，并且每个参数都较复杂，因此建议读者在使用该函数时只统计单通道图像的灰度值分布，对于多通道图像可以将图像的每个通道分离后再进行统计。

为了便于读者了解该函数的使用方法，代码清单 4-2 给出使用 cv.calcHist()函数进行图像灰度直方图统计的示例程序。若不添加第 7 行代码，程序中计算出的直方图将以科学记数法的形式进行显示。为方便读者查看结果，在程序中添加了 np.set_ printoptions(suppress=True) 语句以显示数字的常用形式。程序的部分运行结果在图 4-1 中给出。

代码清单 4-2　Calculate_Hist.py
```
1   # -*- coding:utf-8 -*-
2   import cv2 as cv
3   import sys
4   import numpy as np
5
6   # 不使用科学记数法，完整显示数字
7   np.set_printoptions(suppress=True)
8
9
10  if __name__ == '__main__':
11      # 读取图像
12      image = cv.imread('./images/apple.jpg', 0)
13      # 判断是否读取成功
14      if image is None:
15          print("Failed to read apple.jpg.")
16          sys.exit()
17      # 对图像进行直方图计算
18      hist = cv.calcHist([image], [0], None, [256], [0, 256])
19      # 输出结果
20      print('统计灰度的直方图为\n{}'.format(hist))
```

```
[  1.76000000e+02]          [  176. ]
[  1.59000000e+02]          [  159. ]
[  1.96000000e+02]          [  196. ]
[  2.09000000e+02]          [  209. ]
[  2.17000000e+02]          [  217. ]
[  2.08000000e+02]          [  208. ]
[  2.32000000e+02]          [  232. ]
[  2.65000000e+02]          [  265. ]
[  2.79000000e+02]          [  279. ]
[  2.49000000e+02]          [  249. ]
[  3.10000000e+02]          [  310. ]
[  3.20000000e+02]          [  320. ]
```

图 4-1　Calculate_Hist.py 的部分运行结果

4.1.2　直方图的绘制

要绘制直方图，我们可以利用线段将每个像素值的数目表示出来，而线段的长度则表示数目的多少。根据这种思想，对于灰度图，首先对图像进行直方图计算及归一化处理，对于每个灰度值 x 及对应数目 y，使用 cv.line()函数将坐标$(x, 0)$和坐标(x, y)进行连接，进而完成直方图的绘制。对于彩色图像，分别对每个通道进行直方图计算及归一化处理，利用 cv.polylines()函数将直方图的每个坐标连接起来，完成直方图的绘制。为了让读者更加清楚地了解绘制过程，代码清单 4-3 给出了对灰度图像和彩色图像分别绘制直方图的示例程序，程序的运行结果在图 4-2 中给出。

代码清单 4-3　Draw_Hist_with_opencv.py

```
1  # -*- coding:utf-8 -*-
2  import cv2 as cv
3  import numpy as np
4  import sys
5
6
7  # 设定 bins 的数目
8  bins = np.arange(256).reshape(256, 1)
9
10
11 def draw_gray_histogram(image):
12     # 创建一个全 0 矩阵以绘制直方图
13     new = np.zeros((image.shape[0], 256, 3))
14     # 对图像进行直方图计算
15     hist_item = cv.calcHist([image], [0], None, [256], [0, 256])
16     # 对直方图进行归一化
17     cv.normalize(hist_item, hist_item, 0, 255, cv.NORM_MINMAX)
18     hist = np.int32(np.around(hist_item))
19     for x, y in enumerate(hist):
20         cv.line(new, (x, 0), (x, y), (255, 255, 255))
21     # 由于从顶部开始绘制，因此需要将矩阵进行翻转
22     result = cv.flip(new, 0)
23     return result
24
25
26 def draw_bgr_histogram(image):
27     # 创建一个 3 通道的全 0 矩阵以绘制直方图
28     new = np.zeros((image.shape[0], 256, 3))
29     # 声明 B、G、R 三种颜色
30     bgr = [(255, 0, 0), (0, 255, 0), (0, 0, 255)]
31     for i, col in enumerate(bgr):
```

```
32          hist_item = cv.calcHist([image], [i], None, [256], [0, 256])
33          cv.normalize(hist_item, hist_item, 0, 255, cv.NORM_MINMAX)
34          hist = np.int32(np.around(hist_item))
35          hist = np.int32(np.column_stack((bins, hist)))
36          cv.polylines(new, [hist], False, col)
37      result = cv.flip(new, 0)
38      return result
39
40
41  if __name__ == '__main__':
42      # 读取图像 flower.jpg
43      img = cv.imread('./images/flower.jpg')
44      # 判断是否读取成功
45      if img is None:
46          print("Failed to read flower.jpg.")
47          sys.exit()
48      # 将图片转为灰度图像
49      gray = cv.cvtColor(img, cv.COLOR_BGR2GRAY)
50
51      # 计算并绘制灰度图像的直方图和 BGR 图像的直方图
52      gray_histogram = draw_gray_histogram(gray)
53      bgr_histogram = draw_bgr_histogram(img)
54
55      cv.imshow('Origin Image', img)
56      cv.imshow('Gray Histogram', gray_histogram)
57      cv.imshow('BGR Histogram', bgr_histogram)
58
59      cv.waitKey(0)
60      cv.destroyAllWindows()
```

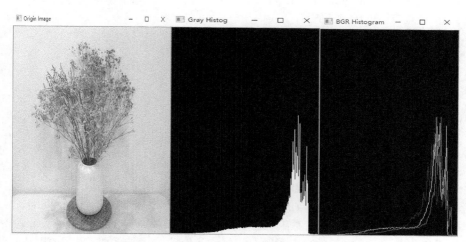

图 4-2　Draw_Hist_with_opencv.py 的运行结果

　　由于使用 OpenCV 中的 **cv.line()** 等函数绘制直方图有些烦琐，因此我们可以尝试找到更简单的直方图绘制方式。第 1 章在介绍相关库时，建议读者安装 Matplotlib 库。虽然该库并非学习 OpenCV 的必需库，但该库提供了一系列对图像进行绘制的函数，这为读者处理图像、绘制图形等提供了很大的便利。为了便于书写，我们在本书中使用 `from matplotlib import pyplot as plt` 导入 Matplotlib 库。其中 **plt.hist()** 函数可以直接统计并进行直方图的绘制，代码清单 4-4 给出该函数的原型。

代码清单 4-4　plt.hist()函数的原型

```
1  n, bins, patches = plt.hist(x,
2                              bins=None,
3                              range=None,
4                              density=None,
5                              weights=None,
6                              cumulative=False,
7                              bottom=None,
8                              histtype='bar',
9                              align='mid',
10                             orientation='vertical',
11                             rwidth=None,
12                             log=False,
13                             color=None,
14                             label=None,
15                             stacked=False,
16                             data=None,
17                             **kwargs)
```

- x：待绘制直方图的图像。
- bins：设置每个维度的直方图的数组大小。
- range：绘制直方图中数据的取值范围。
- density：确定返回值 n 为每个维度的频率还是频数。
- weights：与 x 尺寸相同的权重数组。
- cumulative：表示是否绘制累积直方图。
- bottom：底部基线的位置，默认值为 0。
- histtype：绘制的直方图的类型。
- align：直方图的绘制方式。
- orientation：确定沿水平方向或垂直方向绘制。
- rwidth：每个维度之间的宽度，默认值为 0。
- log：表示是否设置为对数刻度。
- color：指定绘制的直方图的颜色。
- label：字符串或匹配多个数据集的字符串序列。
- stacked：确定数据堆叠或并排排列。
- data：关键字参数，默认不使用。

该函数可以计算并绘制直方图，并将计算和绘制结果通过值返回。该函数中很多参数有默认值，我们已经在函数的原型中给出，这里仅介绍常用的参数及使用方式，若读者感兴趣，可以访问 Matplotlib 官网进行深入学习。该函数的第 1 个参数可以为单个数组或多个（不要求长度相等）数组序列。第 2 个参数可以为整数或者数组。当取值为整数 n 时，表示直方图被分为 n 等份；当取值为数组时，该参数表示每个维度的直方图的左边缘值及最后一个维度的直方图的右边缘值。例如，若直方图中数据的取值范围为 0～100，当 bins 为 10 时，则表示该直方图以每维宽度为 10 进行等分；当 bins 为[0, 15, 80, 100]时，则表示该直方图被分成 3 份，第 1 份的取值范围为[0, 15]，第 2 份的取值范围为(15, 80]，第 3 份的取值范围为(80, 100]。第 3 个参数会忽略不在直方图的取值范围内的值，默认值为 None，表示范围为(min, max)。第 4 个参数可以确定返回值的形式，若为 True，则表示返回频率；否则，返回频数，默认值为 False。第 5 个参数为权重数组，该数组的尺寸需要和输入值 x 的尺寸相同，即将 x 中的每个元素值和对应的权值相乘再进行计数。若第 4 个参数为 True，则会对权值进行归一化，该参数默认值为 None。第 6 个参数决定是否以累积的方式进行计算，若为 True，则表示对每个维度给出该维度和较小维度所有值的累积值，其默认参数为 False。

第 13 个参数可以指定为'b'、'g'、'r'等。

　　为了方便读者了解此函数的使用方法，代码清单 4-5 给出了使用此函数绘制直方图的例程，程序运行结果在图 4-3 中给出，左图为待绘制直方图的图像，右图为对应的直方图。

代码清单 4-5　DrawHist_with_pyplot.py

```
1   # -*- coding:utf-8 -*-
2   import cv2 as cv
3   from matplotlib import pyplot as plt
4   import sys
5
6
7   if __name__ == '__main__':
8       # 读取图像
9       img = cv.imread('./images/flower.jpg', 0)
10      # 判断图像是否读取成功
11      if img is None:
12          print('Failed to read flower.jpg.')
13          sys.exit()
14
15      # 绘制直方图并展示
16      _, _, _ = plt.hist(x=img.ravel(), bins=256, range=[0, 256])
17      cv.imshow('image', img)
18      plt.show()
19      cv.waitKey(0)
20      cv.destroyAllWindows()
```

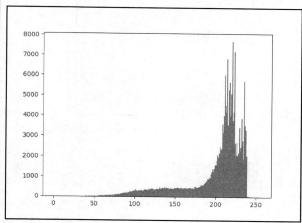

图 4-3　关于 DrawHist_with_pyplot.py 的运行结果

　　对于 BGR 图像的绘制，我们可以首先使用 cv.calcHist()函数计算图像中每个通道的直方图，之后通过 plt.plot()函数实现图像直方图的绘制。为了方便读者了解 plt.plot()函数的使用方法，代码清单 4-6 给出了使用 plt.plot()函数绘制直方图的例程。对于每个通道使用不同的颜色进行绘制，程序运行结果在图 4-4 中给出，左图为待绘制直方图的 BGR 图像，右图为对应的直方图。

代码清单 4-6　DrawBGRHist_with_pyplot.py

```
1   # -*- coding:utf-8 -*-
2   import cv2 as cv
3   from matplotlib import pyplot as plt
4   import sys
```

```
5
6
7  if __name__ == '__main__':
8      # 读取图像
9      img = cv.imread('./images/flower.jpg')
10     # 判断图像是否读取成功
11     if img is None:
12         print('Failed to read flower.jpg.')
13         sys.exit()
14     # 绘制直方图并展示
15     color = ('b', 'g', 'r')
16     for i, col in enumerate(color):
17         hist_item = cv.calcHist([img], [i], None, [256], [0, 256])
18         plt.plot(hist_item, color=col)
19     cv.imshow('image', img)
20     plt.show()
21     cv.waitKey(0)
22     cv.destroyAllWindows()
```

 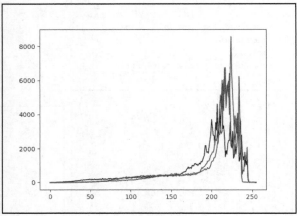

图 4-4　关于 DrawBGRHist_with_pyplot.py 的运行结果

4.2　2D 直方图

上一节介绍了如何绘制一维直方图，之所以称为一维直方图是因为我们在绘制的过程中只考虑了图像灰度值这一个特征。对于彩色图像，我们通常需要考虑图像的色调（hue）和饱和度（saturation），并根据这两个特征进行 2D 直方图的统计。

类似于一维直方图的计算，2D 直方图的计算同样使用 cv.calcHist() 函数，但在计算前，需要将图像从 BGR 格式转换为 HSV 格式，且其中的几个参数需要进行相应的修改。其中，参数 channels 表示需要统计 H 和 S 两个通道，值为[0, 1]；histSize 为[180, 256]，其中 180 代表 H 通道，256 代表 S 通道；ranges 为[0, 180, 0, 256]，其中 0～180 代表 H 通道的取值范围，0～256 代表 S 通道的取值范围，其他参数保持不变，此处不再赘述。

尽管 OpenCV 并没有提供现成的函数来绘制 2D 直方图，但这个功能依旧可以实现。代码清单 4-7 给出使用 OpenCV 中的函数绘制图像 2D 直方图的例程。首先构建一幅 HSV 格式的颜色底图，该颜色底图共有 3 个通道，其中 H 通道的取值范围为[0, 180]，第 1 行值全为 0，从上至下依次增大；S 通道的取值范围为[0, 255]，第 1 列值全为 0，从左至右依次增大；V 通道的值全为 255。然后将颜色底图转换为 BGR 格式，结果在图 4-5 中给出。之后将使用 cv.calcHist()函数计算得到的 2D 直方图矩阵和这个颜色直方图相乘，便可以得到一幅由颜色编码的直方图。得到的 2D 直方图计算结果在图 4-6 中给出，直方图在图 4-7 中给出。

代码清单 4-7　Draw_2DHist_with_opencv.py

```python
1   # -*- coding:utf-8 -*-
2   import numpy as np
3   import cv2 as cv
4   import sys
5
6
7   if __name__ == '__main__':
8       # 构建 HSV 格式的底图，然后将其转换为 BGR 格式
9       hsv_map = np.zeros((180, 256, 3), np.uint8)
10      h, s = np.indices(hsv_map.shape[:2])
11      hsv_map[:, :, 0] = h
12      hsv_map[:, :, 1] = s
13      hsv_map[:, :, 2] = 255
14      hsv_map = cv.cvtColor(hsv_map, cv.COLOR_HSV2BGR)
15
16      # 设置读取图片的路径，默认为 ./images/road.jpg
17      image = cv.imread('./images/road.jpg')
18      # 判断是否读取成功
19      if image is None:
20          print("Failed to read image.")
21          sys.exit()
22      # 将图片由 BGR 格式转换成 HSV 格式
23      image_hsv = cv.cvtColor(image, cv.COLOR_BGR2HSV)
24      # 计算 2D 直方图
25      image_hist = cv.calcHist([image_hsv], [0, 1], None, [180, 256], [0, 180, 0, 256])
26      # 将计算出的直方图矩阵和创建的 hsv_map 相乘
27      result = hsv_map * image_hist[:, :, np.newaxis] / 255.0
28
29      # 结果展示
30      cv.imshow('Origin Image', image)
31      cv.imshow('Hsv Map', hsv_map)
32      cv.imshow('2D Hist', np.uint8(result))
33      cv.waitKey(0)
34      cv.destroyAllWindows()
```

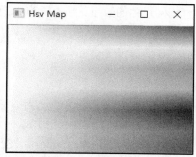

图 4-5　使用 Draw_2DHist_with_opencv.py
构建的 HSV 格式的颜色底图

```
2D直方图计算结果：
[[ 5.  0.  0. ...,  0.  0.  0.]
 [ 0.  0.  0. ...,  0.  0.  0.]
 [ 0.  0.  0. ...,  0.  0.  0.]
 ...,
 [ 0.  0.  0. ...,  0.  0.  0.]
 [ 0.  0.  0. ...,  0.  0.  0.]
 [ 0.  0.  0. ...,  0.  0.  0.]]
```

图 4-6　使用 Draw_2DHist_with_opencv.py
得到的 2D 直方图计算结果

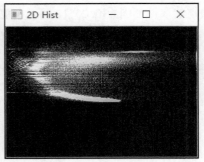

图 4-7　使用 Draw_2DHist_with_opencv.py 绘制的 2D 直方图

类似于一维直方图的绘制，Matplotlib 库中同样提供了函数 plt.imshow()以完成 2D 直方图的绘制。代码清单 4-8 给出了该函数的原型。

代码清单 4-8　plt.imshow()函数的原型

```
1   age = plt.imshow(x,
2                    cmap=None,
3                    norm=None,
4                    aspect=None,
5                    interpolation=None,
6                    alpha=None,
7                    vmin=None,
8                    vmax=None,
9                    origin=None,
10                   extent=None,
11                   filternorm=1,
12                   filterrad=4.0,
13                   resample=None,
14                   url=None,
15                   hold=None,
16                   data=None,
17                   **kwargs)
```

- x：待绘制 2D 直方图的图像数据。
- cmap：将数据映射到指定颜色空间来显示。
- norm：使用 camp 参数前，将数据归一化至[0, 1]。
- aspect：控制轴的纵横比，可选参数为 equal 和 auto。
- interpolation：使用的插值方式，默认值为 antialiased。
- alpha：设置透明度，可以为一个标量或和 x 具有相同尺寸的数组。当设置为标量时，取值范围为[0, 1]，0 表示透明，1 表示不透明；当设置为数组时，每个值将作用于 x 的对应位置。
- vmin：设置数据范围的下限。
- vmax：设置数据范围的上限。
- origin：设置原点位置，可选参数为 upper 和 lower。
- extent：待填充的边界框的位置。
- filternorm：滤波器范数，默认值为 1。
- filterrad：滤波器半径，当插值参数为 sinc、lanczos 或 blackman 时使用，默认值为 4.0。
- resample：表示是否进行重采样的标志。
- url：设置创建结果的 URL。

- data：关键字参数，默认不使用。

plt.imshow()函数可以设置显示图像的更多参数，我们可以使用该函数完成 2D 直方图的绘制。在实际绘制过程中，使用的参数较少，因此没有给出该函数中参数的更多详细介绍。为了方便读者了解 plt.imshow()函数的使用方法，代码清单 4-9 给出使用此函数绘制图像直方图的例程。设置 interpolation='nearest'，即采用最近邻插值法，其他参数采用默认值，程序运行结果在图 4-8 中给出。

代码清单 4-9　Draw_2DHist_with_pyplot.py

```
1   # -*- coding:utf-8 -*-
2   import cv2 as cv
3   from matplotlib import pyplot as plt
4   import sys
5
6
7   if __name__ == '__main__':
8       # 读取图像 road.jpg
9       image = cv.imread('./images/road.jpg')
10      # 判断图片是否读取成功
11      if image is None:
12          print('Failed to read image.')
13          sys.exit()
14      # 将图像从 BGR 格式转为 HSV 格式
15      image_hsv = cv.cvtColor(image, cv.COLOR_BGR2HSV)
16
17      # 计算 2D 直方图
18      image_hist = cv.calcHist([image_hsv], [0, 1], None, [180, 256], [0, 180, 0, 256])
19      # 展示图像及直方图
20      cv.imshow('Origin Image', image)
21      plt.imshow(image_hist, interpolation='nearest')
22      plt.show()
23
24      cv.waitKey(0)
25      cv.destroyAllWindows()
```

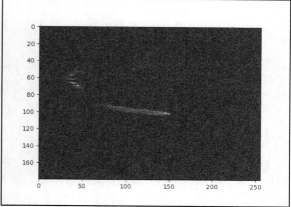

图 4-8　Draw_2DHist_with_pyplot.py 的运行结果

4.3　直方图的操作

直方图能够反映图像灰度值等统计特性，但这个结果只统计了数值，是初步统计结果，可以对统计结果进行进一步的操作以得到更多有用的信息，例如求取统计结果的概率分布，通过直方图统计结果对两张图像中的内容进行比较等。本节主要介绍直方图归一化、直方图比较、直方图均衡化和直方图匹配等直方图操作与实际应用。

4.3.1　直方图归一化

前面我们完成了对图像灰度值的统计工作，并成功绘制了图像的直方图。由于统计的灰度值数目与图像的尺寸具有直接关系，因此如果以灰度值数目作为最终统计结果，那么一张图像与它经过尺寸缩放后的图像的直方图将会有巨大的差异。直方图可以用来表示图像的明亮程度，从理论上讲，这两张图像将具有大致相似的直方图分布特性，因此用灰度值的数目作为统计结果具有一定的局限性。

图像的灰度值统计的主要目的就是查看某个灰度值在所有像素中所占的比例，你可以用每个灰度值的像素数目占一幅图像中所有像素的比例来表示某个灰度值数目的多少，即将统计结果除以图像中的像素个数。这种方式可以保证每个灰度值的统计结果都是 0%～100% 的数据，从而实现统计结果的归一化。但这种方式存在一个弊端，就是在数据类型为 uint8 的图像中，灰度值有 256 个等级，平均每个像素的灰度值所占比例为 0.39%，这个比例非常低。因此，为了更直观地绘制直方图，你需要将比例扩大一定的倍数。另一种常用的归一化方式是寻找统计结果中的最大数值，把所有结果除以这个最大的数值，以将所有数据都归一化到 0～1。

针对上面讲述的两种归一化方式，OpenCV 4 提供了 cv.normalize() 函数，用于实现多种形式的归一化功能，该函数的原型在代码清单 4-10 中给出。

代码清单 4-10　cv.normalize() 函数的原型

```
1  dst = cv.normalize(src
2                      [, dst
3                      [, alpha
4                      [, beta
5                      [, norm_type
6                      [, dtype
7                      [, mask]]]]]])
```

- src：输入图像。
- dst：归一化结果类型为 float32，与 src 大小相同。
- alpha：范围归一化时的下限。
- beta：范围归一化时的上限，它不用于标准归一化。
- norm_type：归一化过程中数据范数的种类标志。
- dtype：数据类型选择标志。
- mask：图像掩模。

该函数可以对图像进行归一化处理，并将归一化结果通过值返回。通过第 3 个和第 4 个参数，你可将数据缩放到指定的范围，然后通过第 5 个参数选择范数的种类，之后将输入图像中的每个数据分别除以求取的范数，最后得到缩放结果。第 5 个参数可选的标志在表 4-1 中给出。计算过程中使用不同的范数，最后的结果也不相同，例如，若选择 cv.NORM_L1，输出结果为每个灰度值所占的比例；若选择 cv.NORM_INF 参数，输出结果表示除以数据中的最大值后将所有的数据归一化到 0～1。在 cv.NORM_MINMAX 模式下，第 3 个参数表示归一化后的最小值，第 4 个参数表示归一化后的最大值；其余 3 种模式下，第 3 个参数表示执行相应归一化后矩阵的范数，不使用第 4 个参数。如果第 6 个参数为负数，则输出数据与 src 拥有相同的类型；否则，与 src 具有相同的通道数和数据类型。最后一个参数在前面已多次使用，此处不再赘述。

表 4-1   cv.normalize()函数 norm_type 可选的标志

标志	简记	含义	原理
cv.NORM_INF	1	无穷范数，向量的最大值	$\text{dst}(i,j) = \dfrac{\text{src}(i,j)}{\max\|\text{src}(x,y)\|}$ ，其中，$\text{dst}(i,j)$ 表示归一化后的灰度值，$\text{src}(i,j)$ 表示原来的某个灰度值，$\text{src}(x,y)$ 表示原始图像中全部的灰度值
cv.NORM_L1	2	L1 范数，绝对值之和	$\text{dst}(i,j) = \dfrac{\text{src}(i,j)}{\left\|\sum \text{src}(x,j)\right\|}$
cv.NORM_L2	4	L2 范数，平方和之根	$\text{dst}(i,j) = \dfrac{\text{src}(i,j)}{\sqrt{\sum \text{src}(x,y)^2}}$
cv.NORM_MINMAX	32	线性归一化	$\text{dst}(i,j) = \dfrac{[\text{src}(i,j) - \min(\text{src}(x,y))](\max - \min)}{\max(\text{src}(x,j)) - \min(\text{src}(x,y))} + \min$ ，其中，max 表示归一化范围的上限，min 表示归一化范围的下限

为了方便读者了解归一化函数 cv.normalize() 的使用效果，代码清单 4-11 给出了对数组和图像直方图使用不同方式进行归一化的示例程序。首先定义一个数组，并分别使用上述介绍的 4 种方式进行归一化，最终结果在图 4-9 中给出。然后读取图像并将其转化为灰度图像，计算直方图后对直方图结果分别进行绝对值求和归一化和最大值归一化。为了能更好地展示归一化后直方图的分布，我们对归一化后的结果进行直方图绘制，最终结果在图 4-10 给出。通过绘制出的直方图分布，可以发现：无论是否进行归一化，或者采用哪种归一化方法，直方图的分布特性都不会改变。

代码清单 4-11　Normalize.py

```
1   # -*- coding:utf-8 -*-
2   import cv2 as cv
3   import numpy as np
4   from matplotlib import pyplot as plt
5   import sys
6
7
8   if __name__ == '__main__':
9       # 对数组进行归一化
10      data = np.array([2.0, 8.0, 10.0])
11      # 绝对值求和归一化
12      data_L1 = cv.normalize(data, None, 1.0, 0.0, cv.NORM_L1)
13      # 模长归一化
14      data_L2 = cv.normalize(data, None, 1.0, 0.0, cv.NORM_L2)
15      # 最大值归一化
16      data_Inf = cv.normalize(data, None, 1.0, 0.0, cv.NORM_INF)
17      # 线性归一化
18      data_MINMAX = cv.normalize(data, None, 1.0, 0.0, cv.NORM_MINMAX)
19      # 展示结果
20      print('绝对值求和归一化结果为\n{}'.format(data_L1))
21      print('模长归一化结果为\n{}'.format(data_L2))
22      print('最大值归一化结果为\n{}'.format(data_Inf))
23      print('线性归一化结果为\n{}'.format(data_MINMAX))
24
25      # 对直方图进行归一化
26      # 读取图像
27      image = cv.imread('./images/apple.jpg')
28      # 判断图片是否读取成功
```

```
29    if image is None:
30        print('Failed to read apple.jpg.')
31        sys.exit()
32
33    # 将图像转为灰度图像
34    gray_image = cv.cvtColor(image, cv.COLOR_BGR2GRAY)
35    # 对图像进行直方图计算
36    hist_item = cv.calcHist([gray_image], [0], None, [256], [0, 256])
37
38    # 对直方图进行绝对值求和归一化
39    image_L1 = cv.normalize(hist_item, None, 1, 0, cv.NORM_L1)
40    # 对直方图进行最大值归一化
41    image_Inf = cv.normalize(hist_item, None, 1, 0, cv.NORM_INF)
42    # 展示结果
43    plt.plot(image_L1)
44    plt.show()
45    plt.plot(image_Inf)
46    plt.show()
```

绝对值求和归一化结果为	模长归一化结果为	最大值归一化结果为	线性归一化结果为
[[0.1] [0.4] [0.5]]	[[0.15430335] [0.6172134] [0.77151675]]	[[0.2] [0.8] [1.]]	[[0.] [0.75] [1.]]

图 4-9　Normalize.py 程序对矩阵进行归一化的结果

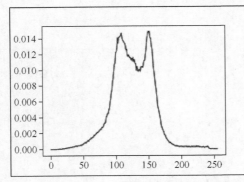 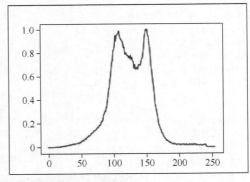

图 4-10　Normalize.py 程序对图像直方图归一化的结果

4.3.2　直方图比较

图像的直方图表示图像灰度值的统计特性,因此可以通过比较两幅图像的直方图来看出两幅图像的相似程度。从一定程度上来讲,虽然两幅图像的直方图分布相似不代表两幅图像相似,但是若两幅图像相似,则两幅图像的直方图分布一定相似。例如,通过插值对图像进行缩放后,图像的直方图虽然不会与之前完全一致,但是两者之间一定具有很高的相似性,因而可以通过比较两幅图像的直方图分布的相似性对图像进行初步的筛选与识别。

OpenCV 4 提供了用于比较两幅图像的直方图相似性的函数 cv.compareHist(),该函数的原型在代码清单 4-12 中给出。

代码清单 4-12　cv.compareHist()函数的原型

```
1   retavl = cv.compareHist(H1,
```

```
2              H2,
3              method)
```

- H1：第一幅图像的直方图。
- H2：第二幅图像的直方图。
- method：比较方法的标志。

该函数可以用来比较两幅图像的直方图的相似性，并将相似性结果通过值返回。该函数的前两个参数为需要比较相似性的图像的直方图，由于不同尺寸的图像中像素数目可能不相同，因此，为了准确判断两个直方图对应的图像的相似性，需要输入通过同一种方式归一化后的直方图，并且要求两个图像具有相同的尺寸。对于该函数的第 3 个参数，选择不同的方法，会得到不同的相似性系数，cv.compareHist()函数会将计算得到的相似性系数返回。由于不同计算方法的规则不一，因此相似性系数代表的含义也不相同，该函数可以选择的计算方法标志在表 4-2 中给出。

表 4-2　　　　　　　　　　cv.compareHist()函数可选择的计算方法标志

标志	简记	说明
cv.HISTCMP_CORREL	0	相关法
cv.HISTCMP_CHISQR	1	卡方法
cv.HISTCMP_INTERSECT	2	直方图相交法
cv.HISTCMP_BHATTACHARYYA	3	巴塔恰里亚距离（巴氏距离）法
cv.HISTCMP_HELLINGER	3	与 cv.HISTCMP_BHATTACHARYYA 方法相同
cv.HISTCMP_CHISQR_ALT	4	替代卡方法
cv.HISTCMP_KL_DIV	5	相对熵法（Kullback-Leibler 散度）

接下来介绍每种方法比较相似性的原理。

1）HISTCMP_CORREL

HISTCMP_CORREL 方法计算相似性的原理在式（4-1）中给出。在该方法中，如果两幅图像的直方图完全一致，则计算值为 1；如果两幅图像的直方图完全不相关，则计算值为 0。

$$d(H_1, H_2) = \frac{\sum_I (H_1(I) - \bar{H}_1)(H_2(I) - \bar{H}_2)}{\sqrt{\sum_I (H_1(I) - \bar{H}_1)^2 \sum_I (H_2(I) - \bar{H}_2)^2}} \tag{4-1}$$

式中，$H_1(I)$ 和 $H_2(I)$ 分别是两幅图像的直方图，$\bar{H}_1$ 和 $\bar{H}_2$ 是两幅图像的直方图的均值，d 表示距离。

$\bar{H}_k$ 的计算方式如式（4-2）所示。

$$\bar{H}_k = \frac{1}{N} \sum_J H_k(J)，\; k=1,2 \tag{4-2}$$

式中，N 是直方图中的灰度值个数。

2）HISTCMP_CHISQR

HISTCMP_CHISQR 方法计算相似性的原理在式（4-3）中给出。在该方法中，如果两幅图像的直方图完全一致，则计算值为 0。两幅图像的相似性越低，计算值越大。

$$d(H_1, H_2) = \sum_I \frac{(H_1(I) - H_2(I))^2}{H_1(I)} \tag{4-3}$$

3）HISTCMP_INTERSECT

HISTCMP_INTERSECT 方法计算相似性的原理在式（4-4）中给出。该方法不会将计算结果归一化，因此，即使使用两个完全一致的直方图，若来自不同图像，也会有不同的数值。例如，由 A 图像归一化后得到的两个完全一样的直方图的相似性结果与 B 图像归一化后得到的两个完全一样的直方图的相似性结果可能不相同。但是，当任意图像的直方图与 A 图像的直方图比较时，数值越大，相似性越高；数值越小，相似性越低。

$$d(H_1, H_2) = \sum_I \min(H_1(I), H_2(I)) \tag{4-4}$$

4）HISTCMP_BHATTACHARYYA

HISTCMP_BHATTACHARYYA 方法计算相似性的原理在式（4-5）中给出。在该方法中，如果两幅图像的直方图完全一致，则计算值为 0。两幅图像的相似性越低，计算值越大。

$$d(H_1, H_2) = \sqrt{1 - \frac{1}{\sqrt{\overline{H_1}\overline{H_2}N^2}} \sum_I \sqrt{H_1(I)H_2(I)}} \tag{4-5}$$

5）HISTCMP_CHISQR_ALT

HISTCMP_CHISQR_ALT 方法判断两个直方图是否相似的方式与巴氏距离法相同，常用于替代巴氏距离法进行纹理比较，计算公式如式（4-6）所示。

$$d(H_1, H_2) = 2\sum_I \frac{(H_1(I) - H_2(I))^2}{H_1(I) + H_2(I)} \tag{4-6}$$

6）HISTCMP_KL_DIV

HISTCMP_KL_DIV 方法又称为 Kullback-Leibler 散度法，其计算相似性的原理在式（4-7）中给出。在该方法中，如果两幅图像的直方图完全一致，则计算值为 0。若两幅图像的相似性越低，计算值越大。

$$d(H_1, H_2) = \sum_I H_1(I)\ln\left(\frac{H_1(I)}{H_2(I)}\right) \tag{4-7}$$

为了验证通过直方图比较两幅图像相似性的可行性，代码清单 4-13 提供了对 4 幅图像进行直方图比较的示例程序。在程序中，我们将分别读取 4 幅图像，并计算它们的灰度直方图，直方图在图 4-11 中给出。为了保证前两幅图像的直方图具有相似性，第二次读取的是第一次读取的图像旋转后的图像，后两次读取的图像是完全不相似的图像。然后分别以 cv.NORM_MINMAX 方式对直方图进行归一化处理。最后利用 cv.HISTCMP_CORREL 方法分别比较前两幅图像的直方图的相似性和后两幅图像的直方图的相似性。相似性结果在图 4-12 中给出，比较结果显示前两幅图像的直方图完全相似，相似系数为 1，而后两幅完全不相同的图像的直方图相似性接近 0。

代码清单 4-13 Compare_Hist.py

```
1  # -*- coding:utf-8 -*-
2  import cv2 as cv
3  import numpy as np
4  from matplotlib import pyplot as plt
5  import sys
6
7
8  def normalize_image(path):
9      # 读取图像
10     image = cv.imread(path, 0)
11     # 判断图像是否读取成功
12     if image is None:
13         print('Failed to read image.')
```

```
14        sys.exit()
15    # 绘制直方图（可省略）
16    plt.hist(image.ravel(), 256, [0, 256])
17    plt.title(path.split('/')[-1])
18    plt.show()
19    # 计算直方图
20    image_hist = cv.calcHist([image], [0], None, [256], [0, 256])
21    # 进行归一化
22    normalize_result = np.zeros(image_hist.shape, dtype=np.float32)
23    cv.normalize(image_hist, dst=normalize_result, alpha=0, beta=1.0, norm_type=cv.
          NORM_MINMAX)
24    return normalize_result
25
26
27 def compare_hist(image1_path, image2_path):
28     image1 = normalize_image(image1_path)
29     image2 = normalize_image(image2_path)
30     # 进行直方图比较
31     return round(cv.compareHist(image1, image2, method=cv.HISTCMP_CORREL), 2)
32
33
34 if __name__ == '__main__':
35     img1_path = './images/Compare_Hist_1.jpg'
36     img2_path = './images/Compare_Hist_2.jpg'
37     img3_path = './images/Compare_Hist_3.jpg'
38     img4_path = './images/Compare_Hist_4.jpg'
39
40     print('Compare_Hist_1.jpg与Compare_Hist_2.jpg的相似性为%s' % (compare_hist(img1_
          path, img2_path)))
41     print('Compare_Hist_3.jpg与Compare_Hist_4.jpg的相似性为%s' % (compare_hist
          (img3_path, img4_path)))
```

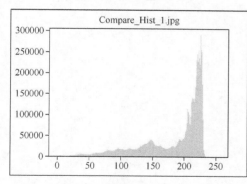
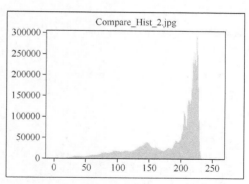
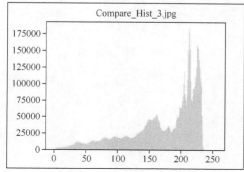
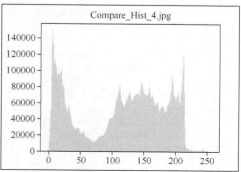

图 4-11 使用 Compare_Hist.py 进行直方图绘制的结果

Compare_Hist_1.jpg与Compare_Hist_2.jpg的相似性为1.0

Compare_Hist_3.jpg与Compare_Hist_4.jpg的相似性为0.05

图 4-12　使用 Compare_Hist.py 进行相似性比较的结果

4.3.3　直方图均衡化

如果一幅图像的直方图都集中在一个区域，则整体图像的对比度比较小，不便于图像中的纹理识别。例如，如果相邻两个像素的灰度值分别是 120 和 121，那么它们仅凭肉眼是无法区别的；如果图像中所有像素的灰度值都集中在 100～150，则整个图像将会给人一种模糊的感觉。如果通过映射关系将图像中灰度值的范围扩大，增加原来两个灰度值之间的差值，就可以提高图像的对比度，进而将图像中的纹理突出显现出来，这个过程称为图像直方图均衡化。

OpenCV 4 提供了 cv.equalizeHist()函数，用于将图像的直方图均衡化，该函数的原型在代码清单 4-14 中给出。

代码清单 4-14　cv.equalizeHist()函数的原型

```
1  dst = cv.equalizeHist(src
2                        [, dst])
```

- src：需要直方图均衡化的 8 位单通道图像。
- dst：直方图均衡化后的输出图像，与 src 具有相同的尺寸和类型。

该函数形式比较简单，但是需要注意，该函数只能对单通道的灰度图进行直方图均衡化。对图像进行均衡化的示例程序在代码清单 4-15 中给出。程序中我们将一幅偏暗的图像进行直方图均衡化（结果见图 4-13）。通过结果你可以发现，经过均衡化后，图像的对比度明显增加，能够看清楚原来看不清的纹理。通过绘制原图的直方图和均衡化后图像的直方图可以发现，经过均衡化后图像的直方图分布更加均匀。

代码清单 4-15　equalizeHist.py

```
1   # -*- coding:utf-8 -*-
2   import cv2 as cv
3   from matplotlib import pyplot as plt
4   import sys
5
6
7   if __name__ == '__main__':
8       # 读取图像
9       image = cv.imread('./images/equalizeHist.jpg', 0)
10      # 判断图像是否读取成功
11      if image is None:
12          print('Failed to read equalizeHist.jpg.')
13          sys.exit()
14      # 绘制原图的直方图
15      plt.hist(image.ravel(), 256, [0, 256])
16      plt.title('Origin Image')
17      plt.show()
18      # 进行直方图均衡化并绘制直方图
19      image_result = cv.equalizeHist(image)
20      plt.hist(image_result.ravel(), 256, [0, 256])
21      plt.title('Equalized Image')
22      plt.show()
23      # 展示直方图均衡化前后的图像
24      cv.imshow('Origin Image', image)
25      cv.imshow('Equalized Image', image_result)
```

```
26
27   cv.waitKey(0)
28   cv.destroyAllWindows()
```

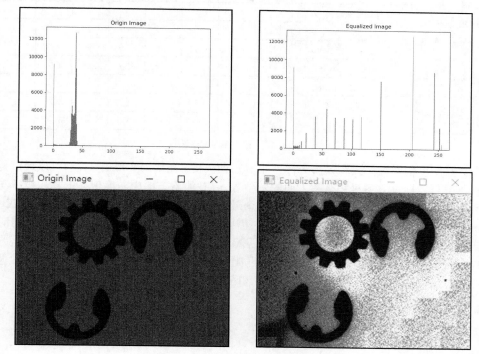

图 4-13　equalizeHist.py 程序的运行结果

4.3.4　直方图匹配

cv.equalizeHist()函数可以自动改变直方图的分布形式，这种方式极大地简化了直方图均衡化过程中的操作步骤，但是该函数不能指定均衡化后的直方图分布形式。在某些特定的条件下，需要将直方图映射成指定的分布形式，这种将直方图映射成指定分布形式的算法称为直方图匹配或者直方图规定化。直方图匹配与直方图均衡化相似，都改变图像的直方图分布形式，只是直方图均衡化后图像的直方图是均匀分布的，而直方图匹配后直方图可以随意指定，即在执行直方图匹配操作时首先要知道变换后的灰度直方图分布形式，进而确定变换函数。直方图匹配操作能够有目的地增强某个灰度区间。相比于直方图均衡化操作，该算法虽然多了一个输入，但是其变换后的结果更灵活。

由于不同图像的像素数目可能不同，因此为了使两幅图像的直方图能够匹配，需要使用概率的形式表示每个灰度值在图像像素中所占的比例。理想状态下，在经过直方图匹配操作后，直方图的分布形式应与目标分布一致，因此两者之间的累积概率分布也一致。累积概率为小于或等于某一灰度值的像素数目占所有像素数的比例。我们用 V_s 表示原图像的直方图中各个灰度级的累积概率，用 V_z 表示直方图匹配后直方图中各个灰度级的累积概率。

为了更清楚地说明直方图匹配过程，图 4-14 给出了一个直方图匹配示例。示例中目标直方图中灰度值 2 以下的累积概率都为 0，灰度值 3 的累积概率为 0.16，灰度值 4 的累积概率为 0.35，原图像直方图中灰度值 0 时累积概率为 0.19。由于 0.19 与 0.16 间的距离小于 0.35，因此需要将原图像中灰度值 0 匹配成灰度值 3。同样，原图像灰度值 1 的累积概率为 0.43，其与目标直方图灰度值 4 的累积概率 0.35 的距离为 0.08，而与目标直方图灰度值 5 的累积概率 0.64 的距离为 0.21，因此需要将原图像中灰度值 1 匹配成灰度值 4。

序号	运算	步骤和结果							
1	原图像灰度值	0	1	2	3	4	5	6	7
2	原直方图概率	0.19	0.24	0.2	0.17	0.09	0.05	0.03	0.03
3	原直方图累积概率	0.19	0.43	0.63	0.8	0.89	0.94	0.97	1
4	目标直方图概率	0	0	0	0.16	0.19	0.29	0.2	0.16
5	目标直方图累积概率	0	0	0	0.16	0.35	0.64	0.84	1
6	匹配的灰度值	3	4	5	6	6	7	7	7
7	映射关系	0→3	1→4	2→5	3→6	4→6	5→7	6→7	7→7

图 4-14　直方图匹配示例

　　这个寻找灰度值匹配的过程是直方图匹配算法的关键。在代码实现中，我们可以通过构建原直方图累积概率与目标直方图累积概率之间的差值表，寻找原直方图中灰度值 n 的累积概率与目标直方图中所有灰度值累积概率差值的最小值，这个最小值对应的灰度值 r 就是 n 匹配后的灰度值。

　　OpenCV 4 并没有提供直方图匹配的函数，需要自己根据算法实现直方图匹配。代码清单 4-16 给出了实现直方图匹配的示例程序。程序中待匹配的原图是一张整体偏暗的图像，目标直方图分配形式来自一张较明亮的图像。经过图像直方图匹配操作之后，图像的整体亮度提高了，图像的直方图分布更加均匀。该程序的运行结果在图 4-15 和图 4-16 中给出。

代码清单 4-16　Hist_Match.py

```
1   # -*- coding:utf-8 -*-
2   import cv2 as cv
3   import numpy as np
4   from matplotlib import pyplot as plt
5   import sys
6
7
8   if __name__ == '__main__':
9       # 读取图像
10      image1 = cv.imread('./images/Hist_Match.png')
11      image2 = cv.imread('./images/equalLena.png')
12      # 判断图像是否读取成功
13      if image1 is None or image2 is None:
14          print('Failed to read Hist_Match.png or equalLena.png.')
15          sys.exit()
16
17      # 计算两幅图像的直方图
18      hist_image1 = cv.calcHist([image1], [0], None, [256], [0, 256])
19      hist_image2 = cv.calcHist([image2], [0], None, [256], [0, 256])
20      # 对直方图进行归一化
21      hist_image1 = cv.normalize(hist_image1, None, norm_type=cv.NORM_L1)
22      hist_image2 = cv.normalize(hist_image2, None, norm_type=cv.NORM_L1)
23
24      # 计算两幅图像的直方图的累积概率
25      hist1_cdf = np.zeros((256, ))
26      hist2_cdf = np.zeros((256, ))
27      hist1_cdf[0] = 0
28      hist2_cdf[0] = 0
29      for i in range(1, 256):
30          hist1_cdf[i] = hist1_cdf[i - 1] + hist_image1[i]
31          hist2_cdf[i] = hist2_cdf[i - 1] + hist_image2[i]
32
```

```
33    # 构建累积概率误差矩阵
34    diff_cdf = np.zeros((256, 256))
35    for k in range(256):
36        for j in range(256):
37            diff_cdf[k][j] = np.fabs((hist1_cdf[k] - hist2_cdf[j]))
38
39    # 生成映射表
40    lut = np.zeros((256, ), dtype='uint8')
41    for m in range(256):
42        # 查找原来灰度值 i 映射的灰度和 i 的累积概率差值最小的归一化灰度
43        min_val = diff_cdf[m][0]
44        index = 0
45        for n in range(256):
46            if min_val > diff_cdf[m][n]:
47                min_val = diff_cdf[m][n]
48                index = n
49        lut[m] = index
50    result = cv.LUT(image1, lut)
51
52    # 展示结果
53    cv.imshow('Origin Image1', image1)
54    cv.imshow('Origin Image2', image2)
55    cv.imshow('Result', result)
56    _, _, _ = plt.hist(x=image1.ravel(), bins=256, range=[0, 256])
57    plt.show()
58    _, _, _ = plt.hist(x=image2.ravel(), bins=256, range=[0, 256])
59    plt.show()
60    _, _, _ = plt.hist(x=result.ravel(), bins=256, range=[0, 256])
61    plt.show()
62
63    cv.waitKey(0)
64    cv.destroyAllWindows()
```

图 4-15　Hist_Match.py 程序中匹配图像原图、模板及匹配后的图像

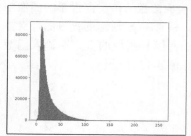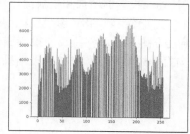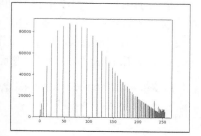

图 4-16　Hist_Match.py 程序的运行结果

4.3.5　直方图反向投影

如果一张图像的某个区域显示的是一种结构纹理或者一个独特的形状,那么这个区域的直方图就可以看作这个结构或者形状的概率函数,在图像中寻找这种概率分布就是在图像中寻找该结构纹理或者独特形状。反向投影(back projection)就是一种记录给定图像中的像素如何适应直方图模型中像素分布方式的方法。简单地讲,反向投影就是首先计算某一特征的直方图模型,然后使用模型判断图像中是否存在该特征的方法。

OpenCV 4 提供了 cv.calcBackProject()函数,用于对直方图进行反向投影,该函数的原型在代码清单 4-17 中给出。

代码清单 4-17　cv.calcBackProject()函数的原型

```
1  dst = cv.calcBackProject(images,
2                           channels,
3                           hist,
4                           ranges,
5                           scale
6                           [, dst])
```

- images:待统计直方图的图像。所有的图像应具有相同的尺寸和数据类型,并且数据类型只能是 uint8、uint16 和 float32 中的一种,但是不同图像的通道数可以不同。
- channels:需要统计的通道索引数组。
- hist:输入的直方图。
- ranges:每个图像通道中灰度值的取值范围。
- scale:输出的反向投影矩阵的比例因子。
- dst:输出结果,与第 1 个参数具有相同的尺寸和数据类型。

该函数用于在输入图像中寻找与特定图像最匹配的点或者区域,即对图像进行反向投影,并将结果通过值返回。该函数的输入参数与函数 cv.calcHist()中的相似,都需要输入图像和需要反向投影的通道索引数目,此处不再赘述。区别在于 cv.calcBackProject()函数需要输入模板图像的直方图统计结果,返回的是一幅图像,而不是直方图统计结果。根据该函数所需要的参数可知,该函数在使用时主要分为以下 4 个步骤。

(1)加载待反向投影的图像和模板图像。

(2)转换图像颜色空间,常用的颜色空间为 GRAY 颜色空间和 HSV 颜色空间。

(3)计算模板图像的直方图,灰度图像的直方图为一维直方图,HSV 图像的直方图为关于 H-S 通道的二维直方图。

(4)将待反向投影的图像和模板图像的直方图输入函数 cv.calcBackProject(),得到反向投影结果。

为了展示该函数的使用方式以及图像反向投影的作用,代码清单 4-18 给出了对图像进行反向投影的示例程序。程序中首先加载待反向投影的图像和模板图像,模板图像从待反向投影的图像中截取,之后将两幅图像由 RGB 颜色空间转换到 HSV 颜色空间中,统计 H-S 通道的直方图,直方图归一化后绘制 H-S 通道的二维直方图。最后将待反向投影图像和模板图像的直方图输入函数 cv.calcBackProject(),得到图像反向投影结果。该程序的运行结果在图 4-17 中给出。

代码清单 4-18　calcBackProject.py

```
1  # -*- coding:utf-8 -*-
2  import cv2 as cv
3  import sys
4
5
```

```
6  if __name__ == '__main__':
7      # 读取图像并判断是否读取成功
8      origin_image = cv.imread('./images/calcBackProject.jpg')
9      template_image = cv.imread('./images/calcBackProject_template.jpg')
10     if origin_image is None or template_image is None:
11         print('Failed to read calcBackProject.jpg or calcBackProject_template.jpg.')
12         sys.exit()
13     # 分别将其颜色空间从 RGB 转换到 HSV
14     origin_hsv = cv.cvtColor(origin_image, cv.COLOR_BGR2HSV)
15     template_hsv = cv.cvtColor(template_image, cv.COLOR_BGR2HSV)
16
17     # 计算模板图像的直方图
18     template_hist = cv.calcHist([template_hsv], [0, 1], None, [180, 256], [0, 180, 0, 256])
19
20     # 对模板图像的直方图进行线性归一化处理
21     cv.normalize(template_hist, template_hist, 0, 255, cv.NORM_MINMAX)
22     # 计算直方图的反向投影
23     result = cv.calcBackProject([origin_hsv], [0, 1], template_hist, [0, 180, 0, 256], 1)
24
25     # 显示图像
26     cv.imshow('Origin Image', origin_image)
27     cv.imshow('Template Image', template_image)
28     cv.imshow('calcBackProject_result', result)
29     cv.waitKey(0)
30     cv.destroyAllWindows()
```

图 4-17　calcBackProject.py 程序的运行结果

4.4 图像模板匹配

前面我们通过图像直方图反向投影的方式在图像中寻找模板图像，但是直方图不能直接反映图像的纹理。如果两幅不同的模板图像具有相同的直方图分布特性，但在同一张图像中对这两幅模板图像的直方图进行反向投影，那么最终结果将不具有参考意义。因此，我们在图像中寻找模板图像时，可以直接通过比较图像像素的形式来搜索是否存在相同的内容，这种通过比较像素灰度值来寻找相同内容的方法叫作图像模板匹配。

模板匹配常用于在一幅图像中寻找特定内容。由于模板图像的尺寸小于待匹配图像的尺寸，同时又需要比较两幅图像中每一个像素的灰度值，因此常在待匹配图像中选择与模板尺寸相同的滑动窗口。通过比较滑动窗口与模板的相似程度，你可以判断待匹配图像中是否含有与模板图像相同的内容，原理如图 4-18 所示。

在图 4-18 中，左侧 8×8 的图像是待匹配图像，右侧 4×4 的图像是模板图像，每个像素中的数字是该像素的灰度值。模板匹配的流程如下。

（1）在待匹配图像中选取与模板图像尺寸相同的滑动窗口，如图 4-18 中的阴影区域所示。

（2）比较滑动窗口中每个像素的灰度值与模板中对应像素灰度值的关系，计算模板与滑动窗口的相似性。

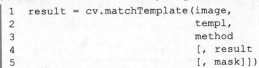

图 4-18　模板匹配的原理

（3）将滑动窗口从左上角开始向右滑动，滑动到最右边后向下滑动一行，然后从最左侧重新开始滑动。记录每一次移动后计算得到的模板与滑动窗口的相似性。

（4）比较所有位置的相似性，选择相似性最大的滑动窗口作为备选匹配结果。

OpenCV 4 提供了用于图像模板匹配的函数 cv.matchTemplate()，该函数能够实现模板匹配过程中图像与模板相似性的计算，代码清单 4-19 给出了函数的原型。

代码清单 4-19　cv.matchTemplate()函数的原型

```
1   result = cv.matchTemplate(image,
2                             templ,
3                             method
4                             [, result
5                             [, mask]])
```

- image：待匹配模板的原图像。
- templ：模板图像。
- method：模板匹配方法的标志。
- result：模板匹配结果图像。
- mask：匹配模板的掩模。

该函数可以用来对图像和模板进行匹配，并将匹配结果通过值返回。该函数的前两个参数为输入的原图像和模板图像，由于在原图像中搜索是否存在与模板图像相同的内容，因此需要模板图像的尺寸小于原图像。该函数同时支持灰度图像和彩色图像两种图像的模板匹配，输入图像的数据类型为 uint8 和 float32 两者中的一个。函数的第 3 个参数表示滑动窗口与模板相似性系数的计算方式。OpenCV 4 提供了多种计算方法，所有可以选择的标志在表 4-3 中给出。第 4 个参数的数据类型为 float32。如果 image 的尺寸为 $W×H$，模板图像的尺寸为 $w×h$，则输出图像的尺寸为（$W-w+1$）×（$H-h+1$）。最后一个参数是匹配模板的掩模，它必须与模板图像具有相同的数据类型和尺寸，默认情况下不设置，目前仅支持在 cv.TM_SQDIFF 和 cv.TM_CCORR_NORMED 这两种匹配方法中使用。

表 4-3　　　　　　　cv.matchTemplate()函数模板匹配方法可选择的标志

标志	简记	说明
cv.TM_SQDIFF	0	平方差匹配法
cv.TM_SQDIFF_NORMED	1	归一化平方差匹配法
cv.TM_CCORR	2	相关匹配法
cv.TM_CCORR_NORMED	3	归一化相关匹配法
cv.TM_CCOEFF	4	系数匹配法
cv.TM_CCOEFF_NORMED	5	归一化相关系数匹配法

1）TM_SQDIFF

该方法名为平方差匹配法，计算公式如式（4-8）所示。这类方法利用平方差进行匹配，当模板与滑动窗口完全匹配时，计算值为 0。两者匹配度越低，计算值越大。

$$R(x,y) = \sum_{x',y'} (T(x',y') - I(x+x',y+y'))^2 \tag{4-8}$$

其中，T 表示模板图像，I 表示原始图像。

2）TM_SQDIFF_NORMED

该方法名为归一化平方差匹配法，计算公式如式（4-9）所示。这种方法将平方差方法进行归一化，使得输入结果归一化到 0～1，当模板与滑动窗口完全匹配时，计算值为 0。两者匹配度越低，计算值越大。

$$R(x,y) = \frac{\sum_{x',y'} (T(x',y') - I(x+x',y+y'))^2}{\sqrt{\sum_{x',y'} T(x',y')^2 \sum_{x',y'} I(x+x',y+y')^2}} \tag{4-9}$$

3）TM_CCORR

该方法名为相关匹配法，计算公式如式（4-10）所示。这种方法采用模板和图像间的乘法操作，数值越大，匹配效果越好，0 表示最坏的匹配结果。

$$R(x,y) = \sum_{x',y'} (T(x',y')I(x+x',y+y')) \tag{4-10}$$

4）TM_CCORR_NORMED

该方法名为归一化相关匹配法，计算公式如式（4-11）所示。这种方法将相关匹配法进行归一化，使得输入结果归一化到 0～1。当模板与滑动窗口完全匹配时，计算值为 1；当两者完全不匹配时，计算值为 0。

$$R(x,y) = \frac{\sum_{x',y'} (T(x',y')I(x+x',y+y'))^2}{\sqrt{\sum_{x',y'} T(x',y')^2 \sum_{x',y'} I(x+x',y+y')^2}} \tag{4-11}$$

5）TM_CCOEFF

该方法名为系数匹配法，计算公式如式（4-12）所示。这种方法采用相关匹配法对模板减去均值的结果和原图像减去均值的结果进行匹配，这种方法可以很好地解决模板图像和原图像之间由于亮度不同而产生的影响。在该方法中，模板与滑动窗口匹配度越高，计算值越大；匹配度越低，计算值越小。该方法的计算结果可以为负数。

$$R(x,y) = \sum_{x',y'} (T'(x',y')I'(x+x',y+y')) \tag{4-12}$$

其中

$$T'(x',y') = T(x',y') - \frac{1}{wh} \sum_{x'',y''} T(x'',y'')$$

$$I'(x+x',y+y') = I(x+x',y+y') - \frac{1}{wh} \sum_{x'',y''} I(x+x'',y+y'')$$

6）TM_CCOEFF_NORMED

该方法名为归一化相关系数匹配法，计算公式如式（4-13）所示。这种方法将系数匹配法进行归一化，使得输入结果归一化到 1～-1。当模板与滑动窗口完全匹配时，计算值为 1；当两者完全不匹配时，计算值为-1。

$$R(x, y) = \frac{\sum_{x', y'} (T'(x', y') I'(x + x', y + y'))}{\sqrt{\sum_{x', y'} T(x', y')^2 \sum_{x', y'} I'(x + x', y + y')^2}}$$ （4-13）

　　了解了不同的计算相似性方法后，你重点需要知道在每种方法中最佳匹配结果的数值应该是较大值还是较小值。由于 cv.matchTemplate()函数的输出结果是有相关性系数的矩阵，因此需要通过 cv.minMaxLoc()函数寻找输入矩阵中的最大值或者最小值，进而确定模板匹配的结果。

　　通过寻找输出矩阵的最大值或者最小值得到的只是一个像素，需要以该像素作为矩形区域的左上角，绘制与模板图像同尺寸的矩形框以标记出最终匹配的结果。为了详细介绍图像模板匹配中相关函数的使用方法，代码清单 4-20 给出了在彩色图像中进行模板匹配的示例程序。程序中采用 cv.TM_CCOEFF_NORMED 方法计算相关性系数，通过 cv.minMaxLoc()函数寻找相关性系数中的最大值，最终确定最匹配的像素的坐标。之后在原图中绘制出与模板最匹配的区域。该程序的运行结果在图 4-19 中给出。

代码清单 4-20　matchTemplate.py

```
1   # -*- coding:utf-8 -*-
2   import cv2 as cv
3   import sys
4
5
6   if __name__ == '__main__':
7       # 读取图像并判断是否读取成功
8       image = cv.imread('./images/matchTemplate.jpg')
9       template = cv.imread('./images/match_template.jpg')
10      if image is None or template is None:
11          print('Failed to read matchTemplate.jpg or match_template.jpg.')
12          sys.exit()
13      cv.imshow('image', image)
14      cv.imshow('template', template)
15
16      # 计算模板图像的高和宽
17      h, w = template.shape[:2]
18
19      # 进行图像模式匹配
20      result = cv.matchTemplate(image, template, method=cv.TM_CCOEFF_NORMED)
21      min_val, max_val, min_loc, max_loc = cv.minMaxLoc(result)
22
23      # 计算图像左上角、右下角的坐标并画出匹配位置
24      left_top = max_loc
25      right_bottom = (left_top[0] + w, left_top[1] + h)
26      cv.rectangle(image, left_top, right_bottom, 255, 2)
27      cv.imshow('result', image)
28
29      cv.waitKey(0)
30      cv.destroyAllWindows()
```

思考

　　cv.minMaxLoc()函数只能匹配矩阵中最小值和最大值的位置，若在待匹配图像中有多个匹配模板中的图像，应如何进行处理才能将其从待匹配图像中全部寻找出来？

　　此外，若模板图像和待匹配图像中的图案相同，但是角度不同，是否可以通过此方式进行匹配呢？又应当如何操作？

图 4-19　matchTemplate.py 程序的运行结果

4.5　本章小结

本章重点介绍了图像直方图的绘制及其应用，包括直方图比较、直方图均衡化、直方图匹配，以及直方图反向投影。除此之外，本章还补充介绍了图像的模板匹配。

本章涉及的主要函数如下。

- cv.calcHist()：计算直方图。
- plt.hist()：计算并绘制直方图。
- plt.imshow()：绘制 2D 直方图。
- cv.normalize()：实现数据归一化。
- cv.compareHist()：实现直方图比较。
- cv.equalizeHist()：实现直方图均衡化。
- cv.calcBackProject()：实现直方图反向投影。
- cv.matchTemplate()：实现图像模板匹配。

第5章 图像滤波

由于采集图像的设备可能会受到光子噪声、暗电流噪声等干扰，采集到的图像可能会具有噪声，图像信号的传输过程中也有可能产生噪声，因此去除图像中的噪声是图像预处理中非常重要的步骤。图像滤波是去除图像噪声的重要方式，因此本章将介绍在图像中添加噪声的方式、去除图像噪声的线性滤波和非线性滤波方式，以及通过图像滤波求取图像中边缘信息的方式。

5.1 图像卷积

卷积常用在信号处理中，而图像信息可以看作一种信号。例如，图像中的每一行可以看作测量亮度变化的信号，每一列可以看作代表亮度变化的信号，因此可以对图像进行卷积操作。在信号处理中执行卷积操作时需要给出一个卷积函数并计算卷积，图像的卷积形式与其相同，需要给出一个卷积模板，然后与原图像进行卷积计算。整个过程可以看成一个卷积模板在一幅大的图像上移动，然后对每个卷积模板覆盖的区域都计算对应位乘积并求和，以得到的值作为中心像素的输出值。在卷积操作中，首先需要将卷积模板旋转180°，之后从图像的左上角开始移动旋转后的卷积模板，从左到右、从上到下依次进行卷积计算，最终得到卷积后的图像。卷积模板又称为卷积核或者内核，是一个固定大小的二维矩阵，矩阵中存放着预先设定的数值。

图像卷积过程大致可以分为以下5个步骤。

（1）将卷积模板旋转180°，由于多数情况下卷积模板中的数据是中心对称的，因此有时这一步可以省略，但如果卷积模板不是中心对称的，则必须将模板进行旋转。

（2）将3×3的卷积模板放在原图像中需要计算卷积的区域上，如图5-1所示。卷积模板和待卷积矩阵中的阴影区域分别是卷积模板的中心和对应点，结果中的阴影区域为模板覆盖的区域。

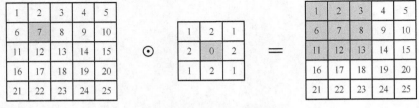

图5-1 计算图像卷积的步骤（2）

（3）用卷积模板中的系数乘以图像中对应位置的像素值，并对所有结果求和，针对图5-1所示的卷积步骤，其计算过程如下所示，最终计算结果为84。

$$result = 1×1+2×2+3×1+6×2+7×0+8×2+11×1+12×2+13×1 = 84$$

（4）将计算结果存放在原图像中与卷积模板中心对应的像素处，如图5-2所示。

1	2	3	4	5
6	84	8	9	10
11	12	13	14	15
16	17	18	19	20
21	22	23	24	25

图 5-2　计算结果

（5）将卷积模板在图像中从左至右、从上到下移动，重复第（2）步、第（3）步和第（4）步，直到处理完所有的像素值，每一次循环的计算结果如图 5-3 所示。

1	2	3	4	5
6	84	96	9	10
11	12	13	14	15
16	17	18	19	20
21	22	23	24	25

1	2	3	4	5
6	84	96	108	10
11	12	13	14	15
16	17	18	19	20
21	22	23	24	25

1	2	3	4	5
6	84	96	108	10
11	144	13	14	15
16	17	18	19	20
21	22	23	24	25

1	2	3	4	5
6	84	96	108	10
11	144	156	14	15
16	17	18	19	20
21	22	23	24	25

1	2	3	4	5
6	84	96	108	10
11	144	156	168	10
16	17	18	19	20
21	22	23	24	25

1	2	3	4	5
6	84	96	108	10
11	144	156	168	15
16	204	19	19	20
21	22	23	24	25

1	2	3	4	5
6	84	96	108	10
11	144	156	168	15
16	204	216	19	20
21	22	23	24	25

1	2	3	4	5
6	84	96	108	10
11	144	156	168	15
16	204	216	228	20
21	22	23	24	25

图 5-3　每一次循环的计算结果

前面的第（2）～（5）步已经完成了图像卷积的主要部分，不过从图 5-3 中的结果可以发现这种方法只能对图像中心区域进行卷积，而由于卷积模板的中心无法放置在图像的边缘像素处，因此图像边缘区域没有进行卷积运算。卷积模板的中心无法放置在图像边缘的原因是，当卷积模板的中心与图像边缘对应时，对于模板中的部分数据，会出现没有图像中的像素与之对应的情况。为了解决这个问题，我们主动将图像的边缘外推出去。例如，在用 3×3 的卷积模板进行运算时，用 0 在原图像周围增加一圈像素，从而解决模板图像中部分数据没有对应像素的问题。

通过卷积的计算结果你可以发现，最后一个像素值已经接近 uint8 数据类型的最大值。如果卷积模板选取不当，极有可能造成卷积结果超出数据范围的情况发生。因此，图像的卷积操作常通过缩放卷积模板使所有数值的和为 1，进而解决卷积后数值越界的问题，例如将图 5-1 所示的卷积模板中所有数值除以 12 后再进行卷积操作。

针对上面的卷积过程，OpenCV 4 提供了 cv.filter2D()函数，用于实现图像和卷积模板之间的卷积运算，该函数的原型在代码清单 5-1 中给出。

代码清单 5-1　cv.filter2D()函数的原型

```
1  dst = cv.filter2D(src,
2                    ddepth,
3                    kernel
4                    [, dst
5                    [, anchor
6                    [, delta
7                    [, borderType]]]])
```

- src：输入图像。

- ddepth：输出图像的数据类型（深度）。
- kernel：单通道卷积核，数据类型为 float32，卷积核大小多为 3×3、5×5 等。
- dst：输出图像。
- anchor：卷积模板的内核基准点（锚点）。
- delta：偏差，在计算结果中加上偏差。
- borderType：像素边界外推法选择标志。

该函数用于求取图像和卷积模板之间的卷积，并将卷积后的结果通过值返回。该函数的第 1 个参数允许为多通道图像。图像中不同通道的卷积模板是同一个卷积模板，如果需要用不同的卷积模板对不同的通道进行卷积操作，需要先使用 cv.split() 函数将图像的多个通道分离出来，再单独对每一个通道执行卷积运算。根据输入图像的数据类型，可供选择的输出图像的数据类型也不相同，二者的联系在表 5-1 中给出。当 ddepth 为 -1 时，输出图像的数据类型与输入图像的相同。对于该函数的 dst 参数的维度和通道数与 src 参数保持一致。该函数的第 5 个参数，即图 5-1 里卷积模板中的阴影像素。内核基准点的位置可以在卷积模板中任意指定，其默认值(-1, -1)代表内核基准点位于 kernel 的中心位置。基准点为卷积核中与进行处理的像素重合的点，其位置必须在卷积核的内部。在卷积步骤（2）计算结果的基础上再加上 delta 作为最终结果。像素边界外推法的标志见表 3-5，其默认参数为 cv.BORDER_DEFAULT，表示不包含边界值倒序填充。

> ✏️ **注意**　cv.filter2D()函数不会将卷积模板旋转，如果卷积模板并不中心对称，需要首先将卷积模板旋转 180° 再输入该函数。

表 5-1　　cv. filter2D()函数中输出图像的数据类型与输入图像的数据类型的联系

输入图像的数据类型	输出图像的数据类型
uint8	-1、int16、float32、float64
uint16、int16	-1、float32、float64
float32	-1、float32、float64
float64	-1、float64

为了展示函数 cv.filter2D()的使用方式，代码清单 5-2 给出了图 5-1 所示的两个矩阵之间执行卷积的代码，卷积计算的结果如图 5-4 所示。另外，在例程中利用相同的卷积模板对彩色图像进行卷积，输出结果在图 5-5 中给出。为了有明显的效果，我们将第 2 个卷积核的尺寸设为 7×7。虽然卷积前后图像内容一致，但是图像整体变得模糊一些，可见该卷积模板具有模糊图像的作用。

代码清单 5-2　Filter2D.py

```
1  # -*- coding:utf-8 -*-
2  import cv2 as cv
3  import numpy as np
4  import sys
5
6
7  if __name__ == '__main__':
8      # 以矩阵为例
9      src = np.array([[1, 2, 3, 4, 5],
10                     [6, 7, 8, 9, 10],
11                     [11, 12, 13, 14, 15],
12                     [16, 17, 18, 19, 20],
13                     [21, 22, 23, 24, 25]], dtype='float32')
14     kernel1 = np.array([[1, 1, 1],
```

```
15                          [1, 1, 1],
16                          [1, 1, 1]], dtype='float32') / 9
17    result = cv.filter2D(src, -1, kernel=kernel1)
18    print('卷积前矩阵：\n{}'.format(src))
19    print('卷积后矩阵：\n{}'.format(result))
20
21    # 以图像为例
22    # 读取图像并判断是否读取成功
23    img = cv.imread('./images/lena.jpg')
24    if img is None:
25        print('Failed to read lena.jpg.')
26        sys.exit()
27    kernel2 = np.ones((7, 7), np.float32) / 49
28    result2 = cv.filter2D(img, -1, kernel=kernel2)
29
30    # 展示结果
31    cv.imshow('Origin Image', img)
32    cv.imshow('Filter Result', result2)
33    cv.waitKey(0)
34    cv.destroyAllWindows()
```

```
卷积前矩阵：                      卷积后矩阵：
[[ 1.   2.   3.   4.   5.]        [[ 5.          5.33333349  6.33333349  7.33333302  7.66666698]
 [ 6.   7.   8.   9.  10.]         [ 6.66666698  7.          8.          9.          9.33333302]
 [11.  12.  13.  14.  15.]         [11.66666794 12.         13.         13.99999905 14.33333397]
 [16.  17.  18.  19.  20.]         [16.66666603 17.         17.99999809 19.         19.33333206]
 [21.  22.  23.  24.  25.]]        [18.33333397 18.66666603 19.66666794 20.66666794 21.         ]]
```

图5-4　Filter2D.py 程序中矩阵卷积运算结果

图5-5　Filter2D.py 程序中图像卷积运算结果

　　由于给出的卷积模板是中心对称的，因此你可以省略卷积过程中模板旋转 180° 的操作。若需旋转 180°，那么使用 cv.flip() 函数。例如，若需要使代码清单 5-3 中的矩阵 src 旋转 180°，只需要添加 dst = cv.flip(src,-1) 即可。代码清单 5-3 给出了 cv.flip() 函数的使用示例，首先创建一个 5×5 矩阵，之后使用 cv.flip() 旋转 180°。图5-6 展示了卷积模板旋转 180° 前后的对比结果。

代码清单 5-3　Flip.py
```
1    # -*- coding:utf-8 -*-
2    import cv2 as cv
3    import numpy as np
4
5
6    if __name__ == '__main__':
```

```
7   src = np.array([[1, 2, 3, 4, 5],
8                   [6, 7, 8, 9, 10],
9                   [11, 12, 13, 14, 15],
10                  [16, 17, 18, 19, 20],
11                  [21, 22, 23, 24, 25]], dtype='float32')
12  dst = cv.flip(src, -1)
13  print('原卷积模板: \n{}'.format(src))
14  print('旋转180°后的卷积模板: \n{}'.format(dst))
```

原卷积模板:					旋转180° 后的卷积模板:				
[[1.	2.	3.	4.	5.]	[[25.	24.	23.	22.	21.]
[6.	7.	8.	9.	10.]	[20.	19.	18.	17.	16.]
[11.	12.	13.	14.	15.]	[15.	14.	13.	12.	11.]
[16.	17.	18.	19.	20.]	[10.	9.	8.	7.	6.]
[21.	22.	23.	24.	25.]]	[5.	4.	3.	2.	1.]]

图 5-6　Flip.py 程序中卷积模板旋转 180°前后的对比结果

5.2　噪声的种类与生成

图像在获取或者传输过程中会受到随机信号的干扰从而产生噪声，例如电阻引起的热噪声、光子噪声、暗电流噪声以及光响应非均匀性噪声等。由于噪声会妨碍对图像的理解以及后续的处理工作，因此去除噪声的影响在图像处理中具有十分重要的意义。图像中常见的噪声主要有 4 种——椒盐噪声、高斯噪声、泊松噪声和乘性噪声。要去除噪声，你首先需要了解噪声产生的原因以及特性，本节将重点介绍椒盐噪声和高斯噪声的产生原因，以及如何在图像中添加这两种噪声。生成的含有噪声的图像可以应用于后续的滤波处理中。

5.2.1　椒盐噪声

椒盐噪声又称作脉冲噪声，会随机改变图像中的像素值，是相机、传输通道、解码处理等过程中产生的黑白相间的亮暗点噪声。它就像在图像上随机撒上的一些盐粒和黑胡椒粒，因此而得名。到目前为止，OpenCV 4 没有提供专门为图像添加椒盐噪声的函数，需要使用者根据自己需求编写生成椒盐噪声的程序。本节将介绍在图像中添加椒盐噪声的程序。

考虑到椒盐噪声会随机产生在图像中的任何一个位置，因此要生成椒盐噪声，我们需要用到随机数生成函数。由于 NumPy 在数据处理中的优异表现，对于随机数的生成，我们可以使用 np.random.randint()函数。第 2 章在讲述 NumPy 中常用的操作函数时，已经对该函数的使用进行了简单讲述，代码清单 5-4 给出了该函数的原型。

代码清单 5-4　np.random.randint()函数的原型
```
1   output = np.random.randint(low
2                              [, high
3                              [, size
4                              [, dtype]]])
```

- low：生成的随机数的最小值（带符号）。
- high：生成的随机数的最大值。
- size：生成的随机数的维度。
- dtype：生成的随机数的格式。

该函数可以用于随机数的生成，并将生成的随机数通过值返回。生成的随机数范围是[low,

high），包含 low 但不包含 high。当对 high 没有传入值时，生成的随机数范围为[0, low)。第 3 个参数若设置为(*a*, *b*)，则表示输出维度为 *a* × *b* 的数组，默认情况下仅输出单个值。第 4 个参数设定随机数的数据类型（例如 float32），其默认类型为 int。

在图像中添加椒盐噪声的过程大致分为以下 4 个步骤。

（1）确定添加椒盐噪声的位置。根据椒盐噪声会随机出现在图像中的任何一个位置的特性，我们可以利用 np.random.randint()函数生成两个随机数，分别用于确定椒盐噪声产生的行和列。

（2）确定噪声的种类。不仅椒盐噪声的位置是随机的，噪声是黑色的还是白色同样是随机的，因此可以再次生成随机数，通过判断随机数是 0 还是 1 来确定该像素是白色噪声还是黑色噪声。

（3）修改图像像素的灰度值。判断图像通道数，对于通道数不同的图像，表示像素白色的方式也不相同。若图像为多通道的，则每个通道中的值都将改变；否则，只需要改变单通道中的一个值。

（4）得到含有椒盐噪声的图像。

依照上述思想，代码清单 5-5 给出在图像中添加椒盐噪声的示例程序。该程序判断了输入图像是灰度图像还是彩色图像，但是没有对单一颜色通道产生椒盐噪声。如果需要对某一通道产生椒盐噪声，那么只需要单独处理每个通道。在图像中添加椒盐噪声的结果如图 5-7 和图 5-8 所示。由于椒盐噪声是随机添加的，因此每次运行结果会有差异。

代码清单 5-5　Add_PepperSalt_Noise.py

```
1   # -*- coding:utf-8 -*-
2   import cv2 as cv
3   import numpy as np
4   import sys
5
6
7   def add_noisy(image, n=10000):
8       result = image.copy()
9       w, h = image.shape[:2]
10      for i in range(n):
11          # 分别在宽和高的范围内生成一个随机值，模拟代表（x，y）坐标
12          x = np.random.randint(1, w)
13          y = np.random.randint(1, h)
14          if np.random.randint(0, 2) == 0:
15              # 生成白色噪声（盐噪声）
16              result[x, y] = 0
17          else:
18              # 生成黑色噪声（椒噪声）
19              result[x, y] = 255
20      return result
21
22
23  if __name__ == '__main__':
24      # 读取图像并判断是否读取成功
25      img = cv.imread('./images/dolphins.jpg')
26      if img is None:
27          print('Failed to read dolphins.jpg.')
28          sys.exit()
29      # 为灰度图像添加椒盐噪声
30      gray_image = cv.cvtColor(img, cv.COLOR_BGR2GRAY)
31      gray_image_noisy = add_noisy(gray_image, 10000)
32      # 为彩色图像添加椒盐噪声
33      color_image_noisy = add_noisy(img, 10000)
34
35      # 展示结果
36      cv.imshow("Gray Image", gray_image)
```

```
37        cv.imshow("Gray Image Noisy", gray_image_noisy)
38        cv.imshow("Color Image", img)
39        cv.imshow("Color Image Noisy", color_image_noisy)
40        cv.waitKey(0)
41        cv.destroyAllWindows()
```

图 5-7　利用 Add_PepperSalt_Noise.py 在灰度图像中添加椒盐噪声的结果

图 5-8　利用 Add_PepperSalt_Noise.py 在彩色图像中添加椒盐噪声的结果

5.2.2　高斯噪声

高斯噪声是指噪声分布的概率密度函数服从高斯分布（正态分布）的一类噪声，其产生的主要原因是在拍摄时视场较暗且亮度不均匀。同时相机长时间工作使得元器件温度过高，这也会产生高斯噪声。另外，电路元器件自身的噪声和它们的互相影响也是造成高斯噪声的重要原因。高斯噪声的概率密度函数如式（5-1）所示。

$$p(z) = \frac{1}{\sqrt{2\pi}\sigma} \mathrm{e}^{\frac{-(z-\mu)^2}{2\sigma^2}} \tag{5-1}$$

其中，z 表示图像像素的灰度值；μ 表示像素值的平均值或者期望值；σ 表示像素值的标准差，标准差的平方（σ^2）称为方差。椒盐噪声随机出现在图像中的任意位置，高斯噪声出现在图像中的所有位置。

OpenCV 4 同样没有专门提供为图像添加高斯噪声的函数，对照在图像中添加椒盐噪声的过程，我们可以根据需求，利用能够产生随机数的函数来完成在图像中添加高斯噪声的任务。NumPy 同样提供了可以产生符合高斯分布（正态分布）的随机数的 np.random.normal()函数。我们可以利用该函数产生符合高斯分布的随机数，之后在图像中加入这些随机数。代码清单 5-6 给出了该函数的原型。

代码清单 5-6　np.random.normal 函数的原型

```
1  output = np.random.normal(loc,
2                             scale
3                             [, size])
```

- loc：高斯分布的平均值。
- scale：高斯分布的标准差。
- size：输出的随机数据的维度。

该函数用于生成一个指定形状的符合高斯分布的随机数，并将生成的结果通过值返回。第 1 个参数对应整个高斯分布的中心。第 2 个参数对应高斯分布的宽度。scale 值越大，分布越扁平；反之，分布越高耸。第 3 个参数为可选参数，可根据需求进行输出尺寸的设置，若未指定，则仅输出单个值。当参数 loc 设置为 0，scale 设置为 1 时，即代表标准正态分布。

在图像中添加高斯噪声的过程大致分为以下 3 个步骤。

（1）根据图像尺寸，使用 np.random.normal()函数生成符合高斯分布的随机数矩阵。

（2）将原图像和生成的随机数矩阵相加。

（3）得到添加高斯噪声之后的图像。

依照上述思想，代码清单 5-7 给出了在图像中添加高斯噪声的示例程序。该程序用于对灰度图像和彩色图像添加高斯噪声。在图像中添加高斯噪声的结果如图 5-9 和图 5-10 所示。由于高斯噪声是随机生成的，因此每次运行结果会有差异。

代码清单 5-7　Add_Gauss_Noise.py

```
1  # -*- coding:utf-8 -*-
2  import cv2 as cv
3  import numpy as np
4  import sys
5
6
7  def add_noise(image, mean=0, val=0.01):
8      size = image.shape
9      image = image / 255
10     gauss = np.random.normal(mean, val ** 0.5, size)
11     noise = image + gauss
12     return gauss, noise
13
14
15  if __name__ == '__main__':
16      # 读取图像并判断是否读取成功
17      img = cv.imread('./images/dolphins.jpg')
18      if img is None:
19          print('Failed to read dolphins.jpg.')
20          sys.exit()
21      # 为灰度图像添加高斯噪声
22      gray_image = cv.cvtColor(img, cv.COLOR_BGR2GRAY)
23      gray_gauss, gray_noisy_image = add_noise(gray_image)
24      # 为彩色图像添加高斯噪声
25      color_gauss, color_noisy_image = add_noise(img)
26
27      # 展示结果
```

```
28    cv.imshow("Gray Image", gray_image)
29    cv.imshow("Gray Gauss Image", gray_gauss)
30    cv.imshow("Gray Noisy Image", gray_noisy_image)
31    cv.imshow("Color Image", img)
32    cv.imshow("Color Gauss Image", color_gauss)
33    cv.imshow("Color Noisy Image", color_noisy_image)
34    cv.waitKey(0)
35    cv.destroyAllWindows()
```

图 5-9　利用 Add_Gauss_Noise.py 在灰度图添加高斯噪声的结果

图 5-10　利用 Add_Gauss_Noise.py 在彩色图添加高斯噪声的结果

> **注意**　图像在各个通道中的像素值范围为[0, 255]，因此在进行图像和随机数矩阵相加时，需要进行归一化处理，否则结果可能并不能很好地显示出来。读者可以在运行程序的过程中，更改参数 loc 和 scale 的值，尝试省略 image = image/255，观察结果的变化，并思考原因。

5.3　线性滤波

　　图像滤波是指去除图像中不重要的内容而使关心的内容表现得更加清晰的方法,例如去除图像中的噪声、提取某些信息等。图像滤波是图像处理中不可缺少的部分，图像滤波结果的好坏对于后续从图中获取更多数据和信息具有重要的影响。根据图像滤波目的，图像滤波分为消除图像噪声的滤波和提取图像中部分特征信息的滤波。图像滤波需要保证图像中关注的信息在滤波过程中不被破坏，因此图像滤波不能损坏图像的轮廓和边缘信息，同时图像去除噪声后视觉效果更加清晰。

　　去除图像中的噪声叫作图像的平滑或者图像去噪。由于噪声信号在图像中主要集中在高频段，因此图像去噪可以看作去除图像中高频段信号的同时保留图像的低频段和中频段信号的滤波操作。

图像滤波使用的滤波器允许通过的信号频段决定了滤波操作是去除噪声还是提取图像中的特征信息。由于噪声信号主要集中在高频段，因此如果滤波过程中使用的滤波器是允许低频和中频信号通过的低通或者高阻滤波器，那么图像滤波的效果就是去除图像中的噪声。对于图像中纹理变化比较明显的区域，信号频率很高，因此使用高通滤波器对图像进行处理可以起到提取、增强图像边缘信息和锐化图像的作用。

在部分图像处理图书中，常用图像模糊来代替图像的低通滤波，因为图像的低通滤波在去除图像噪声的同时会将图像的边缘信息弱化，使得整幅图像变得模糊，"图像模糊"因此得名。在低通滤波中，模糊可以和滤波等价，例如图像高斯模糊和图像高斯低通滤波是一个概念。

本节和 5.4 节将介绍图像的低通滤波，5.5 节将介绍图像的高通滤波。为了叙述方便，本节和 5.4 节提到的滤波指的就是低通滤波，而 5.5 节用边缘检测表示图像的高通滤波。

图像滤波分为线性滤波和非线性滤波，常见的线性滤波包括均值滤波、方框滤波和高斯滤波；常见的非线性滤波主要包括中值滤波和双边滤波。

图像的线性滤波操作与图像的卷积操作过程相似，不同之处在于图像的滤波不需要将滤波模板旋转 180°。卷积操作中的卷积模板在图像滤波中称为滤波模板、滤波器或者邻域算子，滤波器表示中心像素与滤波范围内其他像素之间的线性关系，通过滤波范围内所有像素值之间的线性组合可以求取中心像素滤波后的像素值，因此这种方式称为线性滤波。接下来，本节将分别介绍 OpenCV 4 中提供的实现图像线性滤波的均值滤波、方框滤波和高斯滤波的相关函数及使用方式。

5.3.1 均值滤波

我们在测量数据时，往往会多次测量，求取所有数据的平均值作为最终结果。均值滤波的思想和测量数据时多次测量求取平均值的思想一致。均值滤波将滤波器内所有的像素值都看作中心像素值的测量值，将滤波器内所有像素值的平均值作为滤波器中心的像素值。滤波器内的每个数据表示对应的像素在决定中心像素值的过程中所占的权重，由于滤波器内所有的像素值在决定中心像素值的过程中占有相同的权重，因此滤波器内的每个数据都相等。均值滤波的优点是在像素值变化趋势一致的情况下，可以将受噪声影响而突然变化的像素值修正为周围邻近像素值的平均值。但是这种滤波方式会缩小像素值之间的差距，使细节信息变得更加模糊，滤波器范围越大，变模糊的效果越明显。

OpenCV 4 提供了 cv.blur()函数，用于实现图像的均值滤波，该函数的原型在代码清单 5-8 中给出。

代码清单 5-8　cv.blur()函数的原型

```
1  dst = cv.blur(src,
2                ksize
3                [, dst
4                [, anchor
5                [, borderType]]])
```

- src：待均值滤波的图像。
- ksize：卷积核的大小。
- dst：均值滤波后的图像。
- anchor：内核的基准点（锚点）。
- borderType：像素边界外推法的标志。

该函数用于对图像进行均值滤波处理，并将处理后的图像通过值返回。第 1 个参数表示的图像可以是彩色图像，也可以是灰度图像，甚至可以是多维数组对象，但其数据类型必须是 uint8、uint16、 int16、float32 和 float64 这 5 种数据类型之一。第 2 个参数用于确定滤波器的大小，输入滤波器的大小后函数会自动确定滤波器，其形式如式（5-2）所示。

$$K = \frac{1}{ksize.width \times ksize.height} \begin{bmatrix} 1 & 1 & 1 & \cdots & 1 & 1 \\ 1 & 1 & 1 & \cdots & 1 & 1 \\ \vdots & \vdots & \vdots & & \vdots & \vdots \\ 1 & 1 & 1 & \cdots & 1 & 1 \end{bmatrix} \tag{5-2}$$

　　该函数的第 3 个参数应保持与输入图像具有相同的数据类型、尺寸以及通道数。第 4 个参数用于确定滤波器的基准点，默认情况下滤波器的几何中心就是基准点，不过也可以根据需求自由调整。调整基准点的位置主要影响图像外推的方向和外推的尺寸，其默认值为(-1, -1)，代表内核基准点位于 kernel 的中心位置。基准点为卷积核中与正在处理的像素重合的点，其位置必须在卷积核的内部。第 5 个参数根据需求可以自由选择。该参数的取值范围在表 3-5 中给出，默认参数为cv.BORDER_DEFAULT，表示不包含边界值倒序填充。原图像边缘位置的滤波计算过程需要使用外推的像素值，但是这些像素值并不能真实反映图像像素值的变化情况。因此，对于滤波后的图像，边缘处的信息可能会出现巨大的改变。如果在边缘处有比较重要的信息，则可以适当缩小滤波器、选择合适的滤波器基准点或者使用合适的图像外推算法。

　　为了展示函数 cv.blur() 的使用方法，以及均值滤波的处理效果，代码清单 5-9 给出了利用均值滤波分别处理不含噪声的图像、含椒盐噪声的图像和含高斯噪声的图像的程序，处理结果在图 5-11～图 5-13 中给出。通过结果可以发现，滤波器越大，滤波后图像变得越模糊。

代码清单 5-9　Blur.py

```
1   # -*- coding:utf-8 -*-
2   import cv2 as cv
3   import sys
4
5
6   def my_blur(image):
7       return cv.blur(image, (3, 3)), cv.blur(image, (9, 9))
8
9
10  if __name__ == '__main__':
11      # 读取图像并判断是否读取成功
12      img = cv.imread('./images/Gray_dolphins.jpg')
13      if img is None:
14          print('Failed to read Gray_dolphins.jpg.')
15          sys.exit()
16
17      img_sp = cv.imread('./images/GraySaltPepperImage.jpg')
18      if img_sp is None:
19          print('Failed to read GraySaltPepperImage.jpg.')
20          sys.exit()
21
22      img_gauss = cv.imread('./images/GrayGaussImage.jpg')
23      if img_gauss is None:
24          print('Failed to read GrayGaussImage.jpg.')
25          sys.exit()
26
27      img1, img2 = my_blur(img)
28      img_sp1, img_sp2 = my_blur(img_sp)
29      img_gauss1, img_gauss2 = my_blur(img_gauss)
30
31      # 展示结果
```

```
32    cv.imshow('Origin Image', img)
33    cv.imshow('3 * 3 Blur Image', img1)
34    cv.imshow('5 * 5 Blur Image', img2)
35
36    cv.imshow('Origin sp-noisy Image', img_sp)
37    cv.imshow('3 * 3 sp-noisy Blur Image', img_sp1)
38    cv.imshow('5 * 5 sp-noisy Blur Image', img_sp2)
39
40    cv.imshow('Origin gauss-noisy Image', img_gauss)
41    cv.imshow('3 * 3 gauss-noisy Blur Image', img_gauss1)
42    cv.imshow('5 * 5 gauss-noisy Blur Image', img_gauss2)
43
44    cv.waitKey(0)
45    cv.destroyAllWindows()
```

图 5-11　Blur.py 程序中不含噪声图像的均值滤波结果

图 5-12　Blur.py 程序中含椒盐噪声图像的均值滤波结果

图 5-13　Blur.py 程序中含高斯噪声图像的均值滤波结果

5.3.2　方框滤波

方框滤波是均值滤波的一般形式。均值滤波会将滤波器中所有的像素值求和后的平均值作为滤波结果，方框滤波也会求滤波器内所有像素值的和，但是方框滤波可以选择不进行归一化，而将所有像素值的和作为滤波结果，而不是所有像素值的平均值。

OpenCV 4 提供了 cv.boxFilter()函数，用于实现方框滤波，该函数的原型在代码清单 5-10 中给出。

代码清单 5-10　cv.boxFilter()函数的原型

```
1  dst = cv.boxFilter(src,
2                     ddepth,
3                     ksize
4                     [, dst
5                     [, anchor
6                     [, normalize
7                     [, borderType]]]])
```

- src：输入图像。
- ddepth：输出图像的数据类型（深度）。
- ksize：卷积核大小。
- dst：输出图像。
- anchor：内核的基准点（锚点）。
- normalize：表示是否将卷积核按照其他区域进行归一化的标志，默认值为 True。
- borderType：像素边界外推法的标志。

该函数用于对图像进行方框滤波处理，并将处理后的图像通过值返回。cv.boxFilter()函数的使用方式及相关参数的含义与函数 cv.blur()类似，其具体含义此处不再赘述。但是 cv.boxFilter()函数可以选择输出图像的数据类型，除此之外，该函数的第 6 个参数表示是否对滤波器内所有的数值进行归一化操作，默认情况下需要对滤波器内所有的数值进行归一化。此时，在不考虑数据类型的情况下，函数 cv.boxFilter()和函数 cv.blur()具有相同的滤波结果。

除对滤波器内每个像素值直接求和之外，OpenCV 4 还提供了 cv.sqrBoxFilter()函数，用于对滤波器内每个像素值的平方求和，之后根据输入参数选择是否进行归一化操作。该函数的原型在代码清单 5-11 中给出。

代码清单 5-11　cv.sqrBoxFilter()函数的原型

```
1  dst = cv.sqrBoxFilter(src,
2                        ddepth,
3                        ksize
4                        [, dst
5                        [, anchor
6                        [, normalize
7                        [, borderType]]]])
```

该函数可以看作在 cv.boxFilter()函数的扩展版本，因此两者具有相同的输入参数，此处不再赘述。数据类型为 uint8 的图像像素值的取值范围为 0～255，计算平方后数据会变得更大，即使经过归一化操作也不能保证像素值不会超过最大值。数据类型为 float32 的图像像素值是 0～1 的小数，对 0～1 的数计算平方会变得更小，但是始终保持在 0～1。因此，该函数在处理图像滤波任务时主要针对的是数据类型为 float32 的图像，而且根据计算关系可知，归一化后的图像在变模糊的同时会变暗。

为了展示方框滤波的计算原理，清楚归一化和未归一化对滤波结果的影响，代码清单 5-12 给出了分别利用方框滤波处理矩阵数据和图像的示例程序。在该程序中，我们创建了一个数据类型为 float32 的矩阵，之后用 cv.sqrBoxFilter()函数进行方框滤波，并在图 5-14 中给出归一化后和未归一化后的结果。同时，分别使用 cv.boxFilter()函数和 cv.sqrBoxFilter()对图像进行方框滤波操作，处理结果如图 5-15 所示。

代码清单 5-12　BoxFilter.py 图像方框滤波

```
1  # -*- coding:utf-8 -*-
2  import cv2 as cv
```

```
3   import numpy as np
4   import sys
5
6
7   if __name__ == '__main__':
8       # 读取图像并判断是否读取成功
9       img = cv.imread('./images/equalLena.png', cv.IMREAD_ANYDEPTH)
10      if img is None:
11          print('Failed to read equalLena.png.')
12          sys.exit()
13
14      # 验证方框滤波算法的矩阵
15      points = np.array([[1, 2, 3, 4, 5],
16                         [6, 7, 8, 9, 10],
17                         [11, 12, 13, 14, 15],
18                         [16, 17, 18, 19, 20],
19                         [21, 22, 23, 24, 25]], dtype='float32')
20
21      # 将图像转为 float32 类型的数据
22      img_32 = img.astype('float32')
23      img_32 /= 255.0
24
25      # 方框滤波
26      # 进行归一化
27      img_box_norm = cv.boxFilter(img, -1, (3, 3), anchor=(-1, -1), normalize=True)
28      # 不进行归一化
29      img_box = cv.boxFilter(img, -1, (3, 3), anchor=(-1, -1), normalize=False)
30
31      # 进行归一化
32      points_sqr_norm = cv.sqrBoxFilter(points, -1, (3, 3), anchor=(-1, -1),
33                                normalize=True, borderType=cv.BORDER_CONSTANT)
34      img_sqr_norm = cv.sqrBoxFilter(img, -1, (3, 3), anchor=(-1, -1),
35                                normalize=True, borderType=cv.BORDER_CONSTANT)
36      # 不进行归一化
37      points_sqr = cv.sqrBoxFilter(points, -1, (3, 3), anchor=(-1, -1),
38                                normalize=False, borderType=cv.BORDER_CONSTANT)
39
40      # 展示图像处理结果
41      cv.imshow('Result(cv.boxFilter() NORM)', img_box_norm)
42      cv.imshow('Result(cv.boxFilter()', img_box)
43      cv.imshow('Result(cv.sqrBoxFilter() NORM', img_sqr_norm / np.max(img_sqr_norm))
44      cv.waitKey(0)
45      cv.destroyAllWindows()
```

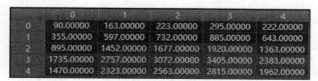

	0	1	2	3	4
0	90.00000	163.00000	223.00000	295.00000	222.00000
1	355.00000	597.00000	732.00000	885.00000	643.00000
2	895.00000	1452.00000	1677.00000	1920.00000	1363.00000
3	1735.00000	2757.00000	3072.00000	3405.00000	2383.00000
4	1470.00000	2323.00000	2563.00000	2815.00000	1962.00000

未归一化的结果

	0	1	2	3	4
0	10.00000	18.11111	24.77778	32.77778	24.66667
1	39.44444	66.33333	81.33333	98.33333	71.44444
2	99.44444	161.33333	186.33333	213.33333	151.44444
3	192.77778	306.33333	341.33333	378.33333	264.77778
4	163.33333	258.11111	284.77778	312.77778	218.00000

归一化的结果

图 5-14 BoxFilter.py 程序中矩阵数据的方框滤波结果

图 5-15 BoxFilter.py 程序中图像的方框滤波结果

5.3.3 高斯滤波

高斯噪声是一种常见的噪声。在图像采集的众多过程中，很容易引入高斯噪声，因此针对高斯噪声的高斯滤波也广泛应用于图像去噪领域。高斯滤波器考虑了像素与滤波器中心距离的影响，以滤波器中心为高斯分布的均值，根据高斯分布公式和每个像素与中心的距离计算出滤波器内每个位置的数值，从而形成一个形状如图 5-16 所示的高斯滤波器。之后使用高斯滤波器对图像进行滤波操作，进而实现对图像的高斯滤波。

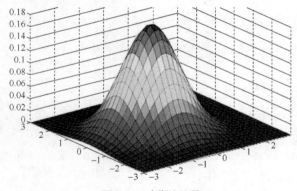

图 5-16 高斯滤波器

OpenCV 4 提供了对图像进行高斯滤波操作的函数 cv.GaussianBlur()，该函数的原型在代码清单 5-13 中给出。

代码清单 5-13 cv.GaussianBlur()函数的原型

```
1  dst = cv.GaussianBlur(src,
2                        ksize,
3                        sigmaX
4                        [, dst
5                        [, sigmaY
6                        [, borderType]]])
```

- src：待高斯滤波的图像。
- ksize：高斯滤波器的大小。
- sigmaX：x 方向上的高斯滤波器标准偏差。
- dst：输出图像。
- sigmaY：y 方向上的高斯滤波器标准偏差。
- borderType：像素边界外推法的标志。

　　该函数能够根据输入参数自动生成高斯滤波器，实现对图像的高斯滤波，并将滤波后的结果通过值返回。该函数的第 1 个参数和第 4 个参数与前面介绍的滤波函数中的参数含义相同，两者具有相同的尺寸、通道数和数据类型。对于与前面函数不同的是，该函数的第 2 个参数，ksize.width 与 ksize.height 可以不相等，但两者必须是正的奇数。此外，ksize 可以为 0，当 ksize 为 0 时，会根据输入的标准偏差计算滤波器的大小。当第 5 个参数为 0 时，表示 y 方向的标准偏差与 x 方向上的相同；当两个参数都为 0 时，根据输入的滤波器大小计算两个方向上的标准差数值。为了使计算结果能够符合自己的预期，建议将第 2 个、第 3 个和第 5 个参数都明确给出。最后一个参数在前面已多次使用，此处不再赘述。

　　高斯滤波器的大小和标准偏差存在着一定的转换关系，OpenCV 4 提供了通过输入单一方向的大小和标准差生成单一方向高斯滤波器的函数 cv.getGaussianKernel()。函数给出了滤波器大小和标准偏差存在的关系，这个关系不是数学中存在的关系，而是 OpenCV 4 为了方便而自己设定的关系。在了解这个关系之前，我们首先需要了解 cv.getGaussianKernel() 函数，该函数的原型在代码清单 5-14 中给出。

代码清单 5-14　cv.getGaussianKernel() 函数的原型

```
1  retval = cv.getGaussianKernel(ksize,
2                                sigma
3                                [, ktype])
```

- `ksize`：高斯滤波器的半径。
- `sigma`：高斯滤波的标准差。
- `ktype`：滤波器系数的数据类型，可以是 float32 或者 float64，默认数据类型为 float64。

　　该函数用于生成指定大小的高斯滤波器，将生成结果存放于维度为 ksize × 1 的 ndarray 数组对象中并返回。如果该函数中的第 2 个参数是一个负数，则程序将会根据高斯滤波器的半径计算标准差，其计算方式如式（5-3）所示。

$$sigma = 0.3[0.5(ksize-1)-1+0.8] \tag{5-3}$$

　　生成一个二维的高斯滤波器需要调用两次 cv.getGaussianKernel() 函数，将 x 方向上的一维高斯滤波器和 y 方向上的一维高斯滤波器相乘，得到最终的二维高斯滤波器。例如，x 方向上的一维滤波器和 y 方向上的一维滤波器均如下所示。

$$\boldsymbol{G} = \begin{bmatrix} 0.2741 & 0.4519 & 0.2741 \end{bmatrix}$$

　　最终二维高斯滤波器的计算过程和结果如下所示。

$$\boldsymbol{G}_{2D} = \begin{bmatrix} 0.2741 \\ 0.4519 \\ 0.2741 \end{bmatrix} \begin{bmatrix} 0.2741 & 0.4519 & 0.2741 \end{bmatrix} \approx \begin{bmatrix} 0.07513 & 0.1239 & 0.07513 \\ 0.1239 & 0.2042 & 0.1239 \\ 0.07513 & 0.1239 & 0.07513 \end{bmatrix}$$

　　为了展示高斯滤波对不同噪声的去除效果，代码清单 5-15 利用高斯滤波分别处理了不含有噪声的图像、含有椒盐噪声的图像和含有高斯噪声的图像，处理结果在图 5-17～图 5-19 中给出。通过结果可以发现，高斯滤波对高斯噪声去除效果较好，但是同样会对图像造成模糊，并且滤波器的尺寸越大，滤波后图像变得越模糊。

代码清单 5-15　GaussianBlur.py

```
1  # -*- coding:utf-8 -*-
2  import cv2 as cv
3  import sys
```

```
4
5
6   if __name__ == '__main__':
7       # 读取图像并判断是否读取成功
8       img = cv.imread('./images/Gray_dolphins.jpg', cv.IMREAD_ANYDEPTH)
9       img_gauss = cv.imread('./images/GrayGaussImage.jpg', cv.IMREAD_ANYDEPTH)
10      img_salt = cv.imread('./images/GraySaltPepperImage.jpg', cv.IMREAD_ANYDEPTH)
11      if img is None or img_gauss is None or img_salt is None:
12          print('Failed to read Gray_dolphins.jpg or GrayGaussImage.jpg or
                GraySaltPepperImage.jpg.')
13          sys.exit()
14
15      # 分别对上述图像进行高斯滤波，后面的数字代表滤波器大小
16      result_5 = cv.GaussianBlur(img, (5, 5), 10, 20)
17      result_9 = cv.GaussianBlur(img, (9, 9), 10, 20)
18      result_5_gauss = cv.GaussianBlur(img_gauss, (5, 5), 10, 20)
19      result_9_gauss = cv.GaussianBlur(img_gauss, (9, 9), 10, 20)
20      result_5_salt = cv.GaussianBlur(img_salt, (5, 5), 10, 20)
21      result_9_salt = cv.GaussianBlur(img_salt, (9, 9), 10, 20)
22
23      # 展示结果
24      cv.imshow('Origin img', img)
25      cv.imshow('Result img 5*5', result_5)
26      cv.imshow('Result img 9*9', result_9)
27      cv.imshow('Origin img_gauss', img_gauss)
28      cv.imshow('Result img_gauss 5*5', result_5_gauss)
29      cv.imshow('Result img_gauss 9*9', result_9_gauss)
30      cv.imshow('Origin img_salt', img_salt)
31      cv.imshow('Result img_salt 5*5', result_5_salt)
32      cv.imshow('Result img_salt 9*9', result_9_salt)
33      cv.waitKey(0)
34      cv.destroyAllWindows()
```

原图　　　　　　　　5×5高斯滤波结果　　　　　　　　9×9高斯滤波结果

图 5-17　GaussianBlur.py 程序中不含噪声图像的高斯滤波结果

原图　　　　　　　　5×5高斯滤波结果　　　　　　　　9×9高斯滤波结果

图 5-18　GaussianBlur.py 程序中含高斯噪声图像的高斯滤波结果

原图　　　　　　　　5×5高斯滤波结果　　　　　　　9×9高斯滤波结果

图 5-19　GaussianBlur.py 程序中含椒盐噪声图像的高斯滤波结果

5.3.4　可分离滤波

前面介绍的滤波函数使用的滤波器都是固定形式的滤波器，有时我们需要根据实际需求调整滤波模板。例如，在滤波计算过程中，滤波器中心位置的像素值不参与计算，滤波器中参与计算的像素值不是一个矩形区域等。OpenCV 4 无法根据每种需求单独编写滤波函数，因此它提供了根据自定义滤波器实现图像滤波的函数。这就是我们本章最开始介绍的卷积函数 cv.filter2D()，不过这里称为滤波函数更准确一些，输入的卷积模板也应该称为滤波器或者滤波模板。该函数的使用方式在一开始已经介绍过，只需要根据需求定义一个卷积模板或者滤波器，便可以实现自定义滤波。

无论是图像卷积还是滤波，在原图像上移动滤波器的过程中每一次的计算结果都不会影响到后面的计算结果，因此图像滤波是一个并行算法，在可以提供并行计算的处理器中它可以极大地加快图像滤波的处理速度。除此之外，图像滤波还具有可分离性，这个性质在高斯滤波中使用过。可分离性指的是先对 x（或 y）方向滤波，再对 y（或 x）方向滤波，其结果与将两个方向的滤波器联合后整体滤波的结果相同。两个方向的滤波器的联合就是将两个方向的滤波器相乘，得到一个矩形滤波器。例如，x 方向的滤波器为 $\boldsymbol{x}=\begin{bmatrix} x_1 & x_2 & x_3 \end{bmatrix}$，$y$ 方向的滤波器为 $\boldsymbol{y}=\begin{bmatrix} y_1 & y_2 & y_3 \end{bmatrix}^{\mathrm{T}}$，两个方向的联合滤波器可通过式（5-4）计算。无论先进行 x 方向滤波还是 y 方向滤波，两个方向的联合滤波器都是相同的。

$$\boldsymbol{xy}=\begin{bmatrix} y_1 \\ y_2 \\ y_3 \end{bmatrix}\begin{bmatrix} x_1 & x_2 & x_3 \end{bmatrix}^{\mathrm{T}}=\begin{bmatrix} x_1y_1 & x_2y_1 & x_3y_1 \\ x_1y_2 & x_2y_2 & x_3y_2 \\ x_1y_3 & x_2y_3 & x_3y_3 \end{bmatrix} \tag{5-4}$$

因此在高斯滤波中，我们利用 cv.getGaussianKernel() 函数分别得到 x 方向和 y 方向的滤波器。不管是生成联合滤波器还是分别对两个方向用滤波器进行滤波，计算结果都相同。但是两个方向的联合滤波需要在使用 cv.filter2D() 函数滤波之前计算联合滤波器，而对两个方向分别滤波需要调用两次 cv.filter2D() 函数。这增加了代码实现的复杂性，因此 OpenCV 4 提供了可以在两个方向实现滤波的函数 cv.sepFilter2D()，该函数的原型在代码清单 5-16 中给出。

代码清单 5-16　cv.sepFilter2D()函数的原型

```
1  dst = cv.sepFilter2D(src,
2                       ddepth,
3                       kernelX,
4                       kernelY
5                       [, dst
6                       [, anchor
7                       [, delta
8                       [, borderType]]]])
```

- src：待滤波图像。

- ddepth：输出图像的数据类型（深度）。
- kernelX：*x* 方向的滤波器。
- kernelY：*y* 方向的滤波器。
- dst：输出图像。
- anchor：内核的基准点（锚点）。
- delta：偏差，在计算结果中加上偏差。
- borderType：像素边界外推法的标志。

cv.sepFilter2D()函数将可分离的线性滤波器分离成 *x* 方向和 *y* 方向后进行处理，并将结果通过值返回。cv.sepFilter2D()函数的参数与 cv.filter2D()函数的类似，此处不再赘述。不同之处在于，cv.filter2D()函数需要通过滤波器的大小区分滤波操作是作用在 *x* 方向还是 *y* 方向。例如，滤波器大小为 $K \times 1$ 时，在 *y* 方向滤波；滤波器大小为 $1 \times K$ 时，在 *x* 方向滤波。而 cv.sepFilter2D()函数通过不同参数区分滤波器是作用在 *x* 方向还是 *y* 方向，无论输入滤波器的大小是 $K \times 1$ 还是 $1 \times K$。

为了展示线性滤波的可分离性，代码清单 5-17 给出了利用 cv.filter2D()函数和 cv.sepFilter2D()函数实现滤波的示例程序。利用 cv.filter2D()函数依次进行 *y* 方向和 *x* 方向滤波，将结果与两个方向联合滤波的结果相比较，以验证两种方式计算结果的一致性。同时将两个方向的滤波器输入 cv.sepFilter2D()函数中，验证该函数的计算结果是否与前面的计算结果一致。最后利用自定义的滤波器，对图像依次进行 *x* 方向滤波和 *y* 方向滤波，查看滤波结果是否与使用联合滤波器的滤波结果一致。该程序的运行结果在图 5-20 和图 5-21 中给出。

代码清单 5-17　Filters.py 可分离图像滤波

```
1  # -*- coding:utf-8 -*-
2  import cv2 as cv
3  import numpy as np
4  import sys
5
6
7  if __name__ == '__main__':
8      # 验证滤波算法的数据矩阵
9      data = np.array([[1, 2, 3, 4, 5],
10                      [6, 7, 8, 9, 10],
11                     [11, 12, 13, 14, 15],
12                     [16, 17, 18, 19, 20],
13                     [21, 22, 23, 24, 25]], dtype='float32')
14
15     # 构建滤波器
16     a = np.array([[-1], [3], [-1]])
17     b = a.reshape((1, 3))
18     ab = a * b
19
20     # 验证高斯滤波的可分离性
21     gaussX = cv.getGaussianKernel(3, 1)
22     gauss_data = cv.GaussianBlur(data, (3, 3), 1, None, 1, cv.BORDER_CONSTANT)
23     gauss_data_XY = cv.sepFilter2D(data, -1, gaussX, gaussX, None, (-1, -1), 0,
           cv.BORDER_CONSTANT)
24     print('采用 cv.GaussianBlur: \n{}'.format(gauss_data))
25     print('采用 cv.sepFilter2D: \n{}'.format(gauss_data_XY))
26
27     # 线性滤波的可分离性
28     data_Y = cv.filter2D(data, -1, a, None, (-1, -1), 0, cv.BORDER_CONSTANT)
29     data_YX = cv.filter2D(data_Y, -1, b, None, (-1, -1), 0, cv.BORDER_CONSTANT)
30     data_XY = cv.filter2D(data, -1, ab, None, (-1, -1), 0, cv.BORDER_CONSTANT)
```

```
31    data_XY_sep = cv.sepFilter2D(data, -1, b, b, None, (-1, -1), 0, cv.BORDER_CONSTANT)
32    print('data_Y=\n{}'.format(data_Y))
33    print('data_YX=\n{}'.format(data_YX))
34    print('data_XY=\n{}'.format(data_XY))
35    print('data_XY_sep=\n{}'.format(data_XY_sep))
36
37    # 对图像进行分离操作
38    # 读取图像并判断是否读取成功
39    img = cv.imread('./images/lena.jpg')
40    if img is None:
41        print('Failed to read lena.jpg.')
42        sys.exit()
43
44    img_Y = cv.filter2D(img, -1, a, None, (-1, -1), 0, cv.BORDER_CONSTANT)
45    img_YX = cv.filter2D(img_Y, -1, b, None, (-1, -1), 0, cv.BORDER_CONSTANT)
46    img_XY = cv.filter2D(img, -1, ab, None, (-1, -1), 0, cv.BORDER_CONSTANT)
47
48    # 展示结果
49    cv.imshow('Origin', img)
50    cv.imshow('img Y', img_Y)
51    cv.imshow('img YX', img_YX)
52    cv.imshow('img XY', img_XY)
53    cv.waitKey(0)
54    cv.destroyAllWindows()
```

```
采用cv.sepFilter2D：
[[  1.72070646   2.82220602   3.54813719   4.27406883   3.43070197]
 [  4.62965679   7.           8.           9.           6.9852457 ]
 [  8.25931358  12.          13.          14.          10.6149025 ]
 [ 11.88897133  17.          18.          19.          14.24455929]
 [ 10.27068329  14.60014725  15.32607841  16.05200958  11.98067951]]
```

```
采用cv.GaussianBlur：
[[  1.72070646   2.82220578   3.54813719   4.27406883   3.43070197]
 [  4.62965679   7.           8.           9.           6.98524475]
 [  8.25931358  12.          13.          14.          10.6149025 ]
 [ 11.88897038  17.          18.          19.          14.24455929]
 [ 10.27068329  14.60014725  15.32607841  16.05200958  11.98067951]]
```

```
data_Y=
[[ -3.  -1.   1.   3.   5.]
 [  6.   7.   8.   9.  10.]
 [ 11.  12.  13.  14.  15.]
 [ 16.  17.  18.  19.  20.]
 [ 47.  49.  51.  53.  55.]]
```

```
data_YX=
[[ -8.  -1.   1.   3.  12.]
 [ 11.   7.   8.   9.  21.]
 [ 21.  12.  13.  14.  31.]
 [ 31.  17.  18.  19.  41.]
 [ 92.  49.  51.  53. 112.]]
```

```
data_XY=
[[ -8.  -1.   1.   3.  12.]
 [ 11.   7.   8.   9.  21.]
 [ 21.  12.  13.  14.  31.]
 [ 31.  17.  18.  19.  41.]
 [ 92.  49.  51.  53. 112.]]
```

```
data_XY_sep=
[[ -8.  -1.   1.   3.  12.]
 [ 11.   7.   8.   9.  21.]
 [ 21.  12.  13.  14.  31.]
 [ 31.  17.  18.  19.  41.]
 [ 92.  49.  51.  53. 112.]]
```

图 5-20　Filters.py 程序中数据矩阵滤波结果

图 5-21　Filters.py 程序中图像滤波结果（线性滤波）

5.4 非线性滤波

　　非线性滤波的结果不是滤波器内的像素值通过线性组合得到的，其计算过程可能包含排序、逻辑计算等。由于线性滤波的结果是所有像素值的线性组合，因此含有噪声的像素也会被考虑进去，噪声不会被消除，而是以更柔和的形式存在。例如，在某个像素值都为 0 的黑色区域内，存在一个像素值为 255 的噪声，这时只要线性滤波器中噪声处的系数不为 0，这个噪声将永远存在，只是通过求 255 与滤波器中系数的乘积使得噪声值变得更加柔和。这时使用非线性滤波效果可能会更好，通过逻辑判断将该噪声过滤掉。常见的非线性滤波有中值滤波和双边滤波，下面将介绍这两种滤波。

5.4.1　中值滤波

　　中值滤波就是用滤波器范围内所有像素值的中值来替代滤波器中心位置的像素值，是一种基于排序统计理论的能够有效抑制噪声的非线性信号处理方法。中值滤波的计算方式如图 5-22 所示，将滤波器范围内的所有像素值按照由小到大排序，取排序序列的中值作为滤波器中心的新像素值。之后将滤波器移动到下一个位置，重复排序与取中值的操作，直到将图像中所有的像素都与滤波器中心对应一遍。中值滤波不依赖滤波器内那些与典型值差别很大的值，因此对于斑点噪声和椒盐噪声具有较好的处理效果。

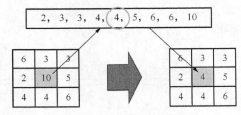

图 5-22　中值滤波的计算方式

　　相比于均值滤波，中值滤波对于脉冲干扰信号的处理效果更佳。同时，在一定条件下，中值滤波对图像的边缘信息保护得更好，可以避免图像细节的模糊，但是当中值滤波的 ksize 变大之后，同样会产生图像模糊的效果。在处理时间上，中值滤波所消耗的时间要远长于均值滤波处理所需的时间。

　　OpenCV 4 提供了对图像进行中值滤波操作的函数 cv.medianBlur()，该函数的原型在代码清单 5-18 中给出。

代码清单 5-18　cv.medianBlur()函数的原型

```
1  dst = cv.medianBlur(src,
2                      ksize
3                      [, dst])
```

- src：待中值滤波的图像。
- ksize：滤波器大小。
- dst：输出图像。

　　该函数用来对图像进行中值滤波操作，并将滤波结果通过值返回。该函数的第 1 个参数只能是符合图像信息的 ndarray 数组对象，例如单通道、三通道或四通道对象，双通道或者更多通道的 ndarray 数组不能被该函数处理。对图像数据类型的要求也和滤波器的大小有着密切的关系，当 ksize 为 3 或 5 时，图像可以是 uint8、uint16 或 float32 类型，对于较大的滤波器，数据类型只能是 uint8。

区别于之前的线性滤波，对于中值滤波中的滤波器，ksize 必须相等且为大于 1 的奇数，例如 3、5、7，并且 ksize.width 等于 ksize.height。最后一个参数表示与第 1 个参数具有相同尺寸和数据类型的输出图像。特别注意的是，对于多通道的彩色图像来说，该函数是针对每个通道的内部数据进行中值滤波操作的。

为了展示函数 cv.medianBlur() 的使用方法，代码清单 5-19 给出了对含椒盐噪声的灰度图像和彩色图像进行中值滤波的示例程序。程序中分别用 3×3 和 9×9 的滤波器对图像进行中值滤波，程序的运行结果在图 5-23 和图 5-24 中给出。通过结果可以看出，9×9 的中值滤波同样会对整个图像造成模糊。

代码清单 5-19　MedianBlur.py 中值滤波

```
1   # -*- coding:utf-8 -*-
2   import cv2 as cv
3   import sys
4
5
6   if __name__ == '__main__':
7       # 读取图像并判断是否读取成功
8       img = cv.imread('./images/ColorSaltPepperImage.jpg', cv.IMREAD_ANYCOLOR)
9       gray = cv.imread('./images/GraySaltPepperImage.jpg', cv.IMREAD_ANYCOLOR)
10      if img is None or gray is None:
11          print('Failed to read ColorSaltPepperImage.jpg or ColorSaltPepperImage.jpg.')
12          sys.exit()
13
14      # 分别对含椒盐噪声的彩色图像和灰度图像进行中值滤波，后面的数字代表滤波器大小
15      img_3 = cv.medianBlur(img, 3)
16      gray_3 = cv.medianBlur(gray, 3)
17      # 增大 ksize，图像会变模糊
18      img_9 = cv.medianBlur(img, 9)
19      gray_9 = cv.medianBlur(gray, 9)
20
21      # 展示结果
22      cv.imshow('Origin img', img)
23      cv.imshow('img 3*3', img_3)
24      cv.imshow('img 9*9', img_9)
25      cv.imshow('Origin gray', gray)
26      cv.imshow('gray 3*3', gray_3)
27      cv.imshow('gray 9*9', gray_9)
28      cv.waitKey(0)
29      cv.destroyAllWindows()
```

图 5-23　MedianBlur.py 程序中灰度图像中值滤波结果

图 5-24　MedianBlur.py 程序中彩色图像中值滤波结果

5.4.2　双边滤波

前面我们介绍的滤波方法都会对图像造成模糊，使得边缘信息变弱或者消失，因此需要一种能够对图像边缘信息进行保留的滤波算法，双边滤波就是经典和常用的能够保留图像边缘信息的滤波算法之一。双边滤波是一种综合考虑滤波器内图像空域信息和图像像素灰度值相似性的滤波算法，可以在保留区域信息的基础上实现噪声的去除、局部边缘的平滑。双边滤波会对高幅度的波动信号起到平滑作用，同时保留大幅值的信号波动，进而实现保留图像中边缘信息的效果。双边滤波器的原理如图 5-25 所示，双边滤波器是空域（domain）滤波器和值域（range domain）滤波器的结合。它们分别考虑空域信息和值域信息，使得滤波器在对边缘附近的像素进行滤波时，距离边缘较远的像素值不会对边缘上的像素值影响太大，进而保持边缘的清晰性。

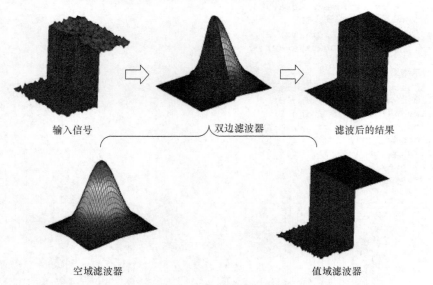

输入信号　　　　　　　　　　双边滤波器　　　　　　滤波后的结果

空域滤波器　　　　　　　　　　　　　　　　值域滤波器

图 5-25　双边滤波器的原理

双边滤波原理的数学表示如式（5-5）所示。

$$g(i,j) = \frac{\sum_{k,l} f(k,l)\omega(i,j,k,l)}{\sum_{k,l} \omega(i,j,k,l)} \tag{5-5}$$

其中，$f(k,l)$ 表示输入图像；$g(i,j)$ 表示输出图像；$\omega(i,j,k,l)$ 为双边滤波器的系数，其取值决定于空域滤波器和值域滤波器的乘积。空域滤波器的表示形式如式（5-6）所示，值域滤波器的表示形式如式（5-7）所示。

$$d(i,j,k,l) = \exp\left(-\frac{(i-k)^2 + (j-l)^2}{2\sigma_d^2}\right) \tag{5-6}$$

$$r(i,j,k,l) = \exp\left(-\frac{\|f(i,j) - f(k,l)\|^2}{2\sigma_r^2}\right) \tag{5-7}$$

其中，σ_d 表示空域滤波器的参数；σ_r 表示值域滤波器的参数，$f(i,j)$ 与 $f(k,l)$ 分别是像素 (i,j) 与 (k,l) 的亮度。

上面两式的右侧相乘，会产生式（5-8）所示的依赖数据的双边滤波器。

$$\omega(i,j,k,l) = \exp\left(-\frac{(i-k)^2 + (j-l)^2}{2\sigma_d^2} - \frac{\|f(i,j) - f(k,l)\|^2}{2\sigma_r^2}\right) \tag{5-8}$$

OpenCV 4 提供了对图像进行双边滤波操作的函数 cv.bilateralFilter()，该函数的原型在代码清单 5-20 中给出。

代码清单 5-20　cv.bilateralFilter()函数的原型

```
1  dst = cv.bilateralFilter(src,
2                           d,
3                           sigmaColor,
4                           sigmaSpace
5                           [, dst
6                           [, borderType]])
```

- src：待双边滤波的图像。
- d：滤波器的直径。
- sigmaColor：颜色空间滤波器的标准差。
- sigmaSpace：空间坐标中滤波器的标准差。
- dst：双边滤波后的图像。
- borderType：像素边界外推法的标志。

该函数可以对图像进行双边滤波，并将滤波结果通过值返回。该滤波可以在减少不需要的噪声的同时保持边缘的清晰。该函数的第 1 个参数只能接受单通道的灰度图和三通道的彩色图像，并且对于图像的数据类型有严格的要求，必须为 uint8、float32 或 float64 这 3 种数据类型之一。当滤波器的直径大于 5 时，函数的运行速度会变慢，因此，如果需要在实时系统中使用该函数，那么建议将滤波器的直径设置为 5。为了离线处理含大量噪声的图像，将滤波器的直径设为 9。当滤波器直径为非正数的时候，会根据 sigmaSpace 计算滤波器的直径。该函数的第 3 个参数越大，像素邻域内有越多的颜色被混合到一起，会产生较大的颜色混合区域。第 4 个参数越大表明越远的像素会相互影响，从而使更大邻域中有足够相似的像素获取相同的颜色。当参数 d 大于 0 时，邻域由 d 确定，当 d 参数小于或等于 0 时，邻域正比于这个参数的数值。为了简单起见，将 sigmaColor 与 sigmaSpace 参数设置成相同的数值。当它们小于 10 时，滤波器对图像的滤波作用较弱；当它们大于 150 时，滤波效果会非常强烈，使图像看起来具有卡通效果。第 5 个参数是滤波后的结果，其尺寸、数据类型与输入值相同。最后一个参数已在前面函数中多次介绍，此处不再赘述。该函数需要的运行时间比其他滤波方法所需的时间要长，因此在实际工程中使用的时候，选择合适的参数十分重要。另外，比较有趣的现象是，使用双边滤波会具有美颜的效果。

为了展示函数 cv.bilateralFilter()的使用方法，代码清单 5-21 给出了利用函数 cv.bilateralFilter() 对含有人脸的图像进行滤波的示例代码，滤波结果在图 5-26 和图 5-27 中给出。通过结果可以知道，滤波器的直径对于滤波效果具有重要的影响，滤波器直径越大，滤波效果越明显；同时，当滤波器直径相同时，标准差越大，滤波效果越明显。另外，通过结果也可看出，双边滤波确实能对人脸起到美颜的效果。

代码清单 5-21　BilateralFilter.py 人脸图像双边滤波

```
1   # -*- coding:utf-8 -*-
2   import cv2 as cv
3   import sys
4
5
6   if __name__ == '__main__':
7       # 读取图像 face1.png 和 face2.png
8       image1 = cv.imread('./images/face1.png', cv.IMREAD_ANYCOLOR)
9       image2 = cv.imread('./images/face2.png', cv.IMREAD_ANYCOLOR)
10      if image1 is None or image2 is None:
11          print('Failed to read face1.png or face2.png.')
12          sys.exit()
13
14      # 验证不同滤波器直径的滤波效果
15      res1 = cv.bilateralFilter(image1, 9, 50, 25 / 2)
16      res2 = cv.bilateralFilter(image1, 25, 50, 25 / 2)
17
18      # 验证不同标准差的滤波效果
19      res3 = cv.bilateralFilter(image2, 9, 9, 9)
20      res4 = cv.bilateralFilter(image2, 9, 200, 200)
21
22      # 展示结果
23      cv.imshow('Origin_image1', image1)
24      cv.imshow('Origin_image2', image2)
25      cv.imshow('Result1', res1)
26      cv.imshow('Result2', res2)
27      cv.imshow('Result3', res3)
28      cv.imshow('Result4', res4)
29
30      cv.waitKey(0)
31      cv.destroyAllWindows()
```

图 5-26　BilateralFilter.py 程序中不同滤波器直径的滤波结果

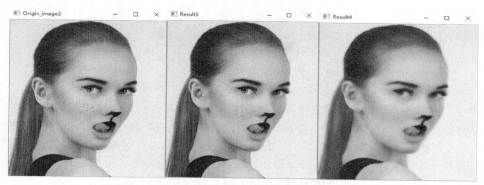

图 5-27　BilateralFilter.py 程序中不同标准差值的滤波结果

5.5 图像边缘检测

　　图像中物体的边缘含有重要的信息，提取图像中的边缘信息对于分析图像中的内容、实现图像中物体的分割、定位等具有重要的作用。图像边缘提取算法已经非常成熟，OpenCV 4 提供了多个用于边缘检测的函数。本节将会介绍边缘检测算法的原理和 OpenCV 4 中相关函数的使用方法。

5.5.1　边缘检测原理

　　图像边缘指的是图像中像素灰度值突然发生变化的区域，如果将图像的每一行像素和每一列像素都描述成一个关于灰度值的函数，那么图像边缘对应灰度值函数中函数值突然变大的区域。函数值的变化趋势可以用函数的导数来描述。当函数值突然变大时，导数也必然会变大；而函数值变化较小时，导数值也比较小。因此，我们可以通过寻找导数值较大的区域去寻找函数中突然变化的区域，进而确定图像中的边缘位置。图 5-28 上方给出一张含边缘的图像，图像中每一行像素灰度值的变化趋势可以用图下方的曲线来表示。

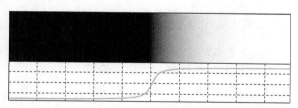

图 5-28　含边缘的图像及其中每行像素灰度值的变化趋势

　　通过像素灰度值曲线可以看出图像边缘位于曲线变化最陡峭的区域。对像素灰度值曲线求取一阶导数可以得到图 5-29 所示的曲线，通过曲线可以看出，曲线的最大值所在区域就是图像中的边缘所在区域。

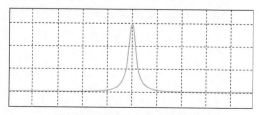

图 5-29　像素灰度值函数的导数

图像是离散的信号，我们可以用邻近的两个像素的差值来表示像素灰度值函数的导数，求导方式可以用式（5-9）表示。

$$\frac{\mathrm{d}f(x,y)}{\mathrm{d}x} = f(x,y) - f(x-1,y) \tag{5-9}$$

其中，$f(x,y)$ 与 $f(x-1,y)$ 分别表示相邻两个像素 (x,y) 与 $(x-1,y)$ 的灰度。

这种沿 x 轴方向求导对应的滤波器为 $[-1 \quad 1]$，同样沿 y 轴方向求导对应的滤波器为 $[-1 \quad 1]^{\mathrm{T}}$。这种求导方式的计算结果最接近两个像素中间位置的梯度，而两个邻近像素的中间不再有任何的像素，因此，如果要表示某个像素处的梯度，最接近的方式是求取前一个像素和后一个像素的灰度差值，于是需要将式（5-9）修改为式（5-10）的形式。

$$\frac{\mathrm{d}f(x,y)}{\mathrm{d}x} = \frac{f(x+1,y) - f(x-1,y)}{2} \tag{5-10}$$

其中，$f(x+1,y)$ 表示像素 $(x+1,y)$ 的灰度，$f(x-1,y)$ 表示像素 $(x-1,y)$ 的灰度。

改进的求导方式对应的滤波器在 x 方向和 y 方向分别为 $[-0.5 \quad 0 \quad 0.5]$ 和 $[-0.5 \quad 0 \quad 0.5]^{\mathrm{T}}$。根据这种方式也可以用式（5-11）所示的 Roberts 算子计算 45° 方向的梯度，寻找不同方向的边缘。

$$G_x = \begin{bmatrix} 1 & 0 \\ 0 & -1 \end{bmatrix} \quad G_y = \begin{bmatrix} 0 & 1 \\ -1 & 0 \end{bmatrix} \tag{5-11}$$

在图像的边缘，像素值有可能由高变低，也有可能由低变高。若通过式（5-10）和式（5-11）得到正数值，表示像素值突然由低变高；若得到负数值，表示像素值由高到低。为了在图像中同时表示出这两种边缘信息，需要对计算的结果求取绝对值。OpenCV 4 提供了 cv.convertScaleAbs() 函数，用于计算矩阵中所有数据的绝对值，该函数的原型在代码清单 5-22 中给出。

代码清单 5-22　cv.convertScaleAbs() 函数的原型

```
1  dst = cv.convertScaleAbs(src
2                           [, dst
3                           [, alpha
4                           [, beta]]])
```

- src：输入矩阵。
- dst：计算绝对值后的输入矩阵。
- alpha：缩放因子，默认参数用于只求取绝对值不进行缩放。
- beta：绝对值上添加的偏差，默认参数不增加偏差。

该函数可以对矩阵中的所有数据求取绝对值，并将结果通过值返回。该函数的前两个参数可以是相同的值。

图像的边缘包含 x 方向的边缘和 y 方向的边缘，因此分别求取两个方向的边缘后，对两个方向的边缘求取并集得到整幅图像的边缘，即将两个方向的边缘相加得到整幅图像的边缘。为了验证这种滤波方式对于图像边缘提取的效果，代码清单 5-23 给出了利用 cv.filter2D() 函数实现图像边缘检测的算法，检测的结果在图 5-30 中给出。需要说明的是，由于求取的结果可能会有负数，不在 uint8 数据类型的范围内，因此滤波后的图像数据类型不要用 "-1"，而应该改为 cv.CV_16S。

代码清单 5-23　Edge.py

```
1  # -*- coding:utf-8 -*-
2  import cv2 as cv
3  import numpy as np
4  import sys
5
6
7  if __name__ == '__main__':
```

```
8    # 读取图像 equalLena.png
9    image = cv.imread('./images/equalLena.png', cv.IMREAD_ANYCOLOR)
10   if image is None:
11       print('Failed to read equalLena.png.')
12       sys.exit()
13
14   # 创建边缘检测滤波器
15   kernel1 = np.array([1, -1])
16   kernel2 = np.array([1, 0, -1])
17   kernel3 = kernel2.reshape((3, 1))
18   kernel4 = np.array([1, 0, 0, -1]).reshape((2, 2))
19   kernel5 = np.array([0, -1, 1, 0]).reshape((2, 2))
20
21   # 检测图像边缘
22   # 使用[1, -1]检测水平方向边缘
23   res1 = cv.filter2D(image, cv.CV_16S, kernel1)
24   res1 = cv.convertScaleAbs(res1)
25   # 使用[1, 0, -1]检测水平方向边缘
26   res2 = cv.filter2D(image, cv.CV_16S, kernel2)
27   res2 = cv.convertScaleAbs(res2)
28   # 使用[1, 0, -1]检测垂直方向边缘
29   res3 = cv.filter2D(image, cv.CV_16S, kernel3)
30   res3 = cv.convertScaleAbs(res3)
31   # 整幅图像的边缘
32   res = res2 + res3
33   # 检测由左上到右下的边缘
34   res4 = cv.filter2D(image, cv.CV_16S, kernel4)
35   res4 = cv.convertScaleAbs(res4)
36   # 检测由右上到左下的边缘
37   res5 = cv.filter2D(image, cv.CV_16S, kernel5)
38   res5 = cv.convertScaleAbs(res5)
39
40   # 展示结果
41   cv.imshow('Result1', res1)
42   cv.imshow('Result2', res2)
43   cv.imshow('Result3', res3)
44   cv.imshow('Result', res)
45   cv.imshow('Result4', res4)
46   cv.imshow('Result5', res5)
47   cv.waitKey(0)
48   cv.destroyAllWindows()
```

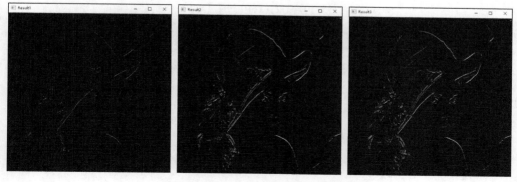

图 5-30 Edge.py 程序中边缘检测的结果

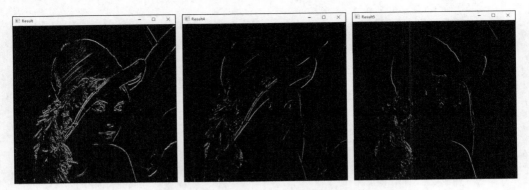

图 5-30 Edge.py 程序中边缘检测的结果（续）

5.5.2 Sobel 算子

Sobel 算子是通过离散微分方法求取图像边缘的边缘检测算子，其求取边缘的思想与我们前文介绍的思想一致。除此之外，Sobel 算子还结合了高斯平滑滤波的思想，将边缘检测滤波器的大小由 ksize × 1 改进为 ksize × ksize，提高了对平缓区域的边缘响应。相比前文的算法，边缘检测效果更加明显。使用 Sobel 算子提取图像边缘的过程大致可以分为以下 3 个步骤。

（1）提取 x 方向的边缘，x 方向一阶 Sobel 边缘检测算子如下所示。

$$\begin{bmatrix} -1 & 0 & 1 \\ -2 & 0 & 2 \\ -1 & 0 & 1 \end{bmatrix}$$

（2）提取 y 方向的边缘，y 方向一阶 Sobel 边缘检测算子如下所示。

$$\begin{bmatrix} -1 & -2 & -1 \\ 0 & 0 & 0 \\ 1 & 2 & 1 \end{bmatrix}$$

（3）综合两个方向的边缘信息得到整幅图像的边缘。由两个方向的边缘得到整体的边缘有两种计算方式：第一种是求取两张图像对应像素的灰度值的绝对值之和；第二种是求取两张图像对应像素的灰度值的平方和的平方根。这两种计算方式如式（5-12）所示。

$$\begin{aligned} I(x,y) &= \left| I_x(x,y) \right| + \left| I_y(x,y) \right| \\ I(x,y) &= \sqrt{I_x(x,y)^2 + I_y(x,y)^2} \end{aligned} \qquad (5\text{-}12)$$

其中，$I_x(x,y)$ 表示像素 (x,y) 在 x 方向的灰度；$I_y(x,y)$ 表示像素 (x,y) 在 y 方向的灰度；$I(x,y)$ 表示像素 (x,y) 最终的灰度。

OpenCV 4 提供了对图像提取 Sobel 边缘的函数 cv.Sobel()，该函数的原型在代码清单 5-24 中给出。

代码清单 5-24 cv.Sobel()函数的原型

```
1  dst = cv.Sobel(src,
2                 ddepth,
3                 dx,
4                 dy
5                 [, dst
6                 [, ksize
7                 [, scale
8                 [, delta
9                 [, borderType]]]]])
```

- src：待提取边缘的图像。
- ddepth：输出图像的数据类型（深度）。
- dx：x 方向的差分阶数。
- dy：y 方向的差分阶数。
- dst：输出图像。
- ksize：Sobel 边缘算子的大小，ksize 必须是 1、3、5 或者 7。
- scale：对导数计算结果进行缩放的因子，默认系数为 1（不进行缩放）。
- delta：偏差，在计算结果中加上偏差，默认值表示不加偏差。
- borderType：像素边界外推法的标志，默认值为 cv.BORDER_DEFAULT。

该函数利用 Sobel 算子提取图像中的边缘信息，并将提取结果通过值返回。该函数的使用方式与函数 cv.sepFilter2D() 相似。该函数的第 1 个参数和第 5 个参数具有相同的尺寸和通道数，其中输出图像的数据类型由第 2 个参数决定。关于第 2 个参数，注意，由于提取边缘信息时有可能会出现负数，因此不要使用 uint8 数据类型的输出图像。否则，与 Sobel 算子方向不一致的边缘梯度会在 uint8 数据类型中消失，使得图像边缘提取不准确，详细信息在表 5-1 中给出。该函数中的第 3 个、第 4 个和第 6 个参数是控制图像边缘检测效果的关键参数。任意一个方向的差分阶数都需要小于 ksize。特殊情况是当 ksize=1 时，任意一个方向的差分阶数需要小于 3。一般情况下，差分阶数的最大值为 1 时，ksize 选 3；差分阶数的最大值为 2 时，ksize 选 5；差分阶数的最大值为 3 时，ksize 选 7。当 ksize=1 时，程序中使用的滤波器大小不再是 1×1，而是 3×1 或者 1×3。最后 3 个参数在多数情况下并不需要设置，采用默认值即可。

为了展示 cv.Sobel() 函数的使用方法，代码清单 5-25 给出了利用 cv.Sobel() 函数提取图像边缘的示例程序。程序中分别提取 x 方向和 y 方向的一阶边缘，并利用两个方向的边缘求取整幅图像的边缘，运行结果如图 5-31 所示。

代码清单 5-25　Sobel.py

```
1   # -*- coding:utf-8 -*-
2   import cv2 as cv
3   import sys
4
5
6   if __name__ == '__main__':
7       # 读取图像 equalLena.png
8       image = cv.imread('./images/equalLena.png', cv.IMREAD_ANYDEPTH)
9       if image is None:
10          print('Failed to read equalLena.png.')
11          sys.exit()
12
13      # x 方向的一阶边缘
14      result_X = cv.Sobel(image, cv.CV_16S, 1, 0, 3)
15      result_X = cv.convertScaleAbs(result_X)
16      # y 方向的一阶边缘
17      result_Y = cv.Sobel(image, cv.CV_16S, 0, 1, 3)
18      result_Y = cv.convertScaleAbs(result_Y)
19      # 整幅图像的一阶边缘
20      result_XY = result_X + result_Y
21
22      # 显示结果
23      cv.imshow('Result_X', result_X)
24      cv.imshow('Result_Y', result_Y)
25      cv.imshow('Result_XY', result_XY)
26      cv.waitKey(0)
```

```
27    cv.destroyAllWindows()
```

图 5-31　Sobel.py 程序的运行结果

5.5.3　Scharr 算子

虽然 Sobel 算子可以有效地提取图像边缘，但是对图像中较微弱的边缘，其提取效果较差。因此，为了能够有效地提取出较弱的边缘，需要将像素灰度值间的差距增大，因此引入了 Scharr 算子。Scharr 算子是 Sobel 算子的增强版本，因此两者之间在检测图像边缘的原理和使用方式上相同。Scharr 算子的边缘检测滤波器的大小为 3×3，因此也称其为 Scharr 滤波器。可以将滤波器中的权重系数放大以增大像素灰度值间的差异，Scharr 算子采用的就是这种思想。其在 x 方向和 y 方向的边缘检测算子如式（5-13）所示。

$$\boldsymbol{G}_x = \begin{bmatrix} -3 & 0 & 3 \\ -10 & 0 & 10 \\ -3 & 0 & 3 \end{bmatrix} \quad \boldsymbol{G}_y = \begin{bmatrix} -3 & -10 & -3 \\ 0 & 0 & 0 \\ 3 & 10 & 3 \end{bmatrix} \qquad (5\text{-}13)$$

OpenCV 4 提供了对图像提取 Scharr 边缘的函数 cv.Scharr ()，该函数的原型在代码清单 5-26 中给出。

代码清单 5-26　cv.Scharr()函数的原型

```
1    dst = cv.Scharr(src,
2                    ddepth,
3                    dx,
4                    dy
5                    [, dst
6                    [, scale
7                    [, delta
8                    [, borderType]]]])
```

- src：待提取边缘的图像。
- ddepth：输出图像的数据类型（深度）。
- dx：x 方向的差分阶数。
- dy：y 方向的差分阶数。
- dst：输出图像。
- scale：对导数计算结果进行缩放的因子。
- delta：偏差，在计算结果中加上偏差，默认值表示不加偏差。
- borderType：像素边界外推法的标志，默认值为 cv.BORDER_DEFAULT。

该函数利用 Scharr 算子提取图像中的边缘信息，并将提取结果通过值返回。该函数的参数与 cv.Sobel()函数中相关参数相同，此处不再赘述。值得注意的是，该函数的第 3 个和第 4 个参数分别用于提取 x 方向边缘和 y 方向边缘。该函数要求这两个参数只能有一个参数为 1，并且不能同时为 0，否则函数将无法提取图像边缘。该函数默认的滤波器大小为 3×3，并且无法修改。最后 3 个参数在多数情况下不需要设置，使用默认值即可。

为了展示 cv.Scharr()函数的使用方法，代码清单 5-27 给出了利用 cv.Scharr()函数提取图像边缘的示例程序。程序中分别提取 x 方向和 y 方向的边缘，并利用两个方向的边缘求取整幅图像的边缘。该程序运行结果如图 5-32 所示，通过结果可以看出，Scharr 算子可以比 Sobel 算子提取到更"微弱"的边缘。

代码清单 5-27　Scharr.py

```
1   # -*- coding:utf-8 -*-
2   import cv2 as cv
3   import sys
4
5
6   if __name__ == '__main__':
7       # 读取图像 equalLena.png
8       image = cv.imread('./images/equalLena.png', cv.IMREAD_ANYDEPTH)
9       if image is None:
10          print('Failed to read equalLena.png.')
11          sys.exit()
12
13      # x方向的一阶边缘
14      result_X = cv.Scharr(image, cv.CV_16S, 1, 0)
15      result_X = cv.convertScaleAbs(result_X)
16      # y方向的一阶边缘
17      result_Y = cv.Scharr(image, cv.CV_16S, 0, 1)
18      result_Y = cv.convertScaleAbs(result_Y)
19      # 整幅图像的一阶边缘
20      result_XY = result_X + result_Y
21
22      # 显示结果
23      cv.imshow('Result_X', result_X)
24      cv.imshow('Result_Y', result_Y)
25      cv.imshow('Result_XY', result_XY)
26      cv.waitKey(0)
27      cv.destroyAllWindows()
```

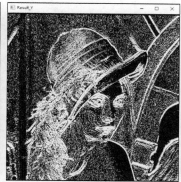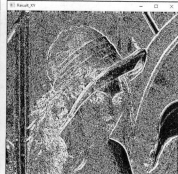

图 5-32　Scharr.py 程序 Scharr 边缘检测结果

5.5.4　生成边缘检测滤波器

Scharr 算子只有式（5-14）中给出的两种，但是 Sobel 算子有不同大小、不同阶次。在实际使用过程中，即使了解了 Sobel 算子的原理，推导出边缘提取需要的滤波器也是复杂而烦琐的任务。有时我们并不需要提取图像中的边缘，而是希望得到能够提取图像边缘的滤波器，并对滤波器进行修改以提升边缘检测的效果。OpenCV 4 提供了 cv.getDerivKernels()函数，通过该函数可以得到不同大小、不同阶次的 Sobel 算子和 Scharr 算子的滤波器。该函数的原型在代码清单 5-28 中给出。

代码清单 5-28　cv.getDerivKernels()函数的原型

```
1  kx, ky = cv.getDerivKernels(dx,
2                              dy,
3                              ksize
4                              [, kx
5                              [, ky
6                              [, normalize
7                              [, ktype]]]])
```

- dx：x 方向导数的阶次。
- dy：y 方向导数的阶次。
- ksize：滤波器的大小。
- kx：行滤波器系数的输出矩阵，大小为 ksize × 1。
- ky：列滤波器系数的输出矩阵，大小为 ksize × 1。
- normalize：表示是否对滤波器系数进行归一化的标志。
- ktype：滤波器系数类型。

cv.getDerivKernels()函数可用于生成 Sobel 算子和 Scharr 算子，并将生成结果通过值返回。实际上，cv.Sobel() 函 数 和 cv.Scharr() 函 数 就 是 通 过 调 用 该 函 数 得 到 边 缘 检 测 算 子 的。cv.getDerivKernels()函数中的第 1 个和第 2 个参数决定最终的边缘检测算子作用在图像时的边缘提取效果，例如，当 dx=1，dy=0 时，最终的边缘检测算子就检测 x 方向的一阶梯度边缘。该函数的第 3 个参数如果取数字 1、3、5 和 7，则生成的边缘检测算子是 Sobel 算子；如果参数取 cv.FILTER_SCHARR，则生成的边缘检测算子是 Scharr 算子。同时第 3 个参数也需要大于或等于第 1 个和第 2 个参数中的最大值；当第 3 个参数等于 1 时，第 1 个和第 2 个参数的最大值需要小于或等于 3；当第 3 个参数为 cv.FILTER_SCHARR 时，第 1 个和第 2 个参数的值为 0 或 1，并且两者的和为 1。根据该函数的第 4 个和第 5 个参数，通过卷积分离性原理得到最终的边缘检测算子。第 6 个参数默认情况下表示不对系数进行归一化。该函数的最后一个参数可以选择 float32 和 float64 中的任意一个，默认选择 float32。

为了展示 cv.getDerivKernels()函数的使用方法，代码清单 5-29 给出了利用 cv.getDerivKernels() 函数生成 Sobel 算子和 Scharr 算子的示例程序。由于提取 x 方向和 y 方向边缘的滤波算子是转置的关系，因此程序中生成了检测 x 方向不同阶次的梯度边缘检测算子。该程序的运行结果在图 5-33 和图 5-34 中给出。

代码清单 5-29　GetDerivKernels.py

```
1  # -*- coding:utf-8 -*-
2  import cv2 as cv
3
4
5  if __name__ == '__main__':
6      # 一阶 x 方向的 Sobel 算子
7      sobel_x1, sobel_y1 = cv.getDerivKernels(1, 0, 3)
8      sobel_X1 = sobel_y1 * sobel_x1.T
```

```
9    print('一阶 x 方向 Sobel 算子: \n{}'.format(sobel_X1))
10
11   # 二阶 x 方向的 Sobel 算子
12   sobel_x2, sobel_y2 = cv.getDerivKernels(2, 0, 5)
13   sobel_X2 = sobel_y2 * sobel_x2.T
14   print('二阶 x 方向 Sobel 算子: \n{}'.format(sobel_X2))
15
16   # 三阶 x 方向的 Sobel 算子
17   sobel_x3, sobel_y3 = cv.getDerivKernels(3, 0, 7)
18   sobel_X3 = sobel_y3 * sobel_x3.T
19   print('三阶 x 方向 Sobel 算子: \n{}'.format(sobel_X3))
20
21   # x 方向的 Scharr 算子
22   scharr_x, scharr_y = cv.getDerivKernels(1, 0, cv.FILTER_SCHARR)
23   scharr_X = scharr_y * scharr_x.T
24   print('x 方向 Scharr 算子: \n{}'.format(scharr_X))
```

一阶 x 方向 Sobel 算子:
```
[[-1.  0.  1.]
 [-2.  0.  2.]
 [-1.  0.  1.]]
```

二阶 x 方向 Sobel 算子:
```
[[  1.   0.  -2.   0.   1.]
 [  4.   0.  -8.   0.   4.]
 [  6.   0. -12.   0.   6.]
 [  4.   0.  -8.   0.   4.]
 [  1.   0.  -2.   0.   1.]]
```

三阶 x 方向 Sobel 算子:
```
[[ -1.   0.   3.   0.  -3.   0.   1.]
 [ -6.   0.  18.   0. -18.   0.   6.]
 [-15.   0.  45.   0. -45.   0.  15.]
 [-20.   0.  60.   0. -60.   0.  20.]
 [-15.   0.  45.   0. -45.   0.  15.]
 [ -6.   0.  18.   0. -18.   0.   6.]
 [ -1.   0.   3.   0.  -3.   0.   1.]]
```

图 5-33　GetDerivKernels.py 程序
计算的 Sobel 算子

x 方向 Scharr 算子:
```
[[ -3.   0.   3.]
 [-10.   0.  10.]
 [ -3.   0.   3.]]
```

图 5-34　GetDerivKernels.py
程序计算的 Scharr 算子

5.5.5　Laplacian 算子

上述的边缘检测算子都具有方向性，需要分别求取 x 方向的边缘和 y 方向的边缘，之后将两个方向的边缘综合得到图像的整体边缘。Laplacian 算子具有各向同性的特点，能够对任意方向的边缘进行提取。因此，使用 Laplacian 算子提取边缘不需要分别检测 x 方向和 y 方向的边缘，只需要一次边缘检测。Laplacian 算子是一种二阶导数算子，对噪声比较敏感，因此常需要配合高斯滤波使用。

Laplacian 算子的定义如式（5-14）所示。

$$Laplacian(f) = \frac{\partial^2 f}{\partial x^2} + \frac{\partial^2 f}{\partial y^2} \tag{5-14}$$

其中，f 是二阶可微的实函数。

OpenCV 4 提供了通过 Laplacian 算子提取图像边缘的函数 cv.Laplacian()，该函数的原型在代码清单 5-30 中给出。

代码清单 5-30　cv.Laplacian()函数的原型

```
1   dst = cv.Laplacian(src,
2                      ddepth
3                      [, dst
4                      [, ksize
5                      [, scale
6                      [, delta
7                      [, borderType]]]]])
```

- src：输入图像。
- ddepth：输出图像的数据类型（深度）。

- dst：输出图像。
- ksize：滤波器的大小，必须为正奇数。
- scale：对导数计算结果进行缩放的因子，默认值为 1。
- delta：偏差，在计算结果中加上偏差，默认不加偏差。
- borderType：像素边界外推法的标志，默认值为 cv.BORDER_DEFAULT。

该函数利用 Laplacian 算子提取图像中的边缘信息，并将提取结果通过值返回。该函数的参数与 cv.Sobel()函数的相同，此处不再赘述。这里需要注意，由于提取边缘信息时有可能会出现负数，因此第 2 个参数（ddepth）不能使用 uint8，否则会使图像边缘提取不准确。该函数的第 4 个参数必须是正奇数。当 ksize 参数的值大于 1 时，该函数通过 Sobel 算子计算出图像在 x 方向和 y 方向的二阶导数，将两个方向的导数求和得到 Laplacian 算子，其计算公式如式（5-15）所示。

$$dst = \Delta src = \frac{\partial^2 src}{\partial x^2} + \frac{\partial^2 src}{\partial y^2} \tag{5-15}$$

当第 4 个参数等于 1 时，Laplacian 算子如下所示。

$$\begin{bmatrix} 0 & 1 & 0 \\ 1 & -4 & 1 \\ 0 & 1 & 0 \end{bmatrix}$$

该函数的第 5 个参数和最后一个参数在多数情况下并不需要设置，采用默认值即可。

为了展示 cv.Laplacian ()函数的使用方法，代码清单 5-31 给出了利用 cv.Laplacian ()函数检测图像边缘的示例程序。由于 Laplacian 算子对图像中的噪声较敏感，因此程序中使用 Laplacian 算子分别对高斯滤波后的图像和未经过高斯滤波的图像进行边缘检测，检测结果在图 5-35 中给出。通过结果可以发现，图像去除噪声后通过 Laplacian 算子提取的边缘变得更加准确。

代码清单 5-31　Laplacian.py

```
1   # -*- coding:utf-8 -*-
2   import cv2 as cv
3   import sys
4
5
6   if __name__ == '__main__':
7       # 读取图像 equalLena.png
8       image = cv.imread('./images/equalLena.png', cv.IMREAD_ANYDEPTH)
9       if image is None:
10          print('Failed to read equalLena.png.')
11          sys.exit()
12
13      # 未滤波就提取图像边缘
14      result = cv.Laplacian(image, cv.CV_16S, ksize=3, scale=1, delta=0)
15      result = cv.convertScaleAbs(result)
16      # 滤波后提取图像边缘
17      result_gauss = cv.GaussianBlur(image, (3, 3), 5, 0)
18      result_gauss = cv.Laplacian(result_gauss, cv.CV_16S, ksize=3, scale=1, delta=0)
19      result_gauss = cv.convertScaleAbs(result_gauss)
20
21      # 显示结果
22      cv.imshow('Result', result)
23      cv.imshow('Result_Gauss', result_gauss)
24      cv.waitKey(0)
25      cv.destroyAllWindows()
```

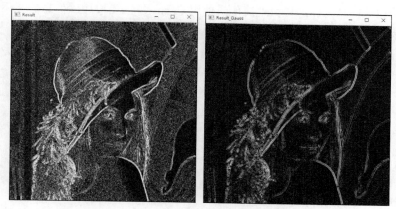

图 5-35　Laplacian.py 程序中图像提取边缘的结果

5.5.6　Canny 算法

最后介绍的边缘检测算法是 Canny 算法。该算法不容易受到噪声的影响，能够识别图像中的弱边缘和强边缘，并结合强弱边缘的位置关系综合给出图像整体的边缘信息。Canny 边缘检测算法是目前最优秀的边缘检测算法之一，该方法的检测过程分为以下 5 个步骤。

（1）使用高斯滤波平滑图像，减少图像中的噪声。一般情况下，使用如式（5-16）所示的 5×5 的高斯滤波器。

$$G = \frac{1}{139} \begin{bmatrix} 2 & 4 & 5 & 4 & 2 \\ 4 & 9 & 12 & 9 & 4 \\ 5 & 12 & 15 & 12 & 5 \\ 4 & 9 & 12 & 9 & 4 \\ 2 & 4 & 5 & 4 & 2 \end{bmatrix} \tag{5-16}$$

（2）计算图像中每个像素灰度值的梯度方向和幅值。首先通过 Sobel 算子分别检测图像 x 方向的边缘和 y 方向的边缘，之后利用式（5-17）计算梯度的方向（即 θ）和幅值（即 G）。

$$\theta = \arctan\left(\frac{I_y}{I_x}\right)$$
$$G = \sqrt{I_x^2 + I_y^2} \tag{5-17}$$

为了简便，梯度方向常取值 $0°$、$45°$、$90°$ 和 $135°$ 这 4 个角度之一。

（3）应用非极大值抑制算法消除边缘检测带来的杂散响应。首先，将当前像素灰度值的梯度与正负梯度方向上的两个像素灰度值的梯度进行比较。如果当前像素灰度值的梯度比另外两个像素灰度值的梯度大，则保留该像素；否则，该像素将被抑制。

（4）应用双阈值法划分强边缘和弱边缘。将边缘处的梯度值与两个阈值进行比较。如果某像素灰度值的梯度幅值小于较小的阈值，则会被去除掉；如果某像素灰度值的梯度幅值大于较小阈值但小于较大阈值，则将该像素标记为弱边缘；如果某像素灰度值的梯度幅值大于较大阈值，则将该像素标记为强边缘。

（5）消除孤立的弱边缘。在弱边缘的 8 邻域内寻找强边缘。如果 8 邻域内存在强边缘，则保留该弱边缘；否则，将删除弱边缘。最终输出边缘检测结果。

Canny 算法具有复杂的流程，然而，OpenCV 4 提供了 cv.Canny() 函数，用于实现利用 Canny

算法检测图像中边缘的功能。这极大地简化了使用 Canny 算法提取边缘信息的流程。cv.Canny()函数的原型在代码清单 5-32 中给出。

代码清单 5-32　cv.Canny()函数的原型

```
1  edges = cv.Canny(image,
2                   threshold1,
3                   threshold2
4                   [, edges
5                   [, apertureSize
6                   [, L2gradient]]])
```

- image：输入图像。
- threshold1：第 1 个滞后阈值。
- threshold2：第 2 个滞后阈值。
- edges：输出图像。
- apertureSize：Sobel 算子的大小。
- L2gradient：计算图像梯度幅值的标志，幅值的两种计算方式如式（5-18）所示。

$$L_1 = \left| \frac{dI}{dx} \right| + \left| \frac{dI}{dy} \right|$$
$$L_2 = \sqrt{\left(\frac{dI}{dx} \right)^2 + \left(\frac{dI}{dy} \right)^2}$$

（5-18）

其中，I 表示图像的灰度。

该函数利用 Canny 算法提取图像中的边缘信息，并将提取结果通过值返回。该函数的第 1 个参数为需要提取边缘的输入图像，目前只支持数据类型为 uint8 的单通道或三通道图像，而无论输入图像是灰度图像还是彩色图像，函数检测边缘的结果都为单通道的灰度图像，并且数据类型为 uint8。该函数的第 2 个和第 3 个参数分别表示 Canny 算法中用于区分强边缘和弱边缘的阈值，两个参数不区分较大阈值和较小阈值，函数会自动区分两个阈值的大小。不过，一般情况下，较大阈值与较小阈值的比值在 2：1～3：1。该函数的第 4 个参数表示提取边缘的结果，该结果与输入图像具有相同的尺寸。该函数的第 5 个参数表示 Sobel 算子的大小。最后一个参数在无特殊需求的情况下使用默认值即可。

为了展示 cv.Canny()函数的使用方法，代码清单 5-33 给出了利用 cv.Canny()函数检测图像边缘的示例程序。程序中通过设置不同的阈值来比较阈值的大小对图像边缘检测效果的影响。程序的输出结果在图 5-36 中给出。通过结果可以发现，较高的阈值会降低噪声对图像提取边缘结果的影响，但是也会减少结果中的边缘信息。同时，程序中先对图像进行高斯模糊再进行边缘检测，结果表明高斯模糊在边缘纹理较多的区域能减少边缘检测的结果，但是对纹理较少的区域影响较小。

代码清单 5-33　Canny.py

```
1  # -*- coding:utf-8 -*-
2  import cv2 as cv
3  import sys
4
5
6  if __name__ == '__main__':
7      # 读取图像 equalLena.png
8      image = cv.imread('./images/equalLena.png', cv.IMREAD_ANYDEPTH)
9      if image is None:
10         print('Failed to read equalLena.png.')
```

```
11        sys.exit()
12
13    # 通过高阈值检测图像边缘
14    result_high = cv.Canny(image, 100, 200, apertureSize=3)
15    # 通过低阈值检测图像边缘
16    result_low = cv.Canny(image, 20, 40, apertureSize=3)
17    # 高斯模糊后检测图像边缘
18    result_gauss = cv.GaussianBlur(image, (3, 3), 5)
19    result_gauss = cv.Canny(result_gauss, 100, 200, apertureSize=3)
20
21    # 显示结果
22    cv.imshow('Result_high', result_high)
23    cv.imshow('Result_low', result_low)
24    cv.imshow('Result_gauss', result_gauss)
25    cv.waitKey(0)
26    cv.destroyAllWindows()
```

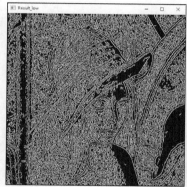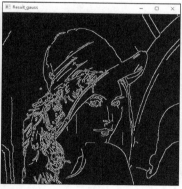

图 5-36　Canny.py 程序中图像提取边缘结果

5.6 本章小结

　　本章首先介绍了图像滤波的相关内容，图像滤波是图像处理中较重要的一个步骤，读者要对本章的内容有较清晰的了解。滤波可以去除图像中的噪声，因此本章介绍了如何在图像中添加噪声，以便更好地验证滤波算法的效果。之后，本章介绍了图像的线性滤波和非线性滤波。线性滤波主要包括均值滤波、方框滤波和高斯滤波；非线性滤波主要包括中值滤波、双边滤波。最后，本章介绍了如何通过滤波得到图像的边缘信息，重点介绍了 Sobel 算子、Scharr 算子、Laplacian 算子和 Canny 算法等边缘检测算子。

　　本章涉及的主要函数如下。

- cv.filter2D()：实现卷积操作。
- np.random.randint()：生成随机数。
- np.random.normal()：生成符合高斯分布的随机数。
- cv.blur()：实现均值滤波。
- cv.boxFilter()：实现方框滤波。
- cv.sqrBoxFilter()：实现扩展方框滤波。
- cv.GaussianBlur()：实现高斯滤波。
- cv.sepFilter2D()：实现双方向卷积运算。

- cv.medianBlur()：实现中值滤波。
- cv.bilateralFilter()：实现双边滤波。
- cv.convertScaleAbs()：计算矩阵中所有数据的绝对值。
- cv.Sobel()：实现 Sobel 算子边缘检测。
- cv.Scharr()：实现 Scharr 算子边缘检测。
- cv.getDerivKernels()：生成边缘检测滤波器。
- cv.Laplacian()：实现 Laplacian 算子边缘检测。
- cv.Canny()：实现 Canny 算法边缘检测。

第6章　图像形态学操作

有些情况下，相比于图像中物体的纹理信息，物体的形状与位置信息对我们更加重要，因此可以将物体的内部信息忽略，以形态为基础对图像进行描述和分析。图像形态学使用具有一定形态的结构元素去度量和提取图像中的对应形状，以达到对图像进行分析和识别的目的。图像形态学操作主要包括图像腐蚀、膨胀、开运算与闭运算，本章将详细介绍图像形态学的基本操作。

6.1　像素距离与连通域

图像形态学在图像处理中具有广泛的应用，主要用于从图像中提取对于表达和描述区域形状有意义的图像分量，以便使后续的识别工作能够抓住对象最本质的形状特性，例如边界、连通域等。由于图像形态学重点关注图像中物体的区域信息，忽略区域内部纹理信息，因此为了方便表示图像的区域信息，加快图像形态学的处理速度，常将图像转化为二值图像后再进行图像形态学分析。

在图像形态学运算中，常将不与其他区域连接的独立区域称为集合或者连通域。这个集合中的元素就是包含在连通域内的每一个像素，可以用该像素在图像中的坐标来描述，像素之间的距离可以用来表示两个连通域之间的关系。在了解图像形态学运算之前，你首先需要了解图像中两个像素之间的距离描述方式和如何从图像中分离出不同的连通域。

6.1.1　图像距离变换

图像中两个像素之间的距离有多种定义方式，在图像处理中常用的距离有欧氏距离、街区距离和棋盘距离。本节将重点介绍这 3 种距离的定义方式，以及如何利用两个像素间的距离来描述一幅图像。

欧氏距离是两个像素之间的直线距离。它与直角坐标系中两点之间的直线距离求取方式相同，分别计算两个像素在 x 方向和 y 方向上的距离，之后利用勾股定理得到两个像素之间的距离，数学表示形式如式（6-1）所示。

$$d=\sqrt{(x_1-x_2)^2+(y_1-y_2)^2}$$

（6-1）

根据欧氏距离的定义可知，图像中两个像素之间的距离可以含有小数部分，如图像中的两个像素 $P_1(1,0)$ 和 $P_2(0,1)$ 之间的欧氏距离为 $d=1.414$。在一个 5×5 的矩阵内，所有像素距离矩阵中心的欧氏距离如图 6-1 所示。

街区距离表示两个像素在 x 方向和 y 方向的距离之和。欧氏距离表示的是从一个像素到另一个像素的最短距离，然而，有时我们并不能按照两个点之间连线的方向前进，

2.8	2.2	2	2.2	2.8
2.2	1.4	1	1.4	2.2
2	1	0	1	2
2.2	1.4	1	1.4	2.2
2.8	2.2	2	2.2	2.8

图 6-1　5×5 矩阵距离中心位置的欧氏距离

如在一个城市内两点之间的连线上可能有障碍物，从一个点到另一个点需要沿着街道行走，因此这种距离的度量方式称为街区距离。街区距离就是由一个像素到另一个像素需要沿着 x 方向和 y 方向一共行走的距离，数学表示形式如式（6-2）所示。

$$d=\left|x_1 - x_2\right|+\left|y_1 - y_2\right|$$

（6-2）

根据街区距离的定义可知，图像中两个像素之间的距离一定为整数，例如图像中的两个像素 $P_1(1,0)$ 和 $P_2(0,1)$ 之间的街区距离为 $d=2$。在一个 5×5 的矩阵内，所有像素距离矩阵中心的街区距离如图 6-2 所示。

棋盘距离表示两个像素在 x 方向距离和 y 方向距离的最大值。与街区距离相似，棋盘距离也假定两个像素之间不能够沿着连线方向靠近，像素只能沿着 x 方向和 y 方向移动。但是棋盘距离并不表示由一个像素到另一个像素的距离，而是表示两个像素到同一行或者同一列时需要移动的最大距离，数学表示形式如式（6-3）所示。

$$d = \max\left(\left|x_1 - x_2\right|, \left|y_1 - y_2\right|\right)$$

（6-3）

根据棋盘距离的定义可知，图像中两个像素之间的距离一定为整数，如图像中的两个像素 $P_1(1,0)$ 和 $P_2(0,1)$ 之间的棋盘距离为 $d=1$。在一个 5×5 的矩阵内，其他像素距离矩阵中心的棋盘距离如图 6-3 所示。

4	3	2	3	4
3	2	1	2	3
2	1	0	1	2
3	2	1	2	3
4	3	2	3	4

图 6-2　5×5 矩阵内所有像素距离矩阵中心的街区距离

2	2	2	2	2
2	1	1	1	2
2	1	0	1	2
2	1	1	1	2
2	2	2	2	2

图 6-3　5×5 矩阵距离中心位置的棋盘距离

OpenCV 4 提供了用于计算图像中不同像素之间距离的函数 cv.distanceTransformWithLabels()和 cv.distanceTransform()，代码清单 6-1 给出了前者的函数原型。

代码清单 6-1　cv.distanceTransformWithLabels()函数的原型

```
1  dst, labels = cv.distanceTransformWithLabels(src,
2                                               distanceType,
3                                               maskSize
4                                               [, dst
5                                               [, labels
6                                               [, labelType]]])
```

- src：输入图像。
- distanceType：选择计算两个像素之间距离的方法的标志（见表 6-1）。
- maskSize：距离变换掩模矩阵的大小。
- dst：与输入图像具有相同尺寸的输出图像。
- labels：与输入图像具有相同尺寸的二维标签数组（离散 Voronoi 图）。
- labelType：要构建的标签数组的类型，参数可以选择的类型在表 6-2 中给出。

表 6-1　cv.distanceTransformWithLabels()函数中选择计算两个像素之间距离的方法的标志

标志	简记	含义
cv.DIST_USER	−1	自定义距离

续表

标志	简记	含义
cv.DIST_L1	1	街区距离，$d=\left|x_1-x_2\right|+\left|y_1-y_2\right|$
cv.DIST_L2	2	欧氏距离，$d=\sqrt{(x_1-x_2)^2+(y_1-y_2)^2}$
cv.DIST_C	3	棋盘距离，$d=\max(\left|x_1-x_2\right|,\left|y_1-y_2\right|)$

表 6-2　　cv.distanceTransformWithLabels()函数中 labelType 参数可以选择的类型

类型	简记	含义
cv.DIST_LABEL_CCOMP	0	输入图像中每个连接的零像素（以及最接近连接区域的所有非零像素）都将被分配为相同的标签
cv.DIST_LABEL_PIXEL	1	输入图像中每个零像素（以及最接近它的所有非零像素）都有自己的标签

cv.distanceTransformWithLabels()函数用于实现图像的距离变换，即统计图像中所有像素距离零像素的最短距离，并将距离变换后的图像及对应的标签数组通过值返回。该函数的第 1 个参数必须是 uint8 数据类型的单通道图像。第 3 个参数可以选择的尺寸为 cv.DIST_MASK_3（3×3，简记为 3）和 cv.DIST_MASK_5（5×5，简记为 5）。该尺寸与选择的距离种类有着密切的关系。当选择使用街区距离时，掩模尺寸选择 3×3 还是 5×5 对计算结果都没有影响，因此为了加快函数的运算速度，默认选择掩模尺寸为 3×3。若选择欧氏距离，当掩模尺寸为 3×3 时，粗略计算两个像素之间的距离；而当掩模尺寸为 5×5 时，精确计算两个像素之间的距离。精确计算与粗略计算之间存在着较大的差异，因此在使用欧氏距离时推荐使用 5×5 掩模；当选择棋盘距离时，掩模的尺寸对计算结果没有影响，因此可以随意选择。第 4 个参数与输入图像具有相同的尺寸，是数据类型为 uint8 或者 float32 的单通道图像，图像中每个像素值表示该像素在原图像中距离零像素的最短距离。由于图像的长度与宽度可能大于 256，图像中某个像素距离零像素的最短距离有可能会大于 255，因此为了能够正确地统计出每一个像素距离零像素的最短距离，输出图像的数据类型可以选择 uint8 或者 float32。第 5 个参数是数据类型为 int32 的单通道图像，图像尺寸与输入图像相同。当 labelType=cv.DIST_LABEL_CCOMP 时，该函数会自动在输入图像中找到零像素的连通分量，并用相同的标签标记它们。当 labelType=cv.DIST_LABEL_PIXEL 时，该函数扫描输入图像并用不同的标签标记所有零像素。

cv.distanceTransformWithLabels()函数在对图像进行距离变换时会生成 Voronoi 图，但有时只是为了实现对图像的距离变换，并不需要使用 Voronoi 图。而使用 cv.distanceTransformWithLabels()函数要求必须创建一个 ndarray 对象，用于存放 Voronoi 图，这占用了内存资源，因此在 cv.distanceTransform()函数中取消了生成 Voronoi 图，只输出距离变换后的图像，该函数的原型在代码清单 6-2中给出。

代码清单 6-2　cv.distanceTransform()函数的原型
```
1  dst = cv.distanceTransform(src,
2                             distanceType,
3                             maskSize
4                             [, dst
5                             [, dstType]])
```

- src：输入图像。
- distanceType：选择计算两个像素之间距离方法的标志。

- maskSize：距离变换掩模矩阵的大小。
- dst：与输入图像具有相同尺寸的输出图像。
- dstType：输出图像的数据类型。

cv.distanceTransform()函数相当于 cv.distanceTransformWithLabels()的简易版，其中主要参数的含义与后者相同，此处不再详细摘述。dstType 参数虽然可以在 cv.CV_8U 和 cv.CV_32F 两个类型中任意选择，但是图像在输出时实际的数据类型与距离变换时选择的距离种类有着密切的联系。cv.CV_8U 只能在计算街区距离的条件下使用，当计算欧氏距离和棋盘距离时，即使该参数设置为 cv.CV_8U，实际上输出图像的数据类型也是 cv.CV_32F。

> **注意**　此处在设置参数 dstType 时，由于直接在 OpenCV 的函数中使用设置的参数，因此不能使用 NumPy 中描述数据类型的方式（uint8 和 float32），必须使用 cv.CV_8U 和 cv.CV_32F。下面函数中有关数据类型的写法相同。

由于 cv.distanceTransform()函数计算图像中非零像素距离零像素的最短距离，而图像中零像素表示黑色，因此为了保证能够清楚地观察到距离变换的结果，不建议使用尺寸过小或者黑色区域较多的图像，否则经过 cv.distanceTransform()函数处理后的图像中几乎全为黑色，不利于观察。

为了展示 cv.distanceTransform()函数的使用方式并验证 5×5 矩阵中所有元素与中心位置的距离，代码清单 6-3 给出了利用 cv.distanceTransform()函数计算像素间距离并实现图像距离变换的示例程序。由于 cv.distanceTransform()函数计算图像中非零像素与零像素的最短距离，因此为了能够计算 5×5 矩阵中所有元素与中心位置的距离，在程序中创建一个 5×5 的矩阵，矩阵的中心元素为 0，其余值全为 1，计算结果如图 6-4 所示。为了验证图像中零像素数目对图像距离变换结果的影响，程序中首先将图像二值化，之后将二值化图像中的黑白像素反转。然后利用 cv.distanceTransform()函数实现距离变换，结果在图 6-5 和图 6-6 中给出。由于 rice_BW 图像的黑色区域较多，如果距离变换结果的数据类型为 cv.CV_8U，那么查看图像时将全部为黑色。若将距离变换结果的数据类型设置为 cv.CV_32F，查看图像时与原二值图像一致，但是内部的数据不一致。

代码清单 6-3　Distance_Transform.py

```
1   # -*- coding:utf-8 -*-
2   import cv2 as cv
3   import numpy as np
4   import sys
5
6
7   if __name__ == '__main__':
8       # 创建矩阵，用于求像素之间的距离
9       array = np.array([[1, 1, 1, 1, 1],
10                         [1, 1, 1, 1, 1],
11                         [1, 1, 0, 1, 1],
12                         [1, 1, 1, 1, 1],
13                         [1, 1, 1, 1, 1]], dtype='uint8')
14      # 分别计算街区距离、欧氏距离和棋盘距离
15      dst_L1 = cv.distanceTransform(array, cv.DIST_L1, cv.DIST_MASK_3)
16      dst_L2 = cv.distanceTransform(array, cv.DIST_L2, cv.DIST_MASK_5)
17      dst_C = cv.distanceTransform(array, cv.DIST_C, cv.DIST_MASK_3)
18
19      # 对图像进行读取
20      rice = cv.imread('./images/rice.png', cv.IMREAD_GRAYSCALE)
21      if rice is None:
22          print('Failed to read rice.png.')
```

```
23        sys.exit()
24
25    # 将图像转成二值图像，同时将黑白区域互换
26    rice_BW = cv.threshold(rice, 50, 255, cv.THRESH_BINARY)
27    rice_BW_INV = cv.threshold(rice, 50, 255, cv.THRESH_BINARY_INV)
28
29    # 图像距离变换
30    dst_rice_BW = cv.distanceTransform(rice_BW[1], 1, 3, dstType=cv.CV_32F)
31    dst_rice_BW_INV = cv.distanceTransform(rice_BW_INV[1], 1, 3, dstType=cv.CV_8U)
32
33    # 展示矩阵距离计算结果
34    print('街区距离：\n{}'.format(dst_L1))
35    print('欧氏距离：\n{}'.format(dst_L2))
36    print('棋盘距离：\n{}'.format(dst_C))
37
38    # 展示二值化、黑白互换后的图像及距离变换结果
39    cv.imshow('rice_BW', rice_BW[1])
40    cv.imshow('rice_BW_INV', rice_BW_INV[1])
41    cv.imshow('dst_rice_BW', dst_rice_BW)
42    cv.imshow('dst_rice_BW_INV', dst_rice_BW_INV)
43
44    cv.waitKey(0)
45    cv.destroyAllWindows()
```

```
街区距离：
[[ 4.  3.  2.  3.  4.]
 [ 3.  2.  1.  2.  3.]
 [ 2.  1.  0.  1.  2.]
 [ 3.  2.  1.  2.  3.]
 [ 4.  3.  2.  3.  4.]]
```

```
欧氏距离：
[[ 2.79999995  2.19689989  2.          2.19689989  2.79999995]
 [ 2.19689989  1.39999998  1.          1.39999998  2.19689989]
 [ 2.          1.          0.          1.          2.        ]
 [ 2.19689989  1.39999998  1.          1.39999998  2.19689989]
 [ 2.79999995  2.19689989  2.          2.19689989  2.79999995]]
```

```
棋盘距离：
[[ 2.  2.  2.  2.  2.]
 [ 2.  1.  1.  1.  2.]
 [ 2.  1.  0.  1.  2.]
 [ 2.  1.  1.  1.  2.]
 [ 2.  2.  2.  2.  2.]]
```

图 6-4 Distance_Transform.py 程序中 5×5 矩阵中各元素与中心位置的距离

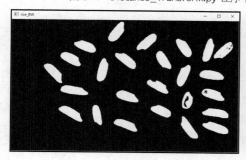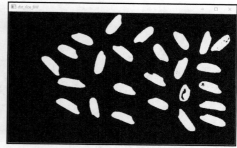

图 6-5 Distance_Transform.py 程序中黑底白图的距离变换结果

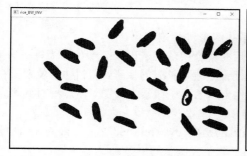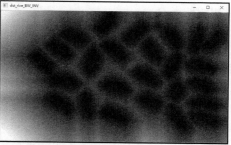

图 6-6 Distance_Transform.py 程序中白底黑图的距离变换结果

6.1.2 图像连通域分析

图像的连通域是指由图像中具有相同像素值并且位置相邻的像素组成的区域,连通域分析是指在图像中寻找出彼此互相独立的连通域并将其标记出来。提取图像中不同的连通域是图像处理中较常用的方法,它可以用于车牌识别、文字识别、目标检测等。一般情况下,一个连通域内只包含一个像素值,因此为了防止像素值波动对提取不同连通域的影响,连通域分析常处理的是二值化后的图像。

在了解图像连通域分析方法之前,你首先需要了解图像邻域的概念。对于图像中的像素相邻,有两种定义方式,分别是 4 邻域和 8 邻域,这两种邻域的定义方式在图 6-7 中给出。4 邻域的定义方式如图 6-7 的左侧所示,其定义的像素相邻是必须在水平和垂直方向上相邻,相邻两个像素的坐标必须只有一位不同而且只能相差 1 像素,例如点 $P_0(x,y)$ 的 4 邻域的 4 个像素分别为 $P_1(x-1,y)$、$P_2(x+1,y)$、$P_3(x,y-1)$ 和 $P_4(x,y+1)$。8 邻域的定义方式如图 6-7 的右侧所示,其定义的相邻像素允许在对角线方向上相邻,相邻两个像素的坐标在 x 方向和 y 方向上的差值为 1,例如,点 $P_0(x,y)$ 的 8 邻域的 8 个像素分别为 $P_1(x-1,y)$、$P_2(x+1,y)$、$P_3(x,y-1)$、$P_4(x,y+1)$、$P_5(x-1,y-1)$、$P_6(x+1,y-1)$、$P_7(x-1,y+1)$ 及 $P_8(x+1,y+1)$。根据像素相邻的定义方式,判断的连通域也不相同,因此,在分析连通域时,一定要声明是在哪种邻域条件下分析得到的结果。

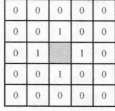 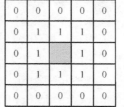

4邻域　　　　　　　8邻域

图 6-7　4 邻域和 8 邻域的定义方式

常用的图像邻域分析法有两遍扫描法和种子填充法。两遍扫描法会遍历两次图像,第一次遍历图像时会给每一个非零像素赋予一个数字标签。当某个像素的上方和左侧邻域内的像素已经有了数字标签时,取两者中的最小值作为当前像素的标签;否则,赋予当前像素一个新的数字标签。第一次遍历图像时,同一个连通域可能会被赋予一个或者多个不同的标签,如图 6-8 所示。因此,需要将这些属于同一个连通域的不同标签合并,最后实现同一个邻域内的所有像素具有相同的标签。

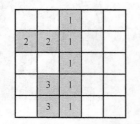

图 6-8　两遍扫描法中第一遍
扫描的结果

种子填充法源于计算机图像学,常用于对某些图形进行填充。该方法首先将所有非零像素放到一个集合中,之后在集合中随机选出一个像素作为种子像素。根据邻域关系不断扩充种子像素所在的连通域,并在集合中删除扩充的像素,直到种子像素所在的连通域无法扩充。然后,从集合中随机选取一个像素作为新的种子像素,重复上述过程直到集合中没有像素。

OpenCV 4 提供了用于提取图像中不同连通域的函数 cv.connectedComponentsWithAlgorithm() 和 cv.connectedComponents(),代码清单 6-4 给出了第 1 个函数的原型。

代码清单 6-4　cv.connectedComponentsWithAlgorithm()函数的原型

```
1   retval, labels = cv.connectedComponentsWithAlgorithm(image,
2                                                         connectivity,
3                                                         ltype,
4                                                         ccltype
5                                                         [, labels])
```

- image：待标记不同连通域的单通道图像。
- connectivity：标记连通域时使用的邻域种类。
- ltype：输出图像的数据类型。
- ccltype：标记连通域使用的算法类型标志。
- labels：标记不同连通域后的输出图像。

cv.connectedComponentsWithAlgorithm()函数用于计算二值图像中连通域的个数，在图像中将不同连通域使用不同的数字标签标记，并将结果通过值返回。其中标签 0 表示图像中的背景区域，同时函数具有一个 int 类型的返回值 retval，用于表示图像中连通域的数目。该函数的第 1 个参数要求输入图像必须是数据类型为 uint8 的单通道灰度图像，最好图像是二值图像。该函数的第 2 个参数支持两种邻域（用 4 表示 4 邻域，用 8 表示 8 邻域）。第 3 个参数目前支持 cv.CV_32S 和 cv.CV_16U。第 4 个参数可以选择的标志在表 6-3 中给出，目前只支持 cv.CCL_GRANA（BBDT）和 cv.CCL_WU（SAUF）两种算法。最后一个参数要求输出图像的尺寸与输入图像的尺寸相同，图像的数据类型与函数的第 3 个参数相关。

表 6-3　cv.connectedComponentsWithAlgorithm()函数中 ccltype 参数可选择的标志

标志	简记	含义
cv.CCL_WU	0	8 邻域使用 SAUF 算法，4 邻域用 SAUF 算法
cv.CCL_DEFAULT	−1	8 邻域使用 BBDT 算法，4 邻域用 SAUF 算法
cv.CCL_GRANA	1	8 邻域使用 BBDT 算法，4 邻域用 SAUF 算法

在 cv.connectedComponentsWithAlgorithm()函数的原型中，所有参数都没有默认值，在调用时需要设置全部参数，这增加了使用的难度。因此，OpenCV 4 提供了 cv.connectedComponentsWithAlgorithm()函数的简易版——cv.connectedComponents()，其原型在代码清单 6-5 中给出。

代码清单 6-5　cv.connectedComponents()函数的原型

```
1   retval, labels = cv.connectedComponents(image
2                                            [, labels
3                                            [, connectivity
4                                            [, ltype]]])
```

cv.connectedComponents()函数中参数的含义和 cv.connectedComponentsWithAlgorithm()的相同，但在 cv.connectedComponents()函数的原型中 3 个参数具有默认值，其中 labels 参数的默认值为 None，connectivity 参数的默认值为 8，参数 ltype 的默认值为 cv.CV_32S，这极大地方便了函数的调用。

为了展示 cv.connectedComponents()函数的使用方式，代码清单 6-6 给出了利用该函数统计图像中连通域数目的示例程序。程序中首先将图像转换为灰度图像，然后将灰度图像经过二值化转换为二值图像，最后利用该函数对图像进行连通域的统计。根据统计结果，将数字不同的标签设置成不同的颜色，以区分不同的连通域。该程序运行的结果如图 6-9 所示。

代码清单 6-6　Connected_Components.py

```
1   # -*- coding:utf-8 -*-
```

```
2   import cv2 as cv
3   import numpy as np
4   import sys
5
6
7   def generate_random_color():
8       return np.random.randint(0, 256, 3)
9
10
11  def fill_color(img1, img2):
12      h, w = img1.shape
13      res = np.zeros((h, w, 3), img1.dtype)
14      # 生成随机颜色
15      random_color = {}
16      for c in range(1, count):
17          random_color[c] = generate_random_color()
18      # 为不同的连通域填色
19      for i in range(h):
20          for j in range(w):
21              item = img2[i][j]
22              if item == 0:
23                  pass
24              else:
25                  res[i, j, :] = random_color[item]
26      return res
27
28
29  if __name__ == '__main__':
30      # 对图像进行读取，并转换为灰度图像
31      rice = cv.imread('./images/rice.png', cv.IMREAD_GRAYSCALE)
32      if rice is None:
33          print('Failed to read rice.png.')
34          sys.exit()
35
36      # 将图像转换成二值图像
37      rice_BW = cv.threshold(rice, 50, 255, cv.THRESH_BINARY)
38      # 统计连通域
39      count, res = cv.connectedComponents(rice_BW[1], ltype=cv.CV_16U)
40
41      # 以不同颜色标记出不同的连通域
42      result = fill_color(rice, res)
43
44      # 展示结果
45      cv.imshow('Origin', rice)
46      cv.imshow('Result', result)
47      cv.waitKey(0)
48      cv.destroyAllWindows()
```

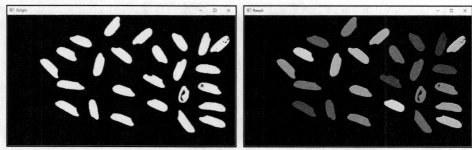

图 6-9　Connected_Components.py 程序的运行结果

> **注意**
>
> 值得注意的是，在统计连通域时，count 的返回值为 27，但在 fill_color()函数中，生成随机颜色时 range 的范围是从 1 开始的。这是因为在统计连通域时，会将背景的黑色也统计进来，但我们并没有对黑色背景进行处理。由于连通域的填充颜色是随机生成的，因此读者的运行结果可能会和书中有所不同。

虽然 cv.connectedComponents()函数可以实现图像中多个连通域的统计，但是该函数只能通过标签将图像中的不同连通域区分开，无法统计更多的信息。有时我们希望得到每个连通域的中心位置或者在图像中标记出连通域所在的矩形区域，cv.connectedComponents()函数却无法胜任这项任务，因为该函数无法得到更多的信息。为了能够获得更多有关连通域的信息，OpenCV 4 提供了 cv.connectedComponentsWithStatsWithAlgorithm()和 cv.connectedComponentsWithStats()函数，用于标记出图像中不同连通域，同时统计连通域的位置、面积等信息，代码清单 6-7 给出了第 1 个函数的原型。

代码清单 6-7　cv.connectedComponentsWithStatsWithAlgorithm()函数的原型

```
1  retval, labels, stats, centroids = cv.connectedComponentsWithStatsWithAlgorithm(image,
2                                                      connectivity,
3                                                      ltype,
4                                                      ccltype
5                                                      [, labels
6                                                      [, stats
7                                                      [, centroids]]])
```

- image：待标记不同连通域的图像。
- connectivity：标记连通域时使用的邻域种类。
- ltype：输出图像的数据类型。
- ccltype：标记连通域时使用的算法类型标志。
- labels：标记不同连通域后的输出图像。
- stats：不同连通域的统计信息矩阵。
- centroids：每个连通域的质心坐标。

注意，cv.connectedComponentsWithStatsWithAlgorithm()函数的第 1 个参数和第 5 个参数与 cv.connectedComponents()函数中相对应的参数具有相同的含义。第 2 个参数支持两种邻域（用 4 表示 4 邻域，用 8 表示 8 邻域）。第 3 个参数目前可以选择 cv.CV_32S 和 cv.CV_16U。第 4 个参数可以选择的标志在表 6-3 中给出，目前支持 cv.CCL_GRANA（BBDT）和 cv.CCL_WU（SAUF）两种算法。第 6 个参数要求矩阵的数据类型为 int32。如果图像中有 N 个连通域，那么该参数输出的矩阵尺寸为 $N \times 5$。矩阵中每一行分别保存每个连通域的统计特性，详细的统计特性在表 6-4 中给出。如果要读取包含第 i 个连通域的边界框的水平长度，那么你需要使用 stats[i, cv.CC_STAT_WIDTH]或者 stats[i, 2]。该函数的最后一个参数的数据类型为 float64。如果图像中有 N 个连通域，那么该参数输出的矩阵大小为 $N \times 2$。矩阵中每一行分别保存每个连通域质心的 x 坐标和 y 坐标，你可以通过 centroids[i, 0]和 centroids[i, 1]分别读取第 i 个连通域质心的 x 坐标和 y 坐标。

表 6-4　cv.connectedComponentsWithStatsWithAlgorithm()函数中统计的连通域特性

标志	简记	作用
cv.CC_STAT_LEFT	0	连通域内最左侧像素的 x 坐标，它是水平方向上包含连通域边界框的开始坐标

续表

标志	简记	作用
cv.CC_STAT_TOP	1	连通域内最上方像素的 y 坐标,它是垂直方向上包含连通域边界框的开始坐标
cv.CC_STAT_WIDTH	2	包含连通域边界框的水平长度
cv.CC_STAT_HEIGHT	3	包含连通域边界框的垂直长度
cv.CC_STAT_AREA	4	连通域的面积(以像素为单位)
cv.CC_STAT_MAX	5	统计信息种类数目,无实际含义

cv.connectedComponentsWithStatsWithAlgorithm()函数的所有参数都没有默认值,在调用时至少需要设置 4 个参数,这增加了使用的难度。因此,OpenCV 4 提供了该函数的简易版——cv.connectedComponentsWithStats (),其原型在代码清单 6-8 中给出。

代码清单 6-8　cv.connectedComponentsWithStats()函数的原型

```
1  retval, labels, stats, centroids = cv.connectedComponentsWithStats(image
2                                                                    [, labels
3                                                                    [, stats
4                                                                    [, centroids
5                                                                    [, connectivity
6                                                                    [, ltype]]]]])
```

- `image`:待标记不同连通域的单通道图像。
- `labels`:标记不同连通域后的输出图像。
- `stats`:不同连通域的统计信息矩阵。
- `centroids`:每个连通域的质心坐标。
- `connectivity`:标记连通域时使用的邻域种类。
- `ltype`:输出图像的数据类型。

cv.connectedComponentsWithStats()函数中参数的含义及设置和函数 cv.connectedComponentsWithStatsWithAlgorithm()中的类似,此处不再赘述。cv.connectedComponentsWithStats()函数中的 `connectivity` 默认为 8,`ltype` 默认为 cv.CV_32S,其余参数的默认值均为 None。因此,在使用时,至少需要设置参数 `image`,这极大地方便了函数的调用。

为了解释 cv.connectedComponentsWithStats()函数的使用方式,代码清单 6-9 给出了利用该函数统计图像中连通域数目并将每个连通域信息在图像中进行标注的示例程序。程序中首先将图像转换成灰度图像,然后将灰度图像转换为二值图像,最后利用该函数对图像进行连通域的统计。根据统计结果,随机使用不同颜色的矩形框将连通域围起来,并标记出每个连通域的质心和编号,以区分不同的连通域,如图 6-10 所示。最后输出每个连通域的面积,部分结果在图 6-11 中给出。

代码清单 6-9　Connected_Components_With_Stats.py

```
1  # -*- coding:utf-8 -*-
2  import cv2 as cv
3  import numpy as np
4  import sys
5
6
7  def generate_random_color():
8      return np.random.randint(0, 256, 3)
9
10
11 def fill_color(img1, n, img2):
```

```
12      h, w = img1.shape
13      res = np.zeros((h, w, 3), img1.dtype)
14      # 生成随机颜色
15      random_color = {}
16      for c in range(1, n):
17          random_color[c] = generate_random_color()
18      # 为不同的连通域填色
19      for i in range(h):
20          for j in range(w):
21              item = img2[i][j]
22              if item == 0:
23                  pass
24              else:
25                  res[i, j, :] = random_color[item]
26      return res
27
28
29  def mark(img, n, stat, cent):
30      for i in range(1, n):
31          # 绘制矩形的中心点
32          cv.circle(img, (int(cent[i, 0]), int(cent[i, 1])), 2, (0, 255, 0), -1)
33          # 绘制矩形边框
34          color = list(map(lambda x: int(x), generate_random_color()))
35          cv.rectangle(img,
36                       (stat[i, 0], stat[i, 1]),
37                       (stat[i, 0] + stat[i, 2], stat[i, 1] + stat[i, 3]),
38                       color)
39          # 标记数字
40          font = cv.FONT_HERSHEY_SIMPLEX
41          cv.putText(img,
42                     str(i),
43                     (int(cent[i, 0] + 5), int(cent[i, 1] + 5)),
44                     font,
45                     0.5,
46                     (0, 0, 255),
47                     1)
48
49
50  if __name__ == '__main__':
51      # 对图像进行读取，并转换为灰度图像
52      rice = cv.imread('./images/rice.png', cv.IMREAD_GRAYSCALE)
53      if rice is None:
54          print('Failed to read rice.png.')
55          sys.exit()
56
57      # 将图像转换成二值图像
58      rice_BW = cv.threshold(rice, 50, 255, cv.THRESH_BINARY)
59      # 统计连通域
60      count, dst, stats, centroids = cv.connectedComponentsWithStats(rice_BW[1],
61          ltype=cv.CV_16U)
61      # 为不同的连通域填色
62      result = fill_color(rice, count, dst)
63
64      # 绘制外接矩形及矩形的中心点，并进行标记
65      mark(result, count, stats, centroids)
66
67      # 输出每个连通域的面积
68      for s in range(1, count):
69          print('第 {} 个连通域的面积：{}'.format(s, stats[s, 4]))
```

```
70
71    # 展示结果
72    cv.imshow('Origin', rice)
73    cv.imshow('Result', result)
74    cv.waitKey(0)
75    cv.destroyAllWindows()
```

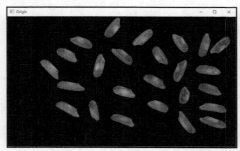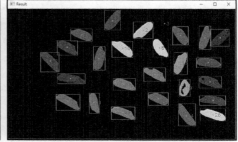

图 6-10　Connected_Components_With_Stats.py 程序中图像连通域的统计结果

```
第  1 个连通域的面积：1993
第  2 个连通域的面积：1927
第  3 个连通域的面积：2
第  4 个连通域的面积：1867
第  5 个连通域的面积：1817
第  6 个连通域的面积：1825
第  7 个连通域的面积：1803
第  8 个连通域的面积：1803
第  9 个连通域的面积：1881
第 10 个连通域的面积：1977
```

图 6-11　Connected_Components_With_Stats.py 程序中部分连通域的面积

6.2　腐蚀与膨胀

　　腐蚀和膨胀是形态学的基本运算，通过这些基本运算可以去除图像中的噪声，分割出独立的区域或者将两个连通域连接在一起。代码清单 6-9 将图像二值化后，通过计算图像中连通域的个数实现对图像中米粒的计数。但是我们发现，图像中两个非零像素由于是独立的连通域而影响米粒的计数结果。这种面积较小的连通域可以通过腐蚀操作来消除，从而减少噪声导致的计数错误，因此图像的腐蚀和膨胀在实际的图像处理项目中具有重要的作用。本节将重点介绍图像腐蚀和膨胀的原理，以及 OpenCV 4 提供的 cv.erode() 和 cv.dilate() 这两个函数的使用方法。

6.2.1　图像腐蚀

　　图像的腐蚀过程与图像的卷积操作类似，都需要使用模板矩阵来控制运算结果，在图像的腐蚀和膨胀中，这个模板矩阵称为结构元素。与图像卷积相同，结构元素可以任意指定图像的中心，并且结构元素的尺寸和具体内容都可以根据需求自己定义。在定义了结构元素之后，将结构元素绕着中心点旋转 180°。然后，将结构元素的中心依次放到图像中每一个非零元素处。如果此时结构元素内所有元素覆盖的图像像素值均不为 0，则保留结构元素中心对应的图像像素；否则，将删除结构元素中心点对应的像素。图像腐蚀过程如图 6-12 所示，左侧为待腐蚀的原图像，中间为结构元素。首先将结构元素的中心与原图像中的 a 像素重合，此时结构元素中心左侧和上方的元素都不在原图像中，因此需要将原图像中的 a 像素删除；当把结构元素的中心与 b 像素重合时，结构元素中的所有元素都在原图像中，因此保留原图像中的 b 像素。将结构元素中心依次与原图像中的每个像素重合，判断每一个像素是保留还是删除。最终原图像的腐蚀结果如图 6-12 右侧所示。

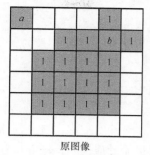 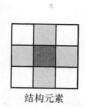 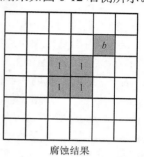

原图像　　　　　　结构元素　　　　　腐蚀结果

图 6-12　图像腐蚀过程

图像腐蚀可以用"Θ"表示，其数学表示形式如式（6-4）所示。通过公式可以发现，其实图像 A 的腐蚀运算就是寻找图像中能够将结构元素 B 全部包含的像素。

$$A\Theta B = \left\{ z \mid (B)_z \subset A \right\} \tag{6-4}$$

图像腐蚀过程中使用的结构元素可以根据需求自己生成，但是为了研究人员的使用方便，OpenCV 4 提供了 cv.getStructuringElement()函数，用于生成常用的矩形结构元素、十字结构元素和椭圆结构元素。该函数的原型在代码清单 6-10 中给出。

代码清单 6-10　cv.getStructuringElement()函数的原型

```
1  retval = cv.getStructuringElement(shape,
2                                    ksize
3                                    [, anchor])
```

- shape：结构元素的种类。
- ksize：结构元素的大小。
- anchor：结构元素中心的位置。

该函数用于生成图像形态学操作中常用的矩形结构元素、十字结构元素和椭圆结构元素，并将结果通过值返回。该函数的第 1 个参数可以选择的标志在表 6-5 中给出。该函数的第 2 个参数能够影响到图像腐蚀的效果，一般情况下，当结构元素的种类相同时，结构元素的尺寸越大，腐蚀效果越明显。该函数的最后一个参数默认为结构元素的几何中心点。只有十字结构元素的中心会影响图像腐蚀后的轮廓形状，其他种类的结构元素的中心只影响形态学操作结果的平移量。

表 6-5　　　　　　　cv.getStructuringElement()函数中 shape 可选择的标志

标志	简记	含义
cv.MORPH_RECT	0	矩形结构元素，所有元素都为 1
cv.MORPH_CROSS	1	十字结构元素，中间的列和行元素为 1
cv.MORPH_ELLIPSE	2	椭圆结构元素，矩形的内接椭圆元素为 1

OpenCV 4 提供了用于图像腐蚀的函数 cv.erode()，该函数的原型在代码清单 6-11 中给出。

代码清单 6-11　cv.erode()图像腐蚀

```
1  dst = cv.erode(src,
2                 kernel
3                 [, dst
4                 [, anchor
```

```
5                   [, iterations
6                   [, borderType
7                   [, borderValue]]]]])
```

- src：输入的待腐蚀图像。
- kernel：用于腐蚀操作的结构元素。
- dst：腐蚀后的输出图像。
- anchor：结构元素的中心的位置。
- iterations：腐蚀的次数。
- borderType：像素边界外推法的标志。
- borderValue：不变的边界值。

该函数根据结构元素对输入图像进行腐蚀，并将腐蚀结果通过值返回。若输入图像为多通道图像，则对每个通道独立进行腐蚀运算。该函数的第 1 个参数允许图像通道数是任意的，但是图像的数据类型必须是 uint8、uint16、int16、float32 或 float64 之一。该函数的第 2 个和第 4 个参数都是与结构元素相关的参数，前者可以自己设定，也可以通过 cv.getStructuringElement()函数生成；后者的默认值为(-1，-1)，表示结构元素的几何中心处为结构元素的中心。该函数的第 3 个参数与第 1 个参数具有相同的尺寸和数据类型。该函数的第 5 个参数越大，腐蚀效果越明显。该函数的第 6 个参数可选择的标志在表 3-5 中给出，其默认值为 cv.BORDER_DEFAULT（表示不包含边界值倒序填充）。最后两个参数对图像中主要部分的腐蚀操作没有影响，因此在多数情况下使用默认值即可。

需要注意的是，该函数的腐蚀过程只针对图像中的非零像素。因此，如果图像是以零像素值为背景的，那么腐蚀操作后会看到图像中的内容变得更细、更小；如果图像是以 255 像素值为背景的，那么腐蚀操作后会看到图像中的内容变得更粗、更大。

为了展示图像腐蚀的效果，以及 cv.erode()函数的使用方法，代码清单 6-12 给出了对图 6-12 中的原图像进行腐蚀的示例程序，结果如图 6-13 所示。在该程序中，分别利用矩形结构元素和十字结构元素分别对以像素值 0 作为背景的图像和以像素值 255 作为背景的图像进行腐蚀，结果在图 6-14 和图 6-15 中给出。另外，利用图像腐蚀操作对代码清单 6-6 中经过二值化的图像进行滤波，之后统计连通域个数，实现对原图像中的米粒进行计数。该统计结果在图 6-16 中给出。通过结果可以发现，腐蚀操作可以去除由噪声引起的较小的连通域，得到了正确的米粒数。

代码清单 6-12　Erode.py

```
1  # -*- coding:utf-8 -*-
2  import cv2 as cv
3  import numpy as np
4  import sys
5
6
7  def generate_random_color():
8      return np.random.randint(0, 256, 3)
9
10
11 def fill_color(img1, n, img2):
12     h, w = img1.shape
13     res = np.zeros((h, w, 3), img1.dtype)
14     # 生成随机颜色
15     random_color = {}
16     for c in range(1, n):
17         random_color[c] = generate_random_color()
18     # 为不同的连通域填色
```

```
19          for i in range(h):
20              for j in range(w):
21                  item = img2[i][j]
22                  if item == 0:
23                      pass
24                  else:
25                      res[i, j, :] = random_color[item]
26      return res
27
28
29  def mark(img, n, stat, cent):
30      for i in range(1, n):
31          # 绘制矩形的中心
32          cv.circle(img, (int(cent[i, 0]), int(cent[i, 1])), 2, (0, 255, 0), -1)
33          # 绘制矩形边框
34          color = list(map(lambda x: int(x), generate_random_color()))
35          cv.rectangle(img,
36                       (stat[i, 0], stat[i, 1]),
37                       (stat[i, 0] + stat[i, 2], stat[i, 1] + stat[i, 3]),
38                       color)
39          # 标记数字
40          font = cv.FONT_HERSHEY_SIMPLEX
41          cv.putText(img,
42                     str(i),
43                     (int(cent[i, 0] + 5), int(cent[i, 1] + 5)),
44                     font,
45                     0.5,
46                     (0, 0, 255),
47                     1)
48
49
50  if __name__ == '__main__':
51      # 生成待腐蚀图像 image
52      image = np.array([[0, 0, 0, 0, 255, 0],
53                        [0, 255, 255, 255, 255, 255],
54                        [0, 255, 255, 255, 255, 0],
55                        [0, 255, 255, 255, 255, 0],
56                        [0, 255, 255, 255, 255, 0],
57                        [0, 0, 0, 0, 0, 0]], dtype='uint8')
58      # 分别读取黑背景图像和白背景图像
59      black = cv.imread('./images/LearnCV_black.png', cv.IMREAD_GRAYSCALE)
60      if black is None:
61          print('Failed to read LearnCV_black.png.')
62          sys.exit()
63      white = cv.imread('./images/LearnCV_white.png', cv.IMREAD_GRAYSCALE)
64      if white is None:
65          print('Failed to read LearnCV_white.png.')
66          sys.exit()
67      # 读取米粒图像
68      rice = cv.imread('./images/rice.png', cv.IMREAD_GRAYSCALE)
69      if rice is None:
70          print('Failed to read rice.png.')
71          sys.exit()
72
73      # 生成两种结构元素：structure1 为矩形结构，structure2 为十字结构
74      structure1 = cv.getStructuringElement(0, (3, 3))
75      structure2 = cv.getStructuringElement(1, (3, 3))
76
77      # 对 img1 进行腐蚀
```

```
78   erode_image = cv.erode(image, structure2)
79   # 利用矩形结构元素与十字结构元素分别对黑背景图像和白背景图像进行腐蚀
80   erode_black_1 = cv.erode(black, structure1)
81   erode_black_2 = cv.erode(black, structure2)
82   erode_white_1 = cv.erode(white, structure1)
83   erode_white_2 = cv.erode(white, structure2)
84
85   # 将图像 rice 转为二值图像
86   rice_BW = cv.threshold(rice, 50, 255, cv.THRESH_BINARY)
87   # 利用矩形结构元素腐蚀图像
88   erode_riceBW = cv.erode(rice_BW[1], structure1)
89   # 统计连通域
90   count, dst, stats, centroids = cv.connectedComponentsWithStats(rice_BW[1],
         ltype=cv.CV_16U)
91   erode_count, erode_dst, erode_stats, erode_centroids = \
92       cv.connectedComponentsWithStats(erode_riceBW, ltype=cv.CV_16U)
93   # 为不同的连通域填色
94   erode_rice = rice
95   rice = fill_color(rice, count, dst)
96   erode_rice = fill_color(erode_rice, erode_count, erode_dst)
97   # 绘制外接矩形及矩形的中心，并进行标记
98   mark(rice, count, stats, centroids)
99   mark(erode_rice, erode_count, erode_stats, erode_centroids)
100  # 展示结果
101  cv.namedWindow('image', 0)
102  cv.namedWindow('image erode', 0)
103  cv.imshow('image', image)
104  cv.imshow('image erode', erode_image)
105  cv.imshow('LearnCV black', black)
106  cv.imshow('LearnCV black erode structure1', erode_black_1)
107  cv.imshow('LearnCV black erode structure2', erode_black_2)
108  cv.imshow('LearnCV white', white)
109  cv.imshow('LearnCV white erode structure1', erode_white_1)
110  cv.imshow('LearnCV white erode structure2', erode_white_2)
111  cv.imshow('Rice Result', rice)
112  cv.imshow('Rice Result erode', erode_rice)
113
114  cv.waitKey(0)
115  cv.destroyAllWindows()
```

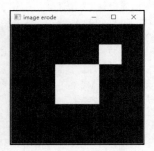

图 6-13　Erode.py 程序中用十字结构元素腐蚀原图像前后的结果

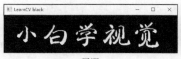

原图　　　　　　　　　　　矩形结构元素腐蚀结果　　　　　　　　十字结构元素腐蚀结果

图 6-14　Erode.py 程序中黑背景图像腐蚀前后的结果

原图

矩形结构元素腐蚀结果

十字结构元素腐蚀结果

图 6-15　Erode.py 程序中白背景图像腐蚀前后的结果

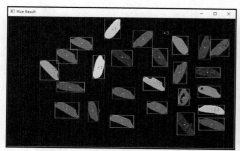
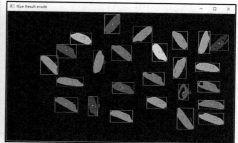

图 6-16　Erode.py 程序中对米粒图像腐蚀前后统计连通域的结果

6.2.2　图像膨胀

图像膨胀与图像腐蚀是相反的过程。与图像腐蚀相似,同样需要结构元素控制图像膨胀的效果。结构元素可以任意指定图像的中心,并且结构元素的尺寸和具体内容都可以根据需求自己定义。在定义了结构元素之后,将结构元素的中心依次放到图像中的每一个非零元素处,如果原图像中的某个像素被结构元素覆盖,但是该像素值不与结构元素中心对应的像素值相同,那么将原图像中的像素值修改为结构元素中心对应的像素值。图像膨胀过程如图 6-17 所示,图中左侧为待膨胀的原图像,中间为结构元素。首先将结构元素的中心与原图像中的 a 像素重合,将结构元素覆盖的所有像素值都修改为 1,将结构元素中心依次与原图像中的每个像素重合,判断是否有新的需要填充的像素。最终,原图像的膨胀结果如图 6-17 右侧所示。

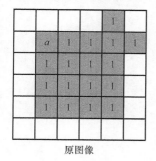
原图像

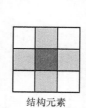
结构元素

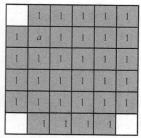
膨胀结果

图 6-17　图像膨胀过程

图像膨胀可以用" $\oplus$ "表示,其数学表示形式如式(6-5)所示。通过公式你可以发现,其实图像 A 的膨胀运算就是生成能够将结构元素 B 全部包含的像素点。

$$A \oplus B = \left\{ z \mid (B)_z \bigcap A \neq \varnothing \right\} \tag{6-5}$$

OpenCV 4 提供了用于图像膨胀的函数 cv.dilate(),该函数的原型在代码清单 6-13 中给出。

代码清单 6-13　cv.dilate()

```
1   dst = cv.dilate(src,
2               kernel
3               [, dst
4               [, anchor
```

```
5                          [, iterations
6                          [, borderType
7                          [, borderValue]]]]])
```

- src：输入的待膨胀图像。
- kernel：用于膨胀操作的结构元素。
- dst：膨胀后的输出图像。
- anchor：中心点在结构元素中的位置。
- iterations：膨胀的次数。
- borderType：像素边界外推法的标志。
- borderValue：不变时的边界值。

该函数根据结构元素对输入图像进行膨胀，并将膨胀结果通过值返回。若输入图像为多通道图像，则对每个通道独立进行膨胀运算。该函数的第 1 个参数允许图像通道数是任意的，但是图像的数据类型必须是 uint8、uint16、int16、float32 或 float64 之一。该函数的第 3 个参数应与第 1 个参数具有相同的尺寸和数据类型。函数中其他参数的含义和取值和腐蚀函数 cv.erode()中的一致，此处不再赘述。

需要注意的是，该函数的膨胀过程只针对图像中的非零像素，因此，如果图像是以零像素值作为背景的，那么经过膨胀操作后会看到图像中的内容变得更粗、更大；如果图像是以 255 像素值作为背景的，那么经过膨胀操作后会看到图像中的内容变得更细、更小。

为了展示图像膨胀的效果，以及 cv.dilate()函数的使用方法，代码清单 6-14 给出了对图 6-17 所示的原图像进行膨胀的示例程序，结果如图 6-18 所示。另外，程序中分别利用矩形结构元素和十字结构元素对为以 0 像素值作为背景的图像和以像素值为 255 作为背景的图像进行膨胀，结果在图 6-19 和图 6-20 中给出。最后为了验证膨胀与腐蚀的效果，求取黑背景图像的腐蚀结果与白背景图像的膨胀结果的逻辑"异或"和逻辑"与"运算，证明两个过程的相反性，结果在图 6-21 中给出。

代码清单 6-14　Dilate.py 图像膨胀

```python
1   # -*- coding:utf-8 -*-
2   import cv2 as cv
3   import numpy as np
4   import sys
5
6
7   if __name__ == '__main__':
8       # 生成待膨胀图像 image
9       image = np.array([[0, 0, 0, 0, 255, 0],
10                         [0, 255, 255, 255, 255, 255],
11                         [0, 255, 255, 255, 255, 0],
12                         [0, 255, 255, 255, 255, 0],
13                         [0, 255, 255, 255, 255, 0],
14                         [0, 0, 0, 0, 0, 0]], dtype='uint8')
15      # 分别读取黑背景图和白背景图
16      black = cv.imread('./images/LearnCV_black.png', cv.IMREAD_GRAYSCALE)
17      if black is None:
18          print('Failed to read LearnCV_black.png.')
19          sys.exit()
20      white = cv.imread('./images/LearnCV_white.png', cv.IMREAD_GRAYSCALE)
21      if white is None:
22          print('Failed to read LearnCV_white.png.')
23          sys.exit()
24
```

```
25    # 生成两种结构元素: structure1 为矩形结构, structure2 为十字结构
26    structure1 = cv.getStructuringElement(0, (3, 3))
27    structure2 = cv.getStructuringElement(1, (3, 3))
28
29    # 对 image 进行膨胀
30    dilate_image = cv.dilate(image, structure2)
31    # 分别对黑背景图像和白背景图像进行矩形结构元素和十字结构元素膨胀
32    dilate_black_1 = cv.dilate(black, structure1)
33    dilate_black_2 = cv.dilate(black, structure2)
34    dilate_white_1 = cv.dilate(white, structure1)
35    dilate_white_2 = cv.erode(white, structure2)
36    # 比较膨胀和腐蚀的结果
37    erode_black = cv.erode(black, structure1)
38    result_xor = cv.bitwise_xor(erode_black, dilate_white_1)
39    result_and = cv.bitwise_and(erode_black, dilate_white_1)
40
41    # 展示结果
42    cv.namedWindow('image', 0)
43    cv.namedWindow('image dilate', 0)
44    cv.imshow('image', image)
45    cv.imshow('image dilate', dilate_image)
46    cv.imshow('LearnCV black', black)
47    cv.imshow('LearnCV black dilate structure1', dilate_black_1)
48    cv.imshow('LearnCV black dilate structure2', dilate_black_2)
49    cv.imshow('LearnCV white', white)
50    cv.imshow('LearnCV white dilate structure1', dilate_white_1)
51    cv.imshow('LearnCV white dilate structure2', dilate_white_2)
52    cv.imshow('Result Xor', result_xor)
53    cv.imshow('Result And', result_and)
54
55    cv.waitKey(0)
56    cv.destroyAllWindows()
```

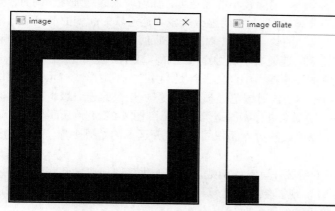

图 6-18　Dilate.py 程序中原图像用十字结构元素膨胀前后的结果

原图　　　　　　　　　　矩形结构元素膨胀结果　　　　　　　十字结构元素膨胀结果

图 6-19　Dilate.py 程序中黑背景图像膨胀前后的结果

 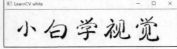 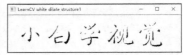

原图　　　　　　　　　用矩形结构元素膨胀的结果　　　　　　　用十字结构元素膨胀的结果

图 6-20　Dilate.py 程序中白背景图像膨胀前后的结果

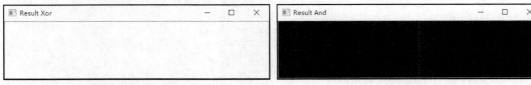

逻辑"异或"结果　　　　　　　　　　　　　　逻辑"与"结果

图 6-21　Dilate.py 程序中腐蚀与膨胀关系验证结果

6.3　形态学应用

图像形态学中的腐蚀可以将细小的噪声区域去除,但是会将图像主要区域的面积缩小,造成主要区域的形状发生改变;图像形态学中的膨胀可以扩充每一个区域的面积,填充较小的空洞,但同样会增加噪声的面积。根据两者的特性,将图像腐蚀和膨胀适当结合,便可以既去除图像中的噪声,又不缩小图像中主要区域的面积;既填充了较小的空洞,又不增加噪声所占的面积。因此,本节将介绍如何利用图像腐蚀和膨胀实现图像的开运算、闭运算、形态学梯度运算、顶帽运算、黑帽运算,以及击中击不中变换等。

6.3.1　开运算

开运算可以去除图像中的噪声,消除较小的连通域,保留较大的连通域。同时,开运算能够在两个物体纤细的连接处将它们分离,并且在不明显改变较大连通域的面积的情况下平滑连通域的边界。开运算是图像腐蚀和膨胀操作的结合,它先对图像进行腐蚀,消除图像中的噪声和较小的连通域,之后通过膨胀运算弥补较大的连通域中腐蚀造成的面积减小。图 6-22 给出了开运算的 3 个阶段,左侧图像是待执行开运算的原图像;中间的图像是利用 3×3 矩形结构元素对原图像进行腐蚀后的图像,通过结果可以看到较小的连通域已经被去除,但是较大的连通域也在边界区域产生了较大的面积缩减;之后对腐蚀后的图像进行膨胀运算,便得到图 6-22 右侧所示图像。通过结果可以看出,膨胀运算弥补了腐蚀运算造成的边界面积缩减,使开运算的结果去除了较小的连通域,保留了较大的连通域。

OpenCV 4 没有提供只用于图像开运算的函数,而是提供了图像腐蚀和膨胀运算不同组合形式的函数 cv.morphologyEx(),以实现图像的开运算、闭运算、形态学梯度运算、顶帽运算、黑帽运算,以及击中击不中变换。该函数的原型在代码清单 6-15 中给出。

代码清单 6-15　cv.morphologyEx()函数的原型

```
1  dst = cv.morphologyEx(src,
2                        op,
3                        kernel
4                        [, dst
5                        [, anchor
6                        [, iterations
7                        [, borderType
8                        [, borderValue]]]]])
```

- src：输入图像。
- op：形态学操作的类型标志。
- kernel：结构元素。
- dst：形态学操作后的输出图像。
- anchor：中心在结构元素中的位置。
- iterations：处理的次数。
- borderType：像素边界外推法的标志。
- borderValue：不变的边界值。

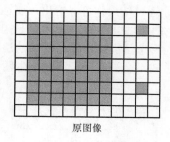 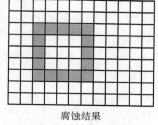 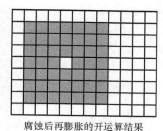

原图像　　　　　　　　腐蚀结果　　　　　　腐蚀后再膨胀的开运算结果

图 6-22　图像开运算的 3 个阶段

　　该函数根据结构元素对输入图像进行多种形态学操作，并将操作后的结果通过值返回。若输入图像为多通道图像，则对每个通道独立进行处理。该函数的第 1 个参数允许图像通道数是任意的，但图像的数据类型必须是 uint8、uint16、int16、float32 或 float64 之一。该函数的第 2 个参数可以选择的形态学操作类型有开运算、闭运算、形态学梯度运算、顶帽运算、黑帽运算，以及击中击不中变换，详细的标志在表 6-6 中给出。该函数的第 3 个和第 5 个参数都是与结构元素相关的参数。使用的结构元素尺寸越大，效果越明显，这可以自己设定，也可以通过 cv.getStructuringElement() 函数生成。结构元素的中心默认为(−1, −1)，表示结构元素的几何中心为结构元素的中心。该函数的第 4 个参数与第 1 个参数具有相同的尺寸和数据类型。该函数的第 6 个参数越大，效果越明显。该函数的第 7 个参数可选择的标志在表 3-5 中给出，其默认值为 cv.BORDER_DEFAULT（表示不包含边界值倒序填充）。第 7 个与第 8 个参数一般情况下使用默认值即可。

表 6-6　　　　　　　　　　　　　　cv.morphologyEx()函数中 op 可选的标志

标志	简记	含义
cv.MORPH_ERODE	0	图像腐蚀
cv.MORPH_DILATE	1	图像膨胀
cv.MORPH_OPEN	2	开运算
cv.MORPH_CLOSE	3	闭运算
cv.MORPH_GRADIENT	4	形态学梯度运算
cv.MORPH_TOPHAT	5	顶帽运算
cv.MORPH_BLACKHAT	6	黑帽运算
cv.MORPH_HITMISS	7	击中击不中运算

　　该函数实现了多种形态学操作，函数的使用方法将在介绍该函数涉及的所有形态学操作后在代码清单 6-16 中给出。

6.3.2 闭运算

闭运算可以去除连通域内的小型空洞，平滑物体轮廓，连接两个邻近的连通域。闭运算是图像膨胀和腐蚀操作的结合，先对图像进行膨胀以填充连通域内的小型空洞，扩大连通域的边界，连接邻近的两个连通域，之后通过腐蚀运算减少由膨胀运算引起的连通域边界的扩大及面积的增加。图 6-23 给出了闭运算的 3 个阶段。图 6-23 中的左侧图像是待执行闭运算的原图像。中间的图像是利用 3×3 矩形结构元素对原图像进行膨胀后的图像，通过结果可以看到，较大连通域内的小型空洞已经被填充，同时邻近的两个连通域连接了在一起，但是连通域的边界明显扩张，整体面积增加。之后对膨胀后的图像进行腐蚀运算，得到图 6-23 中右侧的图像。通过结果你可以看出，腐蚀运算能够消除连通域中膨胀运算带来的面积增长，但是图像中依然存在较大的面积增长，主要是因为连通域膨胀后，有较大区域在图像的边缘区域，而图像边缘区域的形态学操作结果与图像的边缘外推方法有着密切的关系，所以采用默认外推方法时，边缘的连通域不会被腐蚀，从而产生图 6-23右侧所示的结果。

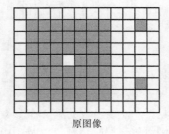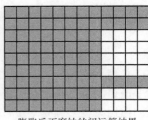

原图像　　　　　　　　　　膨胀结果　　　　　　　膨胀后再腐蚀的闭运算结果

图 6-23　图像闭运算的 3 个阶段

OpenCV 4 提供的 cv.morphologyEx()函数可以选择闭运算参数 cv.MORPH_CLOSE 以实现图像的闭运算。该函数的原型已经在代码清单 6-15 中给出，函数的使用方式将在介绍该函数涉及的所有形态学操作后在代码清单 6-16 中给出。

6.3.3 形态学梯度运算

形态学梯度能够描述目标的边界，根据图像腐蚀和膨胀与原图之间的关系计算而得到。形态学梯度可以分为基本梯度、内部梯度和外部梯度。基本梯度是原图像膨胀后和腐蚀后图像间的差值图像，内部梯度是原图像和腐蚀后图像间的差值图像，外部梯度是膨胀后的图像和原图像间的差值图像。图 6-24 给出了计算形态学基本梯度的结果，图中左侧图像是原图像利用 3×3 矩形结构元素进行膨胀后的图像，中间的图像是原图像利用 3×3 矩形结构元素进行腐蚀后的图像，右侧图像是左侧图像和中间图像的差值，也就是形态学基本梯度。

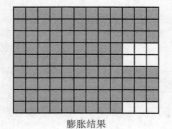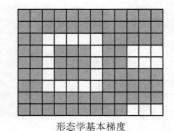

膨胀结果　　　　　　　　　腐蚀结果　　　　　　　　　形态学基本梯度

图 6-24　形态学基本梯度运算的结果

OpenCV 4 提供的 cv.morphologyEx()函数可以选择形态学梯度参数 cv.MORPH_GRADIENT 以实现图像的基本梯度。如果需要计算图像的内部梯度或者外部梯度，则需要自己通过程序来实现。该函数的原型已经在代码清单 6-15 中给出，函数的使用方式将在介绍该函数涉及的所有形态学操作后在代码清单 6-16 中给出。

6.3.4 顶帽运算

顶帽是原图像与开运算结果之间的差值，往往用来分离比邻近点亮一些的斑块。由于开运算产生的结果是放大裂缝或者局部低亮度的区域，因此从原图像中减去开运算后的图像，得到的效果图突出了比原图像轮廓周围的区域更明亮的区域。顶帽运算先对图像进行开运算，之后从原图像中减去开运算的结果。图 6-25 中给出了顶帽运算的原理，图中左侧图像是原图像，中间的图像是利用 3×3 矩形结构元素对原图像进行开运算后的图像，右侧图像是原图像与开运算结果图像之间的差值图像，即原图像顶帽运算的结果。

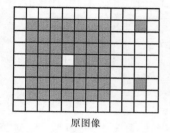
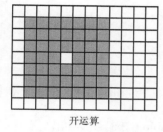
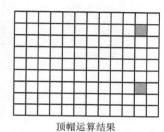

原图像　　　　　　　　　　开运算　　　　　　　　　顶帽运算结果

图 6-25　顶帽运算的原理

OpenCV 4 提供的 cv.morphologyEx()函数可以选择顶帽运算的参数 cv.MORPH_TOPHAT 以实现图像的顶帽运算。该函数的原型已经在代码清单 6-15 中给出，函数的使用方式将在介绍该函数涉及的所有形态学操作后在代码清单 6-16 中给出。

6.3.5 黑帽运算

黑帽运算是与顶帽运算相对应的形态学操作。与顶帽运算相反，黑帽是原图像与闭运算结果之间的差值，往往用来分离比邻近点暗一些的斑块。黑帽运算先对图像进行闭运算，之后从原图像中减去闭运算的结果。图 6-26 中给出了黑帽运算的原理，图中左侧图像是利用 3×3 矩形结构元素对原图像进行闭运算后的图像，中间的图像是原图像，右侧图像是闭运算结果图像与原图像之间的差值，即原图像黑帽运算的结果。

OpenCV 4 提供的 cv.morphologyEx()函数可以选择黑帽运算的参数 cv.MORPH_BLACKHAT 以实现图像的黑帽运算。该函数的原型已经在代码清单 6-15 中给出，函数的使用方式将在介绍该函数涉及的所有形态学操作后在代码清单 6-16 中给出。

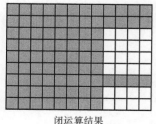
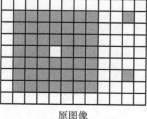
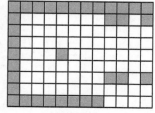

闭运算结果　　　　　　　　原图像　　　　　　　　黑帽运算结果

图 6-26　黑帽运算的原理

6.3.6　击中击不中变换

击中击不中变换是比图像腐蚀要求更加苛刻的一种形态学操作。图像腐蚀只需要图像能够将结构元素中所有非零元素包含，但是击中击不中变换要求在原图像中存在与结构元素一模一样的结构，即结构元素中的非零元素也需要考虑。如图 6-27 所示，如果用中间的结构元素对左侧图像进行腐蚀，那么将会得到图 6-24 所示的腐蚀结果。若用中间结构元素对左侧图像进行击中击不中变换，则结果如图 6-27 右侧所示。因为结构元素的中心对应零元素，而在原图像中符合这种结构的位置只有图像的中心，所以击中击不中变换的结果与图像腐蚀的结果具有极大的差异。在使用矩形结构元素时，击中击不中变换的结果与图像腐蚀的结果相同。

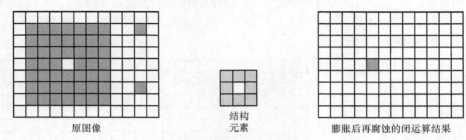

原图像　　　　　　　　结构元素　　　　　　膨胀后再腐蚀的闭运算结果

图 6-27　图像击中击不中变换结果

OpenCV 4 提供的 cv.morphologyEx() 函数可以选择击中击不中变换参数 cv.MORPH_HITMISS 以实现图像的击中击不中变换。该函数的原型已经在代码清单 6-15 中给出，函数的使用方式在代码清单 6-16 中给出。程序中构建了用于介绍形态学多种操作原理的原图像。首先，对其进行二值化，处理结果在图 6-28 中给出。在代码清单 6-16 中，构建了用于介绍多种形态学操作原理的原图像，然后用 3×3 矩形结构元素分别对原图像进行开运算、闭运算、形态学梯度计算、顶帽运算、黑帽运算，以及击中击不中变换等，以验证 cv.morphologyEx() 函数的处理结果与理论上的处理结果是否相同，处理结果在图 6-29 中给出。需要注意的是，由于在进行击中击不中变换时使用的结构元素不同，因此程序中的击中击不中变换结果与图 6-27 所示的不同。此外，为了验证多种形态学操作处理图像的效果，程序读取一张灰度图像，对图像进行二值化后分别进行多种形态学操作，灰度图像和二值化后的图像如图 6-30 所示，形态学操作后的图像在图 6-31 中给出。

代码清单 6-16　MorphologyEx.py

```
1    # -*- coding:utf-8 -*-
2    import cv2 as cv
3    import numpy as np
4    import sys
5
6
7    if __name__ == '__main__':
8        # 生成二值矩阵 src
9        src = np.array([[0, 0, 0, 0, 0, 0, 0, 0, 0, 0, 0, 0],
10                       [0, 255, 255, 255, 255, 255, 255, 255, 0, 0, 255, 0],
11                       [0, 255, 255, 255, 255, 255, 255, 255, 0, 0, 0, 0],
12                       [0, 255, 255, 255, 255, 255, 255, 255, 0, 0, 0, 0],
13                       [0, 255, 255, 255, 0, 255, 255, 255, 0, 0, 0, 0],
14                       [0, 255, 255, 255, 255, 255, 255, 255, 0, 0, 0, 0],
15                       [0, 255, 255, 255, 255, 255, 255, 255, 0, 0, 255, 0],
```

```
16                    [0, 255, 255, 255, 255, 255, 255, 255, 0, 0, 0, 0],
17                    [0, 0, 0, 0, 0, 0, 0, 0, 0, 0, 0, 0]], dtype='uint8')
18
19    # 生成 3 × 3 矩形结构元素
20    kernel = cv.getStructuringElement(0, (3, 3))
21
22    # 对二值矩阵分别进行开运算、闭运算、形态学梯度运算、顶帽运算、黑帽运算，以及击中击不中变换
23    open_src = cv.morphologyEx(src, cv.MORPH_OPEN, kernel)
24    close_src = cv.morphologyEx(src, cv.MORPH_CLOSE, kernel)
25    gradient_src = cv.morphologyEx(src, cv.MORPH_GRADIENT, kernel)
26    tophat_src = cv.morphologyEx(src, cv.MORPH_TOPHAT, kernel)
27    blackhat_src = cv.morphologyEx(src, cv.MORPH_BLACKHAT, kernel)
28    hitmiss_src = cv.morphologyEx(src, cv.MORPH_HITMISS, kernel)
29
30    # 展示二值矩阵形态学操作结果
31    cv.namedWindow('src', cv.WINDOW_NORMAL)
32    cv.imshow('src', src)
33    cv.namedWindow('Open src', cv.WINDOW_NORMAL)
34    cv.imshow('Open src', open_src)
35    cv.namedWindow('Close src', cv.WINDOW_NORMAL)
36    cv.imshow('Close src', close_src)
37    cv.namedWindow('Gradient src', cv.WINDOW_NORMAL)
38    cv.imshow('Gradient src', gradient_src)
39    cv.namedWindow('Tophat src', cv.WINDOW_NORMAL)
40    cv.imshow('Tophat src', tophat_src)
41    cv.namedWindow('Blackhat src', cv.WINDOW_NORMAL)
42    cv.imshow('Blackhat src', blackhat_src)
43    cv.namedWindow('Hitmiss src', cv.WINDOW_NORMAL)
44    cv.imshow('Hitmiss src', hitmiss_src)
45    cv.waitKey(0)
46
47    # 读取图像 keys.jpg 并进行二值化
48    keys = cv.imread('./images/keys.jpg', cv.IMREAD_GRAYSCALE)
49    if keys is None:
50        print('Failed to read keys.jpg.')
51        sys.exit()
52    cv.imshow('Origin', keys)
53    keys = cv.threshold(keys, 130, 255, cv.THRESH_BINARY)[1]
54
55    # 生成 5 × 5 矩形结构元素
56    kernel_keys = cv.getStructuringElement(0, (5, 5))
57
58    # 对图像分别进行开运算、闭运算、形态学梯度运算、顶帽运算、黑帽运算，以及击中击不中变换
59    open_keys = cv.morphologyEx(keys, cv.MORPH_OPEN, kernel_keys)
60    close_keys = cv.morphologyEx(keys, cv.MORPH_CLOSE, kernel_keys)
61    gradient_keys = cv.morphologyEx(keys, cv.MORPH_GRADIENT, kernel_keys)
62    tophat_keys = cv.morphologyEx(keys, cv.MORPH_TOPHAT, kernel_keys)
63    blackhat_keys = cv.morphologyEx(keys, cv.MORPH_BLACKHAT, kernel_keys)
64    hitmiss_keys = cv.morphologyEx(keys, cv.MORPH_HITMISS, kernel_keys)
65
66    # 展示图像形态学操作结果
67    cv.imshow('Two-valued keys', keys)
68    cv.imshow('Open keys', open_keys)
69    cv.imshow('Close keys', close_keys)
70    cv.imshow('Gradient keys', gradient_keys)
71    cv.imshow('Tophat keys', tophat_keys)
72    cv.imshow('Blackhat keys', blackhat_keys)
73    cv.imshow('Hitmiss keys', hitmiss_keys)
74
```

```
75    cv.waitKey(0)
76    cv.destroyAllWindows()
```

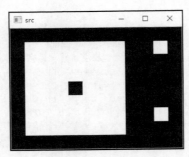

图 6-28　MorphologyEx.py 程序中生成的二值矩阵

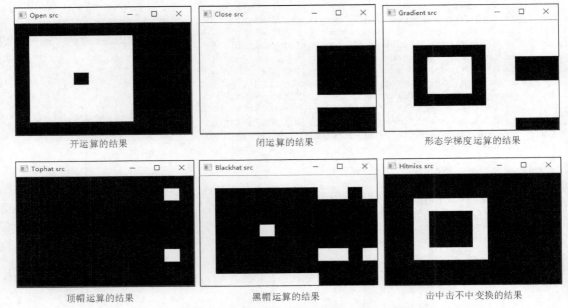

开运算的结果　　　　　　　　　闭运算的结果　　　　　　　　形态学梯度运算的结果

顶帽运算的结果　　　　　　　　黑帽运算的结果　　　　　　　击中击不中变换的结果

图 6-29　MorphologyEx.py 程序中二值矩阵形态学操作结果

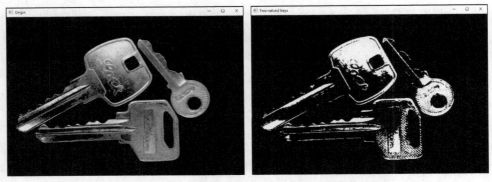

图 6-30　MorphologyEx.py 程序中灰度图像及二值化后的图像

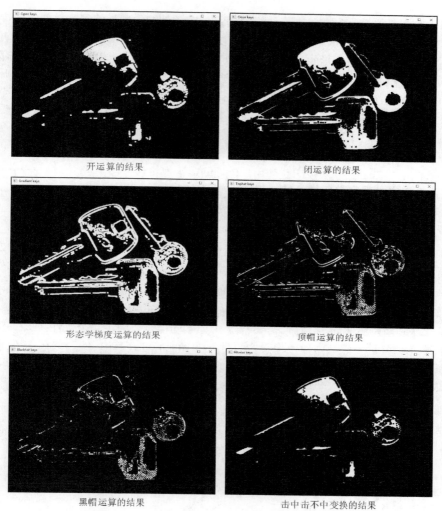

图 6-31 MorphologyEx.py 程序中图像形态学操作后的图像

6.3.7 图像细化

图像细化是将图像中的线条从多像素宽度减少到单位像素宽度的过程，有时又称为"骨架化"或者"中轴变换"。图像细化是模式识别领域重要的处理步骤之一，常用在文字识别中。图像细化可以有效地将文字细化，增加文字的可辨识度，并且有效地减少数据量和降低图像的存储难度。图像细化一般要求保证细化后骨架的连通性、原图像的细节特征要较好地保留，线条的端点要保留完好，同时线条交叉点不能发生畸变。根据图像细化后的特性可知，并非所有形状的图像都适合进行细化，它主要应用在由线条形状组成的物体（例如圆环、文字等），实心圆不适合进行细化。

根据算法处理步骤，细化算法主要分为迭代细化算法和非迭代细化算法。迭代算法根据检测像素的方法又可以分为串行细化算法和并行细化算法。

非迭代细化算法不以像素为基础。该方法通过一次遍历产生线条的某一中值或中心线，而不检查所有单个像素。这种算法可以通过一次遍历产生"骨架"。非迭代细化算法主要有基于距离变换的方法、游程长度编码细化等，这类算法中最简单的方法是通过扫描确定每条段线的中点，然后把它们连接成一副"骨架"。这种算法拥有处理速度快的优势，但是有容易产生噪声点的缺陷。

迭代细化算法是通过重复删除图像边缘中满足一定条件的像素最终得到单像素宽度"骨架"的算法。根据检测像素的方法，不同迭代算法又可以细分为串行算法和并行算法。在串行算法中，每次迭代时都用固定的次序检查像素来判断是否删除像素。在第 n 次迭代中，像素 p 的删除取决于到目前为止执行过的所有操作，也就是说，必须在第（$n-1$）次迭代结果和第 n 次检测像素的基础之上执行像素删除操作。是否删除像素在每次迭代执行时是固定的，它不仅取决于前一次迭代的结果，还取决于本次迭代中已处理过的像素分布情况。在并行算法中，第 n 次迭代时像素的删除只取决于第 $n-1$ 次迭代后留下的结果，因此所有像素能在每次迭代时以并行的方式独立地检测。像素删除与否与像素值在图像中的顺序无关，仅取决于前一次迭代效果。

在并行算法中，Zhang 方法被广泛使用，OpenCV 4 也将该方法集成在函数中。该方法定义某个白色像素的 8 邻域，如图 6-32 所示，其中 p_1 为白色像素。每次循环过程中有两次判断是否删除 p_1 像素的机会，其中第一次判断是否删除 p_1 像素时需要满足以下 4 个条件：① $2 \leqslant N(p_1) \leqslant 6$，

p_9	p_2	p_3
p_8	p_1	p_4
p_7	p_6	p_5

图 6-32　Zhang 方法中 8 邻域的定义方式

其中 $N(p_1)$ 表示 p_1 像素 8 邻域内黑色像素的数目；② $A(p_1)=1$，其中 $A(p_1)$ 表示 p_1 像素 8 邻域内按逆时针顺序分别为黑色像素和白色像素的对数；③ $p_2p_4p_6=0$；④ $p_4p_6p_8=0$。如果 p_1 像素周围的 8 邻域满足上述条件，则将该像素标记为待删除像素，等到将图像中的所有像素都判断是否需要删除后再将所有待删除像素删除。之后在同一个循环过程中第二次判断是否删除 p_1 像素。需要删除 p_1 像素同样需要满足 4 个条件：① $2 \leqslant N(p_1) \leqslant 6$，其中 $N(p_1)$ 表示 p_1 像素 8 邻域内黑色像素的数目；② $A(p_1)=1$，其中 $A(p_1)$ 表示 p_1 像素 8 邻域内按逆时针顺序分别为黑色像素和白色像素的对数；③ $p_2p_4p_8=0$；④ $p_2p_6p_8=0$。两次判断删除条件时前两个条件是相同的，主要差别在第③个和第④个条件。如果 p_1 像素周围的 8 邻域满足上述条件，则将该像素标记为待删除像素，等到将图像中的所有像素都判断是否删除后再将所有待删除像素删除。对同一幅图像反复进行上述循环操作，直到没有可删除的像素为止。

OpenCV 4 提供了用于将二值图像细化的 cv.ximgproc.thinning() 函数，该函数的原型在代码清单 6-17 中给出。

代码清单 6-17　cv.ximgproc.thinning() 函数的原型

```
1  dst = cv.ximgproc.thinning(src
2                            [, dst
3                            [, thinningType]])
```

- src：输入图像。
- dst：输出图像。
- thinningType：细化算法的标志。

该函数能够对图像中的连通域进行细化，得到单位像素宽的连通域，并将结果通过值返回。该函数的参数较少，并且比较容易理解，第 1 个参数要求输入图像必须是 uint8 类型的单通道图像。该函数的第 2 个参数应与第 1 个参数具有相同的尺寸和数据类型。该函数的第 3 个参数目前只支持两种细化方法：一种是上文介绍的 Zhang 方法，它可以用 cv.THINNING_ZHANGSUEN 来表示（简记为 0）；另一种是 Guo 方法，可以用 cv.THINNING_GUOHALL 来表示（简记为 1）。该参数的默认值为 cv.THINNING_ZHANGSUEN。

！注意　cv.ximgproc.thinning() 函数存在于 ximgproc 模块中，因此需要通过 cv.ximgproc.thinning() 调用 cv.ximgproc.thinning() 函数。

　　为了展示 cv.ximgproc.thinning() 函数的使用方法及图像细化的效果，代码清单 6-18 给出了利用该函数实现二值图像细化的示例程序。程序中分别对中文字符和英文字符进行细化，同时对比实心圆和圆环的细化效果（具体可关注图 6-34 中的第二张图像中"OpenCV"的字母 O 和点 ● 的区别），实心圆细化后只有一个像素，而圆环细化后仍然是一个圆形，这证明图像细化适用于由线条形状组成的连通域，并不适合实心形状的连通域。程序中文字符的细化结果在图 6-33 中给出，英文字符和圆形连通域的细化结果在图 6-34 中给出。

代码清单 6-18　Thinning.py

```
1   # -*- coding:utf-8 -*-
2   import cv2 as cv
3   import sys
4
5
6   if __name__ == '__main__':
7       # 对图像进行读取
8       img1 = cv.imread('./images/LearnCV_black.png', cv.IMREAD_GRAYSCALE)
9       if img1 is None:
10          print('Failed to read LearnCV_black.png.')
11          sys.exit()
12      img2 = cv.imread('./images/OpenCV_4.1.png', cv.IMREAD_GRAYSCALE)
13      if img2 is None:
14          print('Failed to read OpenCV_4.1.png.')
15          sys.exit()
16
17      # 对图片进行细化
18      thin1 = cv.ximgproc.thinning(img1, thinningType=0)
19      thin2 = cv.ximgproc.thinning(img2, thinningType=0)
20
21      # 展示结果
22      cv.imshow('img1', img1)
23      cv.imshow('img1_thinning', thin1)
24      cv.imshow('img2', img2)
25      cv.imshow('img2_thinning', thin2)
26
27      cv.waitKey(0)
28      cv.destroyAllWindows()
```

图 6-33　Thinning.py 程序中中文字符的细化结果

图 6-34　Thinning.py 程序中英文字符和圆形连通域的细化结果

6.4　本章小结

本章主要介绍了图像连通域，图像的腐蚀和膨胀，形态学的应用（包括开运算、闭运算、形态学梯度运算、顶帽运算、黑帽运算、击中击不中变换），以及图像细化。图像形态学操作是重要的图像处理操作，常用于物体形状检测、定位、计算面积等。

本章涉及的主要函数如下。

- cv.distanceTransformWithLabels()：实现图像距离变换。
- cv.distanceTransform()：实现简易图像距离变换。
- cv.connectedComponentsWithAlgorithm()：实现图像连通域计算。
- cv.connectedComponents()：实现简易图像连通域计算。
- cv.connectedComponentsWithStatsWithAlgorithm()：实现含有更多统计信息的连通域计算。
- cv.connectedComponentsWithStats ()：实现含有更多统计信息的简易连通域计算。
- cv.getStructuringElement()：获取图像形态学滤波的滤波器。
- cv.erode()：实现腐蚀操作。
- cv.dilate()：实现膨胀操作。
- cv.morphologyEx()：实现形态学操作。
- cv.ximgproc.thinning()：实现图像细化。

第 7 章　目标检测

图像中物体的形状信息是较明显和重要的信息，你可以通过对形状的识别实现对物体的检测，因此检测图像中某些规则的形状是图像处理的重要方法。检测形状可以确定目标的位置，通过对目标大小、位置等信息的处理可以进一步理解图像中的重要信息。本章主要介绍对图像中的直线、圆形等特殊图形的检测，以及如何检测图像中区域的轮廓、拟合轮廓形状、统计轮廓区域面积等。

7.1　形状检测

图像中物体的形状信息是用来区分不同物体的重要信息，例如，在一张含有硬币的图像中，如果能检测出图像中的圆形物体，那么这个圆形物体很有可能是硬币。因此，准确检测图像中物体的形状对图像的进一步处理具有重要的作用。物体的形状检测多基于特殊形状固有的特性，例如，如果某个物体的边缘是四边形，那么通过比较每条边的长度和夹角就可以确定该物体是否为正方形或者长方形。但是在确定边长和夹角之前需要确定哪些边缘在一条直线上，因此检测图像中是否存在直线是形状检测的前提条件。同时，由于圆形物体的轮廓中没有直线，因此对于圆形的检测变得尤为重要。OpenCV 4 提供了检测图像边缘中是否存在直线和圆形的算法，本节将重点介绍如何检测这两种特殊的形状。

7.1.1　直线检测

霍夫变换（Hough transform）是图像处理中检测是否存在直线的重要算法，该算法由 Paul Hough 在 1962 年首次提出，最开始只能检测图像中的直线。霍夫变换经过不断扩展和完善后已经可以检测多种规则形状，如圆形、椭圆等。霍夫变换通过将图像中的像素从图像空间变换到参数空间中，使得在图像空间中具有相同特性的曲线或者直线映射到参数空间中并形成峰值，从而把检测任意形状的问题转化为统计峰值的问题。

霍夫变换通过构建检测形状的数学解析式将图像中的像素映射到参数空间中。例如，要检测两个像素所在的直线，需要构建直线的数学解析式。在直角坐标系中，直线可以用式（7-1）来表示。

$$y = kx + b \tag{7-1}$$

其中，k 是直线的斜率，b 是直线的截距。

假设图像中存在像素 $A(x_0, y_0)$，所有经过这个像素的直线可以用式（7-2）表示。

$$y_0 = kx_0 + b \tag{7-2}$$

在直角坐标系中，由于变量是 x 和 y，因此式（7-2）表示的是经过像素 $A(x_0, y_0)$ 的直线。但是经过一点的直线有无数条，因此式（7-2）中的 k 和 b 具有无数个可以选择的值。如果将 k 和 b 看作变量，令 x_0 和 y_0 表示定值，那么式（7-2）表示 $k\text{-}b$ 空间中的一条直线，霍夫变换中的空间映射如图 7-1 所示。这条直线可用式（7-3）表示，即霍夫变换将图像空间中经过一点的所有直线映射成参数空间中的一条直线，直线上的每个点都对应着直角坐标系中的一条直线。

$$b = -kx_0 + y_0 \qquad (7\text{-}3)$$

当图像中存在像素 $B(x_1, y_1)$ 时，在图像空间中所有经过像素 $B(x_1, y_1)$ 的直线也会在参数空间中映射出一条直线。由于参数空间中的每一个点都表示图像空间中直线的斜率和截距，因此，如果有一条直线经过像素 $A(x_0, y_0)$ 和像素 $B(x_1, y_1)$，那么这条直线映射到参数空间后的坐标应该既在像素 $A(x_0, y_0)$ 映射到的直线上，又在像素 $B(x_1, y_1)$ 映射到的直线上。在平面内，如果一个点同时在两条直线上，那么这个点一定是两条直线的交点，因此这条同时经过 $A(x_0, y_0)$ 和 $B(x_1, y_1)$ 的直线所对应的斜率和截距就是参数空间中两条直线的交点。

图 7-1 霍夫变换中的空间映射

根据前面的分析可以得知，霍夫变换中存在两个重要的结论：图像空间中的每条直线在参数空间中都对应着单个点；在图像空间中直线上的任何像素在参数空间中对应的直线相交于同一个点。图 7-2 展示了第二条结论。因此，通过霍夫变换寻找图像中的直线就是寻找参数空间中大量直线相交的一点。

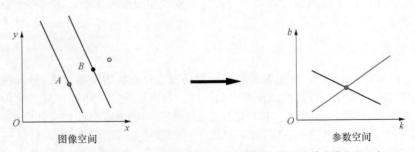

图 7-2 霍夫变换中同一直线上的不同点在参数空间中对应的直线交于一点

利用式（7-1）进行霍夫变换可以寻找到图像中绝大多数直线，但是当图像中存在垂直的直线时，即所有像素的 x 坐标相同时，直线上的像素利用上述霍夫变换方法得到的参数空间中的多条直线互相平行，无法相交于一点。例如，在图像上存在 3 个像素点——（2,1）、（2,2）和（2,3），利用式（7-3）可以求得参数空间中 3 条直线的解析式，如式（7-4）所示。由于这些直线具有相同的斜率，因此无法交于一点，如图 7-3 所示。

$$\begin{cases} b = -2k + 1 \\ b = -2k + 2 \\ b = -2k + 3 \end{cases} \qquad (7\text{-}4)$$

图 7-3　3 条直线无法相交

为了解决垂直的直线在参数空间没有交点的问题，一般采用极坐标表示图像空间中的直线（见图 7-4），具体形式如式（7-5）所示。

$$r = x\cos\theta + y\sin\theta \qquad (7\text{-}5)$$

其中，r 为坐标原点到直线的距离，θ 为坐标原点到直线的垂线与 x 轴的夹角。

根据霍夫变换原理，利用极坐标表示直线时，在图像空间中经过某一点的所有直线映射到参数空间中是一条正弦曲线。图像空间中直线上的两个点在参数空间中映射到的两条曲线相交于一点，图 7-5 给出了用极坐标表示直线霍夫变换的方式。

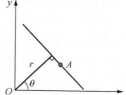

图 7-4　图像空间中用极坐标表示直线

图 7-5　用极坐标表示直线的霍夫变换

由上述的变换过程可知，将图像空间中的直线检测转换成了在参数空间中寻找通过点 (r,θ) 的曲线最多的问题。由于参数空间内的曲线是连续的，而在实际情况中图像的像素是离散的，因此我们需要将参数空间的 θ 轴和 r 轴离散化，用离散化后的方格表示每一条正弦曲线。首先寻找符合条件的网格，之后寻找该网格对应的图像空间中的所有点，这些点共同组成了原图像中的直线。

总结上面所有的原理和步骤，由霍夫变换算法检测图像中的直线主要分为 4 个步骤。

（1）将参数空间的坐标轴离散化，例如 $\theta = 0°, 10°, 20°\cdots$，$r = 0.1, 0.2, 0.3, \cdots$

（2）通过映射关系求取图像中的每个非零像素在参数空间中通过的方格。

（3）统计参数空间内每个方格出现的次数，选取次数大于某一阈值的方格作为表示直线的方格。

（4）将参数空间中表示直线的方格的参数作为图像中直线的参数。

霍夫检测具有抗干扰能力强，对图像中直线的残缺部分、噪声以及其他共存的非直线结构不敏感，能容忍特征边界描述中的间隙，并且相对不易受图像噪声的影响等优点。但是霍夫变换的时间复杂度和空间复杂度都很高，并且检测精度受参数离散间隔制约。过大的离散间隔会降低测量精度，过小的离散间隔虽然能提高精度，但是会增加计算负担，导致计算时间变长，因此，合理的离散间隔对直线的高效检测至关重要。

OpenCV 4 提供了两种用于检测图像中直线的函数，分别是标准霍夫变换和多尺度霍夫变换函数 cv.HoughLines()，以及渐进概率式霍夫变换函数 cv.HoughLinesP()。首先将介绍函数

cv.HoughLines()，该函数的原型在代码清单 7-1 中给出。

代码清单 7-1　cv.HoughLines()函数的原型

```
1    lines = cv.HoughLines(image,
2                          rho,
3                          theta,
4                          threshold
5                          [, lines
6                          [, srn
7                          [, stn
8                          [, min_theta
9                          [, max_theta]]]]])
```

- image：待检测直线所在的原图像。
- rho：以像素为单位的距离分辨率，即参数空间中 r 轴的单位长度。
- theta：以弧度为单位的角度分辨率，即参数空间中 θ 轴的单位角度。
- threshold：累加器的阈值。
- lines：霍夫变换检测到的直线极坐标描述的系数。
- srn：对于多尺度霍夫变换算法，该参数表示距离分辨率的倒数。
- stn：对于多尺度霍夫变换算法，该参数表示角度分辨率的倒数。
- min_theta：检测直线的最小角度，默认值为 0。
- max_theta：检测直线的最大角度，默认值为 Pi。

cv.HoughLines()函数用于寻找图像中的直线，并以极坐标的形式将图像中直线的参数通过值返回。该函数的第 1 个参数必须是 uint8 类型的单通道二值图像。如果需要检测彩色图像或者灰度图像中是否存在直线，那么可以通过 cv.Canny()函数计算图像的边缘，并将经过边缘检测后的图像作为输入图像赋值给该参数。第 2 个和第 3 个参数分别是霍夫变换中对参数空间中坐标轴进行离散化的单位长度与单位角度，这两个参数的大小直接影响到检测图像中直线的精度，数值越小，精度越高。第 2 个参数的单位为像素，设置为 1；第 3 个参数的单位为弧度，常设置为 np.pi/180。参数空间离散化后每个方格被通过的累计次数大于该阈值时，图像中存在直线；否则，不存在直线。一般情况下，这个数值越大，在原图像中构成直线的像素越多；反之，则越少。每一条直线都由两个参数表示，分别表示直线与坐标原点的距离 r 和坐标原点到直线的垂线与 x 轴的夹角 θ。第 6 个和第 7 个参数分别起到选择标准霍夫变换和多尺度霍夫变换的作用，这两个参数必须为非负数，默认值为 0。当两个参数全为 0 时，该函数使用标准霍夫变换算法；否则，该函数使用多尺度霍夫变换算法。当函数使用多尺度霍夫变换算法时，这两个参数分别表示单位长度的倒数和单位角度的倒数。最后两个参数必须大于或等于 0，小于或等于 Pi（3.141 592 653 589 793 238 462 643 383 279 5），并且最小角度的数值要小于最大角度的数值。

cv.HoughLines()函数只能输出直线的极坐标形式的参数，如果想在图像中绘制该直线，则需要进一步得到直线上两点的坐标，通过 cv.line()函数在原图像中绘制直线。由于该函数只能判断图像中是否有直线，而不能判断直线上一个点的坐标，因此使用 cv.line()函数绘制直线时要尽可能绘制较长的直线。代码清单 7-2 给出了利用 cv.HoughLines()函数检测图像中直线的示例程序。程序中根据直线的参数计算出直线与经过坐标原点的垂线的交点的坐标，之后利用线性关系计算出直线两端尽可能远的点的坐标，最后利用 cv.line()函数在原图像中绘制直线。程序首先利用 cv.Canny()函数对灰度图像进行边缘提取，之后检测图像中的直线，为了验证第 4 个参数（累加器阈值）对检测直线长短的影响，分别设置较小（200）和较大（300）的两个累加器阈值。程序运行结果在图 7-6 和图 7-7 中给出。通过结果可以看出，累加器较小时，较短的直线也可以被检测出来；累加器较大时，只能检测出图像中较长的直线。读者可以尝试更换图片，并修改累加器的阈值，观察不同阈值对直线检测的影响。

代码清单 7-2 HoughLines.py

```
1   # -*- coding:utf-8 -*-
2   import cv2 as cv
3   import numpy as np
4   import sys
5
6
7   def draw_line(img, lines):
8       img_copy = img.copy()
9       for i in range(0, len(lines)):
10          rho, theta = lines[i][0][0], lines[i][0][1]
11          a = np.cos(theta)
12          b = np.sin(theta)
13          x0 = a * rho
14          y0 = b * rho
15          x1 = int(x0 + 1000 * (-b))
16          y1 = int(y0 + 1000 * a)
17          x2 = int(x0 - 1000 * (-b))
18          y2 = int(y0 - 1000 * a)
19          cv.line(img_copy, (x1, y1), (x2, y2), (255, 255, 255), 2)
20      return img_copy
21
22
23  if __name__ == '__main__':
24      # 读取图像 HoughLines.jpg
25      image = cv.imread('./images/HoughLines.jpg')
26      if image is None:
27          print('Failed to read HoughLines.jpg.')
28          sys.exit()
29      cv.imshow('Origin', image)
30
31      # 检测图像边缘
32      image_edge = cv.Canny(image, 50, 150, 3)
33      cv.imshow('Image Edge', image_edge)
34
35      # 分别设定不同累加器阈值进行直线检测，并显示结果
36      threshold_1 = 200
37      lines_1 = cv.HoughLines(image_edge, 1, np.pi / 180, threshold_1)
38      try:
39          img1 = draw_line(image, lines_1)
40          cv.imshow('Image HoughLines({})'.format(threshold_1, img1))
41      except TypeError:
42          print('累加器阈值设为 {} 时，不能检测出直线.'.format(threshold_1))
43
44      threshold_2 = 300
45      lines_2 = cv.HoughLines(image_edge, 1, np.pi / 180, threshold_2)
46      try:
47          img2 = draw_line(image, lines_2)
48          cv.imshow('Image HoughLines({})'.format(threshold_2, img2))
49      except TypeError:
50          print('累加器阈值设为 {} 时，不能检测出直线.'.format(threshold_2))
51
52      cv.waitKey(0)
53      cv.destroyAllWindows()
```

在使用函数 cv.HoughLines()提取直线时，无法准确知道图像中直线或者线段的长度，只能得到判断图像中是否存在符合要求的直线及直线的极坐标解析式。如果需要准确地定位图像中线段的位

置，那么 cv.HoughLines()函数无法满足需求。OpenCV 4 提供的函数 cv.HoughLinesP()可以得到满足条件的直线中两个点或者线段两个端点的坐标，进而确定直线或者线段的位置，该函数的原型在代码清单 7-3 中给出。

图 7-6　HoughLines.py 程序中原图像和边缘检测结果

图 7-7　HoughLines.py 程序中累加器阈值较小和阈值较大时的直线检测结果

代码清单 7-3　cv.HoughLinesP()函数的原型

```
1  lines = cv.HoughLinesP(image,
2                         rho,
3                         theta,
4                         threshold
5                         [, lines
6                         [, minLineLength
7                         [, maxLineGap]]])
```

- image：待检测直线的原图像。
- rho：以像素为单位的距离分辨率，即参数空间中 r 轴的单位长度。
- theta：以弧度为单位的角度分辨率，即参数空间中 θ 轴的单位角度。
- threshold：累加器的阈值。
- lines：霍夫变换检测到的直线输出量。
- minLineLength：线段的最短长度，当检测线段的长度小于该数值时，将会被剔除。
- maxLineGap：相邻两个之间的最短距离。

cv.HoughLinesP()函数用于寻找图像中满足条件的直线或者线段两个端点的坐标，并将检测结果通过值返回。该函数中的前 4 个参数与 cv.HoughLines()函数中的具有相同含义，此处不再赘述。该函数的第 5 个参数用于输出图像中直线上的两个点或者线段两个端点的坐标 (x_1, y_1, x_2, y_2)。其中两个元素分别是直线上一个点或者线段一个端点的 x 坐标和 y 坐标，后两个元素分别是直线上一个点或者线段另一个端点的 x 坐标和 y 坐标。如果图像中线段的长度小于 minLineLength，即使是直线也不会作为最终结果输出。当提取倾斜的直线时，该函数的最后一个参数应该具有较大值。

该函数的最大特点是能够直接给出图像中的直线上两个点或者线段两个端点的坐标，因此可较精确地定位到图像中直线的位置。为了展示该函数的使用方式，代码清单 7-4 给出了利用 cv.HoughLinesP()函数提取图像直线的示例程序。程序中使用的原图像与代码清单 7-2 中的相同，程序的运行结果在图 7-8 中给出。程序运行结果说明 cv.HoughLinesP()函数确实可以实现图像中直线或者线段的定位，并且也说明当最后一个参数较大时，直线检测的完整性较高。

代码清单 7-4　HoughLinesP.py

```
1   # -*- coding:utf-8 -*-
2   import cv2 as cv
3   import numpy as np
4   import sys
5
6
7   def draw_line(img, lines):
8       img_copy = img.copy()
9       for i in range(0, len(lines)):
10          for x1, y1, x2, y2 in lines[i]:
11              cv.line(img_copy, (x1, y1), (x2, y2), (255, 255, 255), 2)
12      return img_copy
13
14
15  if __name__ == '__main__':
16      # 读取图像 HoughLines.jpg
17      image = cv.imread('./images/HoughLines.jpg')
18      if image is None:
19          print('Failed to read HoughLines.jpg.')
20          sys.exit()
21      cv.imshow('Origin', image)
22
23      # 检测图像边缘
24      image_edge = cv.Canny(image, 80, 180, 3)
25      cv.imshow('Image Edge', image_edge)
26
27      # 设置线段的最小长度
28      min_line_length = 200
29
30      # 分别设定不同最大连接距离并进行直线检测
31      max_line_gap_1 = 5
32      lines_1 = cv.HoughLinesP(image_edge, 1, np.pi / 180, 150, minLineLength=
            min_line_length, maxLineGap=max_line_gap_1)
33      try:
34          img1 = draw_line(image, lines_1)
35          cv.imshow('Image HoughLinesP ({})'.format(max_line_gap_1, img1))
36      except TypeError:
37          print('最大连接距离设为 {} 时，不能检测出直线.'.format(max_line_gap_1))
38      print(lines_1)
39      max_line_gap_2 = 20
40      lines_2 = cv.HoughLinesP(image_edge, 1, np.pi / 180, 150, minLineLength=
            min_line_length, maxLineGap=max_line_gap_2)
41      try:
```

```
42        img2 = draw_line(image, lines_2)
43        cv.imshow('Image HoughLinesP ({})'.format(max_line_gap_2, img2))
44    except TypeError:
45        print('最大连接距离设为 {} 时，不能检测出直线.'.format(max_line_gap_2))
46
47    cv.waitKey(0)
48    cv.destroyAllWindows()
```

| 原图像 | 边缘检测结果 | 最大连接距离：5 | 最大连接距离：20 |

图 7-8　HoughLinesP.py 程序直线检测结果

前面两个函数都可以检测图像中是否存在直线，但是在实际工程或者任务需求中，我们可能得到的是图像中一些点的坐标而不是一幅完整的图像，因此 OpenCV 4 提供了能够在含有坐标的众多点中判断是否存在直线的函数 cv.HoughLinesPointSet()，该函数的原型在代码清单 7-5 中给出。

代码清单 7-5　cv.HoughLinesPointSet()函数的原型

```
1  _lines = cv.HoughLinesPointSet(_point,
2                                 lines_max,
3                                 threshold,
4                                 min_rho,
5                                 max_rho,
6                                 rho_step,
7                                 min_theta,
8                                 max_theta,
9                                 theta_step
10                                [, _lines])
```

- _point：输入点的集合。
- lines_max：检测直线的最大数目。
- threshold：累加器的阈值。
- min_rho：检测直线上两点之间的最短距离，以像素为单位。
- max_rho：检测直线上两点之间的最长距离，以像素为单位。
- rho_step：以像素为单位的距离分辨率，即距离 r 离散化时的单位长度。
- min_theta：检测的直线经过原点的垂线与 x 轴夹角的最小值，以弧度为单位。
- max_theta：检测的直线经过原点的垂线与 x 轴夹角的最大值，以弧度为单位。
- theta_step：以弧度为单位的角度分辨率，即夹角 θ 离散化时的单位角度。
- _lines：在输入点集合中可能存在的直线。

该函数用于在含有坐标的 2D 点集合中寻找直线，并将检测结果通过值返回，其中检测直线使用的方法是标准霍夫变换算法。该函数的第 1 个参数必须是平面内的 2D 坐标，必须是双通道且类型为 float32 或 int32 的数据。该函数的第 2 个参数如果过大，则检测到的直线可能存在权重较小的情况。当参数空间离散化后每个方格被通过的累计次数大于 threshold 时找到直线；否则，没有找到直线。该函数的最后一个参数包括直线权重、直线与坐标原点的距离 r，以及坐标原点到直线的垂线与 x 轴的夹角 θ，数据是按照权重由大到小依次存放的。

为了展示该函数的使用方法，代码清单 7-6 给出了利用该函数检测 2D 点集合中直线的示例程序。程序中首先生成 2D 点集，之后利用 cv.HoughLinesPointSet() 函数检测其中可能存在的直线，并将检测的直线权重、直线与坐标原点的距离 r，以及坐标原点到直线的垂线与 x 轴的夹角 θ 输出。程序的输出结果在图 7-9 中给出。

代码清单 7-6 HoughLinesPointSet.py

```
1  # -*- coding:utf-8 -*-
2  import cv2 as cv
3  import numpy as np
4
5
6  if __name__ == '__main__':
7      # 生成 float32 类型的 20 × 2 矩阵，表示 2D 点集
8      points = np.array([[[0.0, 369.0], [10.0, 364.0], [20.0, 358.0], [30.0, 352.0],
9          [40.0, 346.0], [50.0, 341.0], [60.0, 335.0], [70.0, 329.0], [80.0, 323.0],
10         [90.0, 318.0], [100.0, 312.0], [110.0, 306.0], [120.0, 300.0], [130.0, 295.0],
11         [140.0, 289.0], [150.0, 284.0], [160.0, 277.0], [170.0, 271.0], [180.0,
12         266.0], [190.0, 260.0]]], dtype='float32')
13
14     # 设置参数
15     min_rho = 0.0                          # 最短距离
16     max_rho = 360.0                        # 最长距离
17     rho_step = 1                           # 离散化单位距离
18     min_theta = 0.0                        # 最小角度
19     max_theta = np.pi / 2.0                # 最大角度
20     theta_step = np.pi / 180.0             # 离散化单位角度
21
22     # 进行检测
23     lines = cv.HoughLinesPointSet(points, 20, 1, min_rho, max_rho, rho_step,
24         min_theta, max_theta, theta_step)
25     for item in lines:
26         print('votes: {}, rho: {}, theta: {}'.format(item[0][0], item[0][1], item[0][2])))
```

```
votes: 19.0, rho: 320.0, theta: 1.04719758034
votes: 7.0, rho: 321.0, theta: 1.06465089321
votes: 4.0, rho: 316.0, theta: 1.01229095459
votes: 4.0, rho: 317.0, theta: 1.02974426746
votes: 3.0, rho: 319.0, theta: 0.959931075573
votes: 3.0, rho: 314.0, theta: 0.994837641716
votes: 3.0, rho: 319.0, theta: 1.08210408688
votes: 3.0, rho: 325.0, theta: 1.08210408688
votes: 2.0, rho: 318.0, theta: 0.942477762699
votes: 2.0, rho: 306.0, theta: 0.959931075573
votes: 2.0, rho: 310.0, theta: 0.959931075573
votes: 2.0, rho: 309.0, theta: 0.977384388447
votes: 2.0, rho: 311.0, theta: 0.977384388447
votes: 2.0, rho: 315.0, theta: 0.977384388447
votes: 2.0, rho: 329.0, theta: 1.09955739975
votes: 2.0, rho: 318.0, theta: 1.11701071262
votes: 2.0, rho: 325.0, theta: 1.11701071262
votes: 2.0, rho: 332.0, theta: 1.11701071262
votes: 2.0, rho: 317.0, theta: 1.1344640255
votes: 2.0, rho: 330.0, theta: 1.1344640255
```

图 7-9 HoughLinesPointSet.py 程序的运行结果

7.1.2 直线拟合

前面介绍的函数都可以判断图像或者点集中是否存在直线，而有时我们明确已知获取到的点在一条直线上，需要将所有点拟合成一条直线。但是，由于噪声存在，这条直线可能不会通过大多数的点，因此需要保证所有的点距离直线的距离最短，如图 7-10 所示。相比于直线检测，直线拟合的最大特点是将所有的点只拟合成一条直线。

OpenCV 4 提供了利用最小二乘 M-estimator 方法拟合直线的 cv.fitLine() 函数，该函数的原型在代码清单 7-7 中给出。

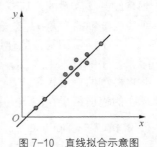

图 7-10　直线拟合示意图

代码清单 7-7　cv.fitLine() 函数的原型

```
1  line = cv.fitLine(points,
2                    distType,
3                    param,
4                    reps,
5                    aeps
6                    [, line])
```

- `points`：输入待拟合直线的 2D 或者 3D 点集。
- `distType`：M-estimator 算法使用的距离类型标志。
- `param`：某些距离类型的数值参数（C）。
- `reps`：坐标原点与拟合直线之间的距离精度。
- `aeps`：拟合直线的角度精度。
- `line`：拟合直线的描述参数。

该函数利用最小二乘法拟合出与所有点距离最短的直线，并将拟合结果通过值返回，直线的描述形式可以转化成点斜式。该函数的第 1 个参数可以存放在 ndarray 对象中。该函数的第 2 个参数可以选择的距离类型在表 7-1 中给出。若该函数的第 3 个参数是 0，表示自动选择最佳值。若该函数的第 4 个参数为 0，表示选择自适应参数，一般选择 0.01。若该函数的第 5 个参数为 0，表示选择自适应参数，一般选择 0.01。该函数的最后一个参数如果是 2D 点集，则输出在维度为 4×1 的 ndarray 对象（$[[vx][vy][x_0][y_0]]$）中。其中 (vx, vy) 是与直线共线的归一化向量，(x_0, y_0) 是拟合直线上的任意一点，根据这 4 个量，可以通过计算得到二维平面中直线的点斜式，表示形式如式（7-6）所示。

$$y = \frac{vy}{vx}(x - x_0) + y_0 \qquad (7-6)$$

如果输入参数是 3D 点集，则输出在维度为 6×1 的 ndarray 对象（$[[vx][vy][vz][x_0][y_0][z_0]]$）中。其中 (vx, vy, vz) 是与直线共线的归一化向量，(x_0, y_0, z_0) 是拟合直线上任意一点的坐标。

表 7-1　　cv.fitLine() 函数中 distType 可以选择的标志

标志	简记	距离计算公式
cv.DIST_L1	1	$\rho(r) = r$
cv.DIST_L2	2	$\rho(r) = \dfrac{r^2}{2}$
cv.DIST_L12	4	$\rho(r) = 2\left(\sqrt{1 + \dfrac{r^2}{2}} - 1\right)$

续表

标志	简记	距离计算公式
cv.DIST_FAIR	5	$\rho(r) = C^2\left(\dfrac{r}{C} - \log\left(1 + \dfrac{r}{C}\right)\right)$，其中 $C = 1.3998$
cv.DIST_WELSCH	6	$\rho(r) = \dfrac{C^2}{2}\left(1 - \exp\left(-\dfrac{r^2}{C^2}\right)\right)$，其中 $C = 2.9846$
cv.DIST_HUBER	7	$\rho(r) = \begin{cases} \dfrac{r^2}{2} & r < C \\ C\left(r - \dfrac{C}{2}\right) & \text{其他} \end{cases}$，其中 $C = 1.345$

　　为了展示该函数的使用方法，代码清单 7-8 给出了利用 cv.fitLine()函数拟合直线的示例程序。程序中给出了 $y = x$ 直线上的坐标，为了模拟数据采集过程中产生的噪声，在部分坐标中添加了噪声。程序拟合出的直线很好地逼近了真实的直线。程序的运行结果在图 7-11 中给出。

代码清单 7-8　FitLine.py

```
1   # -*- coding:utf-8 -*-
2   import cv2 as cv
3   import numpy as np
4
5
6   if __name__ == '__main__':
7       # 生成 float32 类型的 20 × 2 矩阵，表示 2D 点集
8       points = np.array([[[0.0, 0.0], [10.0, 11.0], [21.0, 20.0], [30.0, 30.0], [40.0,
9           42.0], 50.0, 50.0], [60.0, 60.0], [70.0, 70.0], [80.0, 80.0], [90.0, 92.0],
10          [100.0, 100.0], [110, 110.0], [120.0, 120.0], [136.0, 130.0], [138.0, 140.0],
11          [150.0, 150.0], [160.0, 163.0], [175.0, 170.0], [181.0, 180.0], [200.0,
12          190.0]]], dtype='float32')
13
14      # 设置参数
15      param = 0                              # 距离类型中的数值参数 C
16      reps = 0.01                            # 坐标原点与直线之间的距离精度
17      aeps = 0.01                            # 角度精度
18
19      # 进行直线拟合
20      line = cv.fitLine(points, cv.DIST_L1, param, reps, aeps)
21
22      k = (line[1] / line[0])[0]
23      x = (line[2])[0]
24      y = (line[3])[0]
25      print('直线斜率: %s' % k)
26      print('直线上一点的坐标: (%s, %s)' % (x, y))
27      print('拟合直线解析式: y = %s (x - %s) + %s' % (k, x, y))
```

```
直线斜率: 0.9999403357505798
直线上一点的坐标: (75.55402374267578, 75.55402374267578)
拟合直线解析式: y = 0.9999403357505798 (x - 75.55402374267578) + 75.55402374267578
```

图 7-11　FitLine.py 程序中直线拟合结果

7.1.3　圆形检测

霍夫变换同样可以检测图像中是否存在圆形，其检测方法与检测直线的方式相同，都是将图像空间中的像素投影到参数空间中，之后判断是否存在交点。在检测圆形的霍夫变换中，圆形的数学描述形式如式（7-7）所示。

$$x = a + R\cos\theta$$
$$y = b + R\sin\theta$$

（7-7）

假设图像上的中心像素点 (x_0, y_0) 和圆的半径 R 已知，根据已知量和式（7-7）可以将图像空间中的像素投影到参数空间中，图 7-12 给出了这种霍夫变换的原理。

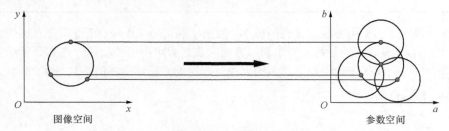

图 7-12　检测圆形的霍夫变换的原理

OpenCV 4 提供了利用霍夫变换检测图像中是否存在圆形的函数 cv.HoughCircles()，该函数的原型在代码清单 7-9 中给出。

代码清单 7-9　cv.HoughCircles()函数的原型

```
1  circles = cv.HoughCircles(image,
2                            method,
3                            dp,
4                            minDist
5                            [, circles
6                            [, param1
7                            [, param2
8                            [, minRadius
9                            [, maxRadius]]]]])
```

- image：待检测圆形的输入图像。
- method：检测圆形的方法标志。
- dp：离散化累加器分辨率与图像分辨率的反比。
- minDist：检测结果中两个圆心之间的最短距离。
- circles：检测结果的输出量，每个圆形用 3 个参数描述，分别是圆心的横、纵坐标和圆的半径。
- param1：传递给 Canny 边缘检测器的两个阈值中的较大值。
- param2：检测圆形的累加器阈值。
- minRadius：检测圆的最小半径。
- maxRadius：检测圆的最大半径。

该函数可以检测灰度图像中是否存在圆形，并将检测结果通过值返回。与前面介绍的霍夫变换相关函数不同，该函数会调用 Canny 边缘检测算法进行边缘检测，因此在检测圆形时不需要对灰度图像进行二值化，直接输入灰度图像即可。该函数的第 1 个参数表示单通道且数据类型为 uint8 的图像。第 2 个参数目前仅支持 cv.HOUGH_ GRADIENT 方法。如果 dp = 1，则累加器具有与输入图像相同的分辨率；如果 dp = 2，则累加器的宽度和高度都是原图像的 1/2。如果第 4 个参数太小，除真实的圆形以外，可能错误地检测到多个相邻的圆；如果太大，可能会遗漏一些圆形。该函数的第 5 个参数存放在维度为 $1 \times N \times 3$ 的 ndarray 对象中，N 表示检测出 N 个圆形。对于每个结果，前两个数据分别是圆心的横、纵坐标，第 3 个数据是圆的半径。第 7 个参数越大，检测的圆形越精确。最后两个参数用于确定检测圆形时半径的取值范围，半径的最小值需要大于或等于 0，默认值为 0；半径的最大值可以取任意值，当取值小于或等于 0 时，半径的最大值为图像尺寸的最大值，并且只输出圆心，不输出圆的半径。

为了展示该函数的使用方法，以及圆形的检测结果，代码清单 7-10 给出了利用 cv.HoughCircles() 函数检测图像中是否存在圆形的示例程序，程序的输出结果在图 7-13 中给出。

代码清单 7-10　HoughCircles.py

```
1   # -*- coding:utf-8 -*-
2   import cv2 as cv
3   import sys
4
5
6   def draw_circle(img, values):
7       for i in values[0, :]:
8           cv.circle(img, (i[0], i[1]), i[2], (255, 0, 0), 2)
9           cv.circle(img, (i[0], i[1]), 2, (0, 255, 0), 3)
10
11
12  if __name__ == '__main__':
13      # 读取图像 circles.png
14      image = cv.imread('./images/circles.png')
15      if image is None:
16          print('Failed to read circles.png.')
17          sys.exit()
18      cv.imshow('Origin', image)
19      gray = cv.cvtColor(image, cv.COLOR_BGR2GRAY)
20
21      # 高斯滤波
22      gray = cv.GaussianBlur(gray, (9, 9), sigmaX=2, sigmaY=2)
23
24      # 设置参数
25      dp = 2
26      min_dist = 20
27      param1 = 100
28      param2 = 100
29      min_radius = 20
30      max_radius = 100
31
32      # 检测圆形
33      circles = cv.HoughCircles(gray, cv.HOUGH_GRADIENT, dp, min_dist,
34                                param1=param1, param2=param2, minRadius=min_radius,
                                  maxRadius=max_radius)
35
36      # 绘制圆形
37      draw_circle(image, circles)
38
39      # 展示结果
40      cv.imshow('Detect Circle Result', image)
41      cv.waitKey(0)
42      cv.destroyAllWindows()
```

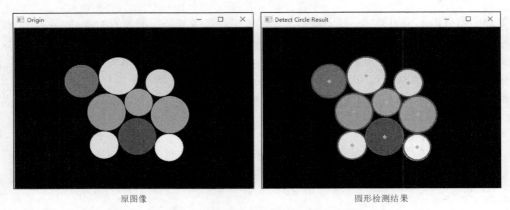

原图像　　　　　　　　　　　　　　　　　　　　圆形检测结果

图 7-13　HoughCircles.py 程序中圆形检测结果

7.2 轮廓检测

图像轮廓是指图像中对象的边界,是图像目标的外部特征。这个特征对于图像分析、目标识别和理解更深层次的含义具有重要的作用。本节将介绍如何提取图像中的轮廓信息,求取轮廓面积及长度,轮廓形状拟合等。

7.2.1 轮廓发现与绘制

图像的轮廓不但能够提供物体的边缘,而且能够提供物体边缘之间的层次关系及拓扑关系。我们可以将图像的轮廓发现简单理解为带有结构关系的边缘检测,这种结构关系可以表明图像中连通域或者某些区域之间的关系。图 7-14 所示为具有 4 个不连通边缘的二值化图像,由外到内依次为 0 号、1 号、2 号、3 号边缘。为了描述不同轮廓之间的结构关系,定义由外到内的轮廓级别越来越低,也就是高一层级的轮廓包围着较低层级的轮廓,被同一个轮廓包围的多个互相不包含的轮廓是同一层级轮廓。例如,在图 7-14 中,0 号轮廓的层级比 1 号和 2 号轮廓的层级都要高,2 号轮廓包围着 3 号轮廓,因此 2 号轮廓的层级要高于 3 号轮廓。

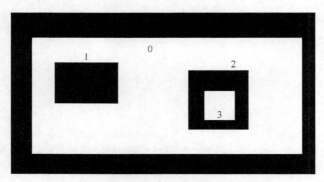

图 7-14　具有 4 个不连通边缘的二值化图像

为了更准确地表明各个轮廓之间的层级关系,常用 4 个参数描述不同层级之间的结构关系,这 4 个参数分别是同层下一个轮廓索引、同层上一个轮廓索引、下一层第 1 个子轮廓索引和上层父轮廓索引。根据这种描述方式,图 7-14 中的 0 号轮廓没有同级轮廓和父轮廓,需要用−1 表示,其第 1 个子轮廓为 1 号轮廓,可以用 $[-1\ \ -1\ \ 1\ \ -1]$ 描述该轮廓的结构。1 号轮廓的下一个同级轮廓为 2

号轮廓，但是没有上一个同级轮廓，用–1 表示，父轮廓为 0 号轮廓，第 1 个子轮廓为 3 号轮廓，因此用 [2 –1 3 0] 描述该轮廓结构。对于 2 号轮廓和 3 号轮廓，用类似方式构建结构关系。图 7-14 中不同轮廓之间的层级关系可以用图 7-15 表示。

OpenCV 4 提供了可以在二值图像中检测图像的所有轮廓并生成不同轮廓结构关系的 cv.findContours() 函数，代码清单 7-11 给出该函数的其中一种原型。

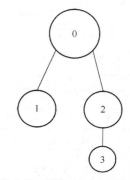

代码清单 7-11 cv.findContours() 函数的一种原型

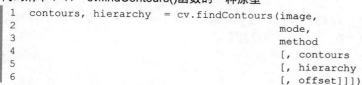

```
1  contours, hierarchy = cv.findContours(image,
2                                         mode,
3                                         method
4                                         [, contours
5                                         [, hierarchy
6                                         [, offset]]])
```

图 7-15　图 7-14 中不同轮廓之间的层级关系

- image：输入图像。
- mode：轮廓检测模式的标志。
- method：轮廓逼近方法的标志。
- contours：检测到的轮廓，每个轮廓中存放着像素的坐标。
- hierarchy：轮廓结构关系描述向量。
- offset：每个轮廓点移动的可选偏移量。这个参数主要用在从 ROI 图像中找出轮廓并基于整个图像分析轮廓的场景。

该函数主要用于检测图像中的轮廓信息及各个轮廓之间的结构信息，并将检测结果通过值返回。从理论上讲，检测图像轮廓需要二值化图像，但是，由于该函数会将非零像素视为 1，0 像素保持不变，因此第 1 个参数能够接受非二值化的灰度图像。由于该函数默认二值化操作不能保持图像的主要内容，因此常需要对图像进行预处理，利用 cv.threshold() 函数或者 cv.adaptiveThreshold() 函数根据需求进行二值化。该函数的第 2 个参数可以选择的标志在表 7-2 中给出。该函数的第 3 个参数可以选择的标志在表 7-3 给出。第 4 个参数用于存放检测到的轮廓，一般以 ndarray 对象的方式保存至 list 中，每个 ndarray 对象（即每个轮廓）中存放着属于该轮廓的像素坐标。第 5 个参数用于存放各个轮廓之间的结构信息，这些信息一般存放在维度为 $1 \times N \times 4$ 的 ndarray 对象中，N 表示检测到的轮廓数目。在每个轮廓结构信息中，第 1 个数据表示同层下一个轮廓索引，第 2 个数据表示同层上一个轮廓索引，第 3 个数据表示下一层第 1 个子轮廓索引，第 4 个数据表示上层父轮廓索引。

表 7-2　　　　　　　　　cv.findContours() 函数中 mode 可选择的标志

标志	简记	含义
cv.RETR_EXTERNAL	0	只检测最外层轮廓，对所有轮廓设置 hierarchy[i][2]=–1
cv.RETR_LIST	1	提取所有轮廓，并且放置在 list 中。不为检测的轮廓建立等级关系
cv.RETR_CCOMP	2	提取所有轮廓，并且将其组织为双层结构。顶层为连通域的外围边界，次层为孔的内层边界
cv.RETR_TREE	3	提取所有轮廓，并重新建立网状的轮廓结构

表 7-3　　　　　　　　　　cv.findContours()函数中 **method** 可选择的标志

标志	简记	含义
cv.CHAIN_APPROX_NONE	1	获取每个轮廓的每个像素，相邻两个点在纵向和横向的距离不超过 1，即 $\max(\mathrm{abs}(x_1 - x_2), \mathrm{abs}(y_2 - y_1)) == 1$
cv.CHAIN_APPROX_SIMPLE	2	压缩水平方向、垂直方向和对角线方向上的元素，只保留该方向的终点坐标，如一个矩形轮廓只需要 4 个点来保持轮廓信息
cv.CHAIN_APPROX_TC89_L1	3	使用 The-Chinl 链逼近算法中的一个
cv.CHAIN_APPROX_TC89_KCOS	4	使用 The-Chinl 链逼近算法中的一个

在提取图像轮廓后，为了能够直观地查看轮廓检测的结果，OpenCV 4 提供了显示轮廓的 cv.drawContours()函数，该函数的原型在代码清单 7-12 中给出。

代码清单 7-12　cv.drawContours()函数的原型

```
1  image = cv.drawContours(image,
2                          contours,
3                          contourIdx,
4                          color
5                          [, thickness
6                          [, lineType
7                          [, hierarchy
8                          [, maxLevel
9                          [, offset]]]]])
```

- image：绘制轮廓的目标图像。
- contours：所有将要绘制的轮廓。
- contourIdx：要绘制轮廓的数目。
- color：绘制轮廓的颜色。
- thickness：绘制轮廓的线条粗细。
- lineType：边界线连接的类型。
- hierarchy：可选的结构关系信息。
- maxLevel：表示绘制轮廓的最大等级。
- offset：可选的轮廓偏移参数，按指定的移动距离绘制所有的轮廓。

该函数用于绘制由 cv.findContours()函数检测到的图像轮廓。该函数的第 1 个参数根据需求，可以是单通道的灰度图像或者三通道的彩色图像。所有将要绘制的轮廓的数据保存在列表中。第 3 个参数的数值应小于所有轮廓的数目，如果该参数为负数，则绘制所有的轮廓。对于单通道的灰度图像，第 4 个参数用(x, y)赋值；对于三通道的彩色图像，用(x, y, z)赋值。第 5 个参数如果为负数，则绘制轮廓的内部，默认参数值为 1。第 6 个参数可以选择的类型在表 7-4 中给出，默认参数值为 cv.LINE_8。第 7 个参数的默认值为 None。第 8 个参数如果为 0，则仅绘制指定的轮廓；如果为 1，则绘制轮廓和所有嵌套轮廓；如果为 2，则绘制轮廓，以及所有嵌套轮廓和所有嵌套到嵌套轮廓的轮廓；……maxLevel 的默认值为 INT_MAX。

表 7-4　　　　　　　　　cv.drawContours()函数中 **lineType** 可选择的类型

类型	简记	含义
cv.LINE_4	1	4 连通线型
cv.LINE_8	3	8 连通线型
cv.LINE_AA	4	抗锯齿线型

为了展示图像轮廓检测和绘制函数的使用方式，代码清单 7-13 给出了检测图像中的轮廓和绘制轮廓的示例程序。程序中不但绘制了物体的轮廓，而且输出了图像中所有轮廓的层级关系信息。轮廓检测结果在图 7-16 中给出，所有轮廓的层级关系信息在图 7-17 中给出，同时根据结果绘制了直观的层级关系。

代码清单 7-13　Contours.py

```
1  # -*- coding:utf-8 -*-
2  import cv2 as cv
3  import sys
4
5
6  if __name__ == '__main__':
7      # 读取图像 circles.png
8      image = cv.imread('./images/circles.png')
9      if image is None:
10         print('Failed to read circles.png.')
11         sys.exit()
12     cv.imshow('Origin', image)
13     gray = cv.cvtColor(image, cv.COLOR_BGR2GRAY)
14
15     # 高斯滤波
16     gray = cv.GaussianBlur(gray, (9, 9), sigmaX=2, sigmaY=2)
17
18     # 二值化
19     _, binary = cv.threshold(gray, 75, 180, cv.THRESH_BINARY)
20
21     # 轮廓检测
22     contours, hierarchy = cv.findContours(binary, mode=cv.RETR_TREE, method=
           cv.CHAIN_APPROX_SIMPLE)
23
24     # 轮廓绘制
25     image = cv.drawContours(image, contours, -1, (0, 0, 255), 2, 8)
26
27     # 输出轮廓的层级关系
28     print(hierarchy)
29
30     # 展示结果
31     cv.imshow('Find and Draw Contours', image)
32     cv.waitKey(0)
33     cv.destroyAllWindows()
```

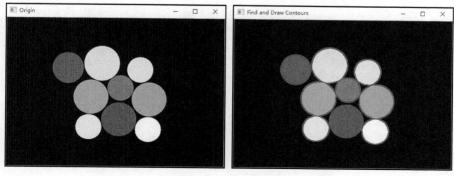

图 7-16　轮廓检测结果

```
[[[ 1 -1 -1 -1]
 [-1  0  2 -1]
 [ 3 -1 -1  1]
 [-1  2 -1  1]]]
```

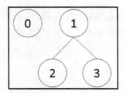

图 7-17　轮廓的层级关系

7.2.2　轮廓面积

轮廓面积是轮廓重要的统计特性之一。通过轮廓面积的大小，可以进一步分析每个轮廓隐含的信息，如通过轮廓面积区分物体大小、识别不同的物体。轮廓面积是指每个轮廓中的所有像素围成的区域的面积，单位为像素。OpenCV 4 提供了计算轮廓面积的函数 cv.contourArea()，该函数的原型在代码清单 7-14 中给出。

代码清单 7-14　cv.contourArea()函数的原型
```
1  retval = cv.contourArea(contour
2                     [, oriented])
```

- contour：轮廓的像素。
- oriented：区域面积是否具有方向的标志。

该函数用于计算由轮廓像素围成的区域的面积，并将结果通过值返回。由相邻的两个像素之间依次相连构成的多边形区域为轮廓面积的统计区域。连续 3 个像素之间的连线有可能在同一条直线上，因此，为了减少输入的轮廓像素的数目，可以只输入轮廓的顶点像素。例如，对于一个三角形的轮廓，轮廓可能具有每一条边上的所有像素，但是在计算面积时可以只输入三角形的 3 个顶点。该函数的第 2 个参数为 True 时，表示计算的面积具有方向性，轮廓顶点顺时针给出和逆时针给出时计算的面积互为相反数；当该参数为 False 时，表示计算的面积不具有方向性，输出轮廓面积的绝对值，默认值为 False。

为了展示该函数的使用方法，代码清单 7-15 给出了计算轮廓面积的示例程序。程序中给出了一个直角三角形轮廓的 3 个顶点，以及斜边的中点，计算出的轮廓面积与三角形的面积相等，同时计算图 7-16 中每个轮廓的面积。该程序的运行结果在图 7-18 中给出。

代码清单 7-15　ContourArea.py
```
1  # -*- coding:utf-8 -*-
2  import cv2 as cv
3  import sys
4  import numpy as np
5
6
7  if __name__ == '__main__':
8      # 用 4 个点表示三角形轮廓
9      A = (0, 0)                    # 顶点 A
10     B = (10, 0)                   # 顶点 B
11     C = (10, 10)                  # 顶点 C
12     D = (5, 5)                    # 斜边中点 D
13     triangle = np.array((A, B, C, D))
14     triangle_area = cv.contourArea(triangle)
15     print('三角形面积为: {}'.format(triangle_area))
16
17     # 读取图像 circles.png
18     image = cv.imread('./images/circles.png')
```

```
19    if image is None:
20        print('Failed to read circles.png.')
21        sys.exit()
22
23    gray = cv.cvtColor(image, cv.COLOR_BGR2GRAY)
24
25    # 高斯滤波
26    gray = cv.GaussianBlur(gray, (9, 9), sigmaX=2, sigmaY=2)
27
28    # 二值化
29    binary = cv.threshold(gray, 75, 180, cv.THRESH_BINARY)
30
31    # 轮廓检测
32    contours, hierarchy = cv.findContours(binary[1], mode=cv.RETR_TREE, method=cv.
          CHAIN_APPROX_SIMPLE)
33
34    # 输出轮廓面积
35    for i in range(len(contours)):
36        img_area = cv.contourArea(contours[i])
37        print('第{}个轮廓面积: {}'.format(i, img_area))
```

```
三角形面积: 50.0
第0个轮廓面积: 3423.0
第1个轮廓面积: 31008.0
第2个轮廓面积: 291.5
第3个轮廓面积: 277.0
```

图 7-18　ContourArea.py 程序的运行结果

7.2.3　轮廓长度

轮廓的长度也是轮廓重要的统计特性之一。虽然轮廓的长度无法直接反映轮廓区域的大小和形状，但是可以与轮廓面积结合得到关于轮廓区域的更多信息，例如，当某个区域的面积与周长平方的比值为 1 : 16 时，该区域为正方形。OpenCV 4 提供了用于计算轮廓长度或者曲线长度的函数 cv.arcLength()，该函数的原型在代码清单 7-16 中给出。

代码清单 7-16　cv.arcLength()函数的原型

```
1    retval = cv.arcLength(curve,
2                          closed)
```

- curve：轮廓或者曲线的 2D 像素点。
- closed：轮廓或者曲线是否闭合的标志。

该函数能够计算轮廓或者曲线的长度，并将结果通过函数值返回，单位为像素，数据类型为 float。该函数的第 1 个参数是轮廓或者曲线的 2D 像素，可以存放在 list 或 ndarray 对象中。该函数的第 2 个参数是轮廓或者曲线是否闭合的标志，True 表示闭合。

函数计算的长度是轮廓或者曲线中相邻两个像素之间连线的长度，例如，在计算由三角形 3 个顶点 A、B 和 C 构成的轮廓长度时，当函数的第 2 个参数为 True 时，计算的长度是三角形 3 条边 AB、BC 和 CA 的长度之和；当参数为 False 时，计算的长度是由 A、B、C 这 3 个点之间依次连线的长度之和，即 AB 和 BC 的长度之和。

为了展示该函数的使用方法，代码清单 7-17 给出了计算轮廓长度的示例程序。程序中给出一个直角三角形轮廓的 3 个顶点，以及斜边的中点，利用 cv.arcLength() 函数分别计算轮廓闭合情况下的长度和非闭合情况下的长度，同时统计图 7-16 中每个轮廓的长度。程序的运行结果在图 7-19 中给出。

代码清单 7-17　ArcLength.py

```
1   # -*- coding:utf-8 -*-
2   import cv2 as cv
3   import sys
4   import numpy as np
5
6
7   if __name__ == '__main__':
8       # 用 4 个点表示三角形轮廓
9       A = (0, 0)                   # 顶点 A
10      B = (10, 0)                  # 顶点 B
11      C = (10, 10)                 # 顶点 C
12      D = (5, 5)                   # 斜边中点 D
13      triangle = np.array((A, B, C, D))
14      triangle_perimeter1 = cv.arcLength(triangle, closed=True)
15      triangle_perimeter2 = cv.arcLength(triangle, closed=False)
16      print('三角形周长（闭合）: {}'.format(triangle_perimeter1))
17      print('三角形周长（不闭合）: {}'.format(triangle_perimeter2))
18
19      # 读取图像 circles.png
20      image = cv.imread('./images/circles.png')
21      if image is None:
22          print('Failed to read circles.png.')
23          sys.exit()
24
25      gray = cv.cvtColor(image, cv.COLOR_BGR2GRAY)
26
27      # 高斯滤波
28      gray = cv.GaussianBlur(gray, (9, 9), sigmaX=2, sigmaY=2)
29
30      # 二值化
31      binary = cv.threshold(gray, 75, 180, cv.THRESH_BINARY)
32
33      # 轮廓检测
34      contours, hierarchy = cv.findContours(binary[1], mode=cv.RETR_TREE, method=cv.
            CHAIN_APPROX_SIMPLE)
35
36      # 输出轮廓周长
37      for i in range(len(contours)):
38          img_perimeter = cv.arcLength(contours[i], closed=True)
39          print('第{}个轮廓周长: {}'.format(i, img_perimeter))
```

```
三角形周长（闭合）: 34.14213562011719
三角形周长（不闭合）: 27.071067810058594
第0个轮廓周长：219.48022854328156
第1个轮廓周长：1470.3616025447845
第2个轮廓周长：86.66904675960541
第3个轮廓周长：80.42640662193298
```

图 7-19　ArcLength.py 程序输出结果

7.2.4 轮廓外接多边形

由于噪声和光照的影响，物体的轮廓会出现不规则的形状，不规则的轮廓形状不利于对图像内容进行分析。此时，需要将物体的轮廓拟合成规则的几何形状，根据需求可以将图像轮廓拟合成矩形、多边形等。本节将介绍 OpenCV 4 中提供的求轮廓外接多边形的函数，用于实现图像中轮廓的形状拟合。

矩形是常见的几何形状，矩形的处理和分析方法也较简单，OpenCV 4 为求取轮廓外接矩形提供了两个函数，分别是求取轮廓最大外接矩形的函数 cv.boundingRect() 和求取轮廓最小外接矩形的函数 cv.minAreaRect()。

寻找轮廓外接最大矩形就是寻找轮廓 x 方向和 y 方向的像素，该矩形的长和宽分别与图像的两条轴平行。cv.boundingRect() 函数可以实现这个功能，该函数的原型在代码清单 7-18 中给出。

代码清单 7-18　cv.boundingRect() 函数的原型

```
retval = cv.boundingRect(array)
```

array 表示输入的灰度图像或者 2D 点集。

该函数可以求取包含输入图像中物体轮廓或者 2D 点集的最大外接矩形，并将结果通过值返回。该函数只有一个参数，它可以是 ndarray 对象或 list 格式的灰度图像或者 2D 点集。该函数的返回值是一个 tuple 类型的变量，共有 4 个参数，前两个参数是最大外接矩形左上角像素的坐标，后两个参数分别表示最大外接矩形的宽和高。得到返回值后，可以直接用 cv.rectangle() 函数绘制矩形。

最小外接矩形的 4 条边都与轮廓相交，该矩形的旋转角度与轮廓的形状有关，多数情况下，矩形的 4 条边不与图像的两条轴平行。cv.minAreaRect() 函数可以求取轮廓的最小外接矩形，该函数的原型在代码清单 7-19 中给出。

代码清单 7-19　cv.minAreaRect() 函数的原型

```
retval = cv.minAreaRect(points)
```

points 表示输入的 2D 点集合。

该函数可以根据输入的 2D 点集合计算最小的外接矩形，并以 tuple 格式返回。返回值中 tuple[0] 包含矩形左上角角点的坐标(x, y)，tuple[1] 包含矩形的宽和高(w, h)，tuple[2] 是矩形的旋转角度（单位为度）。此处的旋转角度为水平轴（x 轴）经过逆时针旋转后与第一次相交的边的夹角，此时该边为宽，相邻的边为高。若要绘制该外接矩形，可以通过函数 cv.boxPoints() 获取该矩形的 4 个顶点，并通过前面的 cv.drawContours() 函数绘制轮廓。

为了展示上面两个函数的使用方法，代码清单 7-20 给出了提取轮廓外接矩形的示例程序。程序中首先利用 Canny 算法提取图像边缘，之后通过膨胀算法将邻近的边缘连接成一个连通域，然后提取图像的轮廓，并提取每一个轮廓的最大外接矩形和最小外接矩形，最后在图像中绘制出矩形轮廓。程序的运行结果在图 7-20 中给出。

代码清单 7-20　Rect.py

```
1   # -*- coding:utf-8 -*-
2   import cv2 as cv
3   import sys
4   import numpy as np
5
6
7   if __name__ == '__main__':
8       # 读取图像 stuff.jpg
9       image = cv.imread('./images/stuff.jpg')
```

```
10    if image is None:
11        print('Failed to read stuff.jpg.')
12        sys.exit()
13    cv.imshow('Origin', image)
14
15    # 提取图像边缘
16    canny = cv.Canny(image, 80, 160, 3)
17    cv.imshow('Canny Image', canny)
18
19    # 膨胀运算
20    kernel = cv.getStructuringElement(0, (3, 3))
21    canny = cv.dilate(canny, kernel=kernel)
22
23    # 轮廓检测及绘制
24    contours, hierarchy = cv.findContours(canny, mode=0, method=2)
25
26    # 寻找并绘制轮廓外接矩形
27    img1 = image.copy()
28    img2 = image.copy()
29    for i in range(len(contours)):
30        # 绘制轮廓的最大外接矩形
31        max_rect = cv.boundingRect(contours[i])
32        cv.rectangle(img1, max_rect, (0, 0, 255), 2, 8, 0)
33        # 绘制轮廓的最小外接矩形
34        min_rect = cv.minAreaRect(contours[i])
35        points = cv.boxPoints(min_rect).astype(np.int64)
36        img2 = cv.drawContours(img2, [points], -1, (0, 255, 0), 2, 8)
37
38    cv.imshow('Max Rect', img1)
39    cv.imshow('Min Rect', img2)
40    cv.waitKey(0)
41    cv.destroyAllWindows()
```

原图

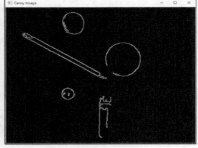

边缘检测结果

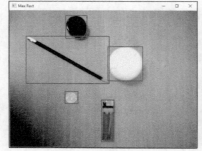

最大外接矩形结果

最小外接矩形结果

图 7-20　Rect.py 程序的运行结果

有时候用矩形逼近轮廓会产生较大的误差，例如图 7-20 中逼近圆形轮廓的矩形围成的面积比圆形真实面积大，如果寻找逼近轮廓的多边形，那么多边形围成的面积会更加接近真实的圆形轮廓面积。OpenCV 4 提供了函数 cv.approxPolyDP()用于寻找逼近轮廓的多边形，该函数的原型在代码清单 7-21 中给出。

代码清单 7-21　cv.approxPolyDP()函数的原型

```
1  approxCurve = cv.approxPolyDP(curve,
2                                epsilon,
3                                closed
4                                [, approxCurve] )
```

- curve：输入轮廓的 2D 像素。
- epsilon：逼近的精度。
- closed：逼近曲线是否为封闭曲线的标志。
- approxCurve：多边形逼近结果，以多边形顶点坐标的形式给出。

该函数根据输入的轮廓得到最佳的逼近多边形，并将多边形逼近结果通过值返回。该函数的第 1 个参数是输入轮廓的 2D 像素，可以保存至 ndarray 对象中。第 2 个参数即原始曲线和逼近曲线之间的最长距离。若第 3 个参数为 True，表示曲线封闭，即最后一个顶点与第 1 个顶点相连。多边形的逼近结果会保存至数据类型为 int32、维度为 $N \times 1 \times 2$ 的 ndarray 对象中，我们可以通过 N 初步判断轮廓的几何形状。

为了展示该函数的用法，代码清单 7-22 给出了对多个轮廓进行多边形逼近的示例程序。程序中首先提取图像的边缘，然后对边缘执行膨胀运算，将靠近的边缘变成一个连通域，之后对边缘进行轮廓检测，并对每个轮廓进行多边形逼近，将逼近结果绘制在原图像中，最后通过判断多边形边的数目为每个多边形添加形状注释。该程序的运行结果在图 7-21 中给出。

代码清单 7-22　ApproxPolyDP.py

```
1  # -*- coding:utf-8 -*-
2  import cv2 as cv
3  import sys
4  import numpy as np
5
6
7  def judge_shape(val):
8      if val == 3:
9          return 'Triangle'
10     elif val == 4:
11         return 'Rectangle'
12     else:
13         return 'Ploygon-{}'.format(val)
14
15
16 if __name__ == '__main__':
17     # 读取图像 approx.png
18     image = cv.imread('./images/approx.png')
19     if image is None:
20         print('Failed to read approx.png.')
21         sys.exit()
22
23     # 提取图像边缘
24     canny = cv.Canny(image, 80, 160, 3)
25
26     # 膨胀运算
27     kernel = cv.getStructuringElement(0, (3, 3))
```

209

```
28    canny = cv.dilate(canny, kernel=kernel)
29
30    # 轮廓检测及绘制
31    contours, hierarchy = cv.findContours(canny, mode=0, method=2)
32
33    for i in range(len(contours)):
34        # 多边形拟合
35        approx = cv.approxPolyDP(contours[i], 4, closed=True)
36        # 多边形绘制
37        image = cv.drawContours(image, [approx], -1, (0, 255, 0), 2, 8)
38        # 在图中输出多边形形状
39        # 计算并绘制多边形中心
40        center = np.int0((sum(approx)[0] / len(approx)))
41        center = (center[0], center[1])
42        cvcircle(image, center, 3, (0, 0, 255), -1)
43        # 判断并绘制形状信息
44        cv.putText(image, text=judge_shape(approx.shape[0]), org=center, fontFace=1,
               fontScale=1, color=(0, 0, 255))
45    cv.imshow('ApproxPolyDP', image)
46    cv.waitKey(0)
47    cv.destroyAllWindows()
```

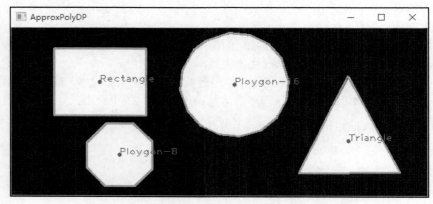

图 7-21　ApproxPolyDP.py 程序中多边形拟合结果

7.2.5　点到轮廓的距离

点到轮廓的距离对于计算轮廓在图像中的位置、两个轮廓之间的距离，以及确定图像上某一点是否在轮廓内部具有重要的作用。OpenCV 4 提供了计算像素点到轮廓最短距离的函数 cv.point-PolygonTest()，该函数的原型在代码清单 7-23 中给出。

代码清单 7-23　cv.pointPolygonTest()函数的原型

```
1    retval =cv.pointPolygonTest(contour,
2                               pt,
3                               measureDist)
```

- `contour`：输入的轮廓。
- `pt`：需要计算与轮廓距离的像素。
- `measureDist`：统计的距离是否具有方向性的标志。

该函数能够计算指定像素到轮廓的最短距离并以 float 类型将结果通过值返回。该函数的第 1 个参数可以保存至 ndarray 对象中。若第 3 个参数是 False，表示输出结果不具有方向性，只判断像素与轮廓之间的位置关系。如果像素在轮廓的内部，返回值为1；如果像素在轮廓的边缘上，返回值为0；如果像素在轮廓的外部，返回值为−1。若第3个参数为 True，表示输出结果具有方向性。如果像素在轮廓内部，返回值为正数；如果像素在轮廓外部，返回值为负数。

为了展示该函数的使用方法，代码清单 7-24 给出了计算像素与多个轮廓之间距离的示例程序。程序中创建了一个点 A，通过 cv.pointPolygonTest()函数计算点 A 与各个轮廓的距离，判断该点在对应轮廓的外部还是内部。程序的运行结果在图 7-22 中给出。

代码清单 7-24　PointPolygonTest.py

```python
1   # -*- coding:utf-8 -*-
2   import cv2 as cv
3   import sys
4
5
6   if __name__ == '__main__':
7       # 读取图像 approx.png
8       image = cv.imread('./images/approx.png')
9       if image is None:
10          print('Failed to read approx.png.')
11          sys.exit()
12
13      # 提取图像边缘
14      canny = cv.Canny(image, 80, 160, 3)
15
16      # 膨胀运算
17      kernel = cv.getStructuringElement(0, (3, 3))
18      canny = cv.dilate(canny, kernel=kernel)
19
20      # 轮廓检测及绘制
21      contours, hierarchy = cv.findContours(canny, mode=0, method=2)
22
23      # 创建图像中的点 A
24      point = (300, 100)
25
26      # 判断点 A 与各个轮廓的距离
27      for i in range(len(contours)):
28          dis = cv.pointPolygonTest(contours[i], point, measureDist=True)
29          if dis > 0:
30              pos = '内部'
31          elif dis == 0:
32              pos = '边缘上'
33          else:
34              pos = '外部'
35          print('像素 A（300，100）与第{}个轮廓的距离为{}，'
36                '它位于轮廓{}'.format(i, round(dis, 2), pos))
```

```
像素A（300，100）与第0个轮廓的距离为−118.23，它位于轮廓外部
像素A（300，100）与第1个轮廓的距离为−162.79，它位于轮廓外部
像素A（300，100）与第2个轮廓的距离为−102.0，它位于轮廓外部
像素A（300，100）与第3个轮廓的距离为47.41，它位于轮廓内部
```

图 7-22　PointPolygonTest.py 程序的运行结果

7.2.6　凸包检测

有时物体（例如人手、海星等）的形状过于复杂，用多边形逼近后处理起来仍然较复杂。形状较复杂的物体可以利用凸包近似来表示。凸包是图形学中常见的概念，将二维平面上点集最外层的点连接起来构成的凸多边形称为凸包。虽然凸包检测也是对轮廓进行多边形逼近，但是逼近结果一定为凸多边形。

OpenCV 4 提供了用于物体凸包检测的函数 cv.convexHull()，该函数的原型在代码清单 7-25 中给出。

代码清单 7-25　cv.convexHull()函数的原型

```
1  hull = cv.convexHull(points
2                      [, hull
3                      [, clockwise
4                      [, returnPoints]]])
```

- points：输入的 2D 点集或者轮廓坐标。
- hull：输出凸包的顶点。
- clockwise：方向标志。
- returnPoints：输出数据的类型标志。

该函数用于检测 2D 点集或者轮廓的凸包，并将检测到的凸包的顶点通过值返回。该函数的第 1 个参数可以保存在 ndarray 对象中。第 2 个参数存放在数据类型为 int32 的 ndarray 对象或 list 中。第 3 个参数指定凸包顶点的顺序是顺时针还是逆时针，当参数为 True 时，凸包顶点的顺序为顺时针顺序，否则为逆时针顺序。当该函数的最后一个参数为 True 时，第 2 个参数输出的结果是凸包顶点的坐标，存放至 ndarray 对象中；当该参数为 False 时，第 2 个参数输出的结果是凸包顶点的索引，存放在 list 中。

为了展示该函数的使用方法，代码清单 7-26 给出了检测轮廓凸包的示例程序。程序中首先对图像进行二值化，并利用开运算消除二值化中产生的较小区域，之后检测图像的轮廓，最后对图像中的每一个轮廓进行凸包检测，并绘制凸包的顶点和每一条边。该程序的输出结果在图 7-23 中给出。

代码清单 7-26　ConvexHull.py

```
1  # -*- coding:utf-8 -*-
2  import cv2 as cv
3  import sys
4
5
6  if __name__ == '__main__':
7      # 读取图像 hand.png
8      image = cv.imread('./images/hand.png')
9      if image is None:
10         print('Failed to read hand.png.')
11         sys.exit()
12
13     # 灰度化
14     gray = cv.cvtColor(image, cv.COLOR_BGR2GRAY)
15
16     # 二值化
17     _, binary = cv.threshold(gray, 105, 255, cv.THRESH_BINARY)
18
19     # 对图像进行开运算
```

```
20    kernel = cv.getStructuringElement(cv.MORPH_RECT, (9, 9), (-1, -1))
21    binary = cv.morphologyEx(binary, cv.MORPH_OPEN, kernel)
22    cv.imshow('Open', binary)
23
24    # 轮廓检测
25    contours, hierarchy = cv.findContours(binary, mode=cv.RETR_TREE, method=
          cv.CHAIN_APPROX_SIMPLE)
26
27    # 计算并绘制凸包
28    for i in contours:
29        # 计算
30        hull = cv.convexHull(i)
31        # 绘制边缘
32        image = cv.drawContours(image, [hull], -1, (0, 0, 255), 2, 8)
33        # 绘制顶点
34        for j in hull:
35            cv.circle(image, (j[0][0], j[0][1]), 4, (255, 0, 0), 2, 8, 0)
36
37    # 展示结果
38    cv.imshow('ConvexHull', image)
39    cv.waitKey(0)
40    cv.destroyAllWindows()
```

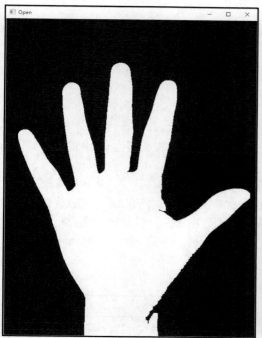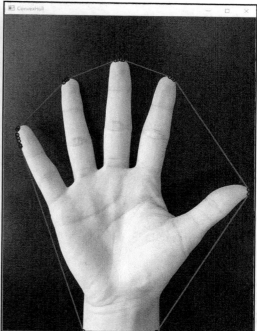

图 7-23　ConvexHull.py 程序的运行结果

7.3　矩的计算

　　矩是描述图像特征的算子，被广泛用于图像检索和识别，以及图像匹配、图像重建、图像压缩及运动图像序列分析等领域。本节将介绍空间矩与 Hu 矩的计算方法，以及应用 Hu 矩实现图像轮廓匹配的方法。

7.3.1 空间矩与中心矩

图像空间矩的计算公式如式（7-8）所示。

$$m_{ji} = \sum_{x,y} I(x,y) x^j y^i \qquad （7-8）$$

其中，$I(x,y)$ 是像素 (x,y) 处的像素值。当 x 和 y 同时取 0 时，m_{ji} 称为零阶矩。零阶矩可以用于计算某个形状的质心。当 i 和 j 分别取 0 和 1 时，m_{ji} 称为一阶矩，以此类推。图像质心的计算公式如式（7-9）所示。

$$\overline{x} = \frac{m_{10}}{m_{00}}, \quad \overline{y} = \frac{m_{01}}{m_{00}} \qquad （7-9）$$

图像空间距的计算公式如式（7-10）所示。

$$mu_{ji} = \sum_{x,y} I(x,y)(x-\overline{x})^j (y-\overline{y})^i \qquad （7-10）$$

式中，$\overline{x}$ 表示 x 的均值；$\overline{y}$ 表示 y 的均值。

图像归一化几何矩的计算公式如式（7-11）所示。

$$nu_{ji} = \frac{mu_{ji}}{m_{00}^{(i+j)/2+1}} \qquad （7-11）$$

OpenCV 4 提供了计算图像矩的函数 cv.moments()，该函数的原型在代码清单 7-27 中给出。

代码清单 7-27　cv.moments()函数的原型

```
1  retval = cv.moments(array
2                  [, binaryImage])
```

- `array`：待计算矩的区域 2D 像素坐标集合或者单通道数据类型为 uint8 的图像。
- `binaryImage`：是否将所有非零像素值视为 1 的标志。

该函数用于计算图像连通域的空间矩和中心距，以及归一化的几何矩，并将计算结果通过值返回。该函数的第 2 个参数只在第 1 个参数设置为图像类型的数据时才有作用。该函数会以 dict 格式返回一个 Moments 类的变量。Moments 类中含有几何矩、中心距，以及归一化的几何矩的数值属性，例如 Moments.m00 是零阶矩，Moments.m01 和 Moments.m10 是一阶矩。Moments 类中所有的属性在表 7-5 给出。

表 7-5　Moments 类的属性

种类	属性
空间矩	m00、m10、m01、m20、m11、m02、m30、m21、m12、m03
中心矩	mu20、mu11、mu02、mu30、mu21、mu12、mu03
归一化的中心矩	nu20、nu11、nu02、nu30、nu21、nu12、nu03

为了展示该函数的使用方法，代码清单 7-28 给出了计算图像矩和读取每一种矩数值的示例程序，程序的部分运行结果如图 7-24 所示。

代码清单 7-28　Moments.py

```
1  # -*- coding:utf-8 -*-
2  import cv2 as cv
```

```
3   import sys
4
5
6   if __name__ == '__main__':
7       # 读取图像 approx.png
8       image = cv.imread('./images/approx.png')
9       if image is None:
10          print('Failed to read approx.png.')
11          sys.exit()
12
13      # 灰度化
14      gray = cv.cvtColor(image, cv.COLOR_BGR2GRAY)
15
16      # 二值化
17      _, binary = cv.threshold(gray, 105, 255, cv.THRESH_BINARY)
18
19      # 对图像进行开运算
20      kernel = cv.getStructuringElement(cv.MORPH_RECT, (9, 9), (-1, -1))
21      binary = cv.morphologyEx(binary, cv.MORPH_OPEN, kernel)
22
23      # 轮廓检测
24      contours, hierarchy = cv.findContours(binary, mode=cv.RETR_TREE, method=
            cv.CHAIN_APPROX_SIMPLE)
25
26      # 计算图像的矩
27      for i in contours:
28          M = cv.moments(i)
29          print('Spatial moments:')
30          print('m00: {}, m10: {}, m01: {}, m20: {}, m11: {}, m02: {}, m30: {}, m21: {},
                m12: {}, m03: {}'
31              .format(M['m00'], M['m10'], M['m01'], M['m20'], M['m11'], M['m02'],
                    M['m30'], M['m21'], M['m12'], M['m03']))
32          print('Central moments:')
33          print('mu20: {}, mu11: {}, mu02: {}, mu30: {}, mu21: {}, mu12: {}, mu03: {}'
34              .format(M['mu20'], M['mu11'], M['mu02'], M['mu30'], M['mu21'], M['mu12'],
                    M['mu03']))
35          print('Central normalized moments:')
36          print('nu20: {}, nu11: {}, nu02: {}, nu30: {}, nu21: {}, nu12: {}, nu03: {}'
37              .format(M['nu20'], M['nu11'], M['nu02'], M['nu30'], M['nu21'], M['nu12'],
                    M['nu03']))
```

```
Spatial moments:
m00: 7191.0, m10: 1146964.5, m01: 1398649.5, m20: 187065243.0, m11: 223084595.25, m02: 276161733.0,
 m30: 31152591533.25, m21: 36384189763.5, m12: 44047796413.5, m03: 55317850710.75
Central moments:
mu20: 4124405.25, mu11: 2.9802322387695312e-08, mu02: 4124405.2500000596, mu30: 0.0, mu21:
 -7.510185241699219e-06, mu12: -9.5367431640625e-06, mu03: -1.52587890625e-05
```

图 7-24　Moments.py 程序的部分运行结果

7.3.2　Hu 矩

Hu 矩具有旋转、平移和缩放不变性，因此，在图像旋转和缩放的情况下，Hu 矩具有更广泛的应用。Hu 矩是由二阶和三阶中心距计算得到的 7 个不变矩，具体计算公式如式（7-12）所示。

$$H_1 = \eta_{20} + \eta_{02}$$

$$H_2 = (\eta_{20} - \eta_{02})^2 + 4\eta_{11}^2$$

$$H_3 = (\eta_{30} - 3\eta_{12})^2 + (3\eta_{21} - \eta_{03})^2$$

$$H_4 = (\eta_{30} + \eta_{12})^2 + (\eta_{21} + \eta_{03})^2 \qquad (7\text{-}12)$$

$$H_5 = (\eta_{30} - 3\eta_{12})(\eta_{30} + \eta_{12})[(\eta_{30} + \eta_{12})^2 - 3(\eta_{21} + \eta_{03})^2] + (3\eta_{21} - \eta_{03})(\eta_{21} + \eta_{03})[3(\eta_{30} + \eta_{12})^2 - (\eta_{21} + \eta_{03})^2]$$

$$H_6 = (\eta_{20} - \eta_{02})[(\eta_{30} + \eta_{12})^2 - (\eta_{21} + \eta_{03})^2] + 4\eta_{11}(\eta_{30} + \eta_{12})(\eta_{21} + \eta_{03})$$

$$H_7 = (3\eta_{21} - \eta_{03})(\eta_{30} + \eta_{12})[3(\eta_{30} + \eta_{12})^2 - (\eta_{21} + \eta_{03})^2] - (\eta_{30} - 3\eta_{12})(\eta_{21} + \eta_{03})[3(\eta_{30} + \eta_{12})^2 - (\eta_{21} + \eta_{03})^2]$$

OpenCV 4 提供了用于计算 Hu 矩的函数 cv.HuMoments()，根据参数类型，该函数具有两种原型，在代码清单 7-29 中给出其中一种原型。

代码清单 7-29　cv.HuMoments()函数的一种原型

```
1  hu = cv.HuMoments(m
2                    [, hu])
```

- m：输入的图像矩。
- hu：输出 Hu 矩的矩阵。

该函数可以根据图像的中心距计算图像的 Hu 矩，并将计算结果通过值返回。第 2 个参数以 ndarray 对象的方式进行保存。

为了展示该函数的使用方法，代码清单 7-30 给出了计算图像 Hu 矩的示例程序，程序的部分运行结果如图 7-25 所示。

代码清单 7-30　HuMoments.py

```
1  # -*- coding:utf-8 -*-
2  import cv2 as cv
3  import sys
4
5
6  if __name__ == '__main__':
7      # 读取图像 approx.png
8      image = cv.imread('./images/approx.png')
9      if image is None:
10         print('Failed to read approx.png.')
11         sys.exit()
12
13     # 灰度化
14     gray = cv.cvtColor(image, cv.COLOR_BGR2GRAY)
15
16     # 二值化
17     _, binary = cv.threshold(gray, 105, 255, cv.THRESH_BINARY)
18
19     # 对图像进行开运算
20     kernel = cv.getStructuringElement(cv.MORPH_RECT, (9, 9), (-1, -1))
21     binary = cv.morphologyEx(binary, cv.MORPH_OPEN, kernel)
22
23     # 轮廓检测
24     contours, hierarchy = cv.findContours(binary, mode=cv.RETR_TREE, method=
           cv.CHAIN_APPROX_SIMPLE)
25
26     # 计算图像矩
27     for i in contours:
28         M = cv.moments(i)
29         # Hu 距计算
30         hu = cv.HuMoments(M)
```

```
31        print(hu)
```

```
[[  1.59519121e-01]
 [  2.68756311e-30]
 [  4.53192782e-29]
 [  3.16911983e-29]
 [  9.70634294e-58]
 [  5.19491203e-44]
 [ -7.07328128e-58]]
```

图 7-25　HuMoments.py 程序的部分运行结果

7.3.3　基于 Hu 矩的轮廓匹配

由于 Hu 矩具有旋转、平移和缩放不变性，因此可以通过 Hu 矩实现图像轮廓的匹配。OpenCV 4 提供了利用 Hu 矩进行轮廓匹配的函数 cv.matchShapes()，该函数的原型在代码清单 7-31 中给出。

代码清单 7-31　cv.matchShapes()函数的原型

```
1   retval = cv.matchShapes(contour1,
2                           contour2,
3                           method,
4                           parameter)
```

- contour1：原灰度图像或者轮廓。
- contour2：模板图像或者轮廓。
- method：匹配方法的标志。
- parameter：特定于方法的参数（现在不支持）。

该函数用于在图像或者轮廓中寻找与模板图像或者轮廓像素匹配的区域，并将匹配结果通过值返回。该函数的第 3 个参数可以选择的标志在表 7-6 给出。该函数的最后一个参数在目前的 OpenCV 4 版本中没有意义，可以将其设置为 0。

表 7-6　　　　　　　　　cv.matchShapes()函数中 method 可以选择的标志

标志	简记	公式
cv.CONTOURS_MATCH_I1	1	$I_1(A,B) = \sum_{i=1,\cdots,7} \left| \frac{1}{m_i^A} - \frac{1}{m_i^B} \right|$ 式中，m_i^A 表示 A 区域中 Hu 矩的第 i 个分量；m_i^B 表示 B 区域中 Hu 矩的第 i 个分量
cv.CONTOURS_MATCH_I2	2	$I_2(A,B) = \sum_{i=1,\cdots,7} \left| m_i^A - m_i^B \right|$
cv.CONTOURS_MATCH_I3	3	$I_3(A,B) = \max_{i=1,\cdots,7} \frac{\left| m_i^A - m_i^B \right|}{\left| m_i^A \right|}$

为了展示该函数的使用方法，代码清单 7-32 给出了利用 Hu 矩实现模板与原图像或者轮廓之间匹配的示例程序。程序中原图像有 3 个字母，模板图像有 1 个字母，并且模板图像中字母的尺寸小于原图像中字母的尺寸。通过对两张图像提取轮廓并计算每个轮廓的 Hu 矩，寻找原图像和模板图像中 Hu 矩最相似的两个轮廓，并在原图像中绘制出相似轮廓。程序的运行结果在图 7-26 中给出。

代码清单 7-32　MatchShapes.py

```
1   # -*- coding:utf-8 -*-
```

```
2   import cv2 as cv
3   import sys
4
5
6   if __name__ == '__main__':
7       # 读取图像 ABC.png
8       image1 = cv.imread('./images/ABC.png')
9       if image1 is None:
10          print('Failed to read ABC.png.')
11          sys.exit()
12
13      image2 = cv.imread('./images/B.png')
14      if image2 is None:
15          print('Failed to read B.png.')
16          sys.exit()
17      cv.imshow('B', image2)
18
19      # 灰度化
20      gray1 = cv.cvtColor(image1, cv.COLOR_BGR2GRAY)
21      gray2 = cv.cvtColor(image2, cv.COLOR_BGR2GRAY)
22
23      # 二值化
24      _, binary1 = cv.threshold(gray1, 0, 255, cv.THRESH_BINARY)
25      _, binary2 = cv.threshold(gray2, 0, 255, cv.THRESH_BINARY)
26
27      # 轮廓检测
28      contours1, _ = cv.findContours(binary1, mode=cv.RETR_TREE, method=
            cv.CHAIN_APPROX_SIMPLE)
29      contours2, _ = cv.findContours(binary2, mode=cv.RETR_TREE, method=
            cv.CHAIN_APPROX_SIMPLE)
30
31      # Hu 距计算
32      hu = cv.HuMoments(cv.moments(contours2[0]))
33
34      # 轮廓匹配
35      for i in range(len(contours1)):
36          hu1 = cv.HuMoments(cv.moments(contours1[i]))
37          dist = cv.matchShapes(hu1, hu, cv.CONTOURS_MATCH_I1, 0)
38          if dist < 1:
39              cv.drawContours(image1, contours1, i, (0, 0, 255), 3, 8)
40
41      # 展示结果
42      cv.imshow('Match Result', image1)
43      cv.waitKey(0)
44      cv.destroyAllWindows()
```

模板　　　　　　　　　　　　　匹配结果

图 7-26　MatchShapes.py 程序的运行结果

7.4 点集拟合

有时我们关注的区域是一些面积较小且数目较多的连通域或者像素，并且这些区域相对集中。此时，如果寻找轮廓并对每个轮廓进行外接多边形逼近，那么结果中会有较多的多边形。为了避免这种情况，我们可以将这些连通域或者像素集合整体看成一个较大的区域。此时，我们可以寻找包围这些区域的规则图形（例如三角形、圆形等），包围 2D 点集的三角形如图 7-27 所示。本节将重点介绍如何寻找包围 2D 点集的规则图形，包括三角形和圆形。OpenCV 4 提供了用于寻找包围 2D 点集的规则图形的函数，接下来将介绍这些函数的原型及其使用方法。

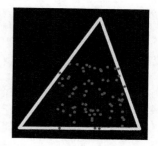

图 7-27 包围 2D 点集的三角形

OpenCV 4 提供了 cv.minEnclosingTriangle()函数，用于寻找 2D 点集的最小包围三角形，函数的原型在代码清单 7-33 中给出。

代码清单 7-33 cv.minEnclosingTriangle()函数的原型

```
1  retval, triangle = cv.minEnclosingTriangle(points
2                                              [, triangle])
```

- `points`：待寻找包围三角形的 2D 点集。
- `triangle`：拟合出的三角形的 3 个顶点坐标。

该函数能够找到包含给定 2D 点集的最小区域的三角形，并以值的形式返回寻找到的三角形面积 `retval` 和顶点坐标 `triangle`。待寻找包围三角形的 2D 点集可以存放在 ndarray 对象中，数据类型可以为 int32 或 float32。包含所有 2D 点集的面积最小的三角形的 3 个顶点坐标的数据类型为 float32，同样存放在 ndarray 对象中。该函数的使用方式在代码清单 7-35 中给出。

OpenCV 4 还提供了 cv.minEnclosingCircle()函数，用于寻找 2D 点集的最小包围圆形，该函数的原型在代码清单 7-34 中给出。

代码清单 7-34 cv.minEnclosingCircle()函数的原型

```
center, radius = cv.minEnclosingCircle(points)
```

- `points`：待寻找包围圆形的 2D 点集。
- `center`：圆心。
- `radius`：圆的半径。

该函数使用迭代算法寻找 2D 点集的最小包围圆形，并将寻找到的圆形的圆心 `center` 和半径 `radius` 通过值返回。待寻找包围圆形的 2D 点集可以存放在 ndarray 对象中。该函数的使用方式在代码清单 7-35 中给出。

在代码清单 7-35 中，随机生成 100 个以内的点，并随机分布在图像的指定区域内，之后通过 cv.minEnclosingTriangle()函数和 cv.minEnclosingCircle()函数寻找包围这些点的三角形和圆形并进行绘制。该程序的运行结果如图 7-28 所示。由于程序中像素点是随机生成的，因此每次运行结果会有所不同。

代码清单 7-35 TriangleAndCircle.py

```
1  # -*- coding:utf-8 -*-
2  import cv2 as cv
3  import numpy as np
```

```
 4
 5
 6  if __name__ == '__main__':
 7      # 生成空白图像
 8      image = np.zeros((500, 500))
 9
10      # 生成随机点
11      points = np.random.randint(150, 270, [100, 2]).astype('float32')
12
13      # 在图像上绘制随机点
14      for pt in points:
15          cv.circle(image, (pt[0], pt[1]), 1, (255, 255, 255), -1)
16      image1 = image.copy()
17
18      # 寻找包围点集的三角形
19      triangle = cv.minEnclosingTriangle(np.array([points]))
20      # 寻找包围点集的圆形
21      center, radius = cv.minEnclosingCircle(points)
22
23      # 绘制三角形（为了便于读者理解，此处给出了 triangle 的详细拆分及绘制方式）
24      triangle = triangle[1]
25      a = triangle[0][0]
26      b = triangle[1][0]
27      c = triangle[2][0]
28      cv.line(image, (a[0], a[1]), (b[0], b[1]), (255, 255, 255), 1, 16)
29      cv.line(image, (a[0], a[1]), (c[0], c[1]), (255, 255, 255), 1, 16)
30      cv.line(image, (b[0], b[1]), (c[0], c[1]), (255, 255, 255), 1, 16)
31
32      # 绘制圆形
33      center = np.int0(center)
34      cv.circle(image1, (center[0], center[1]), int(radius), (255, 255, 255), 1,
35              cv.LINE_AA)
35
36      # 展示结果
37      cv.imshow('Triangle', image)
38      cv.imshow('Circle', image1)
39      cv.waitKey(0)
40      cv.destroyAllWindows()
```

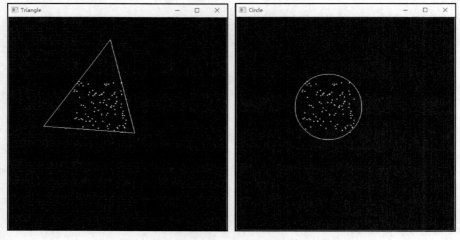

图 7-28　TriangleAndCircle.py 程序的运行结果

7.5　二维码检测

二维码广泛地应用在我们日常生活中，如微信和支付宝支付，火车票，商品标识等。二维码的出现极大地方便了我们的日常生活，同时能将信息较隐蔽地传输。日常生活中常用的二维码的样式及每部分的作用在图 7-29 中给出。二维码顶点上 3 个较大的"回"字形区域用于对二维码进行定位，该区域的特别之处在于任何一条经过中心的直线在黑色和白色区域的长度比值都为 1:1:3:1:1。二维码中间的多个较小的"回"字形区域用于二维码的对齐，根据二维码版本和尺寸的不同，对齐区域的数目也不尽相同。

二维码的识别大致分成两个过程，首先搜索二维码的位置探测图形（即二维码中 3 个顶点处的"回"字区域，二维码位置以 4 个顶点的坐标形式给出。之后对二维码进行解码，提取其中的信息。二维码识别是 OpenCV 4 新增加的功能，OpenCV 4 为直接解码二维码以读取其中的信息提供了相关函数。但是，在 OpenCV 4 之前的版本中，对二维码的识别需要借助第三方工具，常用的是 zbar 解码库。

针对二维码识别的两个过程，OpenCV 4 提供了多个函数用于实现每个过程。这些函数分别是定位二维码的 cv.QRCodeDetector.detect() 函数、根据定位结果解码二维码的 cv.QRCodeDetector.decode() 函数，以及同时定位和解码的 cv.QRCodeDetector.detectAndDecode() 函数。接下来将详细介绍这 3 个函数的原型和使用方法。

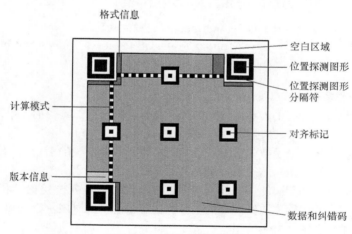

图 7-29　二维码各部分的作用

在利用二维码定位的任务中，有时不需要对二维码进行解码，而是直接使用 4 个顶点的坐标，因此只定位而不解码二维码可以加快系统的运行速度。cv.QRCodeDetector.detect() 原型在代码清单 7-36 中给出。

代码清单 7-36　cv.QRCodeDetector.detect() 函数的原型

```
1  retval, points = cv.QRCodeDetector.detect(img
2                                           [, points])
```

- img：待检测是否含有二维码的灰度图像或者彩色图像。
- points：包含二维码的最小四边形的 4 个顶点坐标，即二维码的 4 个顶点坐标。

该函数能够识别图像中是否含有二维码并在有二维码的情况下输出二维码的顶点坐标，识别结果以 bool 类型的值返回。如果图像中含有二维码，返回值为 True；否则，返回值为 False。待检测是否含有二维码的图像可以是灰度图像也可以是彩色图像，其尺寸任意。包含二维码的最小四边形的 4 个顶点坐标存放于 4×2 的 ndarray 对象中。

cv.QRCodeDetector.decode()函数的原型在代码清单 7-37 中给出。

代码清单 7-37　cv.QRCodeDetector.decode()函数的原型

```
1   retval, straight_qrcode = cv.QRCodeDetector.decode(img,
2                                                      points
3                                                      [, straight_qrcode])
```

- img：待检测是否含有二维码的灰度图像或彩色图像。
- points：包含二维码的最小四边形的 4 个顶点，即二维码中 4 个顶点的坐标。
- straight_qrcode：经过校正和二值化的二维码。

cv.QRCodeDetector.decode()函数能够根据二维码的定位结果对二维码进行解码，并将内容信息以及校正和二值化后的二维码通过值返回。该函数的前两个参数与 cv.QRCodeDetector.detect()函数中的两个参数含义相同，此处不再赘述，不过该函数的第 2 个参数是输入值，不能为空。经过校正和二值化后的二维码存放至 ndarray 对象中。在校正后的二维码中，每一个有效数据都以单个像素的形式出现，例如，在经过校正和二值化的二维码中，"回"字形区域中心的黑色区域尺寸为 3×3，黑色区域边缘的白色轮廓宽度为 1。

有时我们需要识别二维码中的信息，cv.QRCodeDetector.detectAndDecode()函数可以一步完成二维码 4 个顶点定位和解码的过程，该函数的原型在代码清单 7-38 中给出。

代码清单 7-38　cv. QRCodeDetector.detectAndDecode()函数的原型

```
1   retval, points, straight_qrcode = cv.QRCodeDetector.detectAndDecode(img
2                                                                       [, points
3                                                                       [, straight_qrcode]])
```

- img：待检测是否含有二维码的灰度图像或者彩色图像。
- points：包含二维码的最小四边形的 4 个顶点坐标，即二维码的 4 个顶点坐标。
- straight_qrcode：经过校正和二值化的二维码。

该函数的参数在上述两个函数中已有过介绍，此处不再赘述。值得注意的是，第 2 个参数和第 3 个参数可以使用默认参数 None（表示不输出结果）。

为了展示二维码定位和解码相关函数的使用方法，代码清单 7-39 给出了利用上述 3 个函数识别二维码的示例程序。程序输出二维码中的坐标和内容信息，同时展示校正和二值化后的二维码。该程序的部分输出结果在图 7-30 中给出。

代码清单 7-39　QRdetect.py

```python
1   # -*- coding:utf-8 -*-
2   import cv2 as cv
3   import sys
4
5
6   if __name__ == '__main__':
7       # 读取图像 qrcode.png
8       img = cv.imread('./images/qrcode.png', cv.IMREAD_GRAYSCALE)
9       if img is None:
10          print('Failed to read qrcode.png.')
11          sys.exit()
12
13      # 二维码检测和识别
```

```
14    qr_detect = cv.QRCodeDetector()
15    # 对二维码进行检测
16    res, points = qr_detect.detect(img)
17    if res:
18        print('二维码顶点坐标: \n{}'.format(points))
19
20        # 对二维码进行解码
21        ret, straight_qrcode = qr_detect.decode(img, points)
22        print('二维码中信息: \n{}'.format(ret))
23        cv.namedWindow('Straight QRcode', cv.WINDOW_NORMAL)
24        cv.imshow('Straight QRcode', straight_qrcode)
25
26    # 定位并解码二维码
27    ret1, points1, straight_qrcode1 = qr_detect.detectAndDecode(img)
28    # 结果和上述相同，此处不再展示
29    cv.waitKey(0)
30    cv.destroyAllWindows()
```

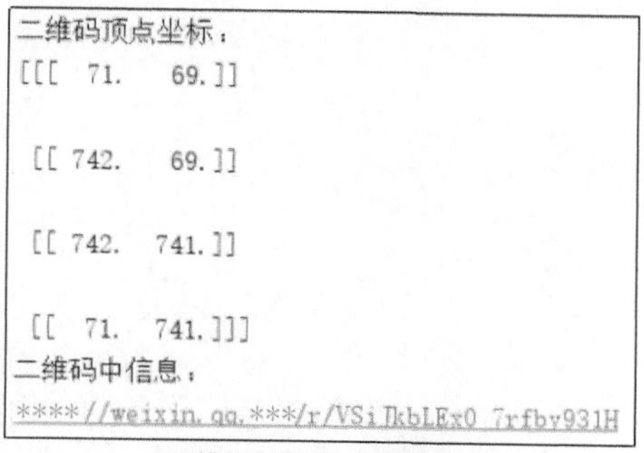

二维码顶点坐标:
[[[71.   69.]]

 [[742.   69.]]

 [[742.   741.]]

 [[71.   741.]]]
二维码中信息:
****//weixin.qq.***/r/VSiJkbLEx0 7rfbv931H

二维码中坐标和内容信息

图 7-30　QRdetect.py 程序中二维码识别结果

7.6 本章小结

本章首先介绍了如何在图像中提取需要的信息，例如检测直线、圆形等信息，然后介绍了图像轮廓的检测、绘制、多边形逼近，以及轮廓面积、长度、矩的计算等，最后介绍了如何将点集拟合成规则的几何图形与如何识别二维码。

本章涉及的主要函数如下。

- cv.HoughLines()：通过霍夫变换检测直线。
- cv.HoughLinesP()：通过霍夫变换检测直线中的两个点或线段的两个端点。
- cv.HoughLinesPointSet()：通过 2D 点集检测直线。
- cv.fitLine()：拟合直线。
- cv.HoughCircles()：通过霍夫变换检测圆。
- cv.findContours()：计算轮廓。
- cv.drawContours()：绘制轮廓。
- cv.contourArea()：计算轮廓面积。
- cv.arcLength()：计算轮廓长度。
- cv.boundingRect()：求轮廓外接最大矩形。
- cv.minAreaRect()：求轮廓外接最小矩形。

- cv.approxPolyDP()：实现轮廓多边形逼近。
- cv.pointPolygonTest()：计算点到轮廓的距离。
- cv.convexHull()：实现凸包检测。
- cv.moments()：计算区域的矩。
- cv.HuMoments()：计算 Hu 矩。
- cv.matchShapes()：实现基于 Hu 矩的轮廓匹配。
- cv.minEnclosingTriangle()：实现 2D 点集的最小三角形拟合。
- cv.minEnclosingCircle()：实现 2D 点集的最小圆形拟合。
- cv.detectAndDecode()：实现二维码检测与识别。

第8章　图像分析与修复

图像频域分析是提取图像信息的重要方式之一，主要有离散傅里叶变换、离散余弦变换等，本章将介绍这两种变换的实现及应用。

积分图像能够降低图像模糊、边缘检测和对象检测的计算量，提高图像分析的速度，本章将介绍 3 种积分图像在 OpenCV 4 中的实现方式。

在处理和分析图像时，将图像中某个区域与其他区域分割是重要的一步，常见的图像分割方法有漫水填充法、分水岭法、Grabcut 法和 Mean-shift 方法等，本章将会介绍这些分割方法的实现方式。

图像在存储或者使用过程中有时可能会受到"污染"，遮盖住部分图像，对图像分析造成影响。因此，在处理图像前，需要将图像进行修复，将"污染"部分去掉。本章将会介绍如何修复图像。

8.1　傅里叶变换

任何信号都可以由一系列正弦信号叠加形成，一维领域内的信号是一维正弦波的叠加，二维领域内的是二维平面波的增加。图像可以看作二维信号，可以对图像进行傅里叶变换，但由于图像是离散信号，因此对图像进行的傅里叶变换应该是离散傅里叶变换。离散傅里叶变换广泛应用在图像的去噪、滤波等卷积领域，本节将会介绍离散傅里叶变换及其应用和离散余弦变换。

8.1.1　离散傅里叶变换

离散傅里叶变换是指傅里叶变换在时域和频域上都呈现离散的形式，将时域信号的采样变成离散时间傅里叶变换频域的采样。对于傅里叶变换和离散傅里叶变换的相关数学理论，这里不做过多说明，感兴趣的读者可以通过学习复变函数了解详细内容。现在可以将傅里叶变换简单地理解成一个函数分解工具，即将任意形式的连续函数或者离散函数分解成多个正弦或者余弦函数相加的形式。

这里直接给出离散傅里叶变换的数学表达式，针对一维离散数据，离散傅里叶变换如式（8-1）所示。

$$g_k = \sum_{n=0}^{N-1} f_n \mathrm{e}^{-\frac{2\pi i}{N}kn} \tag{8-1}$$

其中，$i = \sqrt{-1}$ 是虚数单位；f_n 是图像空域的值；g_k 是图像频域的值。

二维离散数据的离散傅里叶变换如式（8-2）所示。

$$g_{k_x,k_y} = \sum_{n_x}^{N_x-1} \sum_{n_y}^{N_y-1} f_{n_x,n_y} \mathrm{e}^{-\frac{2\pi i}{N}(k_x n_x + k_y n_y)} \tag{8-2}$$

其中，f_{n_x,n_y} 是图像空域的值；g_{k_x,k_y} 是图像频域的值。

离散傅里叶变换可以将空间域的信号变换到频域中，并且通过公式你可以看出，离散傅里叶变换的结果是复数，因此经过离散傅里叶变换之后会得到既含有实数又含有虚数的图像，在实际使用时开发人员常将结果分成实数图像和虚数图像，或者用复数的幅值和相位来表示变换结果，把变换结果分成幅值图像和相位图像。

通过离散傅里叶变换，我们能得到图像的频域信息，通过频域信息，我们可以从另一个方面理解图像。图像中像素波动较大的区域对应的频域是高频区域，因此高频区域体现的是图像的细节、纹理信息，而低频信息代表了图像的轮廓信息。频域分析也可以去除图像中某些特定的成分，例如光照信息主要体现为低频信息，因此去除图像中的低频信息可以去除图像中的光照干扰。图像滤波中常将滤波器分成高通滤波器、低通滤波器等，二者分别用于保留图像中频率较高或者较低的部分，例如高斯滤波器就是低通滤波器。

虽然图像离散傅里叶变换的理论知识较复杂，但是 OpenCV 4 提供的 cv.dft()函数能够直接对图像进行离散傅里叶变换，极大地简化对图像处理的研究，该函数的原型在代码清单 8-1 中给出。

代码清单 8-1　cv.dft()函数的原型

```
1  dst = cv.dft(src
2                  [, dst
3                  [, flags
4                  [, nonzeroRows]]])
```

- src：输入图像，可表示为矩阵。
- dst：存放离散傅里叶变换结果的数组矩阵。
- flags：变换类型可选的标志，见表 8-1。
- nonzeroRows：输入、输出结果的形式，默认值为 0。

表 8-1　　　　　　　　　　cv.dft()函数中变换类型可选的标志

标志	简记	含义
cv.DFT_INVERSE	1	对一维数组或者二维数组进行逆变换
cv.DFT_SCALE	2	缩放标识，输出结果会除以输入元素的数目 N，通常与 DFT_INVERSE 结合使用
cv.DFT_ROWS	4	对输入变量的每一行进行正变换或者逆变换，该标志可以在处理三维或者更高维度的离散变换时减少资源开销
cv.DFT_COMPLEX_OUTPUT	16	对一维或者二维实数数组进行正变换。结果是相同尺寸的具有复数共轭对称的复数矩阵
cv.DFT_REAL_OUTPUT	32	对一维或二维复数数组进行逆变换，结果是相同尺寸的具有复数共轭对称的复数矩阵。如果输入的矩阵是具有共轭对称性的复数矩阵，则计算结果为实数矩阵
cv.DFT_COMPLEX_INPUT	64	指定输入数据是复数矩阵。如果设置了此标志，则输入矩阵必须具有两个通道。如果输入矩阵具有两个通道，则函数默认输入数据是复数矩阵

该函数能够对输入的矩阵进行离散傅里叶变换，并将变换结果通过值返回。该函数的第 1 个参数的类型必须是 float32 或者 float64，可以是单通道的实数矩阵也可以是双通道的复数矩阵。第 2 个参数存放于 ndarray 对象中，矩阵的尺寸和类型取决于第 3 个参数。该参数与函数返回值的含义相同，在实际调用函数时，该参数和返回值只使用一个即可，默认值为 None。该函数的第 3 个参数可以选择的标志以及函数实际执行情况如下。

- 如果选择 cv.DFT_ROWS 或者输入的矩阵具有单行或单列的形式，则在设置 cv.DFT_ROWS 时，该函数对矩阵的每一行进行一维正变换或逆变换；否则，它执行二维变换。
- 如果输入矩阵是实数矩阵且该参数未设置为 cv.DFT_INVERSE，则该函数执行正向一维或二维变换。

- 如果选择 cv.DFT_COMPLEX_OUTPUT，但是未选择 cv.DFT_INVERSE，则输出结果为与输入尺寸相同的复数矩阵。
- 如果选择 cv.DFT_COMPLEX_OUTPUT 和 cv.DFT_INVERSE，则输出是与输入尺寸相同的实数矩阵。
- 如果输入矩阵是复数矩阵并且未选择 cv.DFT_INVERSE 或者 cv.DFT_REAL_ OUTPUT，则输出是与输入大小相同的复数矩阵。
- 如果输入矩阵是实数矩阵并且选择 cv.DFT_INVERSE，或者输入矩阵是复数矩阵并且选择 cv.DFT_REAL_OUTPUT，那么输出是与输入相同尺寸的实数矩阵。
- 如果选择 cv.DFT_SCALE，则在转换后完成缩放，该标志可保证正变换之后再执行逆变换的结果与原始数据相同。

当该函数的最后一个参数不为 0 时，在第 3 个参数未选择 cv.DFT_INVERSE 时，该函数假设只输入矩阵的第 1 个非零行，在第 3 个参数选择 cv.DFT_INVERSE 时，只输出矩阵的第 1 个非零行。因此，该函数可以更有效地处理其余行并节省一些时间。这种方式对于使用离散傅里叶变换计算互相关矩阵或卷积非常有用。

在对含有 N 个元素的一维向量执行正变换时，该函数的计算公式如式（8-3）所示。

$$Y = F^{(N)} X \qquad (8\text{-}3)$$

其中，$F^{(N)} = \exp\left(\dfrac{-2\pi i}{N}\right), i = \sqrt{-1}$；$X$ 表示输入；Y 表示输出。

在对含有 N 个元素的一维向量执行逆变换时，该函数的计算公式如式（8-4）所示。

$$X' = (F^{(N)})^{-1} Y = (F^{(N)})^* y$$
$$X = \frac{X'}{N} \qquad (8\text{-}4)$$

其中，$(F^{(N)*}) = (\text{Re}(F^{(N)}) - \text{Im}(F^{(N)}))^{\mathrm{T}}$，$\text{Re}()$ 和 $\text{Im}()$ 分别表示复数的实数部分和虚数部分。

在对 $M \times N$ 的二维矩阵执行正变换时，该函数的计算公式如式（8-5）所示。

$$Y = F^{(M)} X F^{(N)} \qquad (8\text{-}5)$$

在对 $M \times N$ 的二维矩阵执行逆变换时，该函数的计算公式如式（8-6）所示。

$$X' = (F^{(M)})^* Y (F^{(N)})^*$$
$$X = \frac{X'}{MN} \qquad (8\text{-}6)$$

当处理单通道二维实数矩阵时，离散傅里叶正向变换的结果具有复共轭对称结构，其结构形式如式（8-7）所示。当输入数据是一维实数向量时，输出结果为式（8-7）中的第一行。

$$
\begin{bmatrix}
\text{Re}\,Y_{0,0} & \text{Re}\,Y_{0,1} & \text{Im}\,Y_{0,1} & \text{Re}\,Y_{0,2} & \text{Im}\,Y_{0,2} & \cdots & \text{Re}\,Y_{0,\frac{N_x}{2}-1} & \text{Im}\,Y_{0,\frac{N_x}{2}-1} & \text{Re}\,Y_{0,\frac{N_x}{2}} \\
\text{Re}\,Y_{1,0} & \text{Re}\,Y_{1,1} & \text{Im}\,Y_{1,1} & \text{Re}\,Y_{1,2} & \text{Im}\,Y_{1,2} & \cdots & \text{Re}\,Y_{1,\frac{N_x}{2}-1} & \text{Im}\,Y_{1,\frac{N_x}{2}-1} & \text{Im}\,Y_{1,\frac{N_x}{2}} \\
\text{Im}\,Y_{1,0} & \text{Re}\,Y_{2,1} & \text{Im}\,Y_{2,1} & \text{Re}\,Y_{2,2} & \text{Im}\,Y_{2,2} & \cdots & \text{Re}\,Y_{2,\frac{N_x}{2}-1} & \text{Im}\,Y_{2,\frac{N_x}{2}-1} & \text{Re}\,Y_{2,\frac{N_x}{2}} \\
\vdots & \vdots & \vdots & \vdots & \vdots & & \vdots & \vdots & \vdots \\
\text{Re}\,Y_{\frac{N_y}{2}-1,0} & \text{Re}\,Y_{\frac{N_y}{2}-3,1} & \text{Im}\,Y_{\frac{N_y}{2}-3,1} & \text{Re}\,Y_{\frac{N_y}{2}-3,2} & \text{Im}\,Y_{\frac{N_y}{2}-3,2} & \cdots & \text{Re}\,Y_{\frac{N_y}{2}-3,\frac{N_x}{2}-1} & \text{Im}\,Y_{\frac{N_y}{2}-3,\frac{N_x}{2}-1} & \text{Re}\,Y_{\frac{N_y}{2}-1,\frac{N_x}{2}} \\
\text{Im}\,Y_{\frac{N_y}{2}-1,1} & \text{Re}\,Y_{\frac{N_y}{2}-2,1} & \text{Im}\,Y_{\frac{N_y}{2}-2,1} & \text{Re}\,Y_{\frac{N_y}{2}-2,2} & \text{Im}\,Y_{\frac{N_y}{2}-2,2} & \cdots & \text{Re}\,Y_{\frac{N_y}{2}-2,\frac{N_x}{2}-1} & \text{Im}\,Y_{\frac{N_y}{2}-2,\frac{N_x}{2}-1} & \text{Im}\,Y_{\frac{N_y}{2}-1,\frac{N_x}{2}} \\
\text{Re}\,Y_{\frac{N_y}{2},0} & \text{Re}\,Y_{\frac{N_y}{2}-1,1} & \text{Im}\,Y_{\frac{N_y}{2}-1,1} & \text{Re}\,Y_{\frac{N_y}{2}-1,2} & \text{Im}\,Y_{\frac{N_y}{2}-1,2} & \cdots & \text{Re}\,Y_{\frac{N_y}{2}-1,\frac{N_x}{2}-1} & \text{Im}\,Y_{\frac{N_y}{2}-1,\frac{N_x}{2}-1} & \text{Re}\,Y_{\frac{N_y}{2},\frac{N_x}{2}}
\end{bmatrix}
\qquad (8\text{-}7)
$$

　　虽然 cv.dft()通过第 3 个参数可以实现离散傅里叶的逆变换, 但是 OpenCV 4 仍然提供了专门用于离散傅里叶逆变换的函数 cv.idft(), 该函数的原型在代码清单 8-2 中给出。

代码清单 8-2　cv.idft()函数的原型
```
1    dst = cv.idft(src
2                [, dst
3                [, flags
4                [, nonzeroRows]]])
```

　　该函数中的所有参数和 cv.dft()函数的一致, 此处不再赘述。该函数能够实现一维向量或者二维矩阵的离散傅里叶变换的逆变换, 该函数的作用与 cv.dft()函数选择 cv.DFT_INVERSE 的效果一致, 即 cv.idft(src, dst, flags)相当于 cv.dft(src, dst, flags | cv.DFT_INVERSE)。

> 📝**注意**　　由于 cv.dft()函数和 cv.idft()函数都没有默认对结果进行缩放, 因此需要通过选择 cv.DFT_SCALE 实现两个函数变换结果的互逆性。

　　一般来说, 离散傅里叶变换算法常用于对某些特定尺寸(即维度)的输入矩阵进行处理, 而不是对任意维度的矩阵进行处理。如果尺寸小于处理的最佳尺寸, 那么常需要对输入矩阵进行尺寸变化以使得函数拥有较快的处理速度。常见的尺寸调整方式为在原矩阵的周围增加 0 像素, 因此 cv.dft()函数的第 4 个参数才会涉及矩阵中出现第 1 个非零行的情况。OpenCV 4 提供了 cv.getOptimalDFTSize()函数, 用于计算最优的输入矩阵的尺寸, 该函数的原型在代码清单 8-3 中给出。

代码清单 8-3　cv.getOptimalDFTSize()函数的原型
```
retval = cv.getOptimalDFTSize(vecsize)
```

- vecsize: 表示需要进行离散傅里叶变换的矩阵的最佳行数或者列数。
- retval: 最优离散傅里叶变换的尺寸。

　　该函数能够返回已知矩阵的最优离散傅里叶变换尺寸, 最优尺寸是 2、3、5 的公倍数, 例如 $300 = 5 \times 5 \times 3 \times 2 \times 2$, 也就是该函数会返回一个大于或等于输入尺寸的最小公倍数。该函数只有一个参数, 表示输入矩阵的行数或者列数, 因此需要分别计算矩阵最优的行数和列数。如果输入矩阵的数据太大, 无限接近 INT_MAX, 则该函数返回负数。

　　确定了最优尺寸后需要改变图像的尺寸, 为了不对图像进行缩放, OpenCV 4 提供了 cv.copyMakeBorder()函数, 用于在图像周围形成外框, 该函数的原型在代码清单 8-4 中给出。

代码清单 8-4　cv.copyMakeBorder()函数的原型
```
1    dst = cv.copyMakeBorder(src,
2                            top,
3                            bottom,
4                            left,
5                            right,
6                            borderType
7                          [, dst
8                          [, value]] )
```

- src: 原始图像。
- top: 原始图像上方扩展的像素行数。
- bottom: 原始图像下方扩展的像素行数。
- left: 原始图像左侧扩展的像素列数。

- `right`：原始图像右侧扩展的像素列数。
- `borderType`：边界类型。
- `dst`：扩展尺寸后的图像。
- `value`：扩展边界时使用的数值。

该函数能够在不对图像进行缩放的前提下扩大图像的尺寸，并以返回值的形式将扩大后的图像输出。该函数的第 1 个参数和第 2～5 个参数决定最终输出图像的尺寸，输出图像的尺寸为 Size(src.cols + left + right, src.rows + top + bottom)。该函数的第 6 个参数常用的值为 **cv.BORDER_CONSTANT**。若最后一个参数省略，表示用 0 填充新扩展的像素，其数据类型和原始图像相同。扩大尺寸后的图像的数据类型与输入的原始图像相同。第 7 个参数的含义与返回值的相同，在调用函数时，使用其中任意一个即可。

由于离散傅里叶变换得到的数值可能为双通道的复数，因此在实际使用过程中我们更加关注复数的幅值。OpenCV 4 提供了 cv.magnitude()函数，用于计算由两个矩阵组成的二维矩阵的幅值矩阵，该函数的原型在代码清单 8-5 中给出。

代码清单 8-5　cv.magnitude()函数的原型

```
1  magnitude = cv.magnitude(x,
2                           y
3                           [, magnitude])
```

- `x`：一个输入矩阵，表示向量的 x 坐标。
- `y`：另一个输入矩阵，表示向量的 y 坐标。
- `magnitude`：输出的幅值矩阵。

该函数可以用来计算由两个矩阵对应元素组成的向量的幅值，简单来说，就是计算两个矩阵对应元素的平方根，并将计算结果通过值返回。该函数的第 3 个参数和函数的返回值都是幅值矩阵，即平方根矩阵，该矩阵与第 1 个参数具有相同的尺寸和数据类型。需要注意的是，该函数的输入矩阵的数据类型必须为 float32 或者 float64。该函数的计算公式如式（8-8）所示。

$$\mathrm{dst}(I) = \sqrt{x(I)^2 + y(I)^2} \tag{8-8}$$

式中，$x(I)$表示第 1 个参数，$y(I)$表示第 2 个参数，$\mathrm{dst}(I)$表示输出结果。

为了展示上述函数的使用方法，代码清单 8-6 给出了对图像进行离散傅里叶变换的示例程序。程序中首先计算适合图像离散傅里叶变换的最优维度，之后利用 cv.copyMakeBorder()函数扩展图像尺寸，然后进行离散傅里叶变换，最后计算变换结果的幅值。为了能够显示变换结果，将对结果进行归一化处理。根据式（8-7）可知变换后的原点位于 4 个顶点，因此可以通过图像变换将变换结果的原点调整到图像中心。该程序的运行结果如图 8-1 和图 8-2 所示。同时，为了验证正变换和逆变换的可逆性，图 8-3 给出了小型矩阵正逆变换的结果。

代码清单 8-6　Dft.py

```
1  # -*- coding:utf-8 -*-
2  import cv2 as cv
3  import numpy as np
4  import sys
5  np.set_printoptions(precision=3, suppress=True)
6
7
8  if __name__ == '__main__':
9      # 对矩阵进行处理
10     a = np.array([[1, 2, 3],
```

```
11                    [2, 3, 4],
12                    [3, 4, 5]], dtype='float32')
13  b = cv.dft(a, flags=cv.DFT_COMPLEX_OUTPUT)
14  c = cv.dft(b, flags=cv.DFT_INVERSE | cv.DFT_SCALE | cv.DFT_REAL_OUTPUT)
15  d = cv.idft(b, flags=cv.DFT_SCALE)
16  print('正变换结果: \n{}\n 逆变换取实数的结果: \n{}\n 逆变换结果: \n{}'.format(b, c, d))
17
18  # 读取图像 lena.png
19  image = cv.imread('./images/lena.png')
20  if image is None:
21      print('Failed to read lena.png.')
22      sys.exit()
23  gray = cv.cvtColor(image, cv.COLOR_BGR2GRAY)
24  gray = cv.resize(gray, (502, 502))
25
26  image_height = gray.shape[0]
27  image_width = gray.shape[1]
28  # 计算合适的离散傅里叶变换尺寸
29  height = cv.getOptimalDFTSize(image_height)
30  width = cv.getOptimalDFTSize(image_width)
31
32  # 扩展图像
33  top = int((height - image_height) / 2)
34  bottom = int(height - image_height - top)
35  left = int((width - image_width) / 2)
36  right = int(width - image_width - left)
37  appropriate = cv.copyMakeBorder(gray, top=top, bottom=bottom, left=left,
38          right=right, borderType=cv.BORDER_CONSTANT)
38
39  # 计算幅值图像
40  # 构建离散傅里叶变换输入量
41  flo = np.zeros(appropriate.shape, dtype='float32')
42  com = np.dstack([appropriate.astype('float32'), flo])
43  # 进行离散傅里叶变换
44  result = cv.dft(com, cv.DFT_COMPLEX_OUTPUT)
45  # 将变换结果转为幅值
46  magnitude_res = cv.magnitude(result[:, :, 0], result[:, :, 1])
47  # 进行对数缩放
48  magnitude_log = np.log(magnitude_res)
49  # 将尺寸对应至原始图像
50  magnitude_res = magnitude_log[top:image_height, left:image_width]
51  # 将结果进行归一化
52  magnitude_norm = cv.normalize(magnitude_res, None, alpha=0, beta=1, norm_type=
53          cv.NORM_MINMAX)
53  # 将幅值中心化处理
54  magnitude_center = np.fft.fftshift(magnitude_norm)
55
56  # 展示结果
57  cv.imshow('Origin', gray)
58  cv.imshow('Border Result', appropriate)
59  cv.imshow('Magnitude', magnitude_norm)
60  cv.imshow('Magnitude (Center)', magnitude_center)
61  cv.waitKey(0)
62  cv.destroyAllWindows()
```

正变换结果

```
[[[ 27.       0.  ]
 [ -4.5    2.598]
 [ -4.5   -2.598]]

 [[ -4.5    2.598]
 [  0.      0.  ]
 [  0.     -0.  ]]

 [[ -4.5   -2.598]
 [  0.      0.  ]
 [  0.     -0.  ]]]
```

逆变换结果

```
[[[ 1.  -0.]
 [ 2.  -0.]
 [ 3.  -0.]]

 [[ 2.  -0.]
 [ 3.  -0.]
 [ 4.  -0.]]

 [[ 3.  -0.]
 [ 4.  -0.]
 [ 5.   0.]]]
```

逆变换取实数的结果

```
[[ 1.   2.   3.]
 [ 2.   3.   4.]
 [ 3.   4.   5.]]
```

图 8-1　Dft.py 程序中数值矩阵正变换和逆变换后的结果（为了减少输出结果占用的篇幅，这里没有换行）

图 8-2　Dft.py 程序中原始图像与扩展后图像

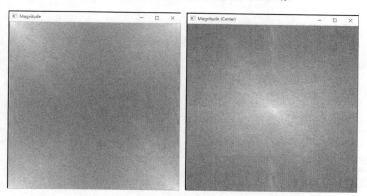

图 8-3　Dft.py 程序中离散傅里叶变换结果与最值中心化结果

8.1.2　通过傅里叶变换计算卷积

　　傅里叶变换可以将两个矩阵的卷积转换成两个矩阵傅里叶变换结果的乘积，通过这种方式可以极大地提高卷积的计算速度。但是图像傅里叶变换结果都是具有共轭对称性的复数矩阵，两个矩阵相乘需要计算对应位置两个复数的乘积，OpenCV 4 提供了相应的函数 cv.mulSpectrums()，该函数的原型在代码清单 8-7 中给出。

代码清单 8-7　cv.mulSpectrums()函数的原型

```
1  c = cv.mulSpectrums(a,
2                      b,
3                      flags
4                      [, c
```

5　　　　　　　　　　　　　[, conjB]])

- a：第 1 个输入矩阵。
- b：第 2 个输入矩阵。
- flags：操作标志符。
- c：输出矩阵。
- conjB：乘法方式标识符。

该函数能够实现两个离散傅里叶变换后的矩阵中每个元素之间的乘法，并将计算结果通过值返回。该函数的前两个参数是需要相乘的矩阵，这两个参数的数据类型和尺寸必须相同，并且为复共轭格式的单通道频谱或者双通道频谱，数值可以通过 cv.dft()函数获得。第 4 个参数和函数返回值是计算乘积后的输出矩阵，与输入矩阵具有相同的尺寸和数据类型。当最后一个参数为 False 时，不进行共轭变换，表示原矩阵元素之间的乘法；当参数为 True 时，进行共轭变换，即第 1 个矩阵的元素与第 2 个矩阵的元素的复共轭的乘法。这里需要说明的是，通过离散傅里叶变换计算图像卷积时，需要将卷积核扩展到与图像相同的尺寸，并对离散结果进行离散傅里叶变换。

为了展示该函数的用法，代码清单 8-8 给出了通过 cv.dft()函数和 cv.mulSpectrums()函数实现图像卷积的示例程序。程序中首先需要将图像和卷积核扩展到最佳变换尺寸，之后分别进行离散傅里叶变换，然后对变换结果进行相乘，最后对乘积进行离散傅里叶逆变换并通过归一化得到结果。该程序的运行结果在图 8-4 中给出。

代码清单 8-8　MulSpectrums.py

```
1   # -*- coding:utf-8 -*-
2   import cv2 as cv
3   import numpy as np
4   import sys
5
6
7   if __name__ == '__main__':
8       # 读取图像 lena.png
9       image = cv.imread('./images/lena.png')
10      if image is None:
11          print('Failed to read lena.png.')
12          sys.exit()
13      gray = cv.cvtColor(image, cv.COLOR_BGR2GRAY)
14      gray_float = gray.astype('float32')
15      h, w = image.shape[:-1]
16
17      # 构建卷积核
18      kernel_w = 5
19      kernel_h = 5
20      kernel = np.ones((kernel_w, kernel_h), dtype='float32')
21
22      # 计算最优离散傅里叶变换尺寸
23      width = cv.getOptimalDFTSize(w + kernel_w - 1)
24      height = cv.getOptimalDFTSize(h + kernel_h - 1)
25
26      # 改变输入图像的尺寸
27      img_tmp = cv.copyMakeBorder(gray_float, 0, height - h, 0, width - w,
              cv.BORDER_CONSTANT)
28      # 改变滤波器的尺寸
29      kernel_tmp = cv.copyMakeBorder(kernel, 0, height - kernel_h, 0, width - kernel_w,
        cv.BORDER_CONSTANT)
30
31      # 分别对卷积核和图像进行傅里叶变换
```

```
32    gray_dft = cv.dft(img_tmp, flags=0, nonzeroRows=w)
33    kernel_dft = cv.dft(kernel_tmp, flags=0, nonzeroRows=kernel_w)
34
35    # 多个傅里叶变换结果相乘
36    result_mul = cv.mulSpectrums(gray_dft, kernel_dft, cv.DFT_COMPLEX_OUTPUT)
37
38    # 对相乘结果进行逆变换
39    result_idft = cv.idft(result_mul, flags=cv.DFT_SCALE, nonzeroRows=width)
40
41    # 对逆变换结果归一化
42    result_norm = cv.normalize(result_idft, None, alpha=0, beta=1, norm_type=
          cv.NORM_MINMAX)
43    result = result_norm[0: h, 0: w]
44    # 展示结果
45    cv.imshow('Origin', gray)
46    cv.imshow('Result', result)
47    cv.waitKey(0)
48    cv.destroyAllWindows()
```

图 8-4　MulSpectrums.py 程序运行结果

8.1.3　离散余弦变换

离散余弦变换是与傅里叶变换相关的一种变换。它类似于离散傅里叶变换，但是变换过程中只使用实数。在信号处理和图像处理领域，离散余弦变换主要用在信号和图像的有损压缩中。离散余弦变换具有"能量集中"的特性，信号经过变换后能量主要集中在结果的低频部分。

对于一维离散余弦变换，变换公式如式（8-9）所示。

$$F(u) = C(u)\sqrt{\frac{2}{N}}\sum_{x=0}^{N-1}f(x)\cos\frac{(2x+1)u\pi}{2N} \tag{8-9}$$

其中，$f(x)$是图像在空域的值；$F(u)$是图像在频域的值；$u, x = 0, 1, 2, \cdots, N-1$，$C(u)$ 形式如式（8-10）所示。

$$C(u) = \begin{cases} \dfrac{1}{\sqrt{2}}, & u = 0 \\ 1, & \text{其他} \end{cases} \tag{8-10}$$

利用分离性可以将式（8-9）整理成 $F = Gf$ 的形式，其中，G 的形式如式（8-11）所示。

$$G = \begin{bmatrix} \dfrac{1}{\sqrt{N}} & \dfrac{1}{\sqrt{N}} & \dfrac{1}{\sqrt{N}} & \cdots & \dfrac{1}{\sqrt{N}} \\[3mm] \dfrac{\cos\left(\dfrac{\pi}{2N}\right)}{\sqrt{2/N}} & \dfrac{\cos\left(\dfrac{3\pi}{2N}\right)}{\sqrt{2/N}} & \dfrac{\cos\left(\dfrac{5\pi}{2N}\right)}{\sqrt{2/N}} & \cdots & \dfrac{\cos\left[\dfrac{(2N-1)\pi}{2N}\right]}{\sqrt{2/N}} \\[3mm] \dfrac{\cos\left(\dfrac{2\pi}{2N}\right)}{\sqrt{2/N}} & \dfrac{\cos\left(\dfrac{6\pi}{2N}\right)}{\sqrt{2/N}} & \dfrac{\cos\left(\dfrac{10\pi}{2N}\right)}{\sqrt{2/N}} & \cdots & \dfrac{\cos\left[\dfrac{2(2N-1)\pi}{2N}\right]}{\sqrt{2/N}} \\[3mm] \vdots & \vdots & \vdots & & \vdots \\[3mm] \dfrac{\cos\left(\dfrac{(N-1)\pi}{2N}\right)}{\sqrt{2/N}} & \dfrac{\cos\left(\dfrac{(N-1)3\pi}{2N}\right)}{\sqrt{2/N}} & \dfrac{\cos\left(\dfrac{(N-1)5\pi}{2N}\right)}{\sqrt{2/N}} & \cdots & \dfrac{\cos\left[\dfrac{(N-1)(2N-1)\pi}{2N}\right]}{\sqrt{2/N}} \end{bmatrix} \tag{8-11}$$

对于二维离散余弦变换，公式如式（8-12）所示。

$$F(u,v) = \frac{2}{\sqrt{MN}} \sum_{x=0}^{M-1} \sum_{y=0}^{N-1} f(x,y) C(u) C(v) \frac{(2x+1)u\pi}{2M} \cos\frac{(2y+1)v\pi}{2N} \tag{8-12}$$

其中，$f(x,y)$ 是图像在空域的值；$F(u,v)$ 是图像在频域的值。

由于二维变换的展开形式过于复杂，这里不进行展开，感兴趣的读者可以查阅相关资料进行学习。OpenCV 4 提供了 cv.dct()函数，用于计算离散余弦变换，该函数的原型在代码清单 8-9 中给出。

代码清单 8-9 cv.dct()函数的原型

```
1  dst = cv.dct(src
2           [, dst
3           [, flags]])
```

- `src`：待进行离散余弦变换的矩阵或向量。
- `dst`：离散余弦变换结果。
- `flags`：转换方法的标志，可以选择的参数在表 8-2 中给出。

表 8-2   cv.dct()函数中转换方法可选择的标志

标志	简记	含义
—	0	对一维向量或者二维矩阵进行离散余弦变换
cv.DCT_INVERSE	1	对一维向量或者二维矩阵进行逆离散余弦变换
cv.DCT_ROWS	4	执行输入矩阵的每一行的离散余弦变换或逆离散余弦变换。此标志使程序可以同时转换多个向量，可用于减少开销以执行三维和更高维度的转换

该函数对一维或者二维矩阵进行离散余弦变换和逆离散余弦变换，并将变换结果通过值返回。该函数的前两个参数必须是浮点类型，并且应具有相同的尺寸和数据类型。第 3 个参数的使用规则如下。

- 如果（flags&cv.DCT_INVERSE）== 0，则该函数对一维向量或者二维矩阵进行离散余弦变换；否则进行逆离散余弦变换。
- 如果（flags&cv.DCT_ROWS）!= 0，则该函数执行每行的一维离散余弦变换。
- 如果数据是单行或者单列的，则函数进行一维离散余弦变换。

- 如果以上都不成立，则该函数执行二维离散余弦变换。

> **注意**　　目前 cv.dct()函数只支持列数（或元素个数）偶数的矩阵（或向量），因此在使用该函数处理数据时需要将数据填充到指定的尺寸。在实际使用中，最佳尺寸可以通过 2cv.getOptimalDFTSize((N + 1)/ 2)计算。

对含有 N 个元素的一维向量 $\boldsymbol{X}$ 执行离散余弦变换时，该函数的计算公式如式（8-13）所示。

$$Y = \boldsymbol{C}^{(N)}\boldsymbol{X} \tag{8-13}$$

其中，$C_{jk}^{(N)} = \sqrt{a_j/N}\cos\left(\dfrac{\pi(2k+1)j}{2N}\right)$，$a_0 = 1$，$a_j = 2(j > 0)$。

对含有 N 个元素的一维向量 $\boldsymbol{Y}$ 执行逆离散余弦变换时，该函数的计算公式如式（8-14）所示。

$$X = (\boldsymbol{C}^{(N)})^{-1}Y = (F^{(N)})^{\mathrm{T}}y \tag{8-14}$$

其中，$\boldsymbol{C}^{(N)}$ 是正交矩阵，$\boldsymbol{C}^{(N)}(\boldsymbol{C}^{(N)})^{\mathrm{T}} = \boldsymbol{I}$。

对 $M \times N$ 的二维矩阵执行离散余弦变换时，该函数的计算公式如式（8-15）所示。

$$Y = \boldsymbol{C}^{(N)}X(\boldsymbol{C}^{(N)})^{\mathrm{T}} \tag{8-15}$$

对 $M \times N$ 的二维矩阵执行逆离散余弦变换时，该函数的计算公式如式（8-16）所示。

$$X = (\boldsymbol{C}^{(N)})^{\mathrm{T}}Y\boldsymbol{C}^{(N)} \tag{8-16}$$

虽然 cv.dct()通过设置第 3 个参数可以实现逆离散余弦变换，但是 OpenCV 4 仍然提供了专门用于逆离散余弦变换的函数 cv.idct()，该函数的原型在代码清单 8-10 中给出。

代码清单 8-10　cv.idct()函数的原型

```
1  dst = cv.idct(src
2                [, dst
3                [, flags]])
```

- src：待进行逆离散余弦变换的矩阵或向量，矩阵（或向量）是单通道的浮点矩阵（或向量）。
- dst：逆离散余弦变换的结果矩阵，与输入量具有相同的尺寸和数据类型。
- flags：转换方法的标志。

该函数能够实现一维向量或者二维矩阵的逆离散余弦变换，并将变换结果通过值返回。该函数的作用与 cv.dct()函数选择 cv.DFT_INVERSE 的效果一致，即 cv.idct(src, dst, flags)相当于 cv.dct(src, dst, flags | cv.DFT_INVERSE)。该函数中的所有参数与 cv.dct()函数中的一致，此处不再赘述。

为了展示相关函数的使用方法和变换结果，代码清单 8-11 给出了对 5×5 矩阵和图像进行离散余弦变换的示例程序。程序中对矩阵进行离散余弦变换和逆离散余弦变换，结果如图 8-5 所示。通过结果你可以看出，离散余弦变换的正逆变换是相反的变换。同时，程序中也对彩色图像进行离散余弦变换，由于 cv.dct()函数只能变换单通道的矩阵，因此分别对 3 个通道进行离散余弦变换，并将变换结果重新组成一张三通道的彩色图像，处理结果在图 8-6 中给出。

代码清单 8-11　Dct.py

```
1  # -*- coding:utf-8 -*-
2  import cv2 as cv
3  import numpy as np
4  import sys
```

```
5   np.set_printoptions(suppress=True)
6
7
8   if __name__ == '__main__':
9       # 对矩阵进行处理
10      a = np.array([[1, 2, 3, 4, 5],
11                    [2, 3, 4, 5, 6],
12                    [3, 4, 5, 6, 7],
13                    [4, 5, 6, 7, 8],
14                    [5, 6, 7, 8, 9]], dtype='float32')
15      b = cv.dct(a)
16      c = cv.idct(b)
17      print('原始数据\n{}\nDCT 后数据\n{}\nDCT 后逆变换结果\n{}'.format(a, b, np.int0(c)))
18
19      # 对图像进行处理
20      # 读取图像 lena.png
21      image = cv.imread('./images/lena.png')
22      if image is None:
23          print('Failed to read lena.png.')
24          sys.exit()
25      cv.imshow('Origin', image)
26
27      image_height, image_width = image.shape[:-1]
28      # 计算合适的离散傅里叶变换尺寸
29      height = 2 * cv.getOptimalDFTSize(int((image_height + 1) / 2))
30      width = 2 * cv.getOptimalDFTSize(int((image_width + 1) / 2))
31
32      # 扩展图像
33      top = 0
34      bottom = int(height - image_height - top)
35      left = 0
36      right = int(width - image_width - left)
37      appropriate = cv.copyMakeBorder(image, top=top, bottom=bottom, left=left, right=
            right, borderType=cv.BORDER_CONSTANT)
38
39      # 对 3 个通道需要分别进行离散余弦变换
40      one, two, three = cv.split(appropriate)
41      one_DCT = cv.dct(one.astype('float32'))
42      two_DCT = cv.dct(two.astype('float32'))
43      three_DCT = cv.dct(three.astype('float32'))
44
45      # 进行通道合并
46      result = cv.merge([one_DCT, two_DCT, three_DCT])
47
48      # 保存结果
49      cv.imwrite('./results/Dct.png', result)
50      cv.waitKey(0)
51      cv.destroyAllWindows()
```

```
[[ 1.  2.  3.  4.  5.]
 [ 2.  3.  4.  5.  6.]
 [ 3.  4.  5.  6.  7.]
 [ 4.  5.  6.  7.  8.]
 [ 5.  6.  7.  8.  9.]]
```
原始数据

图 8-5　Dct.py 程序中矩阵离散余弦变换和逆离散余弦变换的结果

```
[[ 25.          -7.04249477    0.           -0.63502139  -0.00000003]
 [ -7.04249573   0.           -0.00000005    0.           0.00000013]
 [ -0.00000006  -0.00000002    0.00000009   -0.          -0.00000006]
 [ -0.63502121   0.           -0.00000003    0.           0.0000002 ]
 [ -0.00000006   0.00000013   -0.00000003   -0.          -0.00000015]]
```

DCT后的数据

```
[[1 2 3 4 4]
 [2 3 4 5 5]
 [3 4 5 6 6]
 [4 5 6 7 7]
 [5 6 7 8 8]]
```

DCT后逆变换结果

图 8-5　Dct.py 程序中矩阵离散余弦变换和逆离散余弦变换的结果（续）

原图像

离散余弦变换后的图像

图 8-6　Dct.py 程序中原图像和离散余弦变换后的结果

8.2　积分图像

　　积分图像主要用于快速计算图像中某些区域像素的平均灰度。在没有积分图像之前，为了计算某个区域内像素的平均灰度值，需要将所有像素值相加，之后除以像素的个数。虽然这种方式的数学原理简单，但是在程序中运算过程比较麻烦，因为区域不同时需要重新计算区域内像素值总和，尤其是在同一张图像中计算多个具有重叠区域的平均灰度值时，重叠区域内的像素会被反复使用。积分图像的出现使得每一个像素只需要使用一次。

　　积分图像的原理如图 8-7 所示。积分图像是比原始图像长或宽大 1 的新图像，积分图像中每个像素值为原始图像中该像素与坐标原点组成的矩形内所有像素值的和，例如图 8-7 中 P_0 的像素值为原始图像中前 4 行和前 4 列相交区域内所有像素值之和，像素值之和用 $P_0(4,4)$ 来表示。同理，P_1 的像素值为原始图像中前 4 行和前 7 列相交区域内所有像素值之和，像素值之和用 $P_1(4,7)$ 来表示；P_2 的像素值用 $P_2(7,4)$ 来表示；P_3 的像素值用 $P_3(7,7)$ 来表示。如果需要计算图像中前 4 行和前 4 列相交区域内所有像素值的平均值，可以直接用 $P_0(4,4)$ 除以该区域内像素的数目。如果计算前 4 行和前 7 列相交区域内所有像素值的平均值，可以直接用 $P_1(4,7)$ 除以区域内像素的数目。这样避免了 P_0 与坐标原点围成的矩形范围内所有像素值多次相加，对每个像素值只进行一次加法运算。在计算 4 个点围成的区域内像素值的平均值时，只需要对这 4 个值进行加减处理。

　　根据计算规则，积分图像可以分为 3 种，分别是标准积分图像、平方和积分图像，以及倾斜求和积分图像。

要得到标准积分图像，计算像素围成的矩形区域内每个像素值之和，将最终结果作为积分图像中的像素值。标准积分图像的计算公式如式（8-17）所示。

$$sum(x, y) = \sum_{y' < y} \sum_{x' < x} I(x', y') \tag{8-17}$$

式中，$I(x', y')$ 表示原始图像中的像素值；$sum(x, y)$ 表示积分图像中的像素值。

要得到平方和积分图像，计算像素点围成的矩形区域内每个像素值平方的总和，将最终结果作为积分图像中的像素值。平方和积分图像的计算公式如式（8-18）所示。

$$sum_{square}(x, y) = \sum_{y' < y} \sum_{x' < x} I(x', y')^2 \tag{8-18}$$

式中，$I(x', y')$ 表示原始图像中的像素值；$sum_{square}(x, y)$ 表示平方和积分图像中的像素值。

倾斜求和积分图像的计算方式与前两者相似，只是将累加求和的方向旋转了 45°，形式上如同倒置的三角形，其形式如图 8-8 所示。倾斜求和积分图像的计算公式如式（8-19）所示。

$$sum_{tilted}(x, y) = \sum_{y' < y} \sum_{abs|x' - x| < y} I(x', y') \tag{8-19}$$

式中，$I(x', y')$ 表示原始图像中的像素值；$sum_{tilted}(x, y)$ 表示倾斜求和积分图像中的像素值。

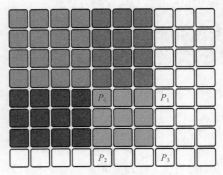

图 8-7　积分图像的原理

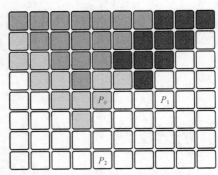

图 8-8　倾斜求和积分原理示意图

OpenCV 4 提供了 cv.integral()函数，用于计算上述 3 种积分图像。计算积分图像的 3 种方式可通过同一个函数的不同原型来实现。计算标准求和积分图像的 cv.integral()函数的原型在代码清单 8-12 中给出。

代码清单 8-12　cv.integral()函数的原型

```
1  sum = cv.integral(src
2                  [, sum
3                  [, sdepth]])
```

- src：输入图像。
- sum：输出的标准求和积分图像。
- sdepth：输出图像的数据类型标志。

该函数只能实现图像的标准求和积分，并将计算结果通过值返回。该函数的第 1 个参数的数据类型可以是 uint8、float32 或者 float64，可以为单通道或者多通道图像。如果输入图像具有多个通道，则分别对每一个通道进行标准积分。该函数的第 2 个参数和返回值的数据类型可以是 int32、 float32 或者 float64。如果输入图像的尺寸为 $M \times N$ ，则输出图像的尺寸为 $(M+1) \times (N+1)$ 。第 3 个参数可以选择的标志为 int32、float32 或者 float64，参数默认值为–1（表示满足数据存储的自适应类型）。在没有特殊需求的情况下，可以省略第 3 个参数，使用默认值。

代码清单 8-13 给出了实现平方求和积分的函数 cv.integral2() 的原型。

代码清单 8-13　cv.integral2() 函数的原型

```
1  sum, sqsum = cv.integral2(src
2                              [, sum
3                              [, sqsum
4                              [, sdepth
5                              [, sqdepth]]]])
```

- src：输入图像。
- sum：输出的标准求和积分图像。
- sqsum：输出的平方求和积分图像。
- sdepth：输出的标准求和积分图像的数据类型标志。
- sqdepth：输出的平方求和积分图像的数据类型标志。

该函数在计算标准求和积分的基础上增加了平方求和积分，并将两个结果通过值返回。该函数的第 1、2 和第 4 个参数同 cv.integral() 函数中的一致，此处不再赘述。第 3 个参数和第 5 个参数具有相同的尺寸。两者之间主要的区别在于数据类型可选择的范围不同，由于平方求和积分图像中像素值可能会比较大，因此没有 int32 选项，只能是 float32 或 float64。该函数的最后 1 个参数可以选择的标志为 float32 或 float64，默认值为–1（表示满足数据存储的自适应类型）。

代码清单 8-14 给出了实现倾斜求和积分的函数 cv.integral3() 的原型。

代码清单 8-14　cv.integral3() 函数的原型

```
1  sum, sqsum, tilted = cv.integral3(src
2                                      [, sum
3                                      [, sqsum
4                                      [, tilted
5                                      [, sdepth
6                                      [, sqdepth]]]]])
```

- src：输入图像。
- sum：输出的标准求和积分图像。
- sqsum：输出的平方求和积分图像。
- tilted：输出的倾斜 45° 的倾斜求和积分图像，其数据类型与 sum 相同。
- sdepth：输出的标准求和积分图像和倾斜求和积分图像的数据类型标志，默认值为–1。
- sqdepth：输出平方求和积分图像的数据类型标志，默认值为–1。

该函数能够同时计算标准求和积分图像、平方求和积分图像和倾斜求和积分图像，并将 3 个结果通过值返回。该函数在 cv.integral2() 的基础上新增了一个 tilted 参数。输出值具有与标准求和积分图像相同的尺寸和数据类型，并且原本用于控制标准求和积分图像的数据类型标志 sdepth 也能同时控制倾斜求和积分图像的数据类型。其余参数与 cv.integral2() 函数中的相同，此处不再赘述。

为了展示该函数的使用方法及图像积分的效果，代码清单 8-15 给出了对一个 16×16 的小尺寸小数值图像求取积分图像的示例程序。程序中首先创建一幅数据类型为 float64、像素值都为 1 的图像，为了体现标准求和积分图像与平方求和积分图像的区别，为每个像素值加上–0.5～0.5 的随机噪声。对图像分别使用 3 种函数求取不同的积分，由于图像数据类型为 float，因此为了保证大于 255 的像素值依然能够显示为白色，需要将积分结果都除以 255。通过结果可以看出，标准求和积分图像和平方求和积分图像都是右下角的像素值最大，并且平方求和积分图像的亮度变化要比标准求和积分图像的快，倾斜求和积分图像中最大像素值出现在下方的中间处。

代码清单 8-15　Integer.py

```
1   # -*- coding:utf-8 -*-
2   import cv2 as cv
3   import numpy as np
4   import sys
5
6   np.set_printoptions(suppress=True)
7
8
9   if __name__ == '__main__':
10      # 创建一个数据类型为 float64、维度为 16 × 16 的全 1 矩阵
11      img = np.ones((16, 16), dtype='float64')
12
13      # 在图像中加入随机噪声
14      pts1 = np.random.rand(16, 16) - 0.5
15      img += pts1
16
17      # 计算标准求和积分图像
18      sum1 = cv.integral(img)
19      # 计算平方求和积分图像
20      sum2, sqsum2 = cv.integral2(img)
21      # 计算倾斜求和积分图像
22      sum3, sqsum3, tilted3 = cv.integral3(img)
23
24      # 展示结果
25      cv.namedWindow('sum', cv.WINDOW_NORMAL)
26      cv.namedWindow('sum_sqsum', cv.WINDOW_NORMAL)
27      cv.namedWindow('sum_sqsum_tilted', cv.WINDOW_NORMAL)
28      cv.imshow('sum', (sum1 / 255))
29      cv.imshow('sum_sqsum', (sqsum2 / 255))
30      cv.imshow('sum_sqsum_tilted', (tilted3 / 255))
31      cv.waitKey(0)
32      cv.destroyAllWindows()
```

Integer.py 程序的输出结果如图 8-9 所示。

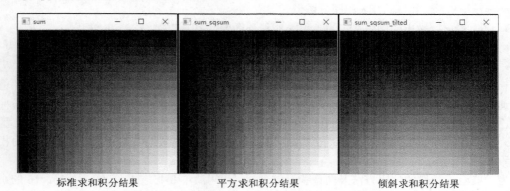

标准求和积分结果　　　　　　　平方求和积分结果　　　　　　　倾斜求和积分结果

图 8-9　Integer.py 程序的输出结果

8.3 图像分割

图像分割是指将图像中属于某一类的像素与其他像素分开，例如在黑白相间的图像中，将黑色和白色分开就是图像分割。图像分割对于提取图像中的不同信息具有重要的作用，准确的图像分割有助于提高对图像内容的理解，以及后续的图像处理。常见的图像分割算法有漫水填充法、分水岭法、Grabcut 法、Mean-Shift 法和 KMeans 法，本节将介绍前 4 种图像分割方法，最后一种图像分割算法将在后续章节中进行介绍。

8.3.1 漫水填充法

漫水填充法是根据像素灰度值之间的差值寻找相同区域以实现分割的算法。我们可以将图像的灰度值理解成像素的高度，这样一张图像可以看成崎岖不平的地面或者山区，向地面上某一个低洼的地方倾倒一定量的水，水将会掩盖低于某个高度的区域。漫水填充法利用的就是这个原理，其形式与注水相似，因此被形象地称为"漫水"。

与向地面注水一致，漫水填充法也需要在图像上选择一个注水像素，该像素称为种子点。种子点按照一定规则不断向外扩散，从而形成具有相似特征的独立区域，进而实现图像分割。漫水填充法主要分为以下 3 个步骤。

（1）选择种子点 (x, y)。

（2）以种子点为中心，判断 4 邻域或者 8 邻域的像素值与种子点像素值的差值，将差值小于阈值的像素添加进区域内。

（3）将新加入的像素作为新的种子点，反复执行第（2）步，直到没有新的像素被添加进该区域。

OpenCV 4 提供了 cv.floodFill 函数，用于实现漫水填充法，函数的原型在代码清单 8-16 中给出。

代码清单 8-16 cv.floodFill()函数的原型

```
1  retval, image, mask, rect = cv.floodFill(image,
2                                            mask,
3                                            seedPoint,
4                                            newVal
5                                            [, loDiff
6                                            [, upDiff
7                                            [, flags]]])
```

- image：输入及输出图像。
- mask：掩模矩阵。
- seedPoint：种子点。
- newVal：归入种子点区域内的像素的新值。
- loDiff：添加进种子点区域的条件的差值下界，当邻域中某像素值与种子像素值的差值大于该值时，该像素被添加进种子点所在的区域。
- upDiff：添加进种子点区域的条件的差值上界，当邻域中某像素值与种子像素值的差值小于该值时，对应像素被添加进种子点所在的区域。
- flags：漫水填充法的操作标志，由 3 部分构成，分别表示邻域种类、掩模矩阵中被填充像素的值和填充算法的规则。填充算法的规则可选择的标志在表 8-3 中给出。

表 8-3		cv.floodFill()函数中填充算法的规则可选择的标志
标志	简记	含义
cv.FLOODFILL_FIXED_RANGE	1<<16	如果选择，则仅考虑当前像素值与初始种子点像素值之间的差值；否则，考虑新种子点像素值与当前像素值之间的差异，即范围是否浮动的标志
cv.FLOODFILL_MASK_ONLY	1<<17	如果选择，则该函数不会更改原始图像，即忽略参数 newVal，只生成掩模矩阵

该函数可以根据给定像素值，寻找邻域内与其像素值接近的区域，并将寻找到的区域等相关信息通过值返回。该函数的第 1 个参数既是输入图像又是输出图像，可以是 uint8 或者 float32 类型的单通道或者三通道图像。第 2 个参数用于标记漫水填充的区域，非零像素点表示在原始图像中被填充的区域。掩模矩阵的列数和行数要比原始图像的宽和高大 2，并且需要在调用函数之前将该矩阵初始化。该函数的第 3 个参数可以是图像范围内的任意一点。该函数的第 4 个参数是被填充像素的新值，该值会直接作用在原图中，对原图进行修改。第 5 个和第 6 个参数是像素被填充的阈值条件，分别表示范围的下界和上界。最后一个参数中，邻域的种类可以选择的值为 4（表示 4 邻域）和 8（表示 8 邻域）；3 部分可以通过"|"符号连接，例如 4 | (255<<8) | cv.FLOODFILL_FIXED_RANGE。

为了展示该函数的使用方法及漫水填充法分割的效果，代码清单 8-17 给出了利用 cv.floodFill()函数对图像进行分割的示例程序。程序中随机生成像素，并对每个像素进行漫水填充，图 8-10 给出了填充结果和掩模矩阵。同时，输出每个种子点的坐标和填充像素的数目，输出结果如图 8-11 所示。

代码清单 8-17　Floodfill.py 漫水填充法分割图像

```
1   # -*- coding:utf-8 -*-
2   import cv2 as cv
3   import numpy as np
4   import sys
5
6
7   if __name__ == '__main__':
8       # 读取图像 lena.png
9       image = cv.imread('./images/lena.png')
10      if image is None:
11          print('Failed to read lena.png.')
12          sys.exit()
13      h, w = image.shape[:-1]
14
15      # 设置操作标志
16      connectivity = 4                    # 邻域连通方式
17      maskVal = 255                       # 掩模图像的数值
18      flags = connectivity | maskVal<<8 | cv.FLOODFILL_FIXED_RANGE # 漫水填充法的操作标志
19
20      # 设置与选中像素的差值
21      loDiff = (20, 20, 20)
22      upDiff = (20, 20, 20)
23
24      # 声明掩模矩阵
25      mask = np.zeros((h + 2, w + 2), dtype='uint8')
26
27      while True:
28          # 随机选定图像中某一像素
```

```
29        x = np.random.randint(0, h)
30        y = np.random.randint(0, w)
31        pt = (x, y)
32
33        # 向彩色图像中填充像素值
34        newVal = (np.random.randint(0, 255), np.random.randint(0, 255),
             np.random.randint(0, 255))
35        # 漫水填充
36        area = cv.floodFill(image, mask, pt, newVal, loDiff, upDiff, flags)
37        # 输出像素和填充的像素数目
38        print('种子点 x: {}, y: {}, 填充像素数目: {}'.format(x, y, area[0]))
39        # 展示结果
40        cv.imshow('flood fill', image)
41        cv.imshow('mask', mask)
42        k = cv.waitKey(0)
43        if k == 27:
44            break
45
46  cv.destroyAllWindows()
```

漫水填充结果 　　　　　　　　　　　　　　　　对应的掩模矩阵

图 8-10　Floodfill.py 程序的填充结果和对应的掩模矩阵

```
像素 x: 9, y: 173, 填充像素数目: 4747
像素 x: 182, y: 266, 填充像素数目: 1604
像素 x: 41, y: 337, 填充像素数目: 7192
像素 x: 380, y: 136, 填充像素数目: 2242
像素 x: 71, y: 258, 填充像素数目: 473
像素 x: 238, y: 389, 填充像素数目: 55
像素 x: 198, y: 448, 填充像素数目: 1
像素 x: 309, y: 301, 填充像素数目: 48
像素 x: 315, y: 349, 填充像素数目: 22
像素 x: 416, y: 128, 填充像素数目: 0
像素 x: 180, y: 101, 填充像素数目: 10151
像素 x: 210, y: 406, 填充像素数目: 879
```

图 8-11　Floodfill.py 程序中种子点的坐标和填充的像素数目

8.3.2　分水岭法

　　分水岭法与漫水填充法相似，都会模拟水淹过地面或山地的场景，区别是漫水填充法从局部某个像素值进行分割，是一种局部分割算法，而分水岭法从全局出发，需要对全局进行分割。

分水岭法会在多个局部最低点开始注水，随着注水量的增加，水位越来越高，会"淹没"局部像素值较小的像素，最后两个相邻凹陷区域中的水会汇集在一起，而在汇集处就形成了分水岭。分水岭的计算过程是一个迭代标注的过程，经典的计算方式主要分为以下两个步骤。

（1）排序过程。对图像像素的灰度值进行排序，确定灰度值较小的像素，该像素即为开始注水点。

（2）"淹没"过程。对每个最低点开始不断"注水"，不断"淹没"周围的像素，不同"注水"处的"水"汇集在一起，形成分割线。

OpenCV 4 提供了用分水岭法分割图像的函数 cv.watershed()，该函数的原型在代码清单 8-18 中给出。

代码清单 8-18　cv.watershed()函数的原型

```
1  markers = cv.watershed(image,
2                         markers)
```

- `image`：输入图像。
- `markers`：用于输入期望分割的区域或输出图像的标记结果。

该函数根据期望的标记结果用分水岭法实现图像分割，并以返回值的形式输出分割结果。该函数的第 1 个参数必须是数据类型为 uint8 的三通道彩色图像。在将图像传递给函数之前，必须使用大于 0 的整数索引粗略地勾画出图像期望分割的区域。因此，每个标记的区域被表示为具有像素值 1、2、3 等的一个或多个连通分量。标记图像的尺寸与输入图像相同且数据类型为 int32，可以使用 cv.findContours()函数和 cv.drawContours()函数从二值掩模中得到此类标记图像，标记图像中所有未被标记的像素值都为 0。在函数输出时，两个区域之间的分割线用–1 表示。

为了展示该函数的用法，代码清单 8-19 给出了利用 cv.watershed()函数对图像进行分割的示例程序。程序中，首先利用 cv.Canny()函数计算图像的边缘，之后利用 cv.findContours()函数计算图像中的连通域，并通过 cv.drawContours()函数绘制连通域，得到符合格式要求的标记图像，最后利用 cv.watershed()函数对图像进行分割。为了提高分割后不同区域之间的对比度，随机对不同区域进行上色，结果如图 8-12 所示。

代码清单 8-19　Watershed.py

```
1  # -*- coding:utf-8 -*-
2  import cv2 as cv
3  import numpy as np
4  import sys
5
6
7  def generate_random_color():
8      return np.random.randint(0, 256, 3)
9
10
11 def fill_color(img1, n, img2):
12     h, w = img1.shape[:-1]
13     res = np.zeros((h, w, 3), img1.dtype)
14     # 生成随机颜色
15     random_color = {}
16     for c in range(1, n+1):
17         random_color[c] = generate_random_color()
18     # 填色
19     for i in range(h):
20         for j in range(w):
21             item = img2[i][j]
```

```
22              if item == -1:
23                  res[i, j, :] = (255, 255, 255)
24              elif item == 0:
25                  res[i, j, :] = (0, 0, 0)
26              else:
27                  res[i, j, :] = random_color[item]
28      return res
29
30
31  if __name__ == '__main__':
32      # 读取图像 HoughLines.jpg
33      image = cv.imread('./images/HoughLines.jpg')
34      if image is None:
35          print('Failed to read HoughLines.jpg.')
36          sys.exit()
37      cv.imshow('Origin', image)
38      gray = cv.cvtColor(image, cv.COLOR_BGR2GRAY)
39
40      # 高斯模糊
41      # gray = cv.GaussianBlur(gray, (5, 5), 10, sigmaY=20)
42
43      # 提取图像边缘并进行闭运算
44      mask = cv.Canny(gray, 150, 300)
45      k = cv.getStructuringElement(0, (3, 3))
46      mask = cv.morphologyEx(mask, cv.MORPH_CLOSE, k)
47      cv.imshow('mask', mask)
48
49      # 计算连通域数目
50      contours, hierarchy = cv.findContours(mask, cv.RETR_CCOMP, cv.CHAIN_APPROX_SIMPLE)
51
52      # 绘制轮廓，用于输入至分水岭法
53      mask_water = np.zeros(mask.shape, dtype='int32')
54      for i in range(len(contours)):
55          cv.drawContours(mask_water, contours, i, (i + 1), -1, 8, hierarchy)
56      cv.imshow('mask_water', mask_water.astype('uint8'))
57      # 实现分水岭法
58      result = cv.watershed(image, mask_water)
59      # 为不同的分割区域绘制颜色
60      result = fill_color(image, len(contours), mask_water)
61
62      # 展示结果
63      cv.imshow('result', result.astype('uint8'))
64      cv.waitKey(0)
65      cv.destroyAllWindows()
```

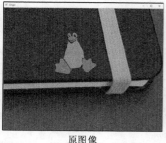
原图像

边缘图像

分水岭分割图像

图 8-12　Watershed.py 程序中分水岭法分割结果

> 📌 **提示**
>
> 　　本书中的例程使用图像边缘作为标记图像，这具有一定的被动性，并且会产生众多较小的区域。在实际使用时，通过人为标记的方式可能会得到更好的结果，本书提供了一张主动标记的图像 lenaw.png，感兴趣的读者可以将代码清单 8-19 中的程序进行简单修改，实现对 lenaw.png 图像的分割。

8.3.3 Grabcut 法

　　Grabcut 法是重要的图像分割算法，它使用高斯混合模型估计目标区域的背景和前景。该算法通过迭代的方法解决了能量函数最小化的问题，使得结果具有更高的可靠性。OpenCV 4 提供了利用 Grabcut 法分割图像的 cv.grabCut()函数，该函数的原型在代码清单 8-20 中给出。

代码清单 8-20　cv.grabCut()函数的原型

```
1    mask, bgdModel, fgdModel = cv.grabCut(img,
2                                          mask,
3                                          rect,
4                                          bgdModel,
5                                          fgdModel,
6                                          iterCount
7                                          [, mode])
```

- img：输入的待分割图像。
- mask：用于输入、输出数据类型为 uint8 的单通道掩模图像。
- rect：包含对象的 ROI。
- bgdModel：背景模型的临时数组。
- fgdModel：前景模型的临时数组。
- iterCount：算法需要进行的迭代次数。
- mode：分割模式的标志。

　　该函数通过 Grabcut 法分割图像，并将分割后的相关信息通过值返回。该函数的第 1 个参数是数据类型为 uint8 的三通道彩色图像。第 2 个参数既用于输入又用于输出。当最后一个参数设置为 cv.GC_INIT_WITH_RECT 时，mask 会被设置为初始掩模，mask 中具有 4 个可选择的标记（见表 8-4）。最后图像的分割结果也是通过分析掩模矩阵中每个像素值进行提取的。需要进行分割的 ROI 的外部会被标记为"明显的背景"区域，rect 参数仅在 mode == cv.GC_INIT_WITH_RECT 时使用。需要注意的是，在处理同一图像时，请勿对该函数的第 4 个和第 5 个参数进行修改。该函数的最后一个参数可以选择的标志在表 8-5 中给出。

表 8-4　　　　　　　　　cv.grabCut()函数中 mask 可以选择的标志

标志	简记	含义
cv.GC_BGD	0	明显为背景的像素
cv.GC_FGD	1	明显为前景（或对象）的像素
cv.GC_PR_BGD	2	可能为背景的像素
cv.GC_PR_FGD	3	可能为前景（或对象）的像素

表 8-5　　　　　　　　　cv.grabCut()函数中 mode 可以选择的标志

标志	简记	含义
cv.GC_INIT_WITH_RECT	0	使用提供的矩形初始化状态和掩模，之后根据算法进行迭代更新

续表

标志	简记	含义
cv.GC_INIT_WITH_MASK	1	使用提供的掩模初始化状态，可以组合 GC_INIT_WITH_RECT 和 GC_INIT_WITH_MASK。然后，使用 GC_BGD 自动初始化 ROI 外部的所有像素
cv.GC_EVAL	2	算法应该恢复
cv.GC_EVAL_FREEZE_MODEL	3	只使用固定模型运行 Grabcut 法（单次迭代）

为了展示该函数的使用方法及对图像的分割效果，代码清单 8-21 给出了通过 cv.grabCut()函数对图像进行分割的示例程序。程序中首先在原始图像中选择 ROI，之后利用 cv.grabCut()函数对该区域进行分割，计算前景和背景，最后将掩模矩阵中明显是前景和疑似前景的像素全部输出。该程序运行结果如图 8-13 所示。需要说明的是，程序中为了保证绘制矩形框时不对图像分割产生影响，在绘制矩形框时对原始图像进行了深拷贝。

代码清单 8-21　GrabCut.py

```
1   # -*- coding:utf-8 -*-
2   import cv2 as cv
3   import numpy as np
4   import sys
5
6
7   if __name__ == '__main__':
8       # 读取图像 lena.png
9       image = cv.imread('./images/lena.png')
10      if image is None:
11          print('Failed to read lena.png.')
12          sys.exit()
13      h, w = image.shape[:-1]
14      # 备份图像，防止绘制矩形框对结果产生影响
15      imgRect = image.copy()
16      imgRect = cv.rectangle(imgRect, (80, 30), (420, 420), (255, 255, 255), 2)
17      cv.imshow('Select Area', imgRect)
18
19      # 进行分割
20      bgdmod = np.zeros((1, 65), dtype='float64')
21      fgdmod = np.zeros((1, 65), dtype='float64')
22      mask = np.zeros(image.shape[:-1], dtype='uint8')
23      mask, _, _ = cv.grabCut(image, mask, rect=(80, 30, 420, 420), bgdModel=bgdmod,
24          fgdModel=fgdmod, iterCount=5, mode=cv.GC_INIT_WITH_RECT)
25
26      # 将分割出的前景绘制出来
27      for i in range(h):
28          for j in range(w):
29              n = mask[i, j]
30              if n == 1 or n == 3:
31                  pass
32              else:
33                  image[i, j, :] = 0
34
35      # 展示结果
36      cv.imshow('Result', image)
37      cv.waitKey(0)
38      cv.destroyAllWindows()
```

选择的矩形区域　　　　　　　　　　　　　　　　　　　分割结果

图 8-13　GrabCut.py 程序中选择的区域和分割结果

8.3.4　Mean-Shift 法

Mean-Shift 法又称为均值漂移法，是一种基于颜色空间分布的图像分割算法。该算法的输出是一个经过滤色的"分色"图像，其颜色会渐变，并且细纹理会变得平缓。

在 Mean-Shift 法中，每个像素用一个五维的向量 (x, y, b, g, r) 表示，前两个量表示像素在图像中的坐标 (x, y)，后三个量表示每个像素的颜色分量（蓝、绿、红）。从颜色分布的峰值处开始，通过滑动窗口不断寻找属于同一类的像素并统一像素值。滑动窗口由半径和颜色幅度确定，半径决定了滑动窗口的范围，即坐标 (x, y) 的范围，颜色幅度决定了半径内像素分类的标准。通过不断地移动滑动窗口，实现基于像素颜色的图像分割。由于分割后同一类的像素具有相同像素值，因此 Mean-Shift 法的输出结果是一张颜色渐变、纹理平缓的图像。

OpenCV 4 中提供了利用 Mean-Shift 法分割图像的函数 cv.pyrMeanShiftFiltering()，该函数的原型在代码清单 8-22 中给出。

代码清单 8-22　cv.pyrMeanShiftFiltering()函数的原型

```
1  dst = cv.pyrMeanShiftFiltering(src,
2                                 sp,
3                                 sr
4                                 [, dst
5                                 [, maxLevel
6                                 [, termcrit]]])
```

- src：待分割的输入图像。
- sp：滑动窗口的半径。
- sr：滑动窗口的颜色幅度。
- dst：分割后的输出图像。
- maxLevel：分割金字塔缩放层数。
- termcrit：迭代算法终止条件。

该函数基于彩色图像的像素值实现对图像的分割，并将分割后的结果通过值返回。经过该函数分割后的图像具有较少的纹理信息，可以利用边缘检测函数 cv.Canny()及连通域查找函数 cv.findContours()进行进一步的细化分类和处理。待分割的输入图像和分割后的输出图像具有相同的尺寸并且必须是数据类型为 uint8 的三通道彩色图像。当分割金字塔缩放层数大于 1 时，构建（maxLevel + 1）层高斯金字塔。首先，在尺寸最小的图像层中进行分类，之后将结果传播到尺寸较大的图像层，并且仅在与上一层颜色差异大于滑动窗口颜色幅度的像素上再次进行分类，从而使得颜色区域的边界更清晰。当分割金字塔缩放层数为 0 时，表示直接在整个原始图像上进行均值平移分割。该函数的最后一个参数的数据类型是 TermCriteria，该数据类型是 OpenCV 4 中用于表示迭代算法终止条件的数据类型，在所有涉及迭代条件的函数中都有该参数，用于表示在满足某些条件时函数将停止迭代，输出结果。TermCriteria 变量可以通过 TermCriteria()函数进行赋值，该函数的原型在代码清单 8-23 中给出。

代码清单 8-23　TermCriteria()函数的原型

```
1  TermCriteria(type,
2               maxCount,
3               epsilon)
```

- type：终止条件的类型标志。
- maxCount：最大迭代次数或者元素数。
- epsilon：迭代算法停止时需要满足的精度或者参数变化。

该函数可以表示迭代算法的终止条件，终止条件主要分为满足迭代次数和满足计算精度两种。该函数的第 1 个参数可选的标志在表 8-6 中给出，这几个标志可以互相结合使用。需要注意的是，由于该参数在 TermCriteria 类中，因此在使用时需要在变量前面添加类名前缀。该函数的第 2 个参数的数据类型为 int，在 epsilon == cv.TERM_CRITERIA_COUNT 时发挥作用。该函数的第 3 个参数的数据类型为 float，在 epsilon ==cv.TERM_CRITERIA_EPS 时发挥作用。使用 criteria = (type1 + type2, maxCount, epsilon)确定终止条件。

表 8-6　　　　　　TermCriteria()函数中 type 可选的标志

标志	简记	含义
cv.TERM_CRITERIA_COUNT	1	迭代次数达到设定值才停止迭代
cv. TERM_CRITERIA_MAX_ITER	1	迭代次数达到设定值才停止迭代
cv. TERM_CRITERIA_EPS	2	当计算精度满足要求时停止迭代

为了展示 cv.pyrMeanShiftFiltering()函数的使用方法及分割效果，代码清单 8-24 给出了利用该函数进行图像分割的示例程序。程序中对图像连续进行两次处理，并对分割结果使用 Canny 算法提取边缘，比较分割前后对图像边缘的影响，发现经过多次分割处理后的图像边缘明显变少，图像分割区域也更加整齐和平滑。该程序的运行结果在图 8-14～图 8-16 中给出。

代码清单 8-24　pyrMeanShiftFiltering.py

```
1  # -*- coding:utf-8 -*-
2  import cv2 as cv
3  import numpy as np
4  import sys
5
6
7  if __name__ == '__main__':
8      # 读取图像 keys.jpg
9      image = cv.imread('./images/keys.jpg')
10     if image is None:
11         print('Failed to read keys.jpg.')
12         sys.exit()
13
14     # 定义迭代算法的终止条件
15     criteria = (cv.TERM_CRITERIA_EPS + cv.TERM_CRITERIA_MAX_ITER, 10, 0.1)
16     # 进行分割
17     result1 = cv.pyrMeanShiftFiltering(image, 20, 40, maxLevel=2, termcrit=criteria)
```

```
18    result2 = cv.pyrMeanShiftFiltering(result1, 20, 40, maxLevel=2, termcrit=criteria)
19
20    # 对图像进行边缘提取
21    img_canny = cv.Canny(image, 150, 300)
22    result1_canny = cv.Canny(result1, 150, 300)
23    result2_canny = cv.Canny(result2, 150, 300)
24
25    # 展示结果
26    cv.imshow('Origin', image)
27    cv.imshow('Origin Canny', img_canny)
28    cv.imshow('Result1', result1)
29    cv.imshow('Result1 Canny', result1_canny)
30    cv.imshow('Result2', result2)
31    cv.imshow('Result2 Canny', result2_canny)
32    cv.waitKey(0)
33    cv.destroyAllWindows()
```

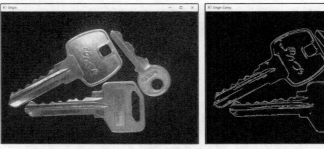

图 8-14　pyrMeanShiftFiltering.py 程序中的原图及 Canny 边缘

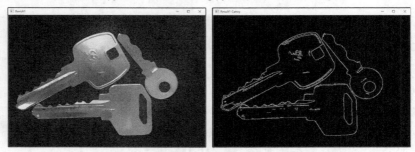

图 8-15　pyrMeanShiftFiltering.py 程序中处理一次的图像及 Canny 边缘

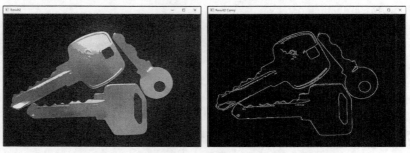

图 8-16　pyrMeanShiftFiltering.py 程序中处理两次的图像及 Canny 边缘

8.4　图像修复

在实际应用或者工程中，图像常常会受到噪声的干扰，例如拍照时镜头上存在灰尘或者飞行的小动物。这些干扰会导致拍摄到的图像出现部分内容被遮挡的情况。相片在保存和运输过程中可能产生划痕，导致相片中信息的损坏和丢失。

图像修复技术就是根据图像中损坏区域边缘的像素值大小及像素间的结构关系，估计出损坏区域可能的像素排列，从而去除图像中受"污染"的区域。图像修复不仅可以去除图像中的"划痕"，还可以去除图像中的水印、日期等。

OpenCV 4 提供了能够对图像进行修复的函数 cv.inpaint()，该函数的原型在代码清单 8-25 中给出。

代码清单 8-25　cv.inpaint()函数的原型

```
1  dst = cv.inpaint(src,
2                   inpaintMask,
3                   inpaintRadius,
4                   flags
5                   [, dst])
```

- src：待修复图像。
- inpaintMask：修复掩模，与待修复图像具有相同的尺寸。
- inpaintRadius：算法考虑的每个像素的圆形邻域半径。
- flags：修复方法的标志。
- dst：修复后的输出图像。

该函数利用图像修复算法对图像中指定的区域进行修复，并将修复结果通过值返回。不过，函数无法判定哪些区域需要修复，因此在使用过程中应明确指出需要修复的区域。该函数可以对灰度图像和彩色图像进行修复。修复灰度图像时，图像的数据类型可以为 uint8、uint16 或者 float32；修复彩色图像时，图像的数据类型只能为 uint8。第 2 个参数指定图像中需要修复的区域。由第 2 个参数输入的是一个与待修复图像具有相同尺寸的并且数据类型为 uint8 的单通道图像，图像中非零像素表示需要修复的区域。第 4 个参数可以选择的标志在表 8-7 中给出。该函数的最后一个参数和函数的返回值是修复后的输出图像，它们与输入图像具有相同的大小和数据类型。

虽然该函数可以对图像中受"污染"区域进行修复，但是需要借助"污染"边缘区域的像素信息，由离边缘区域越远的像素估计出的结果准确性越低，因此，如果受"污染"区域较大，修复的效果就会降低。

表 8-7　cv.inpaint()函数中 flags 可选择的标志

标志	简记	含义
cv.INPAINT_NS	0	基于 Navier-Stokes 算法修复图像
cv.INPAINT_TELEA	1	基于 Alexandru Telea 算法修复图像

为了展示该函数的使用方法及图像修复的效果，代码清单 8-26 给出了图像修复的示例程序。程序中，对于"污染"较轻和较严重的两张图像，首先计算每张图像需要修复的掩模图像，之后利用 cv.inpaint()函数对图像进行修复。该程序的输出结果如图 8-17 和图 8-18 所示，通过结果可以看出，在"污染"区域较细并且较稀疏的情况下，图像修复效果较好；在"污染"区域较密集时，修复效果较差。

代码清单 8-26　Inpaint.py

```
1  # -*- coding:utf-8 -*-
2  import cv2 as cv
3  import sys
4
5
6  if __name__ == '__main__':
```

```
7    # 读取图像 inpaint1.png 和 inpaint2.png
8    image1 = cv.imread('./images/inpaint1.png')
9    image2 = cv.imread('./images/inpaint2.png')
10   if image1 is None or image2 is None:
11       print('Failed to read inpaint1.png or inpaint2.png.')
12       sys.exit()
13   cv.imshow('Origin1', image1)
14   cv.imshow('Origin2', image2)
15
16   # 生成掩模
17   _, mask1 = cv.threshold(image1, 245, 255, cv.THRESH_BINARY)
18   _, mask2 = cv.threshold(image2, 254, 255, cv.THRESH_BINARY)
19   # 对 Mask 进行膨胀处理，增加其面积
20   k = cv.getStructuringElement(cv.MORPH_RECT, (3, 3))
21   mask1 = cv.dilate(mask1, k)
22   mask2 = cv.dilate(mask2, k)
23   cv.imshow('Mask1', mask1)
24   cv.imshow('Mask2', mask2)
25   # 修复图像
26   result1 = cv.inpaint(image1, mask1[:, :, -1], 5, cv.INPAINT_NS)
27   result2 = cv.inpaint(image2, mask2[:, :, -1], 5, cv.INPAINT_NS)
28
29   # 展示结果
30   cv.imshow('Result1', result1)
31   cv.imshow('Result2', result2)
32   cv.waitKey(0)
33   cv.destroyAllWindows()
```

图 8-17　Inpaint.py 程序中"污染"条纹较细和较稀疏时的修复结果

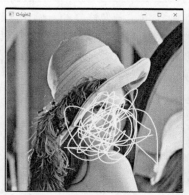

图 8-18　Inpaint.py 程序中"污染"条纹较稠密时的修复结果

8.5　本章小结

　　本章首先介绍了图像分析与修复，包括图像的离散傅里叶变换、离散余弦变换和积分图像。然后，介绍了漫水填充法、分水岭法、Grabcut法和Mean-Shift法这几个图像分割算法，用于将图像的不同区域分割开。最后，针对图像在保存和传输过程可能出现的"污染"，介绍了如何修复图像、还原始图像信息。

　　本章涉及的主要函数如下。

- cv.dft()：实现傅里叶变换。
- cv.idft()：实现逆傅里叶变换。
- cv.getOptimalDFTSize()：计算矩阵傅里叶变换的最优尺寸。
- cv.copyMakeBorder()：扩充图像尺寸。
- cv.magnitude()：计算二维向量的幅值。
- cv.mulSpectrums()：实现复数矩阵中元素之间的乘法运算。
- cv.dct()：实现离散余弦变换。
- cv.idct()：实现逆离散余弦变换。
- cv.integral()：计算积分图像。
- cv.floodFill()：实现漫水填充法。
- cv.watershed()：实现分水岭法。
- cv.grabCut()：实现Grabcut法。
- cv.pyrMeanShiftFiltering()：实现Mean-Shift法。
- cv.TermCriteria()：表示迭代算法终止条件。
- cv.inpaint()：修复图像。

第9章 特征点检测与匹配

在图像处理中，有时不需要使用物体所有的像素，例如二维码定位、计算二维码尺寸时只需要使用二维码的 4 个顶点。因此，有时我们需要从图像中提取出能够表示图像特性或者局部特性的像素，这些像素称为角点或者特征点。使用特征点可以极大地减少数据量，提高计算速度。特征点广泛应用在图像处理的多个领域，例如基于特征点的图像匹配、基于特征点的定位和三维重建。本章将介绍角点和特征点的相关概念，OpenCV 4 中提取角点和特征点的方法，以及对特征点的匹配。

9.1 角点检测

角点是图像中某些属性较突出的像素，例如像素值最大或者最小的点、线段的端点、孤立的边缘点等，图 9-1 中圆圈包围的线段的断点和拐点就是一些常见的角点。常用的角点有以下几种：

- 灰度梯度的最大值对应的像素；
- 两条直线或者曲线的交点；
- 一阶梯度的导数最大值和梯度最大的像素；
- 一阶导数值最大但是二阶导数为 0 的像素。

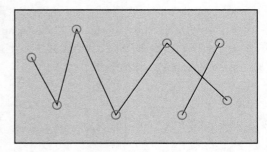

图 9-1 角点示意图

9.1.1 显示关键点

在介绍角点相关的概念之前，本节首先讲述如何在图像中绘制关键点。关键点就是图像中含有"关键信息"的像素，可以指代角点或者特征点等，主要包含像素的位置、角度等信息。有时，我们可以通过计算判断出或者已经知道图像中的某些像素是特殊点，需要将该像素明显标记出来。通过前面的学习，我们知道可以以该像素为圆心，利用 cv.circle()函数绘制一个空心圆来明显标记出像素的位置。但是，有时我们可能会得到非常多的像素，例如，从一张图像中可能提取出成百上千甚至上万个特征点，如果标记每个像素时都调用一次 cv.circle()，那么在程序的实现上将会相当复杂，即使使用 for 循环结构也会提高程序的运行成本。因此，为了简化绘制特征点的过程，OpenCV 4 提供了 cv.drawKeypoints()函数，用于一次性绘制所有的关键点，该函数的原型在代码清单 9-1 中给出。

注意，特征点也是图像中含有特殊信息的像素，不仅包含像素的位置和角度等，而且包含描述像素唯一性的描述子。因此，通常可以认为特征点是关键点和描述子的组合。

代码清单 9-1　cv.drawKeypoints()函数的原型

```
1  outImage = cv.drawKeypoints(image,
2                              keypoints,
3                              outImage
4                              [, color
5                              [, flags]])
```

- image：需要绘制关键点的原图像。
- keypoints：来自原图像的关键点数据列表。
- outImage：绘制关键点后的输出图像。
- color：绘制关键点空心圆的颜色。
- flags：绘制功能的选择标志。

该函数可以一次性在图像中绘制所有的关键点，以关键点为圆心绘制空心圆，以突出显示关键点在图像中的位置，并将绘制结果返回给 outImage。需要绘制关键点的原图像，既可以是单通道的灰度图像，又可以是三通道的彩色图像。来自原图像的关键点的数据列表中存放着表示关键点的 KeyPoint 类型的数据。有时可能直接将关键点绘制在原图像中而不创建单独的输出图像，是否利用 outImage 参数绘制关键点取决于最后一个参数的取值。该函数的第 4 个参数通过（b, g, r）进行赋值，b、g、r 分别表示蓝色/绿色/红色。当不给定具体值（即输出"()"）时，表示用随机颜色绘制空心圆。该函数的最后一个参数可选的标记在表 9-1 中给出。当 flags=cv.DRAW_MATCHES_FLAGS_DEFAULT 时，会自动创建输出图像矩阵，因此可以设置 outImage 的输入为 None；当 flags=cv.DRAW_MATCHES_FLAGS_DRAW_OVER_OUTIMG 时，函数直接在输入图像中绘制关键点，但是表示输出图像的参数 outImage 仍然需要设置，只是不会对该图像进行更改。

表 9-1　　　　　　　　　cv.drawKeypoints()函数 flags 可选择的标志

标志	简记	含义
cv.DRAW_MATCHES_FLAGS_DEFAULT	0	创建输出图像矩阵，将绘制结果存放在输出图像中，并且绘制圆形，表示关键点的位置，不表示关键点的大小和方向
cv.DRAW_MATCHES_FLAGS_DRAW_OVER_OUTIMG	1	不创建输出图像矩阵，直接在原始图像中绘制关键点
cv.DRAW_MATCHES_FLAGS_NOT_DRAW_SINGLE_POINTS	2	不绘制单个关键点
cv.DRAW_MATCHES_FLAGS_DRAW_RICH_KEYPOINTS	4	在关键点绘制圆形，圆形体现关键点的大小和方向

> **注意**　要绘制关键点的图像的尺寸对关键点坐标没有约束关系，例如，要绘制关键点的图像尺寸为 400×600，允许在 keypoints 中存在坐标为(500,700)的关键点，只是该点无法绘制在图像中。

cv.drawKeypoints()函数的第 2 个参数涉及表示关键点的 KeyPoint 类型，该类型是 OpenCV 4 中专门用于表示特征点的数据类型，不但含有关键点的坐标，而且含有关键点的角度、分类号等。为了帮助读者更好地理解 KeyPoint 类，代码清单 9-2 给出 KeyPoint 类详细的属性。

代码清单 9-2　KeyPoint 类详细的属性

```
1  class KeyPoint{angle        //关键点的角度，float 类型
2             class_id          //关键点的分类号，int 类型
3             octave            //特征点来源（金字塔），int 类型
```

```
4              pt                    //关键点坐标，(x，y）格式，其中 x 为横坐标，y 为纵坐标
5              response              //最强关键点的响应，可用于进一步分类和二次采样，float 类型
6              size                  //关键点邻域的大小，float 类型
7   }
```

在利用 cv.drawKeypoints()函数绘制关键点时，需要将数据转换为 KeyPoint 类型。OpenCV 4
提供了 cv.KeyPoint()函数，用来进行数据类型的转换，该函数的原型在代码清单 9-3 中给出。

代码清单 9-3　cv.KeyPoint()函数的原型

```
1   <KeyPoint object> = cv.KeyPoint(x,
2                                    y,
3                                    _size
4                                    [, _angle
5                                    [, _response
6                                    [, _octave
7                                    [, _class_id]]]])
```

- x：关键点的横坐标。
- y：关键点的纵坐标。
- _size：关键点邻域的大小。
- _angle：关键点的角度。
- _response：关键点的响应。
- _octave：关键点的来源（金字塔）。
- _class_id：关键点的分类号。

该函数可以将关键点转化为 KeyPoint 类型。第 1 个和第 2 个参数可以为 float 类型。前 3 个参
数均含有关键点的重要信息，不可取默认值。第 4 个参数即关键点的方向，取值范围为[0, 360)，
默认值为–1（表示不使用该参数）。第 5 个参数的默认值为 0。第 6 个参数的默认值为 0。最后一
个参数的默认值为–1（表示不进行分类）。

为了了解 cv. KeyPoint()函数和 cv.drawKeypoints()函数的使用方法，代码清单 9-4 给出了绘制
关键点的示例程序。程序中首先随机生成关键点，并利用 cv.KeyPoint()函数将其转换为 KeyPoint
类型，之后利用 cv.drawKeypoints()函数绘制关键点。该程序分别在灰度图像和彩色图像的相同位
置绘制关键点，运行结果如图 9-2 所示。因为关键点是随机生成的，所以每次在程序的运行结果中
关键点位置会有所不同。

代码清单 9-4　DrawKeypoints.py

```
1   # -*- coding:utf-8 -*-
2   import cv2 as cv
3   import numpy as np
4   import sys
5
6
7   if __name__ == '__main__':
8       # 读取图像
9       image = cv.imread('./images/lena.jpg')
10      if image is None:
11          print('Failed to read lena.jpg.')
12          sys.exit()
13
14      # 转为灰度图像
15      gray = cv.cvtColor(image, cv.COLOR_BGR2GRAY)
16
17      # 生成关键点
```

```
18      kps = []
19      key_points = np.random.randint(0, 512, 200).reshape((100, 2))
20      for point in key_points:
21          kps.append(cv.KeyPoint(point[0], point[1], 1))
22
23      # 绘制关键点
24      image_result = cv.drawKeypoints(image, kps, None, (), cv.DRAW_MATCHES_FLAGS_DEFAULT)
25      gray_result = cv.drawKeypoints(gray, kps, None, (), cv.DRAW_MATCHES_FLAGS_DEFAULT)
26
27      # 展示结果
28      cv.imshow('Color Result', image_result)
29      cv.imshow('Gray Result', gray_result)
30      cv.waitKey(0)
31      cv.destroyAllWindows()
```

图 9-2　DrawKeypoints.py 的运行结果

9.1.2　Harris 角点检测

Harris 角点是最经典的角点之一，它从像素值变化的角度对角点进行定义。局部像素值最大的角点为 Harris 角点。要检测 Harris 角点，首先以某一个像素为中心构建一个矩形滑动窗口，通过线性叠加滑动窗口覆盖的图像像素值得到滑动窗口内所有像素值的衡量系数。该系数与滑动窗口内的像素值成正比，即当滑动窗口内的像素值整体变大时，该衡量系数也变大。在图像中，以每一个像素为中心向四面八方移动滑动窗口，当滑动窗口无论向哪个方向移动，衡量系数都缩小时，滑动窗口中心对应的图像像素即为 Harris 角点。

Harris 角点主要用于检测图像中线段的端点或者两条线段的交点。图 9-3 给出了 Harris 角点检测过程中 3 种典型的情况：第一种是在像素值光滑的区域内移动滑动窗口，无论向哪个方向移动，衡量系数都不变，因此在平滑区域不会存在 Harris 角点；第二种是在图像边缘区域移动滑动窗口，在该情况下，垂直于边缘方向移动窗口时，像素值衡量系数变化剧烈，但是平行于边缘方向移动窗口时，像素值衡量系数不变，因此边缘处也不会存在 Harris 角点；第 3 种情况是在两条线的交点处，此时无论向哪个方向移动滑动窗口，像素值衡量系数都会变小，因此两条线段的交点是 Harris 角点。为了在交点处得到最大的像素值衡量系数，要求滑动窗口内中心像素值衡量系数较大，而周围像素值衡量系数较小，因此滑动窗口常采用类似于高斯滤波器的权重或者较小尺寸的滑动窗口，例如 2×2 的窗口。

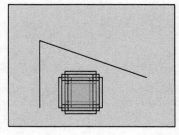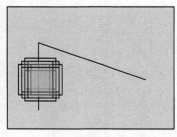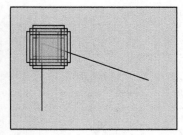

图 9-3　Harris 角点检测过程中 3 种典型的情况

Harris 角点检测原理可以用式（9-1）表示。

$$E(u,v) = \sum_{x,y} w(x,y)[I(x+u, y+v) - I(x,y)]^2 \tag{9-1}$$

其中，$w(x,y)$ 表示滑动窗口权重函数，可以是常数，也可以是高斯函数。$E(u,v)$ 表示滑动窗口向各个方向移动时像素值衡量系数的变化。对式（9-1）进行泰勒展开并整理可以得到式（9-2）。

$$E(u,v) \approx \begin{bmatrix} u & v \end{bmatrix} M \begin{bmatrix} u \\ v \end{bmatrix} \tag{9-2}$$

其中，M 是计算 Harris 角点的梯度协方差矩阵，其形式如式（9-3）所示：

$$M = \sum_{x,y} w(x,y) \begin{bmatrix} I_x I_x & I_x I_y \\ I_x I_y & I_y I_y \end{bmatrix} \tag{9-3}$$

其中，I_x 和 I_y 分别表示图像在 x 方向和 y 方向的像素值梯度。由于 $E(x,y)$ 的取值与 M 相关，因此进一步对其简化。Harris 角点评价系数 R 的计算方式如式（9-4）所示。

$$R = \det(M) - k(\mathrm{tr}(M))^2 \tag{9-4}$$

其中，k 为常值权重系数，$\det(M) = \lambda_1 \lambda_2$，$\mathrm{tr}(M) = \lambda_1 + \lambda_2$，$\lambda_1$ 和 λ_2 是梯度协方差矩阵 M 的特征值，将特征值代入式（9-4）中得：

$$R = \lambda_1 \lambda_2 - k(\lambda_1 + \lambda_2)^2 \tag{9-5}$$

式（9-5）将计算像素值衡量系数变化率变成计算梯度协方差矩阵时的特征值。当 R 较大时，表示两个特征值较相似或者接近，则该点为角点；当 $R < 0$ 时，表示两个特征值相差较大，则该点位于直线上；当 $|R|$ 较小时，表示两个特征值较小，则该点位于平面。

OpenCV 4 中提供了 cv.cornerHarris() 函数，用于计算 Harris 角点评价系数 R，该函数的原型在代码清单 9-5 中给出。

代码清单 9-5　cv.cornerHarris() 函数的原型

```
1   dst = cv.cornerHarris(src,
2                         blockSize,
3                         ksize,
4                         k
5                         [, dst
6                         [, borderType]])
```

- src：待检测 Harris 角点的输入图像。
- blockSize：邻域大小。
- ksize：Sobel 算子的尺寸，用于得到梯度信息。
- k：计算 Harris 角点评价系数 R 的权重系数。

- dst：存放 Harris 角点评价系数 R 的矩阵。
- borderType：像素边界外推算法的标志。

该函数能够计算出图像中每个像素的 Harris 评价系数，并将存放 Harris 评价系数 R 的矩阵返回，通过对该系数的大小进行比较，确定该点是否为 Harris 角点。待检测 Harris 角点的输入图像必须是数据类型为 uint8 或者 float32 的单通道灰度图像。该函数的第 2 个参数通常取 2。该函数的第 3 个参数应是奇数，多使用 3 或者 5。第 4 个参数的取值范围一般为 0.02～0.04。该函数的第 5 个参数和返回值都是存放 Harris 角点评价系数 R 的矩阵，在调用函数时，两者使用其一即可。由于 R 可能存在负值并且有小数，因此该图像矩阵的数据类型为 float32，同时它与输入图像具有相同的尺寸和通道数目。最后一个参数可选择的标志已经在前面多次使用，此处不再赘述。

该函数计算得到的结果是 Harris 角点评价系数 R，但是由于其取值范围较广并且它有正有负，因此常需要通过 cv.normalize()函数将其归一化到指定区域内后再通过阈值比较判断像素是否为 Harris 角点。在实际项目中，阈值往往需要根据实际情况和工程经验人为给出。若阈值较大，则提取的 Harris 角点较少；若阈值较小，则提取的 Harris 角点较多。

为了了解该函数的使用方法，代码清单 9-6 给出了利用 cv.cornerHarris()函数检测图像 Harris 角点的示例程序。程序中首先计算每个像素点的 Harris 评价系数 R，之后利用 cv.normalize()函数将所有结果归一化到 0～255。由于归一化后结果的数据类型为 float32，因此可以利用 astype()函数将其转换为 uint8 类型，以便比较每个像素值的大小。接下来，通过与阈值 125 进行比较，我们可以得到 Harris 角点，将所有 Harris 角点的坐标转换为 KeyPoint 类型并保存，最后绘制 Harris 角点。该程序的运行结果在图 9-4 中给出，通过结果可以看出 Harris 角点主要集中在图像人物的头发和帽子区域，因为这两个区域中线段的交点较多。另外，通过归一化系数图像也可以看出，在该区域存在众多较亮的白点。

代码清单 9-6 CornerHarris.py

```
1   # -*- coding:utf-8 -*-
2   import cv2 as cv
3   import numpy as np
4   import sys
5
6
7   if __name__ == '__main__':
8       # 读取图像
9       image = cv.imread('./images/lena.jpg')
10      if image is None:
11          print('Failed to read lena.jpg.')
12          sys.exit()
13      # 转为灰度图像
14      gray = cv.cvtColor(image, cv.COLOR_BGR2GRAY)
15
16      # 计算 Harris 系数
17      harris = cv.cornerHarris(gray, 2, 3, 0.04, borderType=cv.BORDER_DEFAULT)
18
19      # 对 Harris 进行归一化，以便进行数值比较
20      harris_nor = cv.normalize(harris, None, alpha=0, beta=255, norm_type=cv.NORM_MINMAX)
21      harris_nor = harris_nor.astype('uint8')
22
23      # 寻找 Harris 角点
24      kps = []
25      for i in np.argwhere(harris_nor > 125):
26          kps.append(cv.KeyPoint(i[1], i[0], 1))
27
```

```
28      # 绘制角点
29      result = cv.drawKeypoints(image, kps, None)
30
31      # 展示结果
32      cv.imshow('R', harris_nor)
33      cv.imshow('Harris KeyPoints', result)
34      cv.waitKey(0)
35      cv.destroyAllWindows()
```

图 9-4　CornerHarris.py 运行结果

9.1.3　Shi-Tomasi 角点检测

梯度协方差矩阵的两个特征值与 Harris 角点判定相关，但是由于 Harris 角点评价系数 R 是两个特征值的组合，通过 Harris 角点评价系数 R 的大小不能完全地概括两个特征值之间的大小关系，因此 J. Shi 和 C. Tomasi 对 Harris 角点的判定指标进行了调整，将特征值的最小值作为 Harris 角点评价系数 R，具体形式如式（9-6）所示。

$$R = \min(\lambda_1, \lambda_2) \tag{9-6}$$

当 R 大于某一阈值时，将该点判定为角点，这种角点称为 Shi-Tomasi 角点，该角点本质上就是 Harris 角点的一种变形。OpenCV 4 提供了能够直接检测 Shi-Tomasi 角点的函数 cv.goodFeatures-ToTrack()，该函数的原型在代码清单 9-7 中给出。

代码清单 9-7　cv.goodFeaturesToTrack()函数的原型

```
1   corners = cv.goodFeaturesToTrack(image,
2                                    maxCorners,
3                                    qualityLevel,
4                                    minDistance
5                                    [, corners
6                                    [, mask
7                                    [, blockSize
8                                    [, useHarrisDetector
9                                    [, k]]]]])
```

- image：需要检测 Shi-Tomasi 角点的输入图像。
- maxCorners：要寻找的 Shi-Tomasi 角点数目的最大值。
- qualityLevel：Shi-Tomasi 角点阈值与最佳 Shi-Tomasi 角点数之间的关系。
- minDistance：两个 Shi-Tomasi 角点之间的最短欧氏距离。

- corners：检测到的 Shi-Tomasi 角点的输出量。
- mask：掩模矩阵，表示检测 Shi-Tomasi 角点的区域。
- blockSize：计算梯度协方差矩阵的大小。
- useHarrisDetector：表示是否使用 Harris 角点。
- k：Harris 角点检测过程中的常值权重系数。

cv.goodFeaturesToTrack()函数能够寻找图像中指定区域内的 Shi-Tomasi 角点，并将检测结果通过值返回。区别于 conerHarris()函数，cv.goodFeaturesToTrack()函数的阈值与最佳角点相对应，避免了绝对阈值在不同图像中效果不理想的问题，另外，该函数可以直接输出角点坐标，不需要根据输出结果再判断是否为角点。该函数的第 1 个参数必须是数据类型为 uint8 或 float32 的单通道图像。如果满足阈值条件的像素有 200 个，但是需要寻找 100 个 Shi-Tomasi 角点，那么会根据这 200 个像素的特征值的大小选出 100 个像素作为 Shi-Tomasi 角点。该函数的第 3 个参数又称为质量等级。如果该参数为 0.01，则表示 Shi-Tomasi 角点阈值是最佳 Shi-Tomasi 角点数的 0.01 倍。例如，如果最佳角点数为 1500，第 3 个参数设置为 0.01，15 就是 Shi-Tomasi 角点检测的阈值。通过设置第 4 个参数，我们可以避免 Shi-Tomasi 角点过于集中。该函数的第 5 个参数和返回值都是检测到的 Shi-Tomasi 角点，可以存放在数据类型为 float32 的 ndarray 对象中，该对象的第 1 个分量的值便是检测到的 Shi-Tomasi 角点的数目。第 6 个参数可以设置图像中检测角点的范围。如果需要从整个图像上检测角点，可以将该参数设置为默认值 None；如果该参数不为空，则它必须是与输入图像具有相同的尺寸且数据类型为 uint8 的单通道图像。该函数的第 7 个参数的默认值为 3。该函数的最后两个参数是是否使用 Harris 角点检测的相关参数，其中第 8 个参数的默认值为 False，最后一个参数的默认值为 0.04。

为了展示该函数的使用方法，代码清单 9-8 给出了利用 cv.goodFeaturesToTrack()函数检测 Shi-Tomasi 角点的示例程序。程序中除检测 Shi-Tomasi 角点之外，还分别使用 cv.circle()函数和 cv.drawKeypoints()函数绘制 Shi-Tomasi 角点，前者绘制圆形时可以自由调整大小并且单独给每一个圆形指定颜色，而后者绘制的圆形大小固定，不易于辨识，但是实现方式简单，不需要反复地调用函数。这两个函数在绘制 Shi-Tomasi 角点坐标时各有优缺点。该程序的输出结果在图 9-5 中给出，通过结果你可以看出，Shi-Tomasi 角点分布趋势与 Harris 角点的分布趋势相似。

代码清单 9-8　Shi-Tomasi.py

```
1   # -*- coding:utf-8 -*-
2   import cv2 as cv
3   import numpy as np
4   import sys
5
6
7   if __name__ == '__main__':
8       # 读取图像
9       image = cv.imread('./images/lena.jpg')
10      if image is None:
11          print('Failed to read lena.jpg.')
12          sys.exit()
13      # 将图像进行复制，以便使用 cv.drawKeypoints()绘制角点
14      image1 = image.copy()
15
16      # 转为灰度图像，并将数据类型转换为 float32
17      gray = cv.cvtColor(image, cv.COLOR_BGR2GRAY)
18
19      # 检测 Shi-Tomasi 角点
20      corners = cv.goodFeaturesToTrack(gray, 500, 0.01, 0.04)
```

```
21      corners = np.int0(corners)
22
23      # 绘制 Shi-Tomasi 角点（使用 cv.circle()函数）
24      kps = []
25      for corner in corners:
26          x, y = corner.ravel()
27          cv.circle(image, (x, y), 3, (0, 255, 255), -1)
28
29          # 将 Shi-Tomasi 角点转换为 KeyPoint 类
30          kps.append(cv.KeyPoint(x, y, 1))
31
32      # 绘制 Shi-Tomasi 角点（使用 cv.drawKeypoints()函数）
33      result = cv.drawKeypoints(image1, kps, None, (), cv.DRAW_MATCHES_FLAGS_DEFAULT)
34
35      # 展示结果
36      cv.imshow('Shi-Tomasi KeyPoints(Mode 1)', image)
37      cv.imshow('Shi-Tomasi KeyPoints(Mode 2)', result)
38      cv.waitKey(0)
39      cv.destroyAllWindows()
```

使用cv.circle()函数绘制的Shi-Tomasi角点　　　使用cv.drawKeypoints()函数绘制的Shi-Tomasi角点

图 9-5　Shi-Tomasi.py 程序的运行结果

9.1.4　亚像素级别角点检测

无论是 Harris 角点检测还是 Shi-Tomasi 角点检测，OpenCV 4 提供的相关函数只能得到像素级别的角点，即角点的坐标是整数。但是，在实际的项目或者任务中，若需要亚像素级别的角点坐标，通过 cv.cornerHarris()函数和 cv.goodFeaturesToTrack()函数检测出的角点坐标显然不能满足要求，因此需要对像素级别的角点坐标进行进一步的优化。

亚像素级别的角点坐标的计算原理是寻找一点，使它到邻域内每一个像素的向量与该像素的梯度的点积之和最小。图 9-6 给出了计算亚像素级别的角点坐标的原理。在图 9-6 中，q 是像素级别的角点，p_0 和 p_1 是角点邻域内的像素，箭头表示梯度方向。p_0 点位于较平滑区域内，因此其梯度为0；p_1 点位于边缘处，其梯度垂直于边缘线，我们用 $\mathrm{d}\boldsymbol{p}_1$ 表示 p_1 点的梯度；角点 q 到邻域内像素的向量用 $\boldsymbol{qp}_i$ 表示，其中 i 为邻域内像素的序号。角点指向邻域内每一个像素的向量与该像素的梯度向量的点积之和可以用式（9-7）计算。

$$\Delta = \sum_i^n \boldsymbol{qp}_i \cdot \mathrm{d}\boldsymbol{p}_i \tag{9-7}$$

当式（9-7）等于 0 时，对应的 q 坐标就是亚像素级别的角点的位置，但是严格等于 0 不能精确成立，因此算法就变成不断寻找亚像素级别的角点坐标的 $\hat{q}$，使得式（9-7）的值最小，相应的 $\hat{q}$ 就是估计出的亚像素级别的角点。

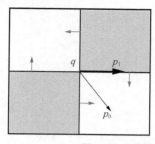 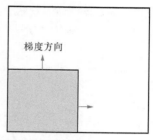

图 9-6　亚像素级别的角点坐标计算原理

OpenCV 4 提供了根据像素级别角点坐标和图像计算亚像素级别的角点坐标的函数cv.cornerSubPix()，该函数的原型在代码清单 9-9 中给出。

代码清单 9-9　cv.cornerSubPix()函数的原型

```
1  corners = cv.cornerSubPix(image,
2                            corners,
3                            winSize,
4                            zeroZone,
5                            criteria)
```

- `image`：输入图像。
- `corners`：角点坐标，既是输入的角点坐标，又是精细后的角点坐标。
- `winSize`：搜索窗口尺寸的一半，必须是整数。
- `zeroZone`：搜索区域中间"死区"大小的一半。
- `criteria`：终止角点位置优化迭代的条件。

cv.cornerSubPix()函数能够根据角点的初始坐标通过不断迭代得到优化后的亚像素级别的角点坐标，并通过值返回。cv.cornerSubPix()函数常与 cv.cornerHarris()函数和 cv.goodFeaturesToTrack()函数结合使用。cv.cornerSubPix()函数的第 1 个参数必须是数据类型为 uint8 或 float32 的单通道灰度图像。该函数的第 2 个参数既是输入参数又是输出参数，作为输入参数时是角点的初始坐标，作为输出参数时是角点经过不断迭代后亚像素级别的精确角点坐标。实际的搜索窗口尺寸比第 3 个参数的 2 倍大 1，例如，当第 3 个参数为 N 时，实际的搜索窗口尺寸是 $(2N+1)\times(2N+1)$。第 4 个参数用于指定不提取像素点的区域，(−1,−1)表示没有"死区"。该函数的最后一个参数在前面已经有过介绍，此处不再赘述。

为了展示 cv.cornerSubPix()函数的使用方法，代码清单 9-10 给出了计算亚像素级别角点坐标的示例程序。该程序输出了优化前和优化后的坐标，部分结果在图 9-7 中给出。

代码清单 9-10　CornerSubPix.py

```
1  # -*- coding:utf-8 -*-
2  import cv2 as cv
3  import numpy as np
4  import sys
5
6
7  if __name__ == '__main__':
8      # 读取图像
```

```
9     image = cv.imread('./images/lena.jpg')
10    if image is None:
11        print('Failed to read lena.jpg.')
12        sys.exit()
13
14    # 转换为灰度图像，并将数据类型转换为 float32
15    gray = cv.cvtColor(image, cv.COLOR_BGR2GRAY)
16
17    # 检测 Shi-Tomasi 角点
18    corners = cv.goodFeaturesToTrack(gray, 100, 0.01, 0.04)
19    corners1 = np.int0(corners)
20
21    # 对角点进行备份
22    corners2 = corners.copy()
23
24    # 计算亚像素级别的角点坐标
25    criteria = (cv.TERM_CRITERIA_EPS + cv.TERM_CRITERIA_COUNT, 40, 0.001)
26    corners2 = cv.cornerSubPix(gray, corners2, (5, 5), (-1, -1), criteria)
27
28    # 输出初始坐标和精细坐标
29    for i in range(len(corners)):
30        print('第{}个角点的初始坐标为{}，精细坐标为{}'.format(i, corners1[i], corners2 [i]))
```

```
第0个角点的初始坐标为 [[180 433]]，精细坐标为 [[ 180.   433.]]
第1个角点的初始坐标为 [[157 377]]，精细坐标为 [[ 156.28546143  378.82046509]]
第2个角点的初始坐标为 [[176 454]]，精细坐标为 [[ 177.45661926  454.37747192]]
第3个角点的初始坐标为 [[180 435]]，精细坐标为 [[ 180.   435.]]
第4个角点的初始坐标为 [[176 439]]，精细坐标为 [[ 176.   439.]]
第5个角点的初始坐标为 [[113 269]]，精细坐标为 [[ 113.   269.]]
第6个角点的初始坐标为 [[110 268]]，精细坐标为 [[ 108.74027252  268.97134399]]
第7个角点的初始坐标为 [[141 245]]，精细坐标为 [[ 142.86254883  245.62068176]]
第8个角点的初始坐标为 [[ 70 415]]，精细坐标为 [[ 70.   415.]]
第9个角点的初始坐标为 [[174 311]]，精细坐标为 [[ 175.88937378  312.13327026]]
```

图 9-7　CornerSubPix.py 程序输出结果（部分结果）

9.2　特征点检测

特征点与角点在宏观定义上相同，都是能够表现图像中局部特征的像素，但是特征点区别于角点的是，它具有能够唯一描述像素特征的描述子，例如该点左侧像素比右侧像素的像素值大，该点是局部最低点等。通常，特征点是由关键点和描述子组成的，例如 SIFT 特征点、ORB 特征点等都需要先计算关键点坐标，之后计算描述子。本节将介绍 SIFT 特征点、SURF 特征点和 ORB 特征点的原理和计算方法。

9.2.1　关键点

由于特征点种类众多，且几乎每一类特征点都涉及关键点和描述子的计算，因此为了实现方便、减少函数数量，OpenCV 4 提供了 Feature2D 虚类。在该类中，定义了检测特征点时需要的关键点检测函数、描述子计算函数、描述子类数据类型，以及读写操作函数等，只要其他某个特征点类继承自 Feature2D 类，就可以通过其中的函数计算关键点和描述子。事实上，OpenCV 4 中所有的特征点类都继承自 Feature2D 类。在 Feature2D 类中，定义了能够直接计算关键点的函数 cv.Feature2D.detect()，该函数的原型在代码清单 9-11 中给出。

```
1  keypoints = cv.Feature2D.detect(image
2                                      [, mask])
```

- image：需要计算关键点的输入图像。
- mask：计算关键点使用的掩模图像。
- keypoints：检测到的关键点。

该函数能够根据需要计算不同种特征点中的关键点，并将计算结果返回。该函数的第 1 个参数的类型与继承 Feature2D 类的特征点相关。第 2 个参数用于表示需要在哪些区域计算关键点，掩模矩阵需要与输入图像具有相同的尺寸并且数据类型为 uint8，需要计算关键点的区域在掩模矩阵中用非零元素表示。函数返回值是计算得到的关键点，每个关键点以 KeyPoint 类的形式保存在列表中。此时，关键点变量中不仅有关键点的坐标，还有关键点方向、半径等，具体内容与特征点的种类相关。

该函数需要被其他类继承之后才能使用，即只有在具体的特征点类中才能使用。例如，在 ORB 特征点的 ORB 类中，可以通过 cv.ORB.detect()函数计算 ORB 特征点的关键点；在 SIFT 特征点的 SIFT 类中，可以通过 cv.SIFT.detect()函数计算 SIFT 特征点的关键点。因此，该函数的使用方法将会在后续介绍具体特征点的时候进行说明。

9.2.2 描述子

描述子是用来唯一描述关键点的一串数字，又称为描述符，与每个人的个人信息类似。通过描述子，我们既可以区分两个不同的关键点，也可以在不同的图像中寻找同一个关键点。描述子的构建方式多种多样，例如统计关键点周围每个像素的梯度，随机比较由周围 128 对像素的像素值大小组成的描述向量等。Feature2D 类中同样提供了用于计算每种特征点描述子的函数 cv.Feature2D.compute()，该函数的原型在代码清单 9-12 中给出。

代码清单 9-12   cv.Feature2D.compute()函数的原型

```
1  keypoints, descriptors = cv.Feature2D.compute(image,
2                                                  keypoints
3                                                  [, descriptors])
```

- image：关键点对应的输入图像。
- keypoints：已经在输入图像中计算得到的关键点。
- descriptors：每个关键点对应的描述子。

cv.Feature2D.compute()函数能够根据输入图像和图像中指定的关键点坐标计算得到每个关键点的描述子，并将计算出的关键点及每个关键点对应的描述子返回。在计算描述子的过程中，会删除无法计算描述子的关键点，有时也会增加新的关键点。该函数的第 1 个参数要求输入与关键点对应的图像，如果不对应，则程序不会报错而是继续计算描述子，但是会造成数据的错乱。该函数的第 2 个参数和第 1 个返回值是计算得到的关键点，同样，每个关键点以 KeyPoint 类的形式保存在列表中。该函数的最后一个参数和第 2 个返回值是每个关键点的描述子，根据特征点的种类，计算得到的描述子形式也不相同，具体内容会在具体的特征点中进行介绍。

首先使用 cv.Feature2D.detect()函数计算关键点，之后使用 cv.Feature2D.compute()函数计算描述子，这样计算特征点会显得比较烦琐。因为往往在计算特征点时既需要关键点又需要描述子，所以 Feature2D 类中提供了直接计算关键点和描述子的函数 cv.Feature2D.detectAndCompute()。该函数的原型在代码清单 9-13 中给出。

代码清单 9-13   cv.Feature2D.detectAndCompute()函数的原型

```
1  keypoints, descriptors = cv.Feature2D.detectAndCompute(image,
```

```
2                                         mask
3                                         [, descriptors
4                                         [, useProvidedKeypoints]])
```

- image：需要提取特征点的输入图像。
- mask：计算关键点使用的掩模图像。
- descriptors：每个关键点对应的描述子。
- useProvidedKeypoints：是否使用已有关键点的标识符。
- keypoints：计算得到的关键点。

该函数将计算关键点和描述子这两个功能集成在一起,可以根据输入图像直接计算出关键点和关键点对应的描述子,并通过值返回。该函数的第 1 个返回值是计算得到的关键点坐标。计算关键点使用的掩模图像的尺寸需要与输入图像相同并且数据类型为 uint8,掩模图像中的非零像素表示需要计算关键点的区域。该函数的第 3 个参数和第 2 个返回值是计算得到的每个关键点对应的描述子,根据特征点的种类,计算得到的描述子形式也不相同,详细内容会在具体的特征点中进行介绍。当该函数的第 4 个参数选择 True 时,该函数与 cv.Feature2D.compute()函数的功能相同;当该参数选择 False 时,该函数既要计算关键点又要计算描述子。第 4 个参数的默认值为 False。

cv.Feature2D.compute()函数、cv.Feature2D.detectAndCompute()函数与 cv.Feature2D.detect()函数类似,都只能在特征点的类中使用。例如,在 ORB 特征点的 ORB 类中,可以通过 cv.ORB.compute() 函数计算 ORB 特征点的描述子;在 SIFT 特征点的 SIFT 类中,可以通过 cv.SIFT.compute() 函数计算 SIFT 特征点的描述子。因此,这两个函数的使用方法将会在后续介绍具体特征点的时候进行说明。

9.2.3　SIFT 特征点检测

SIFT 特征点由 David Lowe 在 1999 年首次提出,并在 2004 年进行完善。SIFT 特征点是图像处理领域中最著名的特征点之一,许多人对其进行改进,衍生出一系列特征点。SIFT 特征点之所以备受欢迎是因为它在光照、噪声、缩放和旋转等干扰下仍然具有良好的稳定性。

要计算 SIFT 特征点,首先需要构建多尺度高斯金字塔。为实现空间尺度不变性,SIFT 特征点模仿了实际生活中物体近大远小、近清晰远模糊的特点,构建高斯金字塔后将图片按照组(octave)和层(interval)进行划分,具体形式如图 9-8 所示。

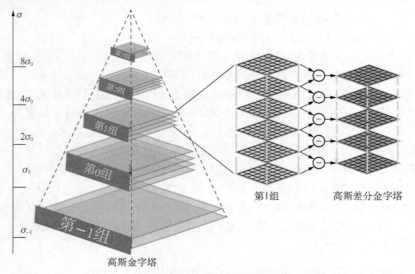

图 9-8　SIFT 特征点检测中构建的高斯金字塔

不同组内的图片大小不同，小尺寸图片由大尺寸图片下采样得到。同一组内的图片大小相同，但在下采样时使用不同标准差的高斯卷积核，金字塔层数越高，标准差越大，这里也称其为高斯尺度。高斯金字塔构建好后，对同一组内的相邻图片进行相减操作，构建高斯差分金字塔。

关键点是由高斯差分空间中的局部极值点组成的，关键点的初步探测是通过同一组内各高斯差分空间中相邻两层图像之间的比较完成的。如图 9-9 所示，中间的检测点与和它同尺度的 8 个相邻点及相邻尺度对应的 9×2 个点进行比较，参与比较的一共是 26 个点，以确保在尺度空间和二维图像空间上都检测到极值点。

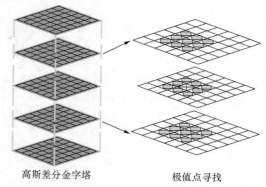

高斯差分金字塔　　　　　极值点寻找

图 9-9　在差分金字塔内寻找极值点

通过上述过程找到的像素点是离散的，通过在关键点附近进行泰勒展开实现亚像素级别的定位，之后对关键点进行筛选，剔除噪声和边缘效应后将剩余的关键点作为 SIFT 特征点。

SIFT 特征点的方向需要根据周围像素梯度进行确定。首先，将在高斯差分空间中检测到的特征点位置映射到高斯金字塔中的图像，根据特征点所在图片的高斯尺度大小（即特征点所在高斯金字塔的组数）确定邻域大小，并对邻域内的梯度信息进行统计。同时，对各点梯度幅值进行高斯加权，使特征点附近的梯度幅值具有较大的权重，远离特征点的梯度幅值具有较小的权重，之后选择加权后的梯度幅值最大的方向作为特征点的主方向。具体方法如图 9-10 所示。

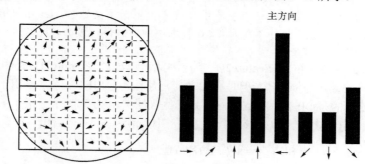

图 9-10　SIFT 特征点主方向的确定

为了实现旋转不变性，计算描述子时需要将图像坐标轴旋转到与特征点方向一致，如图 9-11 所示。

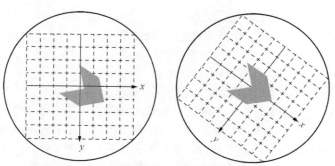

图 9-11　将图像坐标轴旋转到与特征点方向一致

在旋转后的图像中以特征点为中心取 16×16 的邻域作为采样窗口，将采样点（即像素）与特征点的相对梯度通过高斯加权后归入包含 8 个方向的方向直方图中，最后获得 $4 \times 4 \times 8$ 的 128 维特征描述子，计算过程在图 9-12 中给出。

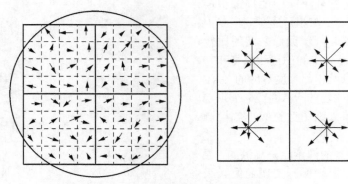

图 9-12　SIFT 特征点描述子计算过程

检测 SIFT 特征点的算法比较复杂，由于篇幅有限，因此只能对此进行简单介绍，感兴趣的读者可以自行查阅相关资料。虽然检测 SIFT 特征点的算法比较复杂，但是 OpenCV 4 提供了直接检测图像 SIFT 特征点的 SIFT 类以及相关函数。

> 📌**注意**　　由于 SIFT 特征点已属于专利，只能用于研究学习，不能免费用于商业活动。在校对本书时，OpenCV 已更新至 4.4.0 版本，该专利也已经过期，所以 SIFT 相关的函数被移动至主库中，读者使用时不必添加.xfeatures2d。为了保持全书版本一致，此处不再对 4.4.0 版本中的内容做过多介绍。

SIFT 类继承了前文介绍的 Feature2D 类，因此可以通过 Feature2D 类中的 detect()函数与 compute()函数计算关键点与描述子。但是在此之前，需要定义 SIFT 类变量，用于表明从 Feature2D 类中继承的函数计算的是 SIFT 特征点，而不是其他特征点。SIFT 类中提供了 cv.xfeature2d.SIFT_create()函数，用于创建 SIFT 对象，该函数的原型在代码清单 9-14 中给出。

代码清单 9-14　cv.xfeatures2d.SIFT_create()函数的原型

```
1  retval = cv.xfeatures2d.SIFT_create([, nfeatures
2                                      [, nOctaveLayers
3                                      [, contrastThreshold
4                                      [, edgeThreshold
5                                      [, sigma]]]]])
```

- nfeatures：计算 SIFT 特征点的数量。
- nOctaveLayers：高斯金字塔中每组的层数。
- contrastThreshold：过滤较差特征点的阈值。
- edgeThreshold：过滤边缘效应的阈值。
- sigma：高斯金字塔第 0 层图像高斯滤波的系数。

该函数可以创建一个 SIFT 对象，并将该对象通过值返回，之后利用类里的方法计算图像中的 SIFT 特征点。该函数的第 1 个参数默认为 0，表示输出所有满足条件的特征点，当该参数不为 0 时，会对所有特征点按照响应强度进行排序，之后输出排名靠前的特征点。该函数的第 2 个参数默认为 3。层数与图像尺寸相关，当图像尺寸较大时，我们可以适当提高第 2 个参数的值。如果特征点的响应度小于第 3 个参数，将会被去除掉，该参数越大，返回的特征点越少，该参数默认为 0.04。该函数的第 4 个参数越大，返回的特征点越多，因为该参数越大，能够过滤掉的特征点就越少，剩余的特征点数会变多。该参数默认为 10。该函数的最后一个参数即图 9-8 中的 σ_0，默认值为 1.6。

> **注意**
>
> 自 OpenCV 3.4.2 版本之后，扩展模块移除了类似于 SIFT、SURF 等付费模块的内容，因此无法直接使用。在实际使用的时候，可以使用命令 pip install opencv-contrib-python==3.4.2.17 安装 3.4.2.17 版本的 OpenCV。当然，也可以自行下载 Contrib 源码，开启 Non-Free 选项，然后进行编译。但是过程相对复杂，由于篇幅有限，此处不做详细解释。
>
> 为了避免专利问题引起的不必要的争端，本书中只介绍 SIFT 的相关知识点和 OpenCV 4 中的相关函数，不提供计算 SIFT 特征点示例程序，读者可以参考后续 SURF 特征点和 ORB 特征点的相关示例程序。

9.2.4 SURF 特征点检测

虽然 SIFT 特征点检测具有较高的准确性和稳定性，但是计算速度较慢，无法应用在实时系统中，通常用于离线处理图像。针对这种情况，2006 年 Herbert Bay、Andreas Ess 和 Tinne Tuytelaars 在论文 "SURF: Speeded Up Robust Features" 中提出了一种加快 SIFT 特征点检测的 SURF 特征点。

SIFT 特征点通过高斯差分构建高斯差分空间作为尺度空间，而 SURF 特征点直接用方框滤波器逼近高斯差分空间，如图 9-13 所示。这种近似的优点是可以借助积分图像轻松地计算出方框滤波器的参数。另外，SURF 特征点在构建金字塔的尺寸上也与 SIFT 特征点不同，在 SIFT 特征点中，下一组图像的尺寸是上一组的一半，同一组内图像尺寸相同，但是所使用的高斯模糊系数逐渐增大；而在 SURF 特征点中，不同组间图像的尺寸都是相同的，但不同组使用的方框滤波器的尺寸逐渐增大，同一组内不同层间使用相同尺寸的滤波器，但是滤波器的模糊系数逐渐增大。

通过在大小为 6 的圆形邻域内对水平和垂直方向上使用小波响应，并结合高斯权重将结果绘制在图 9-14 所示的 SURF 特征点方向空间中。之后计算角度为 60° 的滑动窗口内的所有响应的总和，将不同滑动窗口内响应最大的方向作为主方向。

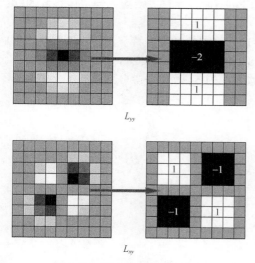

图 9-13 SURF 特征点空间逼近

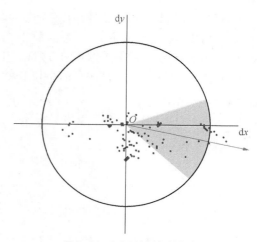

图 9-14 SURF 特征点方向空间

在 SURF 特征点周围计算选取 20×20 的邻域，并将其分成 4×4 的子区域，对每个子区域内的 25 个像素计算水平和垂直方向的小波特征，给出一个包含水平方向值、垂直方向值、水平方向绝对值和垂直方向绝对值的 4 维描述子。所有子区域的描述子共同组成一个 64 维的描述子以作为 SURF 特征点的描述子。为了更具特色，SURF 特征点描述子也可以提高到 128 维，将水平方向和垂直方向的向量细分成大于 0 和小于 0 两部分，从而将 64 维提高到 128 维。

OpenCV 4 提供了直接检测图像 SURF 特征点的 SURF 类及相关函数，该类同样被封装在 opencv-contrib-python 扩展模块的 xfeatures2d 部分。SURF 类继承了前文介绍的 Features2D 类，因此可以通过 Features2D 类中的 detect()函数与 compute()函数计算关键点和描述子。但是在此之前，需要定义 SURF 类变量，用于表明从 Features2D 类中继承的函数计算的是 SURF 特征点，以及 SURF 特征点数目、描述子的维度等。SURF 类提供了 cv.xfeatures2d_SURF_create()函数，用于创建 SURF 对象，该函数的原型在代码清单 9-15 中给出。

代码清单 9-15　cv.xfeatures2d.SURF_create()函数的原型

```
1  retval = cv.xfeatures2d.SURF_create([, hessianThreshold
2                                       [, nOctaves
3                                       [, nOctaveLayers
4                                       [, extended
5                                       [, upright]]]]])
```

- `hessianThreshold`：SURF 关键点检测的阈值。
- `nOctaves`：检测关键点时构建的金字塔的组数。
- `nOctaveLayers`：检测关键点时构建的金字塔中每组的层数。
- `extended`：是否使用扩展描述子的标志，即选择 128 维描述子还是 64 维描述子。
- `upright`：是否计算关键点方向的标志。

该函数可以创建一个 SURF 对象，并将该对象通过值返回，之后利用类里的方法计算图像中的 SURF 特征点。该函数的第 1 个参数越大，检测的关键点数目越少，默认值为 100。第 2 个参数和第 3 个参数是与构建金字塔相关的参数，前者的默认值是 4，后者的默认值是 3。当第 4 个参数为 True 时，描述子为 128 维；当该参数为 False 时，描述子为 64 维。该参数默认值为 False。由于有些场合可能不需要使用关键点角度，因此不计算关键点角度可以加速计算速度。当最后一个参数为 True 时，不计算关键点方向；当该参数为 False 时，计算关键点方向。该参数的默认值为 False。

为了展示该函数的使用方法，代码清单 9-16 给出计算图像 SURF 特征点的示例程序。程序中计算了 SURF 特征点的角度，并且计算每个 SURF 特征点的 128 维描述子。为了了解 cv.drawKeypoints()函数绘制关键点的方向和方向向量大小的方法，程序中分别绘制了含方向和不含方向的 SURF 特征点，运行结果在图 9-15 中给出。

代码清单 9-16　SURF.py

```
1  # -*- coding:utf-8 -*-
2  import cv2 as cv
3  import sys
4
5
6  if __name__ == '__main__':
7      # 读取图像
8      image = cv.imread('./images/lena.jpg')
9      if image is None:
10         print('Failed to read lena.jpg.')
11         sys.exit()
```

```
12
13      # 创建 SURF 对象
14      surf = cv.xfeatures2d.SURF_create(500, 4, 3, True, False)
15
16      # 计算 SURF 特征点
17      kps = surf.detect(image, None)
18
19      # 计算 SURF 描述子
20      descriptions = surf.compute(image, kps)
21
22      # 绘制 SURF 特征点
23      image1 = image.copy()
24      # 不含角度和大小
25      image = cv.drawKeypoints(image, kps, image, ())
26      # 包含角度和大小
27      image1 = cv.drawKeypoints(image1, kps, image1, (),
            cv.DRAW_MATCHES_FLAGS_DRAW_RICH_KEYPOINTS)
28
29      # 展示结果
30      cv.imshow('SURF KeyPoints', image)
31      cv.imshow('SURF KeyPoints(with Angle and Size)', image1)
32      cv.waitKey(0)
33      cv.destroyAllWindows()
```

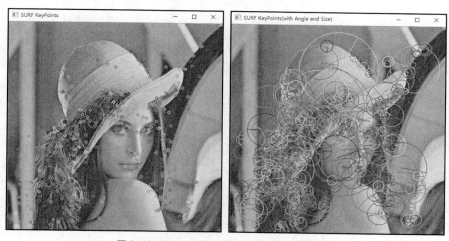

图 9-15 SURF.py 程序中 SURF 特征点计算结果

9.2.5 ORB 特征点检测

即使 SURF 特征点已经对 SIFT 进行了改进并提高了计算速度,但是应用在没有 GPU 的环境中仍然很难保证算法的实时性。ORB 特征点以计算速度快而著称,其计算速度可以达到 SIFT 特征点计算的 100 倍,达到 SURF 特征点计算的 10 倍,因此近些年在计算机视觉中受到广泛关注。

ORB 特征点由 FAST 角点与 BRIEF 描述子组成。首先通过 FAST 角点确定图像中与周围像素存在明显差异的像素,以该像素作为关键点,之后计算每个关键点的 BRIEF 描述子,从而唯一确定 ORB 特征点。

FAST 角点通过比较图像像素灰度值的变化确定关键点。如果在某个灰度值较小的区域中存在一个灰度值明显较大的像素,那么该像素在这个区域中就具有明显的特征,可以作为特征点。因此,该算法会比较某区域中心像素灰度值与周围像素灰度值的关系，如果周围像素灰度值与中心像素灰度值相比存在明显差异，则可以判定其为 FAST 角点。图 9-16 所示为 FAST 角点与周围像素的灰度值。

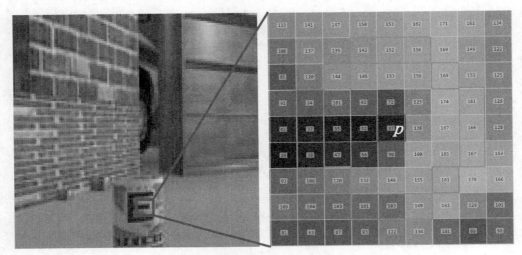

图 9-16　FAST 角点与周围像素的灰度值

具体计算步骤如下。

（1）选择某个像素作为中心点 p，其灰度值为 I_p。

（2）设置判定 FAST 角点的灰度阈值，例如 $T_p = 20\%I_p$。

（3）中心点 p 的灰度值与半径为 3 的圆周上所有像素的灰度值进行比较，如果存在连续 N 个像素的灰度值大于 $(I_p + T_p)$ 或者小于 $(I_p - T_p)$，则中心点 p 为 FAST 角点。一般 N 选择 12，称为 FAST-12 角点。

（4）遍历图像中的每个像素，重复上述步骤，计算图像中的 FAST 角点。

FAST 角点不具有尺度不变性和旋转不变性，因此 ORB 特征点在 FAST 角点的基础上增加了尺寸和旋转不变性。通过构建图像金字塔并在每一层分别提取 FAST 角点，在多层图像中检测到的 FAST 角点具有尺度不变性，因此 ORB 特征点只保留具有尺寸不变性的 FAST 角点。针对旋转不变性，以由 FAST 角点指向周围矩形区域质心的向量作为 ORB 特征点的方向向量，由方向向量可以得到特征点的方向，从而解决旋转不变性问题。计算方向向量的具体步骤如下。

（1）以 FAST 角点为中心选择矩形区域，计算矩形区域的图像矩。如何计算图像矩在前面已经介绍过，这里再次给出计算公式（见式（9-8））。

$$m_{pq} = \sum_{x,y \in B} x^p y^q I(x,y), \ \ p,q = \{0,1\} \tag{9-8}$$

式中，$I(x,y)$ 是像素 (x,y) 处的像素值。

（2）利用式（9-9）计算矩形区域的质心。

$$C = \left(\frac{m_{10}}{m_{00}}, \frac{m_{01}}{m_{00}} \right) \tag{9-9}$$

（3）连接 FAST 角点与质心得到方向向量，通过式（9-10）计算该方向向量的方向。

$$\theta = \arctan\left(\frac{m_{01}}{m_{10}}\right) \tag{9-10}$$

由于 FAST 角点容易集中出现，在某个 FAST 角点附近极易出现大量的 FAST 角点，因此需要采用非极大值抑制算法将一定范围内角点响应值最大的 FAST 角点保留，去除其他 FAST 角点。

BRIEF 描述子用于描述特征点周围像素灰度值的变化趋势，如果两个特征点具有相同的描述子，则认为这两个特征点是同一个特征点。BRIEF 描述子会按照一定分布规律随机比较特征点周围两个像素 p 和 q 的灰度值大小，用 1 表示 p 的灰度值大于 q 的灰度值，用 0 表示 p 的灰度值小于 q 的灰度值。通过在特征点周围随机比较 128 对像素的灰度值，得到由 128 个由 0 和 1 组成的 BRIEF 描述子，实现对特征点周围灰度值分布特性的描述。虽然 BRIEF 描述子不具有旋转不变性，但是可以结合关键点的方向计算 BRIEF 描述子，从而将描述子与特征点的方向联系在一起，增加旋转不变性。

OpenCV 4 提供了直接检测图像 ORB 特征点的 ORB 类及相关函数，该类继承了前文介绍的 Feature2D 类。因此，可以通过 Feature2D 类中的 detect() 函数与 compute() 函数计算关键点与描述子。但是，在此之前，需要定义 ORB 类变量，用于表明使用从 Feature2D 类中继承的函数计算 ORB 特征点及 ORB 特征点数目等。ORB 类中提供了 cv.ORB_create() 函数，用于创建 ORB 对象，该函数的原型在代码清单 9-17 中给出。

代码清单 9-17　cv.ORB_create() 函数的原型

```
1  retval = cv.ORB_create([, nfeatures
2                         [, scaleFactor
3                         [, nlevels
4                         [, edgeThreshold
5                         [, firstLevel
6                         [, WTA_K
7                         [, scoreType
8                         [, patchSize
9                         [, fastThreshold]]]]]]]]])
```

- nfeatures：检测的 ORB 特征点的数目。
- scaleFactor：金字塔不同层之间尺寸的缩放比例。
- nlevels：金字塔层数。
- edgeThreshold：边缘阈值。
- firstLevel：将原图像放入金字塔中的层级。
- WTA_K：生成每位描述子时需要用的像素数目。
- scoreType：检测关键点时关键点的评价方法。
- patchSize：生成描述子时关键点邻域的尺寸。
- fastThreshold：计算 FAST 角点时像素值差值的阈值占中心像素值的百分比。

该函数可以创建一个 ORB 对象，并将该对象通过值返回，之后利用类里的方法计算图像中的 ORB 特征点。该函数的第 1 个参数应根据实际情况设置。一般情况下它与图像尺寸相关，图像尺寸越大，可以提取的特征点数越多，该参数的默认值为 500。如果该函数的第 2 个参数较大，会显著降低特征点评价系数；如果较小，意味着需要在金字塔中构建更多的图像层，这会影响特征点的计算速度。如果第 2 个参数设置为 2，表示金字塔中下层图像尺寸是上层图像尺寸的 2 倍。第 2 个参数的默认值为 1.2。实际的最小金字塔层数由式（9-11）计算。

$$n = \frac{\text{input\_image\_linear\_size}}{\text{pow(scaleFactor, nlevels} - \text{firstLevel})} \tag{9-11}$$

第 3 个参数的默认值为 8。该函数的第 4 个参数应与第 8 个参数（patchSize）保持一致，该参数的默认值为 31。该函数的第 5 个参数的默认值为 0。如果第 6 个参数为 2，则使用 BRIEF 描述子，占用 1 位，后期比较汉明距离时使用 cv.NORM_HAMMING；如果该参数为 3，则需要比较 3 个随机点的像素值，使用特殊形式的描述子，占用两位，后期比较汉明距离时使用 cv.NORM_HAMMING2。同理，第 6 个参值也可以为 4，描述子同样占用两位。第 6 个参数的默认值为 2。第 7 个参数可以选择的值为 cv.HARRIS_SCORE 和 cv.FAST_SCORE。该参数的默认值为 cv.HARRIS_SCORE。由于该参数在 ORB 类内部，因此使用时需要加上类名前缀，如 cv.ORB_HARRIS_SCORE。该函数的最后一个参数的默认值为 20，表示阈值 $T_p = 20\%I_p$。

为了展示该函数的使用方法，代码清单 9-18 给出了计算图像 ORB 特征点的示例程序，该程序的运行结果在图 9-17 中给出。需要重点注意检测 ORB 特征点的程序与检测 SURF 特征点的程序的不同之处，两者除在定义类时使用的方法不同以外，其他的流程相同。这也说明了 OpenCV 4 为了降低使用者的学习成本，将检测不同特征点的方法封装成一样的形式，这样只要会使用一种特征点，就会使用另一种特征点，无论是否了解另一种特征点的原理。

代码清单 9-18　ORB.py

```
1   # -*- coding:utf-8 -*-
2   import cv2 as cv
3   import numpy as np
4   import sys
5
6
7   if __name__ == '__main__':
8       # 读取图像
9       image = cv.imread('./images/lena.jpg')
10      if image is None:
11          print('Failed to read lena.jpg.')
12          sys.exit()
13
14      # 创建 ORB 对象
15      orb = cv.ORB_create(500, 1.2, 8, 31, 0, 2, cv.ORB_HARRIS_SCORE, 31, 20)
16
17      # 计算 ORB 特征点
18      kps = orb.detect(image, None)
19
20      # 计算 ORB 描述子
21      descriptions = orb.compute(image, kps)
22
23      # 绘制 ORB 特征点
24      image1 = image.copy()
25      # 不含角度和大小
26      image = cv.drawKeypoints(image, kps, image, ())
27      # 包含角度和大小
28      image1 = cv.drawKeypoints(image1, kps, image1, (),
29          cv.DRAW_MATCHES_FLAGS_DRAW_RICH_KEYPOINTS)
30      # 展示结果
31      cv.imshow('ORB KeyPoints', image)
32      cv.imshow('ORB KeyPoints(with Angle and Size)', image1)
33      cv.waitKey(0)
34      cv.destroyAllWindows()
```

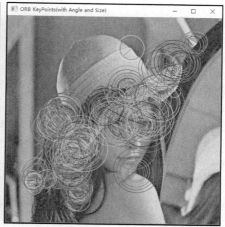

图 9-17　ORB.py 程序中 ORB 特征点检测结果

9.3　特征点匹配

特征点匹配就是在不同的图像中寻找同一个物体的同一个特征点。由于每个特征点都具有标志着唯一身份和特点的描述子，因此特征点匹配其实就是在两幅图像中寻找具有相似描述子的两个特征点。根据描述子的特点，寻找两个相似描述子的方法也不尽相同，总体可以总结为两类：第一类是计算两个描述子之间的欧氏距离，这种匹配方式包含的特征点有 SIFT 特征点、SURF 特征点等；第二类是计算两个描述子之间的汉明距离，这种匹配方式包含的特征点有 ORB 特征点、BRISK 特征点等。

特征点匹配是图像处理领域中寻找不同图像间信息关联的重要方法。相机移动会导致成像视场发生改变，同一个物体会出现在图像中不同的位置，通过特征点匹配可以快速确定物体在新图像中的位置，为后续对图像的进一步处理提供数据支持。特征点匹配由于数据量小、匹配精确而被广泛应用在三维重建、视觉定位、运动估计、图像配准等领域。本节将介绍 OpenCV 4 提供的特征点匹配方法及相关函数。

9.3.1　DescriptorMatcher 类

与计算特征点相似，OpenCV 4 提供了特征点匹配的虚类——DescriptorMatcher，DescriptorMatcher 类中定义了以不同方式实现特征点匹配的函数，不同的匹配方法继承这个虚类，从而简化和统一不同匹配方法的使用。实现特征点匹配的函数定义在 DescriptorMatcher 类中。类中根据不同需求定义了 cv.DescriptorMatcher.match()、cv.DescriptorMatcher.radiusMatch()和 cv.DescriptorMatcher.knnMatch() 函数以实现特征点匹配。

用于匹配的特征点描述子集合分别称为查询描述子集合和训练描述子集合。cv.DescriptorMatcher.match()函数在训练描述子集合中寻找与查询描述子集合中每个描述子最匹配的一个描述子，为了便于记忆，我们可以称该描述子为"被查询的描述子集合"。该函数的原型在代码清单 9-19 中给出。

代码清单 9-19　cv.DescriptorMatcher.match()函数的原型

```
1    matches = cv.DescriptorMatcher.match(queryDescriptors,
2                                         trainDescriptors
3                                         [, mask])
```

- `queryDescriptors`：查询描述子集合。
- `trainDescriptors`：训练描述子集合。
- `mask`：描述子匹配时使用的掩模矩阵，用于指定匹配哪些描述子。
- `matches`：两个集合的描述子匹配结果。

该函数根据输入的两个特征点描述子集合，计算出两个特征点集合里一一对应的描述子，并将结果通过值返回。由于计算关键点描述子时，我们将其存放在 ndarray 数组对象中，因此该函数的前两个参数均为该类型的数组对象。第 3 个参数的默认值为 None，表示所有的描述子都进行匹配。由于有掩模矩阵，因此最后一个参数输出的匹配结果数目可能小于查询描述子集合中描述子的数目。描述子匹配结果保存至 DMatch 类中。DMatch 类型是 OpenCV 4 中用于存放特征点描述子匹配关系的类型，类型中存放着两个描述子的索引、距离等。

接下来，本节将介绍 OpenCV 4 中用于保存描述子匹配信息的 DMatch 类，该类的属性在代码清单 9-20 中给出，以供读者更好地理解 DMatch 类并进行使用。

代码清单 9-20　DMatch 类

```
1  <DMatch object> = cv.DMatch(_queryIdx,
2                              _trainIdx,
3                              _imgIdx,
4                              _distance)
```

该类用于记录两个描述子之间的距离及二者在各自集合中的索引。例如，如果查询描述子集合中的第 3 个描述子与训练描述子集合中第 5 个描述子是最佳匹配关系，并且两个描述子之间的距离为 1，那么针对这对匹配成功的描述子，DMatch 类中的 _distance 属性为 1，_queryIdx 属性为 3，_trainIdx 属性为 5。

有时我们可能不仅需要一个最佳匹配，还需要每一个描述子有多个可能与之匹配的描述子，这样可以在后续的处理中再判断哪个是最优的，提高匹配精度。为了满足这样的需求，DescriptorMatcher 类中提供了 cv.DescriptorMatcher.knnMatch()函数，用于实现一对多的描述子匹配，该函数的原型在代码清单 9-21 中给出。

代码清单 9-21　cv.DescriptorMatcher.knnMatch()函数的原型

```
1  matches = cv.DescriptorMatcher.knnMatch(queryDescriptors,
2                                          trainDescriptors,
3                                          k
4                                          [, mask
5                                          [, compactResult]])
```

- `queryDescriptors`：查询描述子集合。
- `trainDescriptors`：训练描述子集合。
- `k`：每个查询描述子在训练描述子集合中寻找的最优匹配结果的数目。
- `mask`：描述子匹配时的掩模矩阵，用于指定匹配哪些描述子。
- `compactResult`：输出匹配结果数目是否与查询描述子数目相同的选择标志。
- `matches`：两个集合描述子匹配结果。

该函数可以在训练描述子集合中寻找 k 个与查询描述子最佳匹配的描述子，并将结果通过值返回。该函数中除第 3 个、第 5 个和函数返回值之外，其余参数和 cv.DescriptorMatcher.match()函数中相关参数的含义相同，此处不再赘述。在实际的匹配过程中，可能无法找到 k 个最佳匹配结果，此时最佳匹配的数目会小于 k。当该函数的第 5 个参数为 False 时，输出的匹配向量与查询描述子集合具有相同的大小；当该参数值为 True 时，输出的匹配向量不包含被屏蔽的查询描述子的匹配项。函数返回值是描述子匹配结果，该结果同样是一个 DMatch 类型的变量，即 matches[i]中存放

的是 k 个或者更少的与查询描述子匹配的训练描述子。

对于一对多的匹配模式，除指定匹配数目之外，还有匹配所有满足条件的描述子，即将与查询描述子距离小于阈值的所有训练描述子都作为匹配点来输出。为了满足这样的需求，DescriptorMatcher 类中提供了 cv.DescriptorMatcher.radiusMatch ()函数，该函数的原型在代码清单 9-22 中给出。

代码清单 9-22 cv.DescriptorMatcher.radiusMatch()函数的原型

```
1  matches = cv.DescriptorMatcher.radiusMatch(queryDescriptors,
2                                             trainDescriptors,
3                                             maxDistance
4                                             [, mask
5                                             [, compactResult]])
```

- queryDescriptors：查询描述子集合。
- trainDescriptors：训练描述子集合。
- maxDistance：两个描述子之间满足匹配条件的距离阈值。
- mask：描述子匹配时使用的掩模矩阵，用于指定匹配哪些描述子。
- compactResult：输出的匹配结果数目是否与查询描述子数目相同的选择标志。

该函数能够在训练描述子集合中寻找与查询描述子之间距离小于阈值的描述子，并将结果通过值返回。该函数与 cv.DescriptorMatcher.knnMatch()函数类似，都拥有 5 个参数，并且除第 3 个参数之外，其他参数的含义相同，此处不再赘述。当两个描述子之间的距离小于第 3 个参数的值时，就会将两个描述子作为匹配结果，这个距离不是坐标之间的距离，而是描述子之间的欧氏距离、汉明距离等。

注意，上面介绍的 3 种描述子匹配函数与 Feature2D 类中的 detect()函数一样，只有当DescriptorMatcher 类被其他类继承之后才能使用，即只在特征点匹配的类中才能使用。例如，在暴力匹配的 BFMatcher 类中，可以通过 cv.BFMatcher.match()匹配两个图像中的特征点。因此，匹配函数的使用方法将会在后续介绍具体特征点的时候进行介绍。

9.3.2 暴力匹配

暴力匹配就是计算训练描述子集合中每个描述子与查询描述子之间的距离，之后将所有距离进行排序，选择距离最小或者距离满足阈值要求的描述子作为匹配结果。

OpenCV 4 提供了 BFMatcher 类，用于实现暴力匹配，该类中提供的同名函数用于初始化，该函数的原型在代码清单 9-23 中给出。

代码清单 9-23 cv.BFMatcher()函数的原型

```
1  <BFMatcher object> = cv.BFMatcher([, normType
2                                    [, crossCheck]])
```

- normType：两个描述子之间距离的类型标志。
- crossCheck：是否进行交叉检测的标志。

该参数可以初始化一个 BFMatcher 对象，并将该对象通过值返回，进而可以调用 BFMatcher类中的方法以实现多种方式的描述子匹配。当需要匹配的是 SIFT 特征点和 SURF 特征点描述子时，该函数的第 1 个参数需要使用 cv.NORM_L1 和 cv.NORM_L2 这两个标志；当需要匹配的是 ORB特征点描述子时，需要使用 cv.NORM_HAMMING（cv.ORB.create()函数中 WTA_K 参数值为 2，即一次选择两个点）和 cv.NORM_HAMMING2（cv.ORB.create()函数中 WTA_K 参数值为 3 或者 4），该参数的默认值为 cv.NORM_L2。第 2 个参数的默认值为 False。

　　暴力匹配会为每个查询描述子寻找一个最佳的描述子,但是有时这种约束条件会造成较多误匹配。例如,若某个特征点只在查询描述子匹配的图像中出现,在另一张图像中不会存在匹配的特征点,但是根据暴力匹配原理,这个特征点也会在另一张图像中寻找到与之匹配的特征点,造成错误的匹配。在这种情况下,这两个误匹配特征点的描述子之间距离比较大,因此需要根据两个描述子之间的距离对匹配结果进行再次筛选,从而留下匹配正确的特征点对。通常采用的方法是寻找匹配点对之间的最小距离或者最大距离,根据最大距离或者最小距离设置一个筛选阈值。当两个特征点描述子之间的距离小于这个阈值时,两者正确匹配;否则,两者错误匹配并删除。

9.3.3　显示特征点匹配结果

　　为了直观地展示特征点匹配的结果,OpenCV 4 提供了 cv.drawMatches()函数,用于显示两幅图像中特征点匹配结果,该函数的原型在代码清单 9-24 中给出。

代码清单 9-24　cv.drawMatches()函数的原型
```
1  outImg = cv.drawMatches(img1,
2                          keypoints1,
3                          img2,
4                          keypoints2,
5                          matches1to2,
6                          outImg
7                          [, matchColor
8                          [, singlePointColor
9                          [, matchesMask
10                         [, flags]]]])
```

- img1:第 1 幅图像。
- keypoints1:第 1 幅图像中的关键点。
- img2:第 2 幅图像。
- keypoints2:第 2 幅图像中的关键点。
- matches1to2:第 1 幅图像中的关键点与第 2 幅图像中的关键点的匹配关系。
- outImg:显示匹配结果的输出图像。
- matchColor:连接线和关键点的颜色。
- singlePointColor:没有匹配点的特征点的颜色。
- matchesMask:匹配掩模矩阵。
- flags:绘制功能选择标志。

　　该函数可以将两幅图像中匹配成功的特征点通过直线连接起来,并将匹配后的图像结果通过值返回。关于该函数的前两个参数,需要注意的是,第 1 个参数表示描述子匹配时查询描述子集合对应的图像。关于该函数的第 3 个和第 4 个参数,需要注意的是,第 3 个参数表示描述子匹配时训练描述子集合对应的图像。两幅图像可以具有不同的尺寸,但是需要具有相同的通道数。第 6 个参数和返回值是显示匹配结果的输出图像,两幅输入图像左右排布,图像上端对齐,如果一幅图像的高度小于另一幅图像的高度,则用黑色像素填充。第 7 个参数的默认值为( ),表示随机颜色。第 8 个参数默认值同样为( ),表示随机颜色。第 9 个参数表示显示哪些特征点对,参数默认值为(),表示显示所有的特征点对和没有匹配成功的特征点。最后一个参数可以选择的标志在表 9-1 中给出,前文已经对该参数的含义进行介绍,此处不再赘述。

　　代码清单 9-25 给出了对两幅图像中的 ORB 特征点进行匹配和优化的示例程序。程序中首先计算两幅图像的 ORB 特征点,之后用暴力匹配方法对所有的特征点进行匹配,得到匹配成功的特征点数目——284,并统计匹配结果中的最大汉明距离和最小汉明距离,然后将最小汉明距离的 2 倍和距离 20 中的较大值作为优化匹配的阈值对特征点对进行筛选,得到筛选后的特征点数目——24,最后分别绘制暴力匹配结果和优化后的匹配结果(见图 9-18 和图 9-19)。由运行结果可以看出,暴力匹配的结果具有较多误匹配的特征点,经过优化后的特征点匹配正确率明显提高。如果进一步缩小优化阈值,匹配正确率会提高,但是匹配的特征点数目会减少,在实际进行使用时,读者可以根据实际情况自行进行优化。

代码清单 9-25　ORBMatch.py ORB

```
1   # -*- coding:utf-8 -*-
2   import cv2 as cv
3   import sys
4
5
6   if __name__ == '__main__':
7       # 读取图像
8       image1 = cv.imread('./images/box.png')
9       image2 = cv.imread('./images/box_in_scene.png')
10      if image1 is None or image2 is None:
11          print('Failed to read box.png or box_in_scene.png.')
12          sys.exit()
13
14      # 创建 ORB 对象
15      orb = cv.ORB_create(1000, 1.2, 8, 31, 0, 2, cv.ORB_HARRIS_SCORE, 31, 20)
16
17      # 分别计算 image1、image2 的 ORB 特征点和描述子
18      kps1, des1 = orb.detectAndCompute(image1, None, None)
19      kps2, des2 = orb.detectAndCompute(image2, None, None)
20
21      # 特征点匹配
22      # 创建 BFMatcher 对象
23      bf = cv.BFMatcher(cv.NORM_HAMMING, crossCheck=True)
24      matches = bf.match(des1, des2)
25
26      # 输出匹配结果中的最大值和最小值
27      matches_list = []
28      for match in matches:
29          matches_list.append(match.distance)
30      max_dist = max(matches_list)
31      min_dist = min(matches_list)
32
33      # 设定阈值,筛选出合适的匹配点对
34      good_matches = []
35      for match in matches:
36          if match.distance <= max(2.0 * min_dist, 20.0):
37              good_matches.append(match)
38
39      # 输出匹配成功的特征点数目
40      print('匹配成功的特征点数目为{},筛选后的特征点数目为{}'.format(len(matches),
        len(good_matches)))
41
42      # 绘制筛选前后的匹配结果
43      result1 = cv.drawMatches(image1, kps1, image2, kps2, matches, None)
44      result2 = cv.drawMatches(image1, kps1, image2, kps2, good_matches, None)
45
46      # 展示结果
47      cv.imshow('Matches', result1)
48      cv.imshow('Good Matches', result2)
```

```
49      cv.waitKey(0)
50      cv.destroyAllWindows()
```

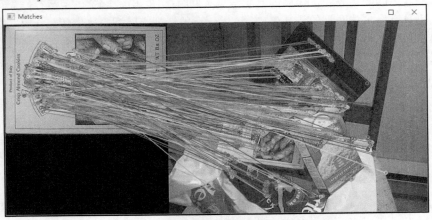

图 9-18 ORBMatch.py 程序中暴力匹配结果

图 9-19 ORBMatch.py 程序中对暴力匹配优化后的结果

9.3.4 FLANN 匹配

虽然暴力匹配的原理简单，但是算法的复杂度高，当遇到特征点数目较大的情况时会严重影响程序的运行时间，因此 OpenCV 4 提供了快速近似最近邻库（Fast Library for Approximate Nearest Neighbors，FLANN），用于实现特征点的高效匹配。FLANN 算法被集成在 FlannBasedMatcher 类中，该类同样继承自 DescriptorMatcher 类，因此可以使用 DescriptorMatcher 类中相关函数实现特征点匹配。cv.FlannBasedMatcher()函数的原型在代码清单 9-26 中给出。

代码清单 9-26　cv.FlannBasedMatcher()函数的原型
```
1   <FlannBasedMatcher object> = cv.FlannBasedMatcher([, indexParams
2                                                      [, searchParams]])
```

- indexParams：匹配时需要使用的搜索算法标志。
- searchParams：递归遍历的次数，遍历次数越多，结果越准确，但是需要的时间越长。

该函数能够初始化一个 FlannBasedMatcher 对象，并将该对象通过值返回，以便用于后续的特征点匹配任务。该函数具有两个参数，两个参数都具有默认值。其中第 1 个参数可以选择的标志在表 9-2 中给出，默认情况下采用随机 K-D 树寻找匹配点，一般情况下，我们使用默认值即可。与迭代终止条件相同，迭代遍历次数的终止条件也是通过函数进行定义的，该参数用 cv.flann.SearchParams()函数实现，该函数具有 3 个有默认值的参数，分别用于指定遍历次数（int 类型）、误差（float 类型）和是否排序（bool 类型），一般情况下，我们使用默认参数值即可。

表 9-2　　　　　　　　　FLANN 算法中 `indexParams` 可选择的标志

标志	含义
Ptr<flann::KDTreeIndexParams>()	采用随机 K-D 树寻找匹配点
Ptr<flann::KMeansIndexParams>()	采用 K-Means 树寻找匹配点
Ptr<flann::HierarchicalClusteringsIndexParams>()	采用层次聚类树寻找匹配点

FLANN 匹配与暴力匹配方式类似。注意，此处需要将 BFMatcher 类改成 FlannBasedMatcher 类。两者都需要根据特征点对描述子之间的距离进行排序和筛选。需要注意的是，在使用 FLANN 方法进行匹配时，描述子的数据类型为 float32，因此 ORB 特征点的描述子变量需要进行数据类型转换后才可以实现特征点匹配。为了更好地理解上述两种匹配方式，代码清单 9-27 给出了利用 FLANN 算法实现特征点匹配的示例程序，程序的输出结果在图 9-20 和图 9-21 中给出。

代码清单 9-27　SurfMatchFlann.py

```
1   # -*- coding:utf-8 -*-
2   import cv2 as cv
3   import sys
4
5
6   if __name__ == '__main__':
7       # 读取图像
8       image1 = cv.imread('./images/box.png')
9       image2 = cv.imread('./images/box_in_scene.png')
10      if image1 is None or image2 is None:
11          print('Failed to read box.png or box_in_scene.png.')
12          sys.exit()
13
14      # 创建 ORB 对象
15      surf = cv.xfeatures2d.SURF_create(500, 4, 3, True, False)
16
17      # 分别计算 image1、image2 的 ORB 特征点和描述子
18      kps1, des1 = surf.detectAndCompute(image1, None, None)
19      kps2, des2 = surf.detectAndCompute(image2, None, None)
20
21      # 判断描述子数据类型，若不符合，则进行数据转换
22      if des1.dtype is not 'float32':
23          des1 = des1.astype('float32')
24      if des2.dtype is not 'float32':
25          des2 = des2.astype('float32')
26
27      # 创建 FlannBasedMatcher 对象
28      matcher = cv.FlannBasedMatcher()
29
30      # 特征点匹配
31      matches = matcher.match(des1, des2, None)
32
33      # 寻找距离的最大值和最小值
34      matches_list = []
35      for match in matches:
36          matches_list.append(match.distance)
```

```
37    max_dist = max(matches_list)
38    min_dist = min(matches_list)
39
40    # 设定阈值，筛选出合适的匹配点对
41    good_matches = []
42    for match in matches:
43        if match.distance < 0.4 * max_dist:
44            good_matches.append(match)
45
46    # 输出匹配成功的特征点数目
47    print('匹配成功的特征点数目为{}，筛选后的特征点数目为{}'.format(len(matches),
          len(good_matches)))
48
49    # 绘制筛选前后的匹配结果
50    result1 = cv.drawMatches(image1, kps1, image2, kps2, matches, None)
51    result2 = cv.drawMatches(image1, kps1, image2, kps2, good_matches, None)
52
53    # 展示结果
54    cv.imshow('Matches', result1)
55    cv.imshow('Good Matches', result2)
56    cv.waitKey(0)
57    cv.destroyAllWindows()
```

图 9-20　SurfMatchFlann.py 程序中 FLANN 匹配的结果

图 9-21　SurfMatchFlann.py 程序中对 FLANN 匹配结果的优化

9.3.5 RANSAC 优化特征点匹配

即使使用描述子距离作为约束优化匹配的特征点，也会有部分误匹配的情况。虽然提高阈值约束条件能去掉误匹配点，但是正确匹配的特征点会随之减少，并且在实际情况下我们不可能反复调整阈值以获得更好的匹配结果。

为了更好地提高特征点匹配精度，我们可以采用 RANSAC 算法。RANSAC（RANdom SAmple Consensus，随机抽样一致）算法假设所有数据符合一定的规律，通过随机抽样的方式获取这个规律，并且通过重复获取规律寻找满足较多数据符合的规律。RANSAC 算法之所以能应用在特征点匹配中，是因为两种图像的变换为单应变换。单应变换可以由 4 个对应点得到单应变换矩阵，而图像中的所有对应点都应满足这个单应矩阵变换规律，因此可以使用 RANSAC 算法进行特征点匹配的优化。利用 RANSAC 算法优化特征点匹配可以概括为以下 3 个步骤。

（1）在匹配结果中，随机选取 4 对特征点，计算单应变换矩阵。

（2）根据变换矩阵求取第一帧图像中的特征点在第二帧图像中的重投影坐标，比较重投影坐标与已匹配的特征点坐标之间的距离，如果小于一定的阈值，则认为正确匹配点对；否则，视为错误匹配，并记录正确匹配点对的数量。

（3）重复前两步，比较多次循环后统计出的正确匹配点对的数量，将正确匹配点对的数量最多的结果作为最终结果，剔除错误匹配结果，输出正确匹配点对，从而实现特征点匹配的筛选。

OpenCV 4 提供了利用 RANSAC 算法计算单应矩阵并去掉错误匹配结果的 cv.findHomography() 函数，该函数的原型在代码清单 9-28 中给出。

代码清单 9-28　cv.findHomography()函数的原型

```
1  retval, mask = cv.findHomography(srcPoints,
2                                   dstPoints
3                                   [, method
4                                   [, ransacReprojThreshold
5                                   [, mask
6                                   [, maxIters
7                                   [, confidence]]]]])
```

- srcPoints：原始图像中特征点的坐标。
- dstPoints：目标图像中特征点的坐标。
- method：计算单应矩阵方法的标志。
- ransacReprojThreshold：重投影的最大误差。
- mask：掩模矩阵。
- maxIters：RANSAC 算法迭代的最大次数。
- confidence：置信区间，取值范围为 0~1。

该函数主要用于计算两幅图像间的单应矩阵，并将结果通过值返回。利用 RANSAC 算法计算单应矩阵的同时还可以计算满足单应矩阵的特征点对，因此可以用该算法来优化特征点匹配。该函数的前两个参数存放在 ndarray 类型矩阵中。第 3 个参数可以选择的标志在表 9-3 中给出。第 4 个参数只在第 3 个参数选择 cv.RANSAC 和 cv.RHO 时有用，第 4 个参数的默认值为 3。在使用 RANSAC 算法时，输出结果表示是否满足单应矩阵重投影误差的特征点，用非零元素表示满足重投影误差。第 6 个参数的默认值为 3 000。最后一个参数的默认值为 0.995。

表 9-3	cv.findHomography()函数中 **method** 可以选择的标志
标志	含义
0	使用最小二乘法计算单应矩阵
cv.RANSAC	使用 RANSAC 法计算单应矩阵
cv.LMEDS	使用最小中值法计算单应矩阵
cv.RHO	使用 PROSAC 法计算单应矩阵

　　为了通过该函数优化匹配的特征点，你需要判断输出的掩模矩阵中每一个元素是否为 0，如果不为 0，则表示该点是匹配成功的特征点，进而在 DMatch 类里寻找与之匹配的特征点，并将匹配结果放在新的存放 DMatch 类型数据的向量中。为了展示 RANSAC 算法优化特征点匹配的过程，代码清单 9-29 给出了示例程序。程序中首先用最小汉明距离对所有特征点匹配结果进行初步筛选，然后将所有通过初步筛选的特征点对用 cv.findHomography()函数进行筛选（cv.findHomography()函数的第 3 个参数需要选择 cv.RANSAC），接着将所有正确匹配结果保存，最后绘制优化后的特征点匹配结果。匹配结果如图 9-22 所示，通过结果可以看出，RANSAC 算法成功地去除了错误匹配的特征点。

代码清单 9-29　ORBMatchRANSAC.py

```python
1   # -*- coding:utf-8 -*-
2   import cv2 as cv
3   import numpy as np
4   import sys
5
6
7   if __name__ == '__main__':
8       # 读取图像
9       image1 = cv.imread('./images/box.png')
10      image2 = cv.imread('./images/box_in_scene.png')
11      if image1 is None or image2 is None:
12          print('Failed to read box.png or box_in_scene.png.')
13          sys.exit()
14
15      # 创建 ORB 对象
16      orb = cv.ORB_create(1000, 1.2, 8, 31, 0, 2, cv.ORB_HARRIS_SCORE, 31, 20)
17      # 分别计算 image1、image2 的 ORB 特征点和描述子
18      kps1, des1 = orb.detectAndCompute(image1, None, None)
19      kps2, des2 = orb.detectAndCompute(image2, None, None)
20
21      # 创建 BFMatcher 对象
22      bf = cv.BFMatcher(cv.NORM_HAMMING)
23      # 暴力匹配
24      matches = bf.match(des1, des2)
25
26      # 查找最小汉明距离
27      matches_list = []
28      for match in matches:
29          matches_list.append(match.distance)
30      min_dist = min(matches_list)
31
32      # 设定阈值，筛选出适合汉明距离的匹配点对
33      good_matches = []
34      for match in matches:
35          if match.distance <= max(2.0 * min_dist, 20.0):
36              good_matches.append(match)
```

```
37
38      # 使用 RANSAC 算法筛选匹配结果
39      # 获取关键点坐标
40      src_kps = np.float32([kps1[i.queryIdx].pt for i in good_matches]).reshape(-1, 1, 2)
41      dst_kps = np.float32([kps2[i.trainIdx].pt for i in good_matches]).reshape(-1, 1, 2)
42
43      # 使用 RANSAC 算法进行筛选
44      M, mask = cv.findHomography(src_kps, dst_kps, method=cv.RANSAC,
                ransacReprojThreshold=5.0)
45
46      # 保存筛选后的匹配点对
47      good_ransac = []
48      for i in range(len(mask)):
49          if mask[i] == 1:
50              good_ransac.append(good_matches[i])
51
52      # 绘制筛选前后的匹配结果
53      result = cv.drawMatches(image1, kps1, image2, kps2, good_ransac, None)
54
55      # 展示结果
56      cv.imshow('RANSAC Matches', result)
57      cv.waitKey(0)
58      cv.destroyAllWindows()
```

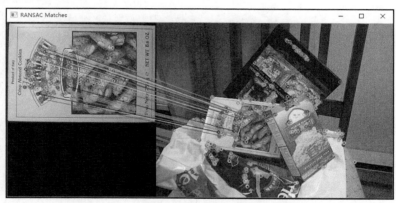

图 9-22　ORBMatchRANSAC.py 程序中经过 RANSAC 算法优化后的 ORB 特征点匹配结果

9.4　本章小结

　　本章首先介绍了特征点的检测与匹配，包括 Harris、Shi-Tomasi 角点检测，对检测出的角点坐标进行了亚像素级别的优化，并且在图像中绘制角点。特征点是特殊的像素，被广泛应用在图像处理的各个领域，因此本章重点介绍了 SIFT、SURF 和 ORB 特征点的检测与匹配。同时，为了能得到较准确的匹配结果，本章最后介绍了对特征点匹配结果进行优化的 RANSAC 算法。

　　本章涉及的主要函数如下。

- cv.drawKeypoints()：绘制关键点。
- cv.KeyPoint()：进行 KeyPoint 类型转换。
- cv.cornerHarris()：计算 Harris 角点系数。
- cv.goodFeaturesToTrack()：检测 Shi-Tomasi 角点。
- cv.cornerSubPix()：计算亚像素级别的角点。

- cv.Feature2D.detect()：检测特征点角点。
- cv.Feature2D.compute()：计算特征点描述子。
- cv.Feature2D.detectAndCompute()：同时计算特征点的关键点和描述子。
- cv.xfeatures2d.SIFT_create()：创建 SIFT 对象。
- cv.xfeatures2d.SURF_create()：创建 SURF 对象。
- cv.ORB_create()：创建 ORB 对象。
- cv.DescriptorMatcher.match()：实现描述子唯一匹配，两个描述子一一匹配。
- cv.DescriptorMatcher.knnMatch()：实现描述子数目匹配，一定数目的描述子匹配。
- cv.DescriptorMatcher.radiusMatch()：实现描述子距离匹配，一定距离的描述子匹配。
- cv.drawMatches()：绘制特征点匹配结果。
- cv.FlannBasedMatcher()：实现 FLANN 法描述子匹配。
- cv.findHomography()：计算单应矩阵。

第 10 章　立体视觉

对图像的处理及从图像中提取信息的最终目的是得到环境信息，而图像采集的目的是从环境信息到图像信息的映射，因此图像采集是视觉系统中的首要环节，图像采集原理决定了能否根据图像中的信息推测出环境信息。本章将介绍单目相机的成像模型、模型参数的确定，以及双目相机的成像模型和模型参数的确定。

10.1　单目视觉

单目视觉是指通过单一的相机成像对环境进行观测和测量的视觉系统。在单目视觉系统中，最重要的参数就是相机的内参系数，它反映了环境信息到图像信息的映射关系。一个精确的内参系数是通过单目相机对环境进行观测和测量的首要保证。相机内参系数与相机感光片位置、镜头位置等都有关系，我们在制造相机时可以生产指定标准的元器件并按照指定的尺寸装配摄像头，通过这些标准可以计算出摄像头的内参。遗憾的是，由于工艺水平有限，元器件尺寸与标准值存在误差，同时装配位置也会与期望值有偏差，使得真实的内参系数与理论值具有一定的偏差。另外，摄像头在使用过程中由于振动，镜头可能产生位移或者松动，使得内参系数再次发生改变。因此，测量摄像头的内参系数是使用摄像头之前首先要进行的工作。确定摄像头内参系数的过程称作摄像头标定或者相机标定，本节将详细介绍单目相机的成像模型，以及相机标定和内参系数的使用。

10.1.1　单目相机模型

在介绍相机成像模型前，首先需要介绍相机成像系统中和图像相关的图像坐标系和像素坐标系，了解这两个坐标系的定义和相互关系对于理解单目相机模型具有重要的意义。像素坐标系与图像坐标系的关系如图 10-1 所示。

像素坐标系用来描述一幅图像在计算机内存中不同像素相对位置关系的参考系。像素坐标系建立在图像上，坐标原点 O_p 位于图像的左上方，u 轴和 v 轴分别平行于图像坐标系的 x 轴和 y 轴，并且具有相同的方向。

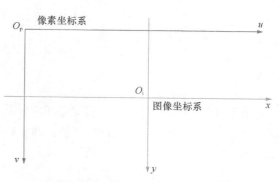

图 10-1　图像坐标系和像素坐标系的关系

图像坐标系是用物理长度描述一个图像中的不同点相对位置关系的参考系。与像素坐标系一样，它同样位于相机感光片上，以光轴在感光片上的投影点作为坐标原点 O_i，一般为图像的几何中心，x 轴平行于图像边缘，水平向右为正方向，y 轴垂直于 x 轴，向下为正方向。

　　像素坐标系与图像坐标系的单位不一致，但是能够通过为同一幅图像的描述构建联系。两者之间的关系正是相机拍摄的图像信息与计算机处理的数字信息的变换关系，因此两者的变换关系十分重要。根据图 10-1 表示的像素坐标系与图像坐标系关系，假设在图像中存在一个点 p，它在像素坐标系下表示为 $p(u,v)$，在图像坐标系下表示为 $p(x,y)$，两种表示形式存在式（10-1）所示的关系：

$$\begin{cases} u = \dfrac{x}{dx} + u_0 \\ v = \dfrac{y}{dy} + v_0 \end{cases} \tag{10-1}$$

其中，u_0 和 v_0 是相机镜头光轴在像素坐标系中投影位置的坐标，一般为图像尺寸（单位是像素）的 1/2；dx 和 dy 分别表示一个像素的物理宽度和高度。为了后续计算方便，式（10-1）可以用齐次坐标表示，如式（10-2）所示。

$$\begin{bmatrix} u \\ v \\ 1 \end{bmatrix} = \begin{bmatrix} \dfrac{1}{dx} & 0 & u_0 \\ 0 & \dfrac{1}{dy} & v_0 \\ 0 & 0 & 1 \end{bmatrix} \begin{bmatrix} x \\ y \\ 1 \end{bmatrix} \tag{10-2}$$

　　除上述两个坐标系之外，还有相机坐标系，它也是成像模型中重要的坐标系。相机坐标系是用来描述相机观测环境与相机之间相对位姿关系的坐标系。其原点 O_c 选取在相机镜头的光心处，Z_c 轴平行于相机镜头光轴，由感光片指向镜头方向为正方向；X_c 轴平行于成像平面且向右；Y_c 轴垂直于 $O_cX_cZ_c$ 平面且向下。

　　单目相机成像模型多采用针孔模型来近似，通过小孔成像原理描述空间中的一个点 P 如何投影到图像坐标系中，在图像中形成对应点 p。针孔模型的原理如图 10-2 所示。

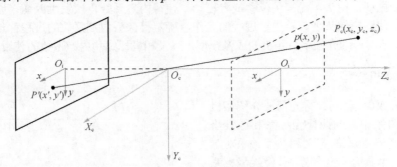

图 10-2　针孔模型的原理

　　在图 10-2 中，点 $P_c(x_c, y_c, z_c)$ 是相机坐标系中的一个三维点，点 $p'(x', y')$ 是三维点在图像坐标系中的投影，两个坐标系原点之间的距离 O_1O_c 为相机的焦距 f。根据相似原理，我们可以得到式（10-3）。

$$\begin{cases} -x' = f\dfrac{x_c}{z_c} \\ -y' = f\dfrac{y_c}{z_c} \end{cases} \tag{10-3}$$

这种相似变换关系使得相机坐标系中坐标与图像坐标系中坐标的符号相反，为了将式（10-3）

中的负号去掉，将成像平面变换到图 10-2 右侧的成像平面。此时，图像中的点 $p(x, y)$ 与三维空间中的点 $P_c(x_c, y_c, z_c)$ 的变换关系如式（10-4）所示。

$$\begin{cases} x = f\dfrac{x_c}{z_c} \\ y = f\dfrac{y_c}{z_c} \end{cases} \tag{10-4}$$

用齐次坐标的形式表示点 $p(x, y)$ 与点 $P_c(x_c, y_c, z_c)$ 的变换关系，如式（10-5）所示。

$$z_c\begin{bmatrix} x \\ y \\ 1 \end{bmatrix} = \begin{bmatrix} f & 0 & 0 \\ 0 & f & 0 \\ 0 & 0 & 1 \end{bmatrix}\begin{bmatrix} x_c \\ y_c \\ z_c \end{bmatrix} \tag{10-5}$$

式（10-5）给出的是空间中三维点到图像平面二维点的映射关系，但在计算机中每一个像素的位置都是像素坐标系中的坐标值，因此将图像坐标系与像素坐标系之间的变换关系式（10-2）代入式（10-5），整理的结果如式（10-6）所示。

$$z_c\begin{bmatrix} u \\ v \\ 1 \end{bmatrix} = \begin{bmatrix} f_x & 0 & u_0 \\ 0 & f_y & v_0 \\ 0 & 0 & 1 \end{bmatrix}\begin{bmatrix} x_c \\ y_c \\ z_c \end{bmatrix} = K\begin{bmatrix} x_c \\ y_c \\ z_c \end{bmatrix} \tag{10-6}$$

其中，矩阵 K 便是相机的内参矩阵，并且 $f_x = f/\mathrm{d}x$，$f_y = f/\mathrm{d}y$。通过式（10-6）可知，相机的内参矩阵只与相机的内部参数相关，因此称为内参矩阵。通过内参矩阵可以将相机坐标系下任意的三维坐标映射到像素坐标系中，构建空间点与像素之间的映射关系。

在内参矩阵的推导过程中，我们用到了图像处理中常用的齐次坐标。引入齐次坐标的目的主要是便于矩阵的计算和公式的书写。简单来说，如果一个坐标想要转化成齐次坐标的形式，只需要添加一个维度并将该维度的参数设置为 1；如果某一个齐次坐标要转换成非齐次坐标，则需要将最后一个维度去掉，并将其他维度的坐标除以最后一个维度的数值。

OpenCV 4 中提供了齐次坐标和非齐次坐标之间的互相转换函数，以分别由非齐次坐标转换成齐次坐标和由齐次坐标转换成非齐次坐标。代码清单 10-1 给出了由非齐次坐标转换成齐次坐标的 cv.convertPointsToHomogeneous() 函数的原型。

代码清单 10-1　cv.convertPointsToHomogeneous() 函数的原型

```
1  dst = cv.convertPointsToHomogeneous(src
2                                      [, dst])
```

- src：非齐次坐标。
- dst：齐次坐标。

该函数用于将非齐次坐标转换成齐次坐标，并将转换后的结果通过值返回。输入的非齐次坐标可以存放在二维或三维的 ndarray 对象中，其最大轴（最内层）元素个数可以是任意数目。输出的齐次坐标存放至三维的 ndarray 对象中，其最大轴（最内层）元素个数比齐次坐标的元素个数大 1。

代码清单 10-2 给出了由齐次坐标转换成非齐次坐标的 cv.convertPointsFromHomogeneous() 函数的原型。

代码清单 10-2　cv.convertPointsFromHomogeneous() 函数的原型

```
1  dst = cv.convertPointsFromHomogeneous(src
2                                        [, dst])
```

- src：齐次坐标。
- dst：非齐次坐标。

该函数与 cv.convertPointsToHomogeneous()函数正好相反，用于将齐次坐标转换成非齐次坐标。转换后的结果通过值返回。两个函数的名称具有很多的相似之处，可以通过函数的功能对两个函数名称加以区分和记忆。如果由非齐次坐标变成齐次坐标，那么对应英文的"To"。同理，如果非齐次坐标是由齐次坐标变换来的，那么对应英文的"From"。该函数输入的齐次坐标可以存放至二维或三维的 ndarray 对象中，其最大轴（最内层）元素个数可以是任意数目。输出的非齐次坐标存放至三维的 ndarray 对象中，其最大轴（最内层）元素个数比齐次坐标的元素个数小 1。

为了展示上述两个函数的使用方法，代码清单 10-3 给出了齐次坐标和非齐次坐标之间互相转换的示例程序。程序中分别将二维和三维 ndarray 对象作为齐次坐标与非齐次坐标进行变换，输入结果在图 10-3 中给出。

代码清单 10-3　Homogeneous.py

```
1   # -*- coding:utf-8 -*-
2   import cv2 as cv
3   import numpy as np
4
5
6   if __name__ == '__main__':
7       # 设置一个二维坐标和一个三维坐标
8       point1 = np.array([[3, 6, 1.5], [1, 2, 3]])
9       point2 = np.array([[[23, 32, 1]], [[45, 23, 14]], [[3, 5, 7]]])
10
11      # 非齐次坐标转齐次坐标
12      point3 = cv.convertPointsToHomogeneous(point1)
13      point4 = cv.convertPointsToHomogeneous(point2)
14
15      # 齐次坐标转非齐次坐标
16      point5 = cv.convertPointsFromHomogeneous(point1)
17      point6 = cv.convertPointsFromHomogeneous(point2)
18
19      # 输出结果
20      print('非齐次坐标：\n{}\n 转为齐次坐标：\n{}'.format(str(point1), str(point3)))
21      print('非齐次坐标：\n{}\n 转为齐次坐标：\n{}'.format(str(point2), str(point4)))
22
23      print('齐次坐标：\n{}\n 转为非齐次坐标：\n{}'.format(str(point1), str(point5)))
24      print('齐次坐标：\n{}\n 转为非齐次坐标：\n{}'.format(str(point2), str(point6)))
```

```
非齐次坐标: [[ 3.    6.    1.5]]    转为齐次坐标: [[[ 3.    6.    1.5  1. ]]]
非齐次坐标: [[23 32  1]]            转为齐次坐标: [[[23 32  1  1]]]
齐次坐标: [[ 3.    6.    1.5]]      转为非齐次坐标: [[[ 2.    4.]]]
齐次坐标: [[23 32  1]]             转为非齐次坐标: [[[ 23.   32.]]]
```

图 10-3　Homogeneous.py 程序的运行结果

10.1.2　标定板角点提取

通过式（10-6）我们可知，当知道多组空间点坐标和图像像素坐标后就可以计算得到相机的内参。关于如何由式（10-6）推导出相机的内参，过程较复杂，并且对于理解 OpenCV 4 中相关函数没有太多帮助，这里不进行详细介绍，感兴趣的读者可以学习张正友标定法的相关推导和证明，现在只需要知道得到多组空间点坐标和图像像素坐标就可以计算出相机的内参。

根据角点的特征我们知道，在黑白相间的区域内，角点最明显，因此在实际计算角点的时候采用的是黑白相间的棋盘方格纸，棋盘方格纸（又称方格纸）中黑白方格交点处就是内参标定时需要的角点。有时，也可以用排列整齐的黑色实心圆来代替黑白方格，因此计算内参需要的角点就是黑色圆形的圆心。由于在实际标定过程中，这两种特殊形状的图案会输出在一个较平整的平板上，因此我们将其统一称为标定板。图 10-4 给出了这两种标定图案。

图 10-4　相机标定常用的方格纸和圆形纸图案

OpenCV 4 提供了从黑白棋盘标定板中提取内角点的函数 cv.findChessboardCorners()，该函数的原型在代码清单 10-4 中给出。

代码清单 10-4　cv.findChessboardCorners()函数的原型

```
1   retval, corners = cv.findChessboardCorners(image,
2                                              patternSize
3                                              [, corners
4                                              [, flags]])
```

- image：含棋盘标定板的图像。
- patternSize：图像中棋盘格内角点的行数和列数。
- corners：检测到的内角点坐标。
- flags：检测内角点方式的标志，该参数可选的标志在表 10-1 给出。

表 10-1　　　　　　　　cv.findChessboardCorners()函数中 **flags** 可选的标志

标志	简记	含义
cv.CALIB_CB_ADAPTIVE_THRESH	1	使用自适应阈值将图像转为二值图像
cv.CALIB_CB_NORMALIZE_IMAGE	2	在应用固定阈值或者自适应阈值之前，使用 cv.equalizeHist() 函数将图像均衡化
cv.CALIB_CB_FILTER_QUADS	4	使用其他条件（如轮廓区域、周长、方形形状）过滤掉在轮廓检索阶段提取的假四边形
cv.CALIB_CB_FAST_CHECK	8	用快速方法查找图像中的角点

该函数用于检测输入图像中是否有棋盘标定板图案，同时定位内角点，并将检测结果及角点坐标通过值返回。如果该函数能够找到满足要求的内角点，则返回 True；如果没有找到满足要求的内角点，则返回 False。满足要求是指已知标定板有 5×6 个内角点，如果检测出的内角点不是 5×6 个，就不满足要求。所谓的内角点就是棋盘格内黑白正方形互相接触的点，如果某个棋盘具有 8×8 个方格，那么它就具有 7×7 个内角点。该函数的第 1 个参数可以是彩色图或者灰度图，但是需要数据类型为 uint8。建议使用行数和列数不相等的棋盘格，这样在算法中容易识别棋盘格的行和列，从而判断棋盘格方向。第 3 个参数和第 2 个返回值是检测到的内角点的坐标，可以存放在 ndarray 对象中，坐标按照棋盘格中的顺序逐行从左到右排列。表 10-1 中的标志可以互相结合使用，不同标志之间用 "+" 连接。该参数具有默认值，可以使用默认值 cv.CALIB_CB_ADAPTIVE_THRESH

和 cv. CALIB_CB_ NORMALIZE_IMAGE。

　　cv.findChessboardCorners()函数检测到的内角点坐标只是近似值，为了更精确地确定内角点坐标，可以使用我们前面介绍过的计算亚像素级别角点坐标的 cv.cornerSubPix()函数。此外，OpenCV 4 也有专用于提高标定板内角点坐标精度的函数 cv.find4QuadCornerSubpix()，该函数的原型在代码清单 10-5 中给出。

代码清单 10-5　cv.find4QuadCornerSubpix()函数的原型

```
1    retval, corners = cv.find4QuadCornerSubpix(img,
2                                               corners,
3                                               region_size)
```

- img：计算出内角点的图像。
- corners：内角点的坐标。
- region_size：优化坐标时考虑的邻域。

　　该函数用于优化棋盘格内角点的坐标。将计算内角点时的图像直接作为第 1 个参数输入即可。该函数的第 2 个参数和第 2 个返回值是内角点的坐标，表示输入时是待优化的内角点坐标，表示输出时是优化后的内角点坐标，你可以直接将 cv.findChessboardCorners()函数检测出的 corners 变量作为该函数的输入。该函数的最后一个参数一般选择(3,3)或者(5,5)。

　　对于圆形的标定板，OpenCV 4 也提供了 cv.findCirclesGrid()函数，用于检测每个圆心的坐标，该函数的原型在代码清单 10-6 中给出。

代码清单 10-6　cv.findCirclesGrid()函数的原型

```
1    retval, centers = cv.findCirclesGrid(image,
2                                         patternSize
3                                         [, centers
4                                         [, flags
5                                         [, blobDetector]]])
```

- image：输入含圆形标定板的图像。
- patternSize：图像中每行和每列圆形的数目。
- centers：输出的圆形中心坐标。
- flags：检测圆心的操作标志，可以选择的标志在表 10-2 中给出。
- blobDetector：在浅色背景中寻找黑色圆形斑点的特征探测器。

表 10-2　　　　　　　　　　　cv.findCirclesGrid()函数 **flags** 参数可选的标志

标志	简记	含义
cv.CALIB_CB_SYMMETRIC_GRID	1	使用圆的对称模式
cv.CALIB_CB_ASYMMETRIC_GRID	2	使用不对称的圆形图案
cv.CALIB_CB_CLUSTERING	4	使用特殊算法进行网格检测，它对透视扭曲更加稳健，但对背景杂乱更加敏感

　　该函数用于搜索图像中是否含圆形标定板及圆形中心坐标，并将检测结果及坐标通过值返回。如果存在圆形标定板，则函数返回 True；如果没有找到满足要求的圆形中心坐标，则函数返回 False。该函数的第 1 个参数可以是彩色图或者灰度图，但是需要数据类型为 uint8。建议使用行数和列数不相等的棋盘格，这样在算法中容易区分标定板的行和列。第 3 个参数和第 2 个返回值是圆形中心点的坐标，可以存放在 ndarray 对象中，坐标按照圆形标定板中的顺序逐行从左到右排列。最后一个参数具有默认值，一般情况下，我们使用默认值 cv.CALIB_CB_ SYMMETRIC_GRID 即可。

与前文提取角点和特征点相同，计算完标定板中的坐标后，我们希望能够在图像中标记出圆心的位置。为了满足这个需求，OpenCV 4 提供了 **cv.drawChessboardCorners()** 函数，用于在原图像中绘制出圆心位置，该函数的原型在代码清单 10-7 中给出。

代码清单 10-7　cv.drawChessboardCorners()函数的原型

```
1  image = cv.drawChessboardCorners(image,
2                                   patternSize,
3                                   corners,
4                                   patternWasFound)
```

- **image**：需要绘制角点的目标图像。
- **patternSize**：标定板中内角点的行数和列数。
- **corners**：检测到的角点坐标数组。
- **patternWasFound**：是否找到完整的标定板的标志。

该函数会在图像中绘制出检测到的标定板的角点，并将绘制结果通过值返回。该函数的第 1 个参数必须是数据类型为 uint8 的彩色图像。第 3 个参数可以是非优化坐标也可以是优化后的坐标。当最后一个参数为 False 时，只绘制角点的位置；当参数为 True 时，不仅绘制所有的角点，还判断是否检测到完整的标定板。如果没有检测出完整的标定板，则会用红色圆圈将角点标记出；如果检测出完整的标定板，则会用不同颜色将角点按从左向右的顺序连接起来，并且每行角点具有相同的颜色，不同行的颜色不同。

为了展示从检测标定板的角点到显示角点的全部流程，代码清单 10-8 给出了计算标定板角点并显示的示例程序。程序中分别对棋盘网格标定板和圆形网格标定板计算角点，并优化角点位置，最后在原图像中绘制出计算得到的所有角点，程序运行结果在图 10-5 中给出。

代码清单 10-8　Chessboard.py

```
1  # -*- coding:utf-8 -*-
2  import cv2 as cv
3  import sys
4
5
6  if __name__ == '__main__':
7      # 读取图像
8      image1 = cv.imread('./images/left01.jpg')
9      image2 = cv.imread('./images/circle.png')
10     if image1 is None or image2 is None:
11         print('Failed to read left01.jpg or circle.png.')
12         sys.exit()
13
14     # 转为灰度图像
15     gray1 = cv.cvtColor(image1, cv.COLOR_BGR2GRAY)
16     gray2 = cv.cvtColor(image2, cv.COLOR_BGR2GRAY)
17
18     # 定义数目尺寸
19     board_size1 = (9, 6)
20     board_size2 = (7, 7)
21
22     # 检测角点
23     _, points1 = cv.findChessboardCorners(gray1, board_size1)
24     _, points2 = cv.findCirclesGrid(gray2, board_size2)
25
26     # 细化角点坐标
27     _, points1 = cv.find4QuadCornerSubpix(gray1, points1, (5, 5))
28     _, points2 = cv.find4QuadCornerSubpix(gray2, points2, (5, 5))
```

```
29
30      # 绘制角点检测结果
31      image1 = cv.drawChessboardCorners(image1, board_size1, points1, True)
32      image2 = cv.drawChessboardCorners(image2, board_size2, points2, True)
33
34      # 展示结果
35      cv.imshow('Square Result', image1)
36      cv.imshow('Circle Result', image2)
37      cv.waitKey(0)
38      cv.destroyAllWindows()
```

棋盘网格标定板

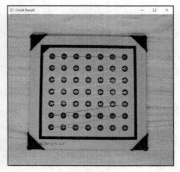
圆形网格标定板

图 10-5 Chessboard.py 程序中的角点检测结果

10.1.3 单目相机标定

获取了棋盘格内角点在图像中的坐标之后,只需要再获取棋盘格内角点在环境中的三维坐标即可计算出相机的内参矩阵。但是,式(10-6)中的三维坐标是相机坐标系中的坐标,由于相机坐标系中的坐标不方便直接测量,因此需要测量棋盘格内角点在世界坐标系中的坐标,之后通过世界坐标系和相机坐标系之间的变换关系求得棋盘格内角点在相机坐标系中的坐标,进而计算内参矩阵。世界坐标系和相机坐标系之间的关系在图 10-6 中给出,两者之间可以通过旋转和平移互相转换,数学表示形式在式(10-7)给出。

图 10-6 世界坐标系和相机坐标系之间的关系

$$\begin{bmatrix} x_c \\ y_c \\ z_c \end{bmatrix} = \boldsymbol{R}_{3\times3} \begin{bmatrix} x_w \\ y_w \\ z_w \end{bmatrix} + \boldsymbol{t}_{3\times1} \tag{10-7}$$

其中,$\boldsymbol{R}_{3\times3}$ 为旋转矩阵,$\boldsymbol{t}_{3\times3}$ 为平移矩阵。将式(10-7)代入式(10-6)中化简成齐次坐标,如式(10-8)所示。

$$z_w \begin{bmatrix} u \\ v \\ 1 \end{bmatrix} = \boldsymbol{K} \begin{bmatrix} \boldsymbol{R} & \boldsymbol{t} \end{bmatrix} \begin{bmatrix} x_w \\ y_w \\ z_w \\ 1 \end{bmatrix} \tag{10-8}$$

其中，K 为相机内参矩阵，$[R \quad t]$ 是外参矩阵，表示相机坐标系与世界坐标系之间的变换关系。通过式（10-8）可知，相机标定不但能够得到相机的内参矩阵，而且能得到外参矩阵。

由于世界坐标系是人为任意指定的，因此在实际操作过程中可以选择较简单的坐标系作为世界坐标系。考虑到棋盘网格标定板是一个平面，每个方格的尺寸相同，因此以第 1 个内角点作为坐标原点，以棋盘格所在平面作为 $z=0$ 平面，将内角点的行和列作为 x 轴和 y 轴。这样建立坐标系的好处是可以根据棋盘网格的尺寸直接给出每个内角点在世界坐标系内的三维坐标。例如，如果棋盘格宽度为 10cm，那么第 1 个内角点的坐标为(0,0,0)，同一行第 2 个内角点的坐标为(10,0,0)，同一列第 2 个内角点的坐标为(0,10,0)。

在标定计算过程中，还需要考虑相机畸变的问题。由于针孔模型是相机的近似模型，并且相机镜头的方向可能不与感光片平行，因此图像会产生畸变，即世界坐标实际对应的像素坐标偏离理论位置。相机畸变分为径向畸变和切向畸变，在多数相机中，畸变主要是由径向畸变引起的。图 10-7 给出了无畸变、负径向畸变和正径向畸变的示意图。

图 10-7 相机畸变的示意图（由左至右依次为无畸变、负径向畸变和正径向畸变）

相机的径向畸变可以用式（10-9）来描述，其中，k_1、k_2 和 k_3 分别是径向畸变的一阶、二阶和三阶系数；r 表示某个点到中心点的距离。

$$\begin{cases} x_{\text{corrected}} = x(1 + k_1 r^2 + k_2 r^4 + k_3 r^6) \\ y_{\text{corrected}} = y(1 + k_1 r^2 + k_2 r^4 + k_3 r^6) \end{cases} \quad （10\text{-}9）$$

相机的切向畸变可以用式（10-10）来描述，其中，p_1 和 p_2 分别是切向畸变的一阶与二阶系数。

$$\begin{cases} x_{\text{corrected}} = x + 2p_1 xy + p_2(r^2 + 2x^2) \\ y_{\text{corrected}} = y + 2p_2 xy + p_1(r^2 + 2y^2) \end{cases} \quad （10\text{-}10）$$

将两种畸变结合，可以用式（10-11）表示相机畸变。

$$\begin{cases} x_{\text{corrected}} = x(1 + k_1 r^2 + k_2 r^4 + k_3 r^6) + 2p_1 xy + p_2(r^2 + 2x^2) \\ y_{\text{corrected}} = y(1 + k_1 r^2 + k_2 r^4 + k_3 r^6) + 2p_2 xy + p_1(r^2 + 2y^2) \end{cases} \quad （10\text{-}11）$$

相机标定主要是计算相机内参矩阵和相机畸变的 5 个系数，OpenCV 4 提供了根据棋盘格内角点的空间三维坐标和图像二维坐标计算相机内参矩阵和畸变系数的 cv.calibrateCamera()函数，该函数的原型在代码清单 10-9 中给出。

代码清单 10-9 cv.calibrateCamera()函数的原型

```
1   retval, cameraMatrix, distCoeffs, rvecs, tvecs = cv.calibrateCamera(objectPoints,
2                                                                        imagePoints,
```

```
3                                                    imageSize,
4                                                    cameraMatrix,
5                                                    distCoeffs
6                                                    [, rvecs
7                                                    [, tvecs
8                                                    [, flags
9                                                    [, criteria]]]])
```

- objectPoints：每幅图像中棋盘格内角点在世界坐标系中的三维坐标。
- imagePoints：每幅图像中棋盘格内角点在像素坐标系中的二维坐标。
- imageSize：图像的尺寸。
- cameraMatrix：相机内参矩阵。
- distCoeffs：相机畸变系数矩阵。
- rvecs：相机坐标系与世界坐标系之间的旋转向量。
- tvecs：相机坐标系与世界坐标系之间的平移向量。
- flags：选择标定算法的标志，该参数常用的标志在表 10-3 中给出。
- criteria：迭代终止条件。

表 10-3　　　　　　　　　cv.calibrateCamera()函数中 **flags** 参数常用的标志

标志	简记	含义
cv.CALIB_USE_INTRINSIC_GUESS	0x00001	使用该参数时需要有内参矩阵的初值，否则将图像中心设置为初值，并利用最小二乘法计算焦距
cv.CALIB_FIX_PRINCIPAL_POINT	0x00004	进行优化时固定光轴在图像中的投影点
cv.CALIB_FIX_ASPECT_RATIO	0x00002	将 f_x/f_y 作为定值，将 f_y 作为自由参数进行计算
cv.CALIB_ZERO_TANGENT_DIST	0x00008	忽略切向畸变，将切向畸变系数设置为 0
cv.CALIB_FIX_K1,···,CALIB_FIX_K6	无	最后的数字可以改为 1~6，表示对应的径向畸变系数不变
cv.CALIB_RATIONAL_MODEL	0x04000	用六阶径向畸变修正公式，否则用三阶

　　该函数能够计算每幅图像的内参矩阵和外参矩阵，并将重投影误差以 float 类型作为函数的值返回。每个图像中棋盘格内角点的三维世界坐标存放在 $M \times N \times 1 \times 3$ 的 ndarray 对象中，或者以 $N \times 1 \times 3$ 的 ndarray 对象形式保存至长度为 M 的列表中（M 为图像数目，N 为内角点的数目）。每张图像中棋盘网格内角点的二维像素坐标存放在 $M \times N \times 1 \times 2$ 的 ndarray 对象中，或者以 $N \times 1 \times 2$ 的 ndarray 对象的形式保存至长度为 M 的列表中（M 为图像数目，N 为内角点的数目）。第 3 个参数在计算相机内参矩阵和畸变系数时需要用到。由于每张图像具有相同尺寸，因此参数输入格式为 （width, height），其中，width 为图像的宽，height 是图像的高。由于图像是同一个相机拍摄的，因此对于第 4 个参数只需要输入一个数据类型为 float32 的二维的 3×3 的 ndarray 对象。与第 4 个参数相同，对于第 5 个参数，只需要输入一个数据类型为 float32 的二维的 1×5 的 ndarray 对象。对于以上两个参数，我们也可以直接输入 None。对于第 6 个和第 7 个参数，多张图像的旋转向量和平移向量存放在 ndarray 对象中。表 10-3 中的标记可以结合一起使用。最后一个参数在前面已经介绍过，此处不再赘述。

　　为了展示 cv.calibrateCamera()函数的使用方法，代码清单 10-10 给出了对相机进行标定的示例程序。程序中使用了同一个相机拍摄的 4 张图像——left01.jpg～left04.jpg。将文件名称存放在 calibdata.txt 文件中，文件的每一行为一张图片，读取文件便可以得到需要使用的标定图像名称。这样做的好处是，我们可以自由地更改标定使用的图像。计算得到的相机内参矩阵和畸变系数矩阵在图 10-8 中给出。

代码清单 10-10　CalibrateCamera.py

```python
1   # -*- coding:utf-8 -*-
2   import cv2 as cv
3   import numpy as np
4   import sys
5
6
7   def compute_points(img):
8       # 转为灰度图像
9       gray = cv.cvtColor(img, cv.COLOR_BGR2GRAY)
10      # 定义方格标定板内角点数目（行、列）
11      board_size = (9, 6)
12      # 计算方格标定板内角点
13      _, points = cv.findChessboardCorners(gray, board_size)
14      # 细化角点坐标
15      _, points = cv.find4QuadCornerSubpix(gray, points, (5, 5))
16      return points
17
18
19  if __name__ == '__main__':
20      # 生成棋盘格内角点的三维坐标
21      obj_points = np.zeros((54, 3), np.float32)
22      obj_points[:, :2] = np.mgrid[0:9, 0:6].T.reshape(-1, 2)
23      obj_points = np.reshape(obj_points, (54, 1, 3))
24
25      # 计算棋盘格内角点的三维坐标及其在图像中的二维坐标
26      all_obj_points = []
27      all_points = []
28      for i in range(1, 5):
29          # 读取图像
30          image = cv.imread('./images/left0{}.jpg'.format(i))
31          if image is None:
32              print('Failed to read left0{}.jpg.'.format(i))
33              sys.exit()
34
35          # 获取图像尺寸
36          h, w = image.shape[:2]
37          # 计算三维坐标
38          all_obj_points.append(obj_points)
39          # 计算二维坐标
40          all_points.append(compute_points(image))
41
42      # 计算相机的内参矩阵和畸变系数
43      _, cameraMatrix, distCoeffs, rvecs, tvecs = cv.calibrateCamera(all_obj_points,
            all_points, (w, h), None, None)
44      print('内参阵: \n{}'.format(cameraMatrix))
45      print('畸变系数: \n{}'.format(distCoeffs))
46
47      # 此结果在后面的 ProjectPoints.py 函数中会使用到，此处先进行计算
48      print('旋转向量: \n{}'.format(rvecs))
49      print('平移向量: \n{}'.format(tvecs))
```

```
内参矩阵:
[[ 532.01629756      0.          332.17251925]
 [   0.          531.56515876  233.3880748 ]
 [   0.            0.            1.        ]]
```

图 10-8　CalibrateCamera.py 程序计算出的相机的内参矩阵和畸变系数

```
畸变系数：
[[-0.28518841  0.08009721  0.00127403 -0.00241511  0.10657911]]
```

图 10-8 CalibrateCamera.py 程序计算出的相机的内参矩阵和畸变系数（续）

10.1.4 单目相机校正

得到相机的畸变系数矩阵后，可以根据畸变模型将图像中的畸变去掉，生成理论上不含畸变的图像。OpenCV 4 提供了两种校正图像畸变的方法：第一种是使用 cv.initUndistortRectifyMap() 函数计算出校正图像需要的映射矩阵，之后利用 cv.remap() 函数去掉原始图像中的畸变；第二种是根据内参矩阵和畸变系数直接通过 cv.undistort() 函数对原始图像进行校正。

首先介绍第一种校正方法涉及的两个函数，其中 cv.initUndistortRectifyMap() 函数的原型在代码清单 10-11 中给出。

代码清单 10-11 cv.initUndistortRectifyMap() 函数的原型

```
1  map1, map2 = cv.initUndistortRectifyMap(cameraMatrix,
2                                          distCoeffs,
3                                          R,
4                                          newCameraMatrix,
5                                          size,
6                                          m1type
7                                          [, map1
8                                          [, map2]])
```

- cameraMatrix：计算得到的相机内参矩阵。
- distCoeffs：计算得到的相机畸变矩阵。
- R：第 1 幅图像和第 2 幅图像对应的相机位置之间的旋转矩阵。
- newCameraMatrix：校正后的相机内参矩阵。
- size：图像的尺寸。
- m1type：第 1 个输出映射到的矩阵变量的数据类型。
- map1：第 1 个输出的 x 坐标的校正映射矩阵。
- map2：第 2 个输出的 y 坐标的校正映射矩阵。

cv.initUndistortRectifyMap() 函数根据相机内参矩阵、畸变矩阵和图像尺寸计算 x 坐标和 y 坐标的校正映射矩阵，并通过值返回。该函数的前两个参数可由 cv.calibrateCamera() 函数得出。第 3 个参数一般可以设置为单位矩阵或 None。第 4 个参数若没有定义，可以直接输入 None。第 5 个参数的输入格式为（width, height）（width 为图像的宽，height 是图像的高）。第 6 个参数一般可以设置为 0 或 5，前者对应的输出结果为三维，后者对应的输出结果为二维。最后两个参数中，x 坐标的校正映射矩阵是第 1 个输出的映射矩阵。

cv.remap() 函数可以根据 x 坐标的校正映射矩阵、y 坐标的校正映射矩阵对原始图像进行校正，去掉图像中的畸变，该函数的原型在代码清单 10-12 中给出。

代码清单 10-12 cv.remap() 函数的原型

```
1  dst = cv.remap(src,
2                 map1,
3                 map2,
4                 interpolation
5                 [, dst
6                 [, borderMode
7                 [, borderValue]]])
```

- src：畸变的原图像。

- map1：x 坐标的校正映射矩阵。
- map2：y 坐标的校正映射矩阵。
- interpolation：插值类型标志。
- dst：去畸变后的图像。
- borderMode：像素边界外推法的标志。
- borderValue：常值外推法使用的常值像素。

cv.remap()函数用于实现图像通用的映射变换，可以根据 x 坐标的校正映射矩阵和 y 坐标的校正映射矩阵对原图像进行变换，并将去畸变后的图像通过值返回，应用去畸变映射矩阵进行变换便是对图像进行去畸变校正。去畸变（校正）后的输出图像的尺寸与第 3 个参数（map2）的大小相同，并且与输入图像具有相同的数据类型。第 2 个参数存放在二维或三维 ndarray 对象中，可以将 cv.initUndistortRectifyMap()函数计算得到的 x 坐标的校正映射矩阵赋值给该参数。第 3 个参数存放在二维或三维 ndarray 对象中，同样可以使用 cv.initUndistortRectifyMap()函数的计算结果。第 4 个参数可以选择的标志已经在前文给出，但是不支持 cv.INTER_AREA。第 6 个参数一般使用默认值 cv.BORDER_CONSTANT。最后一个参数的默认值为 0。

如果只是为了校正图像中的畸变，那么使用上述两个函数较复杂，于是 OpenCV 4 提供了 cv.undistort()函数，用于直接对图像进行校正，该函数的原型在代码清单 10-13 中给出。

代码清单 10-13　cv.undistort()函数的原型
```
1  dst = cv.undistort(src,
2                     cameraMatrix,
3                     distCoeffs
4                     [, dst
5                     [, newCameraMatrix]])
```

- src：畸变的输入图像。
- cameraMatrix：相机的内参矩阵。
- distCoeffs：相机的畸变矩阵。
- dst：去畸变后的输出图像。
- newCameraMatrix：畸变图像的相机内参矩阵。

该函数可以校正图像中的径向畸变和切向畸变，是带有单位矩阵 $\boldsymbol{R}$ 的 cv.initUndistortRectifyMap()函数和使用双线性插值方法的 cv.remap()函数的结合，如果输出图像中没有对应的像素，则用零像素填充，并将去畸变后的图像通过值返回。该函数的第 1 个参数和第 4 个参数具有相同的尺寸和数据类型。第 2 个参数和第 3 个参数可由 cv.calibrateCamera()函数得出，可以将标定函数的输出赋值给这两个参数。最后一个参数一般情况下与第 3 个参数相同，或者使用默认值 None。

为了展示校正图像的相关函数的使用方法，代码清单 10-14 给出了结合相机内参矩阵和畸变矩阵校正图像的示例程序。程序中相机的内参矩阵和畸变矩阵是代码清单 10-10 中的计算结果，之后分别使用本节介绍的两种去畸变（校正）方法对 left01.jpg～left04.jpg 这 4 张原图像进行校正。程序的部分输出结果在图 10-9 和图 10-10 中给出。校正后的图像中标定板的边缘由原来的曲线变成直线，更加符合针孔成像模型，这说明校正成功，也说明内参矩阵与畸变矩阵计算正确。

代码清单 10-14　Undistortion.py
```
1  # -*- coding:utf-8 -*-
2  import cv2 as cv
3  import numpy as np
4  import sys
5
```

```
6
7    if __name__ == '__main__':
8        # 输入在 CalibrateCamera.py 程序中得到的内参矩阵
9        cameraMatrix = np.array([[532.01629758, 0, 332.17251924],
10                                 [0, 531.56515879, 233.38807482],
11                                 [0, 0, 1]])
12
13       # 输入在 CalibrateCamera.py 程序中得到的畸变矩阵
14       distCoeffs = np.array([[-0.28518841, 0.08009721, 0.00127403, -0.00241511,
             0.10657911]])
15
16       # 依次校正图像
17       for i in range(1, 5):
18           # 读取图像
19           img = cv.imread('./images/left0{}.jpg'.format(i))
20           if img is None:
21               print('Failed to read left0{}.jpg.'.format(i))
22               sys.exit()
23
24           # 获取图像尺寸
25           h, w = img.shape[:2]
26
27           # 校正图像（方法 1：使用 cv.initUndistortRectifyMap()函数和 cv.remap()函数）
28           map1, map2 = cv.initUndistortRectifyMap(cameraMatrix, distCoeffs, None, None,
                 (w, h), 5)
29           result1 = cv.remap(img, map1, map2, cv.INTER_LINEAR)
30
31           # 校正图像（方法 2：使用 cv.undistort()函数）
32           result2 = cv.undistort(img, cameraMatrix, distCoeffs, newCameraMatrix=None)
33
34           # 展示结果
35           cv.imshow('Origin', img)
36           cv.imshow('Result1_left0{}.jpg'.format(i), result1)
37           cv.imshow('Result2_left0{}.jpg'.format(i), result2)
38           k = cv.waitKey(0)
39
40           # 设置按 Enter 键继续，按其他键退出
41           if k == 13:
42               cv.destroyAllWindows()
43           else:
44               sys.exit()
```

图 10-9　Undistortion.py 程序中校正前后图像对比结果 1（方法 1 的部分结果）

图 10-10 Undistortion.py 程序中校正前后图像对比结果 2（方法 2 的部分结果）

10.1.5 单目投影

单目投影是指根据相机的成像模型计算空间中三维点在图像二维平面中坐标的过程。OpenCV 4 中提供了 cv.projectPoints() 函数，用于计算世界坐标系中的三维点投影到像素坐标系中的二维坐标，该函数的原型在代码清单 10-15 中给出。

代码清单 10-15　cv.projectPoints() 函数的原型

```
1  imagePoints, jacobian = cv.projectPoints(objectPoints,
2                                           rvec,
3                                           tvec,
4                                           cameraMatrix,
5                                           distCoeffs
6                                           [, imagePoints
7                                           [, jacobian
8                                           [, aspectRatio]]])
```

- objectPoints：世界坐标系中三维点的三维坐标。
- rvec：世界坐标系变换到相机坐标系的旋转向量。
- tvec：世界坐标系变换到相机坐标系的平移向量。
- cameraMatrix：相机的内参矩阵。
- distCoeffs：相机的畸变矩阵。
- imagePoints：三维点在像素坐标系中估计的坐标。
- jacobian：雅可比矩阵。
- aspectRatio：是否固定"宽高比"的标志。

该函数在给定相机内部和外部参数的情况下计算世界坐标系中的三维点到图像平面的投影，并将结果通过值返回。该函数的第 1 个参数在前文已经介绍过，此处不再赘述。第 2 个参数和第 3 个参数均是一个 3×1 的 ndarray 对象，这两个参数可以在标定的时候得到。第 4 个参数和第 5 个参数同样可以在标定时得到。第 6 个参数同样可以存放在 ndarray 对象中。第 7 个参数的默认值为 None。第 8 个参数的默认值为 0，如果该参数不为 0，则将 f_x / f_y 作为定值。一般情况下，最后两个参数直接使用默认值即可。

为了展示三维点向像素平面投影的原理和函数的使用方法，需要提供三维点在世界坐标系中的坐标、世界坐标系变换到相机坐标系的旋转向量和平移向量，以及相机的内参矩阵。为了验证投影算法，我们选择代码清单 10-10 中的第一张图像 left01.jpg，相机内参矩阵以及世界坐标系变换到相机坐标系的旋转向量和平移向量都使用标定时得到的结果，这样选择数据的好处是三维点的坐标可以直接使用标定中内角点的三维坐标。同时，投影到像素平面的坐标可以与图像中检测到的内角点坐标进行比较，以评估投影效果。代码清单 10-16 给出了利用上述参数验证投影过程的示例程序，程序中投影误差为计算得到的所有投影点坐标与图像中检测到的内角点坐标之间距离差值的平均值。该数值越小，误差越小，该程序的投影误差为 0.407297。

代码清单 10-16　ProjectPoints.py

```python
# -*- coding:utf-8 -*-
"""
本程序中用到的图像是代码清单 10-10 中相机标定时的第一张图像
各项参数都是标定时得到的结果
"""
import cv2 as cv
import numpy as np
import sys

if __name__ == '__main__':
    # 输入在 CalibrateCamera.py 程序中得到的内参矩阵
    cameraMatrix = np.array([[532.01629758, 0, 332.17251924],
                             [0, 531.56515879, 233.38807482],
                             [0, 0, 1]])

    # 输入在 CalibrateCamera.py 程序中得到的畸变系数
    distCoeffs = np.array([[-0.28518841, 0.08009721, 0.00127403, -0.00241511,
        0.10657911]])

    # 输入在 CalibrateCamera.py 程序中得到的相机坐标系与世界坐标系之间的旋转向量和平移向量
    rvecs = np.array([[0.16460723], [0.29404635], [0.01212824]])
    tvecs = np.array([[-2.6881551], [-4.27993647], [15.91970296]])

    # 读取图像
    img = cv.imread('./images/left01.jpg')
    if img is None:
      print('Failed to read left0{}.jpg.'.format(i))
      sys.exit()

    # 转为灰度图像
    gray = cv.cvtColor(img, cv.COLOR_BGR2GRAY)
    # 定义方格标定板内角点数目（行、列）
    board_size = (9, 6)
    # 计算方格标定板内角点
    _, points = cv.findChessboardCorners(gray, board_size)
    # 细化角点坐标
    _, points = cv.find4QuadCornerSubpix(gray, points, (5, 5))

    # 生成棋盘格内角点的三维坐标
    obj_points = np.zeros((54, 3), np.float32)
    obj_points[:, :2] = np.mgrid[0:9, 0:6].T.reshape(-1, 2)
    obj_points = np.reshape(obj_points, (54, 1, 3))

    # 根据三维坐标与相机坐标系与世界坐标系之间的关系估计内角点像素坐标
    points1, _ = cv.projectPoints(obj_points, rvecs, tvecs, cameraMatrix, distCoeffs)

    # 计算图像中内角点的真实坐标误差
    error = 0
    for j in range(len(points)):
      error += np.sqrt(np.power((points[j][0][0] - points1[j][0][0]), 2) + np.power
```

```
                   ((points[j][0][1] - points1[j][0][1]), 2))
50      print('图像中内角点的真实坐标误差为{}'.format(round(error / len(points), 6)))
```

10.1.6 单目位姿估计

根据相机成像模型，如果已知相机的内参矩阵、世界坐标系中若干三维点的三维坐标和空间点在图像中投影的二维坐标，就可以计算出世界坐标系到相机坐标系的旋转向量和平移向量。如图 10-11 所示，当我们知道点 c_i 在世界坐标系下的三维坐标和这些点在图像中对应点的二维坐标时，结合相机的内参矩阵和畸变系数，就可以计算出世界坐标系变换到相机坐标系的旋转向量和平移向量。

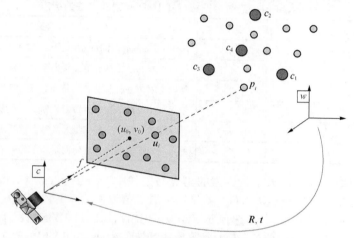

图 10-11　单目相机位姿估计示意图

在这种情况下，可以估计相机在世界坐标系中的位姿，如果将世界坐标系看成前一时刻的相机坐标系姿态，c_i 在世界坐标系下的三维坐标看成 c_i 在前一时刻相机坐标系中的坐标，就可以估计出前一时刻到当前时刻相机的运动变化，进而得到视觉里程计信息。需要注意的是，由于单目相机没有深度信息，因此如果 c_i 的三维坐标是真实物理尺度的三维坐标，那么估计出的平移向量就是真实的物理尺度；否则，就是缩放后的平移向量。

从理论上来说，只要知道世界坐标系中 3 个三维点的三维坐标和对应图像中的坐标，根据相机内参矩阵和畸变系数，就可以计算世界坐标系与相机坐标系之间的转换关系。这种利用 3 个三维点和图像中点的计算方法称为 P3P 方法。当然，如果点数大于 3，就可以得到更加精确的旋转向量和平移向量。当点数大于 3 时，计算旋转向量和平移向量的方法称为 PnP 方法。上述两种方法在 OpenCV 4 中都有相应的函数，P3P 方法对应的是 cv.solveP3P() 函数，PnP 方法对应的是 cv.solvePnP() 函数。由于 cv.solvePnP() 函数包含了 cv.solveP3P() 函数的功能，因此这里只介绍 cv.solvePnP() 函数的使用方法。cv.solvePnP() 函数的原型在代码清单 10-17 中给出。

代码清单 10-17　cv.solvePnP()函数的原型

```
1  retval, rvec, tvec = cv.solvePnP(objectPoints,
2                                   imagePoints,
3                                   cameraMatrix,
4                                   distCoeffs
5                                   [, rvec
6                                   [, tvec
7                                   [, useExtrinsicGuess
8                                   [, flags]]]])
```

- objectPoints：世界坐标系中三维点的三维坐标。

- `imagePoints`：三维点在图像中对应的像素的二维坐标。
- `cameraMatrix`：相机的内参矩阵。
- `distCoeffs`：相机的畸变矩阵。
- `rvec`：世界坐标系变换到相机坐标系的旋转向量。
- `tvec`：世界坐标系变换到相机坐标系的平移向量。
- `useExtrinsicGuess`：是否使用旋转向量初值和平移向量初值的标志。
- `flags`：选择计算 PnP 问题的方法的标志，见表 10-4。

表 10-4　　　　　　　　cv.solvePnP()函数中选择计算 PnP 问题的方法的标志

标志	简记	含义
cv.SOLVEPNP_ITERATIVE	0	基于 Levenberg-Marquardt 迭代方法计算旋转向量和平移向量
cv.SOLVEPNP_EPNP	1	使用扩展 PnP 方法计算旋转向量和平移向量
cv.SOLVEPNP_P3P	2	使用 P3P 方法计算旋转向量和平移向量
cv.SOLVEPNP_DLS	3	使用最小二乘法计算旋转向量和平移向量
cv.SOLVEPNP_UPNP	4	计算旋转向量、平移向量的同时会重新估计焦距和内参矩阵等
cv.SOLVEPNP_AP3P	5	使用 3 点透视法计算旋转向量和平移向量

　　该函数可以根据世界坐标系中三维点的坐标与图像中对应像素的坐标计算出世界坐标系变换到相机坐标系的旋转向量和平移向量，并将结果通过值返回。该函数的前 6 个参数在前文已经介绍，此处不再赘述。在第 8 个参数选择 cv.SOLVEPNP_ITERATIVE 的情况下，第 7 个参数的默认值为 False（表示不使用初始值）。第 8 个参数的默认值为 cv. SOLVEPNP_ ITERATIVE。

　　cv.solvePnP()函数会使用所有的数据计算两个坐标系之间的旋转向量和平移向量，如果个别数据存在较大误差，那么会影响最终的计算结果。为了解决部分数据具有较大误差的问题，使用 RANSAC 算法避免部分有较大误差的数据的影响。OpenCV 4 中提供了 PnP 算法与 RANSAC 算法结合的 cv.solvePnPRansac()函数，该函数的原型在代码清单 10-18 中给出。

代码清单 10-18　cv.solvePnPRansac()函数的原型

```
1  retval, rvec, tvec, inliers = cv.solvePnPRansac(objectPoints,
2                                                  imagePoints,
3                                                  cameraMatrix,
4                                                  distCoeffs
5                                                  [, rvec
6                                                  [, tvec
7                                                  [, useExtrinsicGuess
8                                                  [, iterationsCount
9                                                  [, reprojectionError
10                                                 [, confidence
11                                                 [, inliers
12                                                 [, flags]]]]]]]])
```

- `objectPoints`：世界坐标系中三维点的三维坐标。
- `imagePoints`：三维点在图像中对应的像素的二维坐标。
- `cameraMatrix`：相机的内参矩阵。
- `distCoeffs`：相机的畸变矩阵。
- `rvec`：世界坐标系变换到相机坐标系的旋转向量。
- `tvec`：世界坐标系变换到相机坐标系的平移向量。

- useExtrinsicGuess：是否使用旋转向量初值和平移向量初值的标志。
- iterationsCount：迭代的次数。
- reprojectionError：RANSAC 算法计算的重投影误差的最小值。
- confidence：置信度概率。
- inliers：内点的三维坐标和二维坐标。
- flags：选择计算 PnP 问题的方法的标志，见表 10-4。

cv.solvePnPRansac()函数将 RANSAC 算法与 PnP 算法相结合得到两个坐标系之间的变换关系，并将结果通过值返回。该函数的前 7 个参数和最后一个参数的含义与 cv.solvePnP()函数中的相应参数含义相同，此处不再赘述。该函数的第 8 个参数的默认值为 100。当某个点的重投影误差小于第 9 个参数的值时，将其视为内点。重投影误差就是单目投影中图像角点的估计坐标与检测坐标之间的差值。如果差值大于第 9 个参数的值，则该点为外点，是不符合旋转和平移规律的点，该参数的默认值为 8.0。第 10 个参数的值越高，算法结果越可信，该参数的默认值为 0.99。如果不需要输出第 11 个参数，我们可以使用该参数的默认值 None。

cv.solvePnP()函数和 cv.solvePnPRansac()函数得到的旋转向量都是向量形式，在理论推导中，我们更喜欢用旋转矩阵表示旋转向量，如式（10-7）所示。旋转向量到旋转矩阵的转换可以利用罗德里格斯公式来实现。任意一个旋转向量 $\boldsymbol{a}$ 均可以写成单位向量与模长乘积的形式，如式（10-12）所示。

$$\boldsymbol{a} = \theta \boldsymbol{n} \tag{10-12}$$

其中，θ 是旋转向量 $\boldsymbol{a}$ 的模长，$\boldsymbol{n} = \begin{bmatrix} n_x & n_y & n_z \end{bmatrix}^{\mathrm{T}}$ 是旋转向量的单位向量。

旋转矩阵 $\boldsymbol{R}$ 可以用式（10-13）计算。

$$\boldsymbol{R} = \cos\theta \boldsymbol{I} + (1 - \cos\theta)\boldsymbol{n}\boldsymbol{n}^{\mathrm{T}} + \sin\theta \begin{bmatrix} 0 & -n_z & n_y \\ n_z & 0 & -n_x \\ -n_y & n_x & 0 \end{bmatrix} \tag{10-13}$$

式中，$\boldsymbol{I}$ 表示单位矩阵。

把旋转矩阵变换到旋转向量，得到式（10-14）。

$$\theta = \arccos\left(\frac{\mathrm{tr}(\boldsymbol{R}) - 1}{2} \right)$$

$$\sin\theta \begin{bmatrix} 0 & -n_z & n_y \\ n_z & 0 & -n_x \\ -n_y & n_x & 0 \end{bmatrix} = \frac{\boldsymbol{R} - \boldsymbol{R}^{\mathrm{T}}}{2} \tag{10-14}$$

其中，$\mathrm{tr}(\boldsymbol{R})$ 表示矩阵的迹。

OpenCV 4 提供了旋转向量和旋转矩阵之间相互转换的函数 cv.Rodrigues()，该函数的原型在代码清单 10-19 中给出。

代码清单 10-19　cv.Rodrigues()函数的原型

```
1  dst, jacobian = cv.Rodrigues(src,
2                                  [, dst
3                                  [, jacobian]])
```

- src：输入的旋转向量或者旋转矩阵。
- dst：输出的旋转矩阵或者旋转向量。

- jacobian：可选择性输出的雅可比矩阵。

该函数利用式（10-13）和式（10-14）实现旋转向量与旋转矩阵之间的互相转换，并将旋转后的结果及雅可比矩阵以值的形式给出。该函数的前两个参数中，一个为旋转矩阵，另一个为旋转向量。如果输入参数是旋转矩阵，那么输出参数就是旋转向量；当输入参数是旋转向量时，输出参数就是旋转矩阵。第 3 个参数输出的雅可比矩阵是输出量相对于输入量的偏导数矩阵，大小可以是 9×3 或者 3×9，默认参数值为 None。在该函数的实际使用过程中，可选参数和返回值只需使用一个。

为了展示计算两个坐标系之间变换关系的相关函数的使用方法，代码清单 10-20 给出了计算标定图像中第 4 张图像（left04.jpg）的世界坐标系变换到相机坐标系的旋转矩阵和平移向量的示例程序。程序中使用 cv.solvePnP()函数计算粗略的变换关系，使用 cv.solvePnPRansac()函数计算优化后的变换关系，并将旋转向量通过 cv.Rodrigues()函数转换成旋转矩阵。为了对比 RANSAC 算法在存在异常值时发挥的作用，我们将修改三维坐标系中的[8, 5, 0]为[8, 8, 0]，并重新计算旋转向量和旋转矩阵。结果在图 10-12 中给出，其中，左侧是修改前的计算结果（部分结果），右侧是修改后的计算结果。通过对比发现，在使用 RANSAC 算法时，即使存在异常值，它对计算旋转向量和旋转矩阵的影响也较小。

代码清单 10-20　PnpAndRansac.py

```
1   # -*- coding:utf-8 -*-
2   import cv2 as cv
3   import numpy as np
4   import sys
5
6
7   def compute_rvec(points1, points2, matrix, coeffs):
8       # 用 PnP 算法计算旋转向量和平移向量
9       _, rvec1, tvec1 = cv.solvePnP(points1, points2, matrix, coeffs)
10      # 用 PnP+RANSAC 算法计算旋转向量和平移向量
11      _, rvec2, tvec2, inliers = cv.solvePnPRansac(points1, points2, matrix, coeffs)
12
13      # 旋转向量转换为旋转矩阵
14      rvec1_transport, _ = cv.Rodrigues(rvec1)
15      rvec2_transport, _ = cv.Rodrigues(rvec2)
16
17      # 输出结果
18      print('世界坐标系变换到相机坐标系的旋转向量（cv.solvePnP）: \n', rvec1)
19      print('对应旋转矩阵为\n', rvec1_transport)
20      print('世界坐标系变换到相机坐标系的旋转向量（cv.solvePnPRansac）: \n', rvec2)
21      print('对应旋转矩阵为\n', rvec2_transport)
22
23
24  if __name__ == '__main__':
25      # 输入在 CalibrateCamera.py 程序中得到的内参矩阵
26      cameraMatrix = np.array([[532.01629758, 0, 332.17251924],
27                               [0, 531.56515879, 233.38807482],
28                               [0, 0, 1]])
29
30      # 输入在 CalibrateCamera.py 程序中得到的畸变系数
31      distCoeffs = np.array([[-0.28518841, 0.08009721, 0.00127403, -0.00241511,
            0.10657911]])
32
33      # 生成棋盘格内角点的三维坐标
34      obj_points = np.zeros((54, 3), np.float32)
35      obj_points[:, :2] = np.mgrid[0:9, 0:6].T.reshape(-1, 2)
```

```
36    obj_points = np.reshape(obj_points, (54, 1, 3))
37
38    # 读取图像
39    img = cv.imread('./images/left04.jpg')
40    if img is None:
41       print('Failed to read left04.jpg.')
42       sys.exit()
43    # 转为灰度图像
44    gray = cv.cvtColor(img, cv.COLOR_BGR2GRAY)
45    # 定义方格标定板内角点数目（行、列）
46    board_size = (9, 6)
47    # 计算方格标定板内角点
48    _, points = cv.findChessboardCorners(gray, board_size)
49    # 细化内角点坐标
50    _, points = cv.find4QuadCornerSubpix(gray, points, (5, 5))
51
52    # 计算两个坐标系之间的旋转向量及旋转矩阵
53    compute_rvec(obj_points, points, cameraMatrix, distCoeffs)
54
55    # 修改其中一个三维坐标，重新进行计算
56    obj_points[53] = [[8, 8, 0]]
57    compute_rvec(obj_points, points, cameraMatrix, distCoeffs)
```

```
世界坐标系变换到相机坐标系的旋转向量（cv.solvePnP）:
[[ 0.24529618]
 [ 0.05150303]
 [-0.0362689 ]]
对应旋转矩阵为
[[ 0.99802658  0.04216549  0.04652966]
 [-0.02959938  0.96942114 -0.24361143]
 [-0.05537883  0.24175343  0.96875614]]
世界坐标系变换到相机坐标系的旋转向量（cv.solvePnPRansac）:
[[-0.11212294]
 [ 0.25645629]
 [-0.00210004]]
对应旋转矩阵为
[[ 0.96732729 -0.01221091  0.25323667]
 [-0.01635637  0.99375296  0.11039708]
 [-0.25300274 -0.11093214  0.96108463]]
```

```
世界坐标系变换到相机坐标系的旋转向量（cv.solvePnP）:
[[-0.11208555]
 [ 0.25669174]
 [-0.00205484]]
对应旋转矩阵为
[[ 0.96726742 -0.01226383  0.2534627 ]
 [-0.01631998  0.99375728  0.11036361]
 [-0.25323389 -0.11088763  0.96102889]]
```

修改前（部分）　　　　　　　　　　　修改后

图 10-12　PnpAndRansac.py 程序中计算的旋转向量和等价旋转矩阵

10.2 双目视觉

　　根据单目相机模型和式（10-8）可知，单目相机无法获得三维点在相机坐标系中的坐标，因为单目相机缺少了三维点的深度信息，因此，只能得到三维点在相机坐标系中所在的直线。如果需要获得某一点的深度信息，那么可以增加测量深度信息的传感器，或者再增加一部相机从而组成双目立体视觉，根据同一三维点在两部相机拍摄的图像中的坐标计算得到三维点的深度信息。本节将会介绍双目视觉的立体成像原理、双目相机的标定及双目图像的校正。

10.2.1　双目相机模型

　　双目相机立体成像模型在图 10-13 中给出。

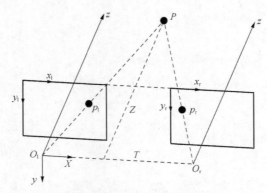

图 10-13 双目相机立体成像模型

假设组成双目视觉的两部相机具有相同的焦距 f，两部相机拍摄得到的图像位于同一个平面且 x 轴共线，同时两部相机的相机坐标系的 z 轴互相平行，T 表示两个相机坐标系中坐标原点间的距离。空间中 P 点能够同时被两个相机捕获，在两张图像中，对应点的坐标分别是 p_l 和 p_r，根据相似三角形原理，P 点在左侧相机的相机坐标系中的深度 Z 满足式（10-15）所示的条件。

$$\frac{T-(x_l-x_r)}{Z-f}=\frac{T}{Z} \tag{10-15}$$

将式（10-15）简化，推导出深度 Z 的解析式，如式（10-16）所示。

$$Z=\frac{fT}{x_l-x_r} \tag{10-16}$$

根据式（10-16）可知，在一个双目相机系统中，某个点的深度只与该点在两张图像中的坐标差值有关，这个差值称为"视差"。视差是通过对两张图像中的信息进行处理后获得的，与相机采集到的图像有关，而式（10-16）中的分子与双目视觉系统中的内部参数相关，f 可以通过单独对每一部相机进行标定而得到，T 与双目系统中的两部相机摆放位置相关，因此，需要对双目视觉系统进行标定，以确定两个相机坐标系的原点之间的距离。

图 10-13 给出的双目系统是理想状态下的双目系统，但是在现实的情况下很难使两部相机的 z 轴完全平行，两张图像在同一平面且 x 轴共线也很难保证。在多数情况下，两个相机坐标系之间不但存在着平移，而且存在着旋转。即使是按照理想状态安放的两部相机也会使两个相机坐标系之间存在旋转（因为存在安放误差）。当然，当我们知道两个相机坐标系之间的旋转关系时，可以将图 10-14 所示的位置关系变成图 10-13，进而计算点的三维坐标。因此，对于双目系统的标定，不但需要确定两部相机的内参矩阵和畸变系数，而且需要知道两部相机之间的旋转向量和平移向量。

对于双目系统来说，相机标定主要分为变换矩阵标定和图像校正两个部分，大致分为以下 3 个步骤。

（1）确定两部相机各自的内参矩阵和畸变系数。

（2）计算两部相机之间的旋转向量和平移向量。

（3）对两部相机拍摄的图像进行校正，并根据旋转向量和平移向量将双目系统的成像模型变换成图 10-13 所示的模型。

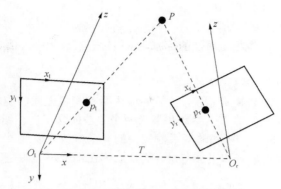

图 10-14 实际双目系统中两部相机的位置关系

10.2.2 双目相机标定

双目相机的标定流程与单目相机的标定流程相似，都是通过相机在不同位置拍摄同一个棋盘格，然后根据棋盘格内角点在图像中的坐标和世界坐标系中的坐标，计算需要标定的参数。不同之处是双目相机需要的是两部相机拍摄的图像，并且两部相机需要在同一时间拍摄图像。

在双目相机标定之前，需要对两部单目相机进行标定，这部分内容在前文已经介绍。之后利用 OpenCV 4 提供的双目相机标定函数 cv.stereoCalibrate()进行标定，计算两部相机之间的旋转向量和平移向量。cv.stereoCalibrate()函数的原型在代码清单 10-21 中给出。

代码清单 10-21　cv.stereoCalibrate()函数的原型

```
1  retval, cameraMatrix1, distCoeffs1, cameraMatrix2, distCoeffs2, R, T, E, F =
       cv.stereoCalibrate(objectPoints,
2                          imagePoints1,
3                          imagePoints2,
4                          cameraMatrix1,
5                          distCoeffs1,
6                          cameraMatrix2,
7                          distCoeffs2,
8                          imageSize
9                          [, R
10                         [, T
11                         [, E
12                         [, F
13                         [, flags
14                         [, criteria]]]]]])
```

- `objectPoints`：棋盘格内角点的三维坐标。
- `imagePoints1`：棋盘格内角点在第 1 部相机拍摄的图像中的像素坐标。
- `imagePoints2`：棋盘格内角点在第 2 部相机拍摄的图像中的像素坐标。
- `cameraMatrix1`：第 1 部相机的内参矩阵。
- `distCoeffs1`：第 1 部相机的畸变矩阵。
- `cameraMatrix2`：第 2 部相机的内参矩阵。
- `distCoeffs2`：第 2 部相机的畸变矩阵。
- `imageSize`：图像的尺寸。
- `R`：两个相机坐标系之间的旋转矩阵。
- `T`：两个相机坐标系之间的平移向量。

- E：两部相机之间的本征矩阵。
- F：两部相机之间的基本矩阵。
- `flags`：选择双目相机标定算法的标志，常用标志在表 10-3 中给出，不同标志之间可以互相组合。
- `criteria`：迭代算法终止条件。

该函数主要用于标定双目视觉系统，计算系统中两部相机之间的旋转矩阵和平移矩阵，并将相关结果通过值返回。函数的前 8 个参数和最后两个参数的含义在介绍单目相机标定时已介绍，此处不再赘述。其中，与内参矩阵和畸变系数相关的 4 个参数可以通过分别对单部相机进行标定来获得。本征矩阵包含旋转矩阵和平移向量，基本矩阵在本征矩阵的基础上还包含两部相机的内参矩阵。

为了展示双目相机标定的流程及 cv.stereoCalibrate() 函数的使用方法，代码清单 10-22 给出了标定双目相机间的旋转矩阵和平移向量的示例程序。程序中需要使用到两部相机的内参矩阵和畸变矩阵，我们可以利用代码清单 10-10 计算两部相机的内参矩阵和畸变矩阵。两部相机拍摄的图像分别以 left0x.jpg 和 right0x.jpg 进行命名。程序中我们使用了两部相机分别拍摄的 4 张图像，即 left01.jpg～left04.jpg 和 right01.jpg～right04.jpg，读取图像后检测图像中棋盘格内角点的坐标，并以棋盘格所在平面为 z 轴平面建立世界坐标系。假设棋盘格中每个方格的真实尺寸为 10cm，因此在创建 obj_points 变量时乘以 10。之后利用 cv.stereoCalibrate() 函数进行双目标定，标定结果中的两个相机坐标系之间的旋转矩阵和平移向量在图 10-15 中给出。

代码清单 10-22　StereoCalibrate.py

```
1   # -*- coding:utf-8 -*-
2   import cv2 as cv
3   import numpy as np
4   import sys
5
6
7   def compute_points(img):
8       # 转为灰度图像
9       gray = cv.cvtColor(img, cv.COLOR_BGR2GRAY)
10      # 定义方格标定板内角点数目（行、列）
11      board_size = (9, 6)
12      # 计算方格标定板内角点
13      _, points = cvfindChessboardCorners(gray, board_size)
14      # 细化角点坐标
15      _, points = cv.find4QuadCornerSubpix(gray, points, (5, 5))
16      return points
17
18
19  if __name__ == '__main__':
20      # 生成棋盘格内角点的三维坐标
21      obj_points = np.zeros((54, 3), np.float32)
22      obj_points[:, :2] = np.mgrid[0:9, 0:6].T.reshape(-1, 2)
23      obj_points = np.reshape(obj_points, (54, 1, 3)) * 10
24
25      # 计算棋盘格内角点的三维坐标及其在图像中的二维坐标
26      all_obj_points = []
27      all_points_L = []
28      all_points_R = []
29      for i in range(1, 5):
30          # 读取图像
31          imageL = cv.imread('./images/left0{}.jpg'.format(i))
```

```
32        if imageL is None:
33            print('Failed to read left0{}.jpg.'.format(i))
34            sys.exit()
35        imageR = cv.imread('./images/right0{}.jpg'.format(i))
36        if imageR is None:
37            print('Failed to read right0{}.jpg.'.format(i))
38            sys.exit()
39
40        # 获取图像尺寸
41        h, w = image.shape[:2]
42        # 计算三维坐标
43        all_obj_points.append(obj_points)
44        # 计算二维坐标
45        all_points_L.append(compute_points(imageL))
46        all_points_R.append(compute_points(imageR))
47
48    # 分别计算相机的内参矩阵和畸变矩阵
49    _, cameraMatrix1, distCoeffs1, rvecs1, tvecs1 = cv.calibrateCamera(all_obj_points,
              all_points_L, (w, h), None, None)
50    _, cameraMatrix2, distCoeffs2, rvecs2, tvecs2 = cv.calibrateCamera(all_obj_points,
              all_points_R, img_size, None, None)
51
52    # 进行标定
53    _, _, _, _, _, R, T, E, F = cv.stereoCalibrate(all_obj_points, all_points_L,
          all_points_R, cameraMatrix1, distCoeffs1, cameraMatrix2, distCoeffs2, img_size,
          flags=cv.CALIB_USE_INTRINSIC_GUESS)
54
55    # 展示结果
56    print('两个相机坐标系的旋转矩阵: \n', R)
57    print('两个相机坐标系的平移向量: \n', T)
```

```
两个相机坐标系的旋转矩阵:
[[ 0.99998814  0.00348247 -0.00340556]
 [-0.00350862  0.99996417 -0.00770396]
 [ 0.00337861  0.00771581  0.99996452]]
两个相机坐标系的平移向量:
[[-33.28791409]
 [  0.41578327]
 [  0.47659723]]
```

图 10-15　双目相机标定结果中的旋转矩阵和平移向量

10.2.3　双目相机校正

双目相机标定可以得到两个相机坐标系之间的变换关系，根据变换关系可以将两部相机的成像平面变换到同一个平面，同时图像的 x 轴共线。这样变换的好处是空间中点的坐标在两张图像上的投影点具有相同的高度，即 y 坐标相同。

OpenCV 4 提供了根据双目相机标定结果对图像进行校正的函数 cv.stereoRectify()，该函数的原型在代码清单 10-23 中给出。

代码清单 10-23　cv.stereoRectify()函数的原型

```
1  R1, R2, P1, P2, Q, validPixROI1, validPixROI2 = cv.stereoRectify(cameraMatrix1,
2                                                                    distCoeffs1,
3                                                                    cameraMatrix2,
4                                                                    distCoeffs2,
5                                                                    imageSize,
```

```
6                                         R,
7                                         T
8                                         [, R1
9                                         [, R2
10                                        [, P1
11                                        [, P2
12                                        [, Q
13                                        [, flags
14                                        [, alpha
15                                        [, newImageSize]]]]]]]])
```

- cameraMatrix1：第 1 部相机的内参矩阵。
- distCoeffs1：第 1 部相机的畸变矩阵。
- cameraMatrix2：第 2 部相机的内参矩阵。
- distCoeffs2：第 2 部相机的畸变矩阵。
- imageSize：图像的尺寸。
- R：两个相机坐标系之间的旋转矩阵。
- T：两个相机坐标系之间的平移向量。
- R1：把第 1 部相机校正前点的图像坐标转换为校正后点的坐标所需的旋转矩阵。
- R2：把第 2 部相机校正前点的图像坐标转换为校正后点的坐标所需的旋转矩阵。
- P1：第 1 部相机校正后坐标系的投影矩阵。
- P2：第 2 部相机校正后坐标系的投影矩阵。
- Q：深度差异映射矩阵。
- flags：校正图像时图像中心位置是否固定的标志。
- alpha：缩放参数。
- newImageSize：校正后图像的大小。
- validPixROI1：第一张图像输出矩形。
- validPixROI2：第二张图像输出矩形。

该函数能够计算出每部相机的旋转矩阵，使得两部相机的图像平面在同一个平面内，结果通过值返回。该函数的前 7 个参数在 cv.stereoCalibrate()函数中已介绍过，此处不再赘述。第 12 个参数主要用于相机立体测距，与图像校正无关。第 13 个参数可选择标志 0 和 cv.CALIB_ZERO_DISPARITY。当选择 0 时，表示校正时会移动图像以最大化有用图像区域；当选择 cv.CALIB_ZERO_DISPARITY 时，表示相机光轴在图像上投影的光点中心固定。当第 14 个参数为 0 时，表示对图像进行缩放和平移以使图像中有效像素最大限度地显示；当该参数为 1 时，表示显示校正后的全部图像；当参数取值范围为 0～1 时，得到的图像效果也是这两种情况的综合，参数默认值为-1（表示不进行缩放）。第 15 个参数的默认值表示校正后的图像与原图像具有相同尺寸。对于最后两个参数，输出矩形区域内所有像素都有效，如果参数值为 0，表示矩形区域覆盖整个图像。

双目相机图像校正在双目相机标定的基础上进行，需要用到双目相机标定的结果。为了能够直观地展示双目图像校正的效果，需要在代码清单 10-22 的基础上进行进一步处理。代码清单 10-24 给出了图像校正的程序，该程序与代码清单 10-22 的前半部分相似。程序中利用 cv.stereoRectify() 函数根据标定结果得到相机校正的两个旋转矩阵，之后利用 cv.initUndistortRectifyMap()和 cv.remap() 函数对图像进行校正变换。为了验证校正后同一空间点在两张图像中具有相同的 y 坐标，我们将校正后的两张图像拼接成一张图像，并在图像中绘制一条水平横线，增加直观对比性。为了更直观地对比校正前后的效果，我们同时拼接、绘制并显示出原图像，部分结果在图 10-16 中给出。

代码清单 10-24　StereoRectify.py

```
1   # -*- coding:utf-8 -*-
2   import cv2 as cv
3   import numpy as np
4   import sys
5
6
7   def compute_points(img):
8       # 转为灰度图像
9       gray = cv.cvtColor(img, cv.COLOR_BGR2GRAY)
10      # 定义方格标定板内角点数目（行、列）
11      board_size = (9, 6)
12      # 计算方格标定板内角点
13      _, points = cv.findChessboardCorners(gray, board_size)
14      # 细化角点坐标
15      _, points = cv.find4QuadCornerSubpix(gray, points, (5, 5))
16      return points
17
18
19  if __name__ == '__main__':
20      # 生成棋盘格内角点的三维坐标
21      obj_points = np.zeros((54, 3), np.float32)
22      obj_points[:, :2] = np.mgrid[0:9, 0:6].T.reshape(-1, 2)
23      obj_points = np.reshape(obj_points, (54, 1, 3)) * 10
24
25      # 计算棋盘格内角点的三维坐标及其在图像中的二维坐标
26      all_obj_points = []
27      all_points_L = []
28      all_points_R = []
29      imageLs = []
30      imageRs = []
31      for i in range(1, 5):
32          # 读取图像
33          imageL = cv.imread('./images/left0{}.jpg'.format(i))
34          if imageL is None:
35              print('Failed to read left0{}.jpg.'.format(i))
36              sys.exit()
37          imageLs.append(imageL)
38          imageR = cv.imread('./images/right0{}.jpg'.format(i))
39          if imageR is None:
40              print('Failed to read right0{}.jpg.'.format(i))
41              sys.exit()
42          imageRs.append(imageR)
43
44          # 获取图像尺寸
45          h, w = imageL.shape[:2]
46          # 计算三维坐标
47          all_obj_points.append(obj_points)
48          # 计算二维坐标
49          all_points_L.append(compute_points(imageL))
50          all_points_R.append(compute_points(imageR))
51
52      # 分别计算相机的内参矩阵和畸变矩阵
53      _, cameraMatrix1, distCoeffs1, rvecs1, tvecs1 = cvcalibrateCamera(all_obj_points,
54          all_points_L, (w, h), None, None)
55      _, cameraMatrix2, distCoeffs2, rvecs2, tvecs2 = cv.calibrateCamera(all_obj_points,
        all_points_R, (w, h), None, None)
55
```

```
56    # 进行标定
57    _, _, _, _, _, R, T, E, F = cv.stereoCalibrate(all_obj_points, all_points_L,
          all_points_R, cameraMatrix1, distCoeffs1, cameraMatrix2, distCoeffs2, (w, h),
          flags=cv.CALIB_USE_INTRINSIC_GUESS)
58
59    # 计算校正变换矩阵
60    R1, R2, P1, P2, Q, _, _ = cv.stereoRectify(cameraMatrix1, distCoeffs1,
          cameraMatrix2, distCoeffs2, (w, h), R, T, flags=0)
61
62    # 计算校正投影矩阵
63    mapL1, mapL2 = cv.initUndistortRectifyMap(cameraMatrix1, distCoeffs1, None, None,
          (w, h), 5)
64    mapR1, mapR2 = cv.initUndistortRectifyMap(cameraMatrix2, distCoeffs2, None, None,
          (w, h), 5)
65
66    # 校正
67    for i in range(len(imageLs)):
68        # 校正图像
69        result1 = cv.remap(imageLs[i], mapL1, mapL2, cv.INTER_LINEAR)
70        result2 = cv.remap(imageRs[i], mapR1, mapR2, cv.INTER_LINEAR)
71        # 拼接图像（以同样的方式处理原图像以便对比）
72        origin = np.concatenate([imageLs[i], imageRs[i]], 1)
73        result = np.concatenate([result1, result2], 1)
74        # 绘制直线，用于比较同一个内角点的 y 轴是否一致
75        origin = cv.line(origin, (-1, all_points_L[i][0][0][1]), (len(result[0]),
              all_points_L[i][0][0][1]), (0, 0, 255), 2)
76        result = cv.line(result, (-1, all_points_L[i][0][0][1]), (len(result[0]),
              all_points_L[i][0][0][1]), (0, 0, 255), 2)
77        # 展示结果
78        cv.imshow('origin', origin)
79        cv.imshow('result', result)
80        k = cv.waitKey(0)
81        # 设置按 Enter 键继续，按其他键退出
82        if k == 13:
83            cv.destroyAllWindows()
84        else:
85            sys.exit()
```

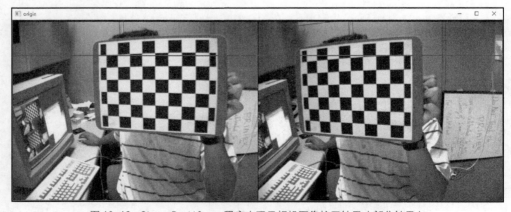

图 10-16 StereoRectify.py 程序中双目相机图像校正结果（部分结果）

图 10-16 StereoRectify.py 程序中双目相机图像校正结果（部分结果）（续）

10.3 本章小结

本章介绍了相机的使用，包括单目相机和双目相机的成像模型，以及如何通过标定获得相机的内参系数和畸变系数。相机制作工艺的限制或者某些特殊需求使得获得的图像有畸变。畸变系数可以消除图像中的畸变，还原图像信息。相机成像模型是环境三维信息与图像二维信息间的纽带，因此本章内容多应用在视觉测量、定位和导航等领域。

本章涉及的主要函数如下。

- cv.convertPointsToHomogeneous()：非齐次坐标向齐次坐标转换。
- cv.convertPointsFromHomogeneous()：齐次坐标向非齐次坐标转换。
- cv.findChessboardCorners()：检测棋盘格内角点。
- cv.find4QuadCornerSubpix()：优化内角点位置。
- cv.findCirclesGrid()：检测圆形网格的圆心。
- cv.drawChessboardCorners()：绘制棋盘格内角点或者圆形网格的圆心。
- cv.calibrateCamera()：标定单目相机。
- cv.initUndistortRectifyMap()：两个方向的去畸变投影矩阵。
- cv.remap()：实现图像投影变换。
- cv.undistort()：实现图像去畸变校正。
- cv.projectPoints()：实现单目相机空间点向图像的投影。
- cv.solvePnP()：计算位姿关系。
- cv.solvePnPRansac()：用 RANSAC 法计算位姿关系。
- cv.Rodrigues()：旋转向量与旋转矩阵互相转换。
- cv.stereoCalibrate()：实现双目相机标定。
- cv.stereoRectify()：实现双目相机畸变校正。

第 11 章　视频分析

视频是大量具有时序关系的图像的集合，对视频的处理方式与对图像的处理方式相同。另外，你可以结合时序关系挖掘更深层的信息，例如，判断拍摄视频时相机是否移动，判断场景中是否存在移动物体，确定场景中物体的三维信息等。本章将重点介绍如何检测视频中移动的物体，并对移动物体进行跟踪（主要使用差值法、均值迁移法和光流法）。

11.1　差值法检测移动物体

随着计算机视觉技术的发展，摄像头被广泛应用于各个领域，现在的大街上几乎随处可见摄像头的踪影。这种摄像头拍摄的视频具有一些明显的特征：摄像头不动，视频中背景环境不变。根据背景环境不变的特点，可以很容易判断视频中哪些区域与原始状态不同。只需要计算当前图像与背景图像的差值，即可判断哪些物体区域是背景，哪些区域是背景中不存在的。通过计算所有帧图像与背景图像的差值并结合时序信息，就可以得到视频中移动物体的运动状态。有时也可以通过计算相邻帧的差值得到移动的物体。

计算两张图像之间的差值就是计算对应像素值的差值。为了降低复杂性和增加结果的可对比性，通常将彩色图像转换成灰度图像后再计算差值。这种直接计算像素值差值的方式容易受到光照、噪声等干扰的影响，因为有些像素值发生改变并不是由移动的物体引起的，所以在计算差值后需要进一步处理（例如二值化、开闭运算等），以减少噪声的影响。

计算两张图像的差值可以直接将两张图像相减，由于图像的数据类型通常为 uint8 或者 float32，其中 uint8 类型的变量没有负数，因此需要明确两张图像相减的关系，否则有些区域相减之后会出现大面积 0 值的情况。有时，若两张图像中像素值存在差值的区域都需要关注，则相减为负数的像素也需要保留。OpenCV 4 提供了 cv.absdiff()函数，用于计算两张图像差值的绝对值，该函数的函数原型在代码清单 11-1 中给出。

代码清单 11-1　cv.absdiff()函数的原型

```
1  dst = cv.absdiff(src1,
2                   src2
3                   [, dst])
```

- src1：第 1 幅图像。
- src2：第 2 幅图像。
- dst：两个数据差值的绝对值。

该函数可以计算两幅图像差值的绝对值，并将结果通过值返回。该函数的前两个参数一般保存在 ndarray 对象中，两者需要具有相同的数据类型和尺寸。当输入的图像是多通道图像时，对每个通道独立计算差值的绝对值。最后一个参数与输入数据具有相同的尺寸和数据类型。

　　为了展示通过差值法检测移动物体的方法、效果，以及相关函数的使用方法，代码清单 11-2 给出了通过差值法检测视频中移动物体的示例程序。视频中有人在路上骑自行车，由于视频一开始没有出现自行车，因此以第一帧图像作为背景，将其他帧图像依次与第一帧图像进行差值计算，检测移动的物体。同时，程序中通过相邻两帧图像的差值检测移动的物体，由于物体中可能存在相同的像素值区域，因此在物体移动时可能出现在物体中心区域没有检测出移动的情况，而在物体的周围会检测出移动。对于以上两种判断方式，读者可以根据程序中的提示进行调整。程序中，为了减少噪声的干扰，首先对两帧图像进行高斯滤波，之后对两帧图像的差值进行二值化，去掉像素差值较小的区域，再进行开运算以去除噪声产生的较小的连通域，最终得到移动的物体当前时刻在图像中的位置。该程序的两种检测结果分别在图 11-1 和图 11-2 中给出。

代码清单 11-2　Absdiff.py

```
1   # -*- coding:utf-8 -*-
2   import cv2 as cv
3   import sys
4
5
6   if __name__ == '__main__':
7       capture = cv.VideoCapture('./data/bike.avi')
8
9       # 判断是否成功加载视频文件
10      if not capture.isOpened():
11          print('Failed to read bike.avi.')
12          sys.exit()
13
14      # 输出视频相关信息
15      fps = capture.get(cv.CAP_PROP_FPS)
16      width = capture.get(cv.CAP_PROP_FRAME_WIDTH)
17      height = capture.get(cv.CAP_PROP_FRAME_HEIGHT)
18      num_of_frames = capture.get(cv.CAP_PROP_FRAME_COUNT)
19      print('视频宽度：{}\n视频高度为：{}\n视频帧率：{}\n视频总帧数：{}'.format(width,
            height, fps, num_of_frames))
20
21      # 读取视频中第一帧图像作为前一帧图像，并进行灰度化
22      _, pre_frame = capture.read()
23      pre_gray = cv.cvtColor(pre_frame, cv.COLOR_BGR2GRAY)
24      # 对图像进行高斯滤波，减少噪声干扰
25      pre_gray = cv.GaussianBlur(pre_gray, (0, 0), 15)
26
27      # 生成形态学操作的矩阵模板
28      kernel = cv.getStructuringElement(cv.MORPH_RECT, (7, 7), (-1, -1))
29      while True:
30          ret, frame = capture.read()
31          # 当所有帧读取完毕后，退出循环
32          if ret is False:
33              break
34          else:
35              # 对当前帧进行灰度化
36              gray = cv.cvtColor(frame, cv.COLOR_BGR2GRAY)
37              gray = cv.GaussianBlur(gray, (0, 0), 15)
38
39              # 计算当前帧与前一帧的差值的绝对值
40              res = cv.absdiff(gray, pre_gray)
41
42              # 对结果进行二值化处理并进行开运算，以减少噪声干扰
43              res = cv.threshold(res, 10, 255, cv.THRESH_BINARY | cv.THRESH_OTSU)
```

```
44          res = cv.morphologyEx(res[1], cv.MORPH_OPEN, kernel)
45
46          # 显示结果
47          cv.imshow('Origin', frame)
48          cv.imshow('Result', res)
49
50          # 将当前帧变为前一帧（注释掉该行代码表示以第一帧为固定背景）
51          pre_gray = gray.copy()
52
53          # 设置延迟 50ms，按 Esc 键退出
54          if cv.waitKey(50) & 0xFF == 27:
55              break
56
57  # 释放并关闭窗口
58  capture.release()
59  cv.destroyAllWindows()
```

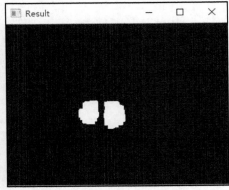

图 11-1　Absdiff.py 程序中通过相邻帧差值检测运动物体的结果

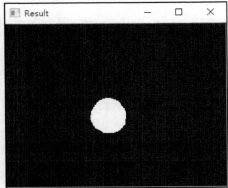

图 11-2　Absdiff.py 程序中固定背景的情况下检测运动物体的结果

11.2 均值迁移法目标跟踪

　　根据差值法检测移动的物体需要视频中只有一个物体移动，一旦物体移动时背景也发生移动，那么差值法将无法检测到正确的移动物体，因为图像中每个像素值都发生了改变。有时，我们不但需要检测移动的物体，而且需要跟踪这个物体。无论这个物体是静止的还是移动的，我们都可以直

观地表示它在图像中的位置，进而分析其运动轨迹、运动状态等。

均值迁移法能够实现目标跟踪，其原理是首先计算给定区域内的均值，如果均值不符合最优值条件，就会将区域向靠近最优条件的方向移动，经过不断地迭代直到找到目标区域。图 11-3 给出了通过均值迁移法寻找点密集度最大区域的示意图。图中首先随机给出一个圆形区域，计算圆形区域内点的密集度并计算圆内多个扇形区域的密集度，比较整体密集度和扇形区域的密集度。如果某个扇形区域的密集度大于整体的密集度，则将圆心向这个扇形方向移动，移动距离与密集度的差值相关。这样，每次都向点密集度较大的区域移动，通过多次移动最终选择到点密集度最大的区域。

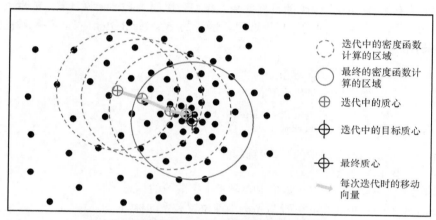

图 11-3　通过均值迁移法寻找密集度最大区域的示意图

均值迁移法又称为爬山算法。与寻找点密集度最大区域相同，如果将点密集度看成一座山的高度，那么在山坡上随机选择一个圆形区域，计算圆形区域内整体的平均高度，并计算每个扇形区域的平均高度，这样每次都向着山峰处移动，直到圆心位于山峰。

11.2.1　通过均值迁移法实现目标跟踪

根据均值迁移法我们知道，在使用该算法时，需要首先选择一个搜索区域，结合我们前面介绍的直方图反向投影原理，利用均值迁移法实现目标跟踪时需要知道目标区域的直方图反向投影，之后在图像中根据目标区域的初始位置不断地迭代计算均值，直到在直方图反向投影图像中搜索区域的均值达到最大。因此，基于均值迁移法的目标跟踪主要分为以下 4 个步骤。

（1）选择需要跟踪的目标区域。一般都人为选取 ROI，也可以根据目标的特性通过算法自动给出。

（2）计算目标区域的直方图和直方图反向投影，以作为均值迁移法的搜索图像。

（3）在图像中给出初始的目标区域，计算区域的均值。

（4）比较区域均值是否满足阈值要求。如果没有满足阈值要求，则将区域向接近目标的方向移动，并重复第（3）步和第（4）步；如果满足阈值要求，则停止算法，输出目标区域。

OpenCV 4 提供了实现第（3）步和第（4）步的 cv.meanShift() 函数，该函数的原型在代码清单 11-3 中给出。

代码清单 11-3　cv.meanShift() 函数的原型

```
1  retval, window = cv.meanShift(probImage,
2                                window,
3                                criteria)
```

- `probImage`：目标区域的直方图反向投影。
- `window`：直方图反向投影图像中的初始搜索窗口和搜索结束时的窗口。
- `criteria`：停止迭代算法的条件。

该函数根据目标区域的直方图反向投影结果和区域的初始位置，搜索目标区域在新图像中的位置，并将是否搜索到目标（True/False）及搜索到的窗口位置通过值返回。其中窗口位置以($x, y, w,$ h)格式保存至元组中，x、y 分别为窗口左上角的坐标，w、h 分别为窗口的宽和高。在处理视频数据时，由于邻近的两帧图像间物体移动距离较小，因此初始搜索窗口常为选取目标区域时的窗口。最后一个参数已经多次提过，此处不再赘述。

使用均值迁移法需要指定跟踪的目标区域。我们可以根据物体特性计算，或者人为选取某个目标区域。OpenCV 4 提供了通过鼠标选取目标区域的 cv.selectROI()函数，该函数的原型在代码清单 11-4 中给出。

代码清单 11-4　cv.selectROI()函数的原型

```
1  retval = cv.selectROI(windowName,
2                        img
3                        [, showCrosshair
4                        [, fromCenter]])
```

- `windowName`：显示图像的窗口名称。
- `img`：选择 ROI 的图像。
- `showCrosshair`：是否在矩形中心显示十字准线的标志。
- `fromCenter`：ROI 中心位置与光标当前位置关系的标志。

该函数利用鼠标在图像中选择 ROI，通过按下左键后拖曳选择区域，并以（x, y, w, h）格式返回 ROI 在图像中的位置，其中 x、y 分别为选择区域左上角的坐标，w、h 分别为选择区域的宽和高。如果需要 ROI 的图像，则可以通过"image[y: y+h, x: x+w]"的方式获得。该函数可以直接调用 cv.imshow()函数将选择 ROI 的图像在窗口中显示，第 1 个参数可以理解为 cv.imshow()函数中的图像窗口名称。需要选择 ROI 的图像会显示在第 1 个参数创建的图像窗口中。当第 3 个参数为 True 时，表示显示十字准线；当参数为 False 时，表示不显示十字准线，参数默认值为 True。当最后一个参数为 True 时，按下鼠标左键时的坐标对应 ROI 的中心；当该参数为 False 时，按下鼠标左键时的坐标对应 ROI 的左上角，该参数的默认值为 False。

> 注意　cv.selectROI()函数选择 ROI 后需要通过空格键或者 Enter 键进行确认，否则会一直停留在选择 ROI 的界面。如果选择错误，直接在图像中重新选择即可，或者通过 C 键取消选择。注意，通过 C 键取消选择会返回一个空的矩形区域，需要谨慎使用。

通过均值迁移法跟踪目标其实就是在 ROI 周围寻找与目标最相似的区域。由于该方法单纯地根据直方图反向投影寻找 ROI，因此比较容易出现目标丢失的情况，并且一旦目标丢失，将无法再次跟踪到目标，除非目标主动移动到搜索区域内。例如，在通过矩形框跟踪行人时，当被跟踪人被遮挡或者与其他人擦肩而过时，极易出现目标丢失和跟踪另一个人的情况。目标跟踪的效果与选取的目标区域有较大的关系。

为了展示通过均值迁移法跟踪目标的方法、相关函数的使用，以及跟踪效果，代码清单 11-5 给出了利用 cv.meanShift()函数跟踪行人的示例程序。程序首先加载视频，然后读取第一帧图像，并在第一帧图像中选择需要跟踪的目标，之后判断是否计算目标区域的直方图和直方图反向投影。

当计算完成后，利用 cv.meanShift() 函数在视频的每一帧图像中搜索目标区域，进而实现目标跟踪。图 11-4 给出了选择跟踪目标的结果，图 11-5 为目标移动后的跟踪结果。当目标在原地几乎未动时，跟踪框也几乎没有任何移动，这表示该方法不但可以跟踪动态目标，而且可以跟踪静止目标。

代码清单 11-5　MeanShift.py

```
1   # -*- coding:utf-8 -*-
2   import cv2 as cv
3   import sys
4
5
6   if __name__ == '__main__':
7       capture = cv.VideoCapture('./data/vtest.avi')
8
9       # 判断是否成功加载视频文件
10      if not capture.isOpened():
11          print('Failed to read vtest.avi.')
12          sys.exit()
13
14      # 选择目标区域
15      _, frame = capture.read()
16      x, y, w, h = cv.selectROI('MeanShift Demo', frame, True, False)
17      track_window = (x, y, w, h)
18
19      # 获取 ROI 直方图
20      roi = frame[y: y+h, x: x+w]
21      # 将图像转化为 HSV 颜色空间
22      hsv_roi = cv.cvtColor(roi, cv.COLOR_BGR2GRAY)
23      # 阈值操作
24      mask = cv.inRange(hsv_roi, 0, 255)
25      # 计算直方图和归一化直方图
26      roi_hist = cv.calcHist([hsv_roi], [0], hsv_roi, [180], [0, 180])
27      roi_hist = cv.normalize(roi_hist, None, 0, 255, cv.NORM_MINMAX)
28
29      # 设置迭代算法终止条件
30      criteria = (cv.TERM_CRITERIA_EPS | cv.TERM_CRITERIA_COUNT, 10, 1)
31
32      while True:
33          ret, frame = capture.read()
34          # 当所有帧读取完毕后，退出循环
35          if ret is False:
36              break
37          else:
38              obj_hsv = cv.cvtColor(frame, cv.COLOR_BGR2GRAY)
39              obj_hist = cv.calcBackProject([obj_hsv], [0], roi_hist, [0, 180], 1)
40              # 通过均值迁移法，搜索、更新 ROI
41              ret, track_window = cv.meanShift(obj_hist, track_window, criteria)
42
43              # 绘制跟踪结果
44              x, y, w, h = track_window
45              cv.rectangle(frame, (x, y), (x + w, y + h), (0, 0, 255), 2)
46              cv.imshow('MeanShift Demo', frame)
47
48              # 设置延迟 50ms，按 Esc 键退出
49              if cv.waitKey(50) & 0xff == 27:
50                  break
51
52      # 释放并关闭窗口
```

```
53      capture.release()
54      cv.destroyAllWindows()
```

图 11-4　MeanShift.py 程序中选择需要跟踪的目标

图 11-5　MeanShift.py 程序中目标移动后的跟踪结果

提示　该方法在跟踪与场景颜色具有明显差异的目标时效果较为明显，读者可以尝试选择其他跟踪区域，并查看该方法的跟踪效果。

11.2.2　通过自适应均值迁移法实现目标跟踪

通过均值迁移法可以实现目标跟踪，但是该方法存在一个很大的缺点——无法根据目标的状态更改目标区域的大小。例如，物体在离相机镜头较近时在图像中成像较大，而物体在离相机镜头较远时在图像中成像较小。在利用均值迁移法对目标进行跟踪时，无论物体远近，目标区域都是初始确定的尺寸，导致当物体较远时，图像中跟踪结果的目标区域内有较多其他物体，不利于后续的处理。

自适应均值迁移法对均值迁移法进行了改进，使得可以根据跟踪对象的大小自动调整搜索窗口的大小。除此之外，改进的均值迁移法不但能返回跟踪目标的位置，而且能返回角度信息。OpenCV 4 提供了 cv.CamShift()函数，用于实现自适应均值迁移法，该函数的原型在代码清单 11-6 中给出。

代码清单 11-6　cv.CamShift()函数的原型

```
1  retval, window = cv.CamShift(probImage,
2                               window,
3                               criteria)
```

- `probImage`：目标对象直方图的反向投影。
- `window`：初始搜索窗口和搜索结束时的窗口。
- `criteria`：停止迭代算法的条件。

该函数可以检测目标中心在图像中的位置、目标大小和目标方向，并将结果通过值返回。需要注意的是，该函数的返回值 `window` 和 cv.meanShift()函数中的相同，但 `retval` 中保存了检测结果的中心位置、目标大小及目标方向信息，具体为 `((x, y), (axes1, axes2), angle)` 格式，可以直接利用 cv.ellipse()函数在图像中绘制椭圆形。该函数的参数与 cv.meanShift()函数中的相同，此处不再赘述。

cv.CamShift()函数的使用方法与 cv.meanShift()函数相同，都需要得到目标区域的直方图反向投影，在反向投影结果中搜索最优区域。两个函数的不同之处在于函数返回值的类型和结果不同。为了比较两者跟踪结果的差异，代码清单 11-7 给出了使用两个函数进行目标跟踪的示例程序。其中在 cv.CamShift()函数中分别使用两种返回结果进行绘制，读者可以自行选择并进行比较。首先通过鼠标选择需要跟踪的物体，之后随着物体的运动，两种方法会得到不同的跟踪结果。图 11-6 是程序中选择的目标区域，图 11-7 和图 11-8 是两种方法在跟踪过程中的跟踪结果。通过结果可以看出，自适应均值迁移法可以根据目标的大小自动调整目标区域的尺寸，使得跟踪结果更加精确，以便于后续的处理。

代码清单 11-7　CamShift.py

```
1   # -*- coding:utf-8 -*-
2   import cv2 as cv
3   import sys
4
5
6   if __name__ == '__main__':
7       capture = cv.VideoCapture('./data/mulballs.mp4')
8
9       # 判断是否成功加载视频文件
10      if not capture.isOpened():
11          print('Failed to read mulballs.mp4.')
12          sys.exit()
13
14      # 选择目标区域
15      _, frame = capture.read()
16      x, y, w, h = cv.selectROI('CamShift Demo', frame, True, False)
17      track_window = (x, y, w, h)
18
19      # 获取 ROI 直方图
20      roi = frame[y: y+h, x: x+w]
21      # 将图像转化为 HSV 颜色空间
22      hsv_roi = cv.cvtColor(roi, cv.COLOR_BGR2GRAY)
23      # 阈值操作
24      mask = cv.inRange(hsv_roi, 0, 255)
25      # 计算直方图和归一化直方图
26      roi_hist = cv.calcHist([hsv_roi], [0], hsv_roi, [180], [0, 180])
27      roi_hist = cv.normalize(roi_hist, None, 0, 255, cv.NORM_MINMAX)
28
29      # 设置迭代算法终止条件
```

```
30     criteria = (cv.TERM_CRITERIA_EPS | cv.TERM_CRITERIA_COUNT, 10, 1)
31
32     while True:
33         ret, frame = capture.read()
34         if frame is None:
35             pass
36         else:
37             frame1 = frame.copy()
38         # 当所有帧读取完毕后，退出循环
39         if ret is False:
40             break
41         else:
42             obj_hsv = cv.cvtColor(frame, cv.COLOR_BGR2GRAY)
43             obj_hist = cv.calcBackProject([obj_hsv], [0], roi_hist, [0, 180], 1)
44             # 通过自适应均值迁移法，搜索、更新 ROI
45             ret, track_window = cv.CamShift(obj_hist, track_window, criteria)
46
47             # 绘制跟踪结果
48             x, y, w, h = track_window
49             # 利用 ret 中的信息绘制椭圆形
50             # cv.ellipse(frame, ret, (0, 0, 255), thickness=2)
51             # 利用 track_window 中的信息绘制矩形
52             cv.rectangle(frame, (x, y), (x + w, y + h), (0, 0, 255), 2)
53
54             # 通过均值迁移法，搜索、更新 ROI
55             ret, track_window = cv.meanShift(obj_hist, track_window, criteria)
56             # 绘制跟踪结果
57             x, y, w, h = track_window
58             cv.rectangle(frame1, (x, y), (x + w, y + h), (0, 0, 255), 2)
59             cv.imshow('CamShift Demo', frame)
60             cv.imshow('MeanShift Demo', frame1)
61
62             # 设置延迟 50ms，按 Esc 键退出
63             if cv.waitKey(50) & 0xff == 27:
64                 break
65
66     # 释放并关闭窗口
67     capture.release()
68     cv.destroyAllWindows()
```

图 11-6　CamShift.py 程序中选择的目标区域

图 11-7 CamShift.py 程序中当物体远离相机时两种方法得到的搜索窗口

图 11-8 CamShift.py 程序中当物体再次靠近相机时两种方法得到的搜索窗口

11.3 光流法目标跟踪

  光流是空间运动物体在成像图像平面上每个像素移动的瞬时速度，在较短的时间间隔内可以等同于像素的位移。在忽略光照变化影响的前提下，光流主要是由场景中目标的移动、相机的移动或者两者的共同运动产生的。光流表示了图像的变化，由于它包含了目标的运动信息，因此可被观察者用来确定目标的运动情况，进而实现目标跟踪。

  光流法是利用图像序列中像素的变化来寻找前一帧图像和当前帧图像间的对应关系，进而得到两帧图像间物体运动状态的一种方法。光流法具有两个很严格的假设：第一，同一个物体在图像中对应的像素亮度[1]不变，由于光流法根据像素亮度寻找两帧图像中目标的运动关系，如果像素亮度发生了改变，那么将无法在两帧图像中实现同一个物体或者像素的匹配；第二，要求两帧图像必须具有较小的运动，光流法只在原像素附近搜索对应的像素，因此两帧图像中像素位置不能有较大变化。光流法的两个假设也限制了光流法的应用范围，亮度不变的假设使得光流法必须应用在亮度不变或者变化极缓慢的场景中，而且如果图像中物体具有较大的反光性，那么会影响光流法跟踪的效果。较小运动的假设使得光流法主要应用在视频数据的目标跟踪中，当视频的帧率过小或者物体移动过快时，会影响光流法的跟踪效果。

  图 11-9 是光流法示意图，图中的 3 张图像是随着时间推移相邻的 3 帧图像，两帧图像拍摄的时间间隔为 dt。图像里的方框表示图像中的像素，该像素的灰度值用 $I(x, y, t)$ 表示，由第 1 帧图像

---

[1] 在灰度图像中，亮度等于灰度；在彩色图像中，亮度与对比度相关。——编者注

到第 2 帧图像，该像素移动了 $(\mathrm{d}x, \mathrm{d}y)$。由于像素的灰度值不变，因此像素移动前后具有式（11-1）所示的关系。

$$I(x, y, t) = I(x + \mathrm{d}x, y + \mathrm{d}y, t + \mathrm{d}t) \tag{11-1}$$

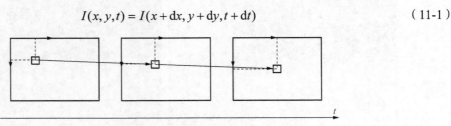

图 11-9　光流法示意图

对式（11-1）进行泰勒展开，得到式（11-2）所示的结果。

$$I(x, y, t) = I(x_0, y_0, t_0) + \frac{\partial I}{\partial x}\mathrm{d}x + \frac{\partial I}{\partial y}\mathrm{d}y + \frac{\partial I}{\partial t}\mathrm{d}t \tag{11-2}$$

对式（11-2）进行进一步简化，对等式两端同时除以 $\mathrm{d}t$，结果如式（11-3）所示。

$$\frac{\partial I}{\partial x}\frac{\mathrm{d}x}{\mathrm{d}t} + \frac{\partial I}{\partial y}\frac{\mathrm{d}y}{\mathrm{d}t} = -\frac{\partial I}{\partial t} \tag{11-3}$$

其中，$\dfrac{\mathrm{d}x}{\mathrm{d}t}$ 和 $\dfrac{\mathrm{d}y}{\mathrm{d}t}$ 分别表示像素在 x 方向和 y 方向的移动速度，将式（11-3）用矩阵形式表示，得到式（11-4）。

$$\begin{bmatrix} I_x & I_y \end{bmatrix}\begin{bmatrix} u \\ v \end{bmatrix} = -I_t \tag{11-4}$$

其中，$I_x = \dfrac{\partial I}{\partial x}$，$I_y = \dfrac{\partial I}{\partial y}$，$I_t = \dfrac{\partial I}{\partial t}$，这些量都可以根据图像信息计算，进而得到像素点在 x 方向和 y 方向上的移动速度。两个方向的移动速度用 $u = \dfrac{\mathrm{d}x}{\mathrm{d}t}$ 和 $v = \dfrac{\mathrm{d}y}{\mathrm{d}t}$ 表示。

由于式（11-4）具有两个未知数，无法直接求解两个方向的移动速度，因此可以结合邻域内的所有像素信息得到邻域在 x 方向和 y 方向上的整体移动速度，但是采用这种方式需要假设邻域内所有像素具有相同的运动状态。假设有一个大小为 $w \times w$ 的邻域，其中每一个像素的运动状态可以用式（11-5）表示。

$$\begin{bmatrix} I_{xk} & I_{yk} \end{bmatrix}\begin{bmatrix} u \\ v \end{bmatrix} = -I_{tk} \tag{11-5}$$

将每一个像素的运动状态联立，得到式（11-6）。

$$A\begin{bmatrix} u \\ v \end{bmatrix} = -\boldsymbol{b} \tag{11-6}$$

其中

$$A = \begin{bmatrix} I_{x1} & I_{y1} \\ \vdots & \vdots \\ I_{xk} & I_{yk} \end{bmatrix} \tag{11-7}$$

$$b = \begin{bmatrix} I_{t1} \\ \vdots \\ I_{tk} \end{bmatrix} \quad\quad (11\text{-}8)$$

利用最小二乘原理对式（11-6）求解得到式（11-9）。

$$\begin{bmatrix} u \\ v \end{bmatrix}^* = -(A^{\mathrm{T}}A)^{-1}A^{\mathrm{T}}b \quad\quad (11\text{-}9)$$

通过式（11-9）就可以计算邻域在 x 方向的移动速度和 y 方向的移动速度。

光流法要求像素移动距离较小，但是有时得到的连续图像中像素的移动距离较大，因此需要采用图像金字塔来解决大尺度移动的问题。通过构建图像金字塔可以缩小图像的尺寸，进而解决物体移动较快的问题。例如，在一张 200×200 的图像中，某个像素的移动速度为 $[4 \ \ 4]$，那么当将尺寸缩小为 100×100 时，移动速度就缩小为 $[2 \ \ 2]$；当尺寸缩小为 50×50 时，移动速度就缩小为 $[1 \ \ 1]$，从而减小物体的移动速度。

根据计算光流速度的像素数目，光流法可以分为稠密光流法和稀疏光流法。稠密光流法是指计算光流时图像中的所有像素均要使用，稀疏光流法是指计算光流时只使用部分像素，例如 Harris 角点。OpenCV 4 中集成了实现稠密光流法和稀疏光流法的相关函数，本节将主要介绍 Farneback 稠密光流法和 LK 稀疏光流法。

11.3.1　Farneback 稠密光流法

稠密光流法会计算图像中所有像素的运动速度，OpenCV 4 中提供了 cv.calcOpticalFlowFarneback() 函数用于实现 Farneback 稠密光流法，该函数的原型在代码清单 11-8 中给出。

代码清单 11-8　cv.calcOpticalFlowFarneback()函数原型
```
1   flow = cv.calcOpticalFlowFarneback(prev,
2                                      next,
3                                      flow,
4                                      pyr_scale,
5                                      levels,
6                                      winsize,
7                                      iterations,
8                                      poly_n,
9                                      poly_sigma,
10                                     flags)
```

- `prev`：前一帧图像。
- `next`：当前帧图像。
- `flow`：输出的光流图像。
- `pyr_scale`：图像金字塔两层之间尺寸缩放的比例。
- `levels`：构建图像金字塔的层数。
- `winsize`：均值窗口的尺寸。
- `iterations`：算法在每个金字塔图层中迭代的次数。
- `poly_n`：在每个像素中找到多项式展开的像素邻域的大小。
- `poly_sigma`：高斯标准差。
- `flags`：计算方法的标志。

该函数根据视频中连续的两帧图像计算出图像中光流的运动方向，将结果保存至 ndarray 对象中后返回。该函数的前两个参数的尺寸相同，一般是数据类型为 uint8 的灰度图像。输出的光流图像是与前一帧图像具有相同尺寸的双通道图像，两个通道中分别保存着像素在 x 方向和 y 方向的光流速度。第 3 个参数一般可以设置为 None。第 4 个参数需要小于 1，例如，当参数为 0.5 时，新构建的图像要比原始图像的尺寸缩小一半。若第 5 个参数为 1，表示不构建图像金字塔，只使用原始图像计算光流。较大的均值窗口对噪声具有较好的鲁棒性，为快速运动提供更好的检测机会，但是会产生更模糊的光流运动场。若第 8 个参数较大，就意味着图像将用更光滑的表面近似，从而使算法更加稳健，但是会模糊光流运动场，该参数一般取 5 或者 7。第 9 个参数用于平滑导数，是多项式展开的基础，通常取值范围为 1～1.5。当第 8 个参数为 5 时，高斯标准差可以取 1.1；当第 8 个参数为 7 时，高斯标准差可以取 1.5。当最后一个参数为 cv.OPTFLOW_USE_INITIAL_FLOW 时，表示使用输入流作为初始流的近似值，当参数值为 cv.OPTFLOW_FARNEBACK_GAUSSIAN 时，使用高斯滤波器代替方框滤波器进行光流估计，高斯滤波器比方框滤波器更加准确，但是会使算法的运算速度降低。

cv.calcOpticalFlowFarneback()函数用于计算图像中每个像素在 x 方向和 y 方向的运动速度。为了更加直观地表示每个像素的运动速度，通常使用两个速度组成的向量作为最终结果，因此我们需要计算二维向量的方向和大小。OpenCV 4 提供了计算二维向量方向和大小的函数 cv.cartToPolar()，该函数的函数原型在代码清单 11-9 中给出。

代码清单 11-9　cv.cartToPolar()函数的原型

```
1  magnitude, angle = cv.cartToPolar(x,
2                                    y
3                                    [, magnitude
4                                    [, angle
5                                    [, angleInDegrees]]])
```

- x：二维向量的 x 坐标数组，必须是单精度或者双精度的浮点数组。
- y：二维向量的 y 坐标数组，必须是单精度或者双精度的浮点数组。
- magnitude：二维向量大小的输出数组，数组的尺寸和数据类型与二维向量的 x 坐标数组相同。
- angle：二维向量方向的输出数组，单位可以是弧度或者度。
- angleInDegrees：角度单位选择标志，当参数值为 False 时单位为弧度，当参数值为 True 时单位为角度，该参数的默认值为 False。

> **注意**　由于稠密光流法可计算图像中每个像素的运动速度，因此相机的移动会导致图像中每个像素的移动，进而使得无法对图像中的目标进行跟踪，于是稠密光流法常用于相机固定的视频数据的目标跟踪。

为了了解稠密光流法跟踪的效果以及 cv.calcOpticalFlowFarneback()函数的使用方法，代码清单 11-10 给出了通过 cv.calcOpticalFlowFarneback()函数跟踪视频中移动物体的示例程序。程序中首先计算整幅图像中所有像素的运动速度，得到输出的光流图像，之后为了计算光流速度的方向和大小，将光流图像的 x 方向速度通道和 y 方向速度通道中的数据分别读取出来，通过 cv.cartToPolar()函数计算光流速度的大小和方向。为了能够更直观地展现跟踪结果，我们将速度的大小定义为亮度值，将速度的方向定义为色彩值，进而生成 HSV 颜色空间的图像，并将 HSV 颜色空间中的图像转换到 RGB 颜色空间用于显示最终结果。该程序的部分运行结果在图 11-10 和图 11-11 中给出，图像中非黑色区域表示视频中有移动物体的区域，该区域的颜色表示物体的移动速度。

代码清单 11-10　CalcOpticalFlowFarneback.py

```
1  # -*- coding:utf-8 -*-
2  import cv2 as cv
```

```
3   import numpy as np
4   import sys
5
6
7   if __name__ == '__main__':
8       capture = cv.VideoCapture('./data/vtest.avi')
9
10      # 判断是否成功加载视频文件
11      if not capture.isOpened():
12          print('Failed to read vtest.avi.')
13          sys.exit()
14
15      # 读取并处理第一帧图像以作为函数使用的前一帧图像
16      _, pre_frame = capture.read()
17      pre_gray = cv.cvtColor(pre_frame, cv.COLOR_BGR2GRAY)
18
19      # 初始化 HSV 图像
20      hsv = np.zeros_like(pre_frame)
21      hsv[..., 1] = 255
22
23      while True:
24          _, next_frame = capture.read()
25          next_gray = cv.cvtColor(next_frame, cv.COLOR_BGR2GRAY)
26          # 计算稠密光流
27          flow = cvcalcOpticalFlowFarneback(pre_gray, next_gray, None, 0.5, 3, 15, 3,
                  5, 1.2, 0)
28          # 计算向量大小和方向
29          magnitude, angle = cv.cartToPolar(flow[..., 0], flow[..., 1])
30          # 将角度由弧度制转换成角度制
31          hsv[..., 0] = angle * 180 / np.pi / 2
32          # 将幅值归一化到 0~255 区间以便于显示结果
33          hsv[..., 2] = cv.normalize(magnitude, None, 0, 255, cv.NORM_MINMAX)
34          # 将 HSV 颜色空间中的图像转换到 RGB 颜色空间中
35          result = cv.cvtColor(hsv, cv.COLOR_HSV2BGR)
36
37          # 展示原始图像和结果
38          cv.imshow('Origin', next_frame)
39          cv.imshow('Object Detect Result', result)
40
41          # 设置延迟 50ms, 按 Esc 键退出
42          if cv.waitKey(50) & 0xff == 27:
43              break
44
45      # 释放并关闭窗口
46      capture.release()
47      cv.destroyAllWindows()
```

图 11-10 CalcOpticalFlowFarneback.py 程序中的跟踪结果（视频初始时刻）

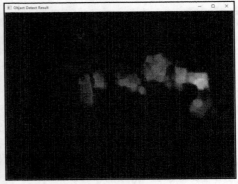

图 11-11　`CalcOpticalFlowFarneback.py` 程序中的跟踪结果（视频中间时刻）

11.3.2　LK 稀疏光流法

虽然稠密光流法考虑了图像中所有的像素信息，但是图像的数据量巨大导致程序的处理速度极缓慢，很难实现实时跟踪。有时，我们只关注图像中的部分信息，而对绝大多数像素信息并不关注。因此，若只计算关注的像素区域的光流特性，我们就可以极大地缩小数据量，提高程序的运行效率。

OpenCV 4 给出了利用 LK 稀疏光流法实现关键点跟踪的函数 cv.calcOpticalFlowPyrLK()，该函数的原型在代码清单 11-11 中给出。

代码清单 11-11　cv.calcOpticalFlowPyrLK()函数的原型

```
1  nextPts, status, err = cv.calcOpticalFlowPyrLK(prevImg,
2                                                  nextImg,
3                                                  prevPts,
4                                                  nextPts
5                                                  [, status
6                                                  [, err
7                                                  [, winSize
8                                                  [, maxLevel
9                                                  [, criteria
10                                                 [, flags
11                                                 [, minEigThreshold]]]]]]])
```

- `prevImg`：前一帧图像。
- `nextImg`：当前帧图像。
- `prevPts`：前一帧图像的稀疏光流点坐标。
- `nextPts`：当前帧中与前一帧图像稀疏光流点匹配成功的稀疏光流点坐标。
- `status`：输出状态向量。
- `err`：输出误差向量。
- `winSize`：每层金字塔中搜索窗口的大小。
- `maxLevel`：构建的图像金字塔层数。
- `criteria`：迭代搜索的终止条件。
- `flags`：寻找匹配光流点的操作标志。
- `minEigThreshold`：响应的最小特征值。

该函数通过迭代方式实现 LK 稀疏光流法，并将跟踪的相关结果通过值返回。该函数的前两个参数是具有相同尺寸的 8 位图像。第 3 个参数和第 4 个参数必须是单精度的浮点数。如果寻找到匹配的光流点，则第 5 个参数为 1；否则，为 0。第 6 个参数中的每个元素都设置为对应点的误差，度量误差的标准可以在第 10 个参数（flags）中设置。第 7 个参数的默认值为(21, 21)。第 8 个参数是为从 0 开始的整数，如果该参数为 0，则表示不使用图像金字塔，只在原图像中寻找匹配光流点；当该参数为 1 时，表示构建有两层图像的金字塔，以此类推，但是图像金字塔层数不能超过 maxLevel，参数默认值为 3。第 9 个参数在前文已经反复接触过，此处不再赘述。当第 10 个参数为 cv.OPTFLOW_USE_INITIAL_FLOW 时，表示使用初始估计，并且第 4 个与第 3 个参数具有相同的大小；当第 10 个参数为 cv.OPTFLOW_LK_GET_MIN_EIGENVALS 时，表示使用最小特征值作为误差测量标准。当特征值小于最后一个参数时，不进行任何处理，认为光流点丢失，参数默认值为 1e-4。

cv.calcOpticalFlowPyrLK()函数需要人为输入图像中稀疏光流点的坐标。通常情况下可以检测图像中的特征点或者角点，将特征点或者角点的坐标作为初始稀疏光流点的坐标来输入。之后在跟踪过程中不断根据匹配结果更新光流点的数目和坐标。例如，在第一帧图像中，通过角点检测方法检测出 100 个角点，利用 cv.calcOpticalFlowPyrLK()函数在第二帧图像中检测到与之对应的 80 个角点，之后在第三帧图像中检测与这 80 个角点对应的角点，以此类推。这种方式最大的问题就是随着图像帧数的增加，角点数目越来越少，因此需要时刻统计跟踪的角点数目。当角点数目小于一定阈值时，需要再次检测角点，以增加角点数目。但是，如果图像中有不运动的物体，那么每张图像中都能检测到这些物体上的角点，从而使得角点数目一直高于阈值。然而，这些固定的角点不是我们需要的，因此需要判断角点在两帧图像中是否移动，删除不移动的角点，进而跟踪移动的物体。

为了展示利用 LK 稀疏光流法实现目标跟踪的步骤，代码清单 11-12 给出了利用 cv.calcOpticalFlowPyrLK()函数实现目标跟踪的示例程序。程序中对第一帧图像检测角点并作为初始的光流点，之后逐帧跟踪图像中的光流点，删除两帧图像中位置没有变化的光流点。在绘制匹配成功的光流点时，如果光流点满足阈值条件，那么绘制当前帧光流点与上一个光流点之间的连线以表示物体移动的方向。该程序的跟踪结果如图 11-12 和图 11-13 所示，图 11-12 表示连续具有较大位移时的跟踪结果，图 11-13 表示具有较小位移时的跟踪结果。由于程序中设置了当位移变化较小时不跟踪，因此图 11-13 中左侧的球并没有跟踪光流点。

代码清单 11-12　CalcOpticalFlowPyrLK.py

```
1   # -*- coding:utf-8 -*-
2   import cv2 as cv
3   import numpy as np
4   import sys
5
6
7   if __name__ == '__main__':
8       capture = cv.VideoCapture('./data/mulballs.mp4')
9       # 判断是否成功加载视频文件
10      if not capture.isOpened():
11          print('Failed to read mulballs.mp4.')
12          sys.exit()
13
14      # 随机选取颜色
15      color = np.random.randint(0, 255, (100, 3))
16
17      # 读取第一帧图像
18      _, pre_frame = capture.read()
19      pre_gray = cv.cvtColor(pre_frame, cv.COLOR_BGR2GRAY)
20      # 进行角点检测
21      points = cv.goodFeaturesToTrack(pre_gray, maxCorners=5000, qualityLevel=0.01,
            minDistance=10, blockSize=3, useHarrisDetector=False, k=0.04)
```

```
22
23    # 光流跟踪
24    while True:
25        ret, frame = capture.read()
26        if ret is False:
27            break
28        frame_gray = cv.cvtColor(frame, cv.COLOR_BGR2GRAY)
29        # 稀疏光流检测
30        criteria = (cv.TERM_CRITERIA_EPS | cv.TERM_CRITERIA_COUNT, 30, 0.01)
31        next_pts, status, err = cv.calcOpticalFlowPyrLK(pre_gray, frame_gray, points,
                  None, winSize=(31, 31), maxLevel=3, criteria=criteria, flags=0)
32
33        # 根据状态对角点进行筛选
34        good_next = next_pts[status == 1]
35        good_pre = points[status == 1]
36
37        # 绘制跟踪线
38        for i, (next_item, pre_item) in enumerate(zip(good_next, good_pre)):
39            a, b = next_item.ravel()
40            c, d = pre_item.ravel()
41            # 设置阈值，只绘制移动的角点
42            dist = abs(a - c) + abs(b - d)
43            if dist > 2:
44                frame = cv.circle(frame, (a, b), 3, color[i].tolist(), -1, 8)
45                frame = cv.line(frame, (a, b), (c, d), color[i].tolist(), 2, 8, 0)
46
47        # 展示结果
48        cv.imshow('Result', frame)
49        # 设置延迟 50ms，按 Esc 键退出
50        if cv.waitKey(50) & 0xff == 27:
51            break
52
53        # 更新前一帧图像和角点坐标
54        pre_gray = frame_gray.copy()
55        points = good_next.reshape(-1, 1, 2)
56
57    # 释放并关闭窗口
58    cv.destroyAllWindows()
59    capture.release()
```

图 11-12　CalcOpticalFlowPyrLK.py 程序中连续跟踪结果（具有较大位移）

图 11-13　CalcOpticalFlowPyrLK.py 程序中跟踪结果（具有较小位移）

11.4 本章小结

　　本章介绍了如何处理视频文件，包括对视频中移动物体或者目标物体的跟踪，主要有基于差值法的移动物体检测、基于均值迁移法的目标跟踪和基于光流法的目标跟踪。

　　本章涉及的主要函数如下。

- cv.absdiff()：计算两个图像差值的绝对值。
- cv.meanShift()：通过均值迁移法跟踪目标。
- cv.selectROI()：通过鼠标在图像中选择感兴趣区域。
- cv.CamShift()：通过自适应均值迁移法跟踪目标。
- cv.calcOpticalFlowFarneback()：通过 Farneback 稠密光流法实现光流跟踪。
- cv.cartToPolar()：计算二维向量的大小与方向。
- cv.calcOpticalFlowPyrLK()：通过 LK 稀疏光流法跟踪。

第 12 章　OpenCV 与机器学习

人工智能的相关研究正在不断深入，深度学习与图像处理相结合弥补了传统图像处理在分类、识别等领域的不足，从而带来了众多令人惊叹的应用示例。人脸识别、一键换脸、风格迁移等应用受到了广大用户的喜爱。OpenCV 在早期的版本中已经与机器学习相结合，这些年随着机器学习相关理论和技术的发展，OpenCV 中与机器学习相关的函数和功能包日渐丰富。本章将会介绍 OpenCV 4 中传统机器学习领域的相关函数与使用方法，包括 k 均值聚类算法、k 近邻算法、决策树算法、随机森林算法、支持向量机等。另外，结合相关应用，本章将会介绍 OpenCV 4 中与深度学习相关的内容。

12.1　OpenCV 中与传统机器学习相关的函数及其使用方法

OpenCV 4 中有两个关于机器学习的模块，分别是 Machine Learning（ml）模块和 Deep Neural Network（dnn）模块。根据这两个模块的名称我们可以知道，前者主要集成了传统机器学习的相关函数，后者集成了深度神经网络的相关函数。

本节将主要介绍 OpenCV 4 中与传统机器学习相关的函数及其使用方法。ml 模块集成了大量传统机器学习算法，用户可以使用其中的算法，但是仍然有一些机器学习算法没有集成在 ml 模块中，如 k 均值算法，因为这些算法在 ml 模块没有设计之前就已经存在了。不过，随着 OpenCV 后续版本的更新，在 ml 模块之外的这些算法会一点点地被收录进去。

无论是传统机器学习还是深度神经网络，都具有复杂的原理，如果详细介绍每种算法的原理，将会是一项繁重的任务，而且会偏离介绍如何使用 OpenCV 4 的初衷，因此本章会简要说明关于算法的内容，而把重点放在相关函数的介绍上，同时给出关于每个函数的示例程序。

12.1.1　k 均值聚类算法

k 均值（k means）聚类算法是最简单的聚类方法之一，是一种无监督学习。k 均值聚类算法的原理是通过指定种类数目对数据进行聚类，例如根据颜色将五子棋棋盘上的棋子分成两类，根据身高将班级所有同学分成身高较高的同学和身高较矮的同学。k 均值聚类算法主要分为以下 4 个步骤。

（1）指定将数据分成 k 类，并随机生成 k 个中心点。

（2）遍历所有数据，根据数据与中心的位置关系将每个数据归到不同的中心。

（3）计算每个聚类的均值，并将均值作为新的中心点。

（4）重复第（2）步和第（3）步，直到每个聚类中心点的坐标收敛，输出聚类结果。

OpenCV 4 提供了 cv.kmeans()函数，用于实现数据的 k 均值聚类算法，该函数的原型在代码清单 12-1 中给出。

代码清单 12-1　cv.kmeans()函数的原型

```
1  retval, bestLabels, centers = cv.kmeans(data,
2                                           K,
3                                           bestLabels,
4                                           criteria,
5                                           attempts,
6                                           flags
7                                           [, centers])
```

- data：需要聚类的输入数据。
- K：给定的聚类数目。
- bestLabels：存储每个数据聚类结果中索引的矩阵或向量。
- criteria：迭代算法终止条件。
- attempts：表示尝试采样不同初始化标签的次数。
- flags：每类中心坐标初始化方法的标志。
- centers：最终聚类后的每个类的中心坐标。

该函数可实现对输入数据的聚类，将聚类结果存放在与数据同尺寸的索引矩阵中，并通过值返回。该函数的第 1 个参数按行排列，即每一行是一个单独的数据，例如，图像数据可以先使用 cv.reshape()函数转换成 $N\times1$ 维的数据。第 2 个参数必须为正整数。第 3 个参数与输入数据具有相同的大小。第 4 个参数已经多次提过，这里不再赘述。第 6 个参数可选的标志在表 12-1 中给出。如果不需要获取最终聚类结果中每个类的中心坐标，则我们可以使用第 6 个参数的默认值 None。

表 12-1　　　　　　　　　cv.kmeans()函数中 flags 参数可选择的标志

标志	简记	含义
cv.KMEANS_RANDOM_CENTERS	0	在每次尝试中随机初始中心
cv.KMEANS_USE_INITIAL_LABELS	1	第 1 次尝试时，使用用户提供的标签，并不从初始中心计算它们，在后续的尝试中，使用随机或者半随机的方式初始中心
cv.KMEANS_PP_CENTERS	2	使用 Arthur 和 Vassilvitskii 提出的 kmeans++方法初始中心

为了展示 cv.kmeans()函数的使用方法，代码清单 12-2 给出了对图像中像素坐标进行分类的示例程序。程序中首先在两个区域内随机生成数量不等的点，并将这些点在图像中的坐标作为需要聚类的数据输入给 cv.kmeans()函数，用不同的颜色表示不同的聚类结果，并以每一类的中心作为圆心来绘制圆形，从而直观地表示出数据的分类结果。该程序的分类结果和每一类的中心坐标在图 12-1 中给出。

代码清单 12-2　KMeanPoints.py

```
1  # -*- coding:utf-8 -*-
2  import numpy as np
3  import cv2 as cv
4  from matplotlib import pyplot as plt
5
6
7  if __name__ == '__main__':
8      # 随机生成点集
9      pts1 = np.random.randint(100, 200, (25, 2))
10     pts2 = np.random.randint(300, 400, (25, 2))
11     pts = np.vstack((pts1, pts2))
12
13     # 初始化数据
14     data = np.float32(pts)
```

```
15
16   # 定义迭代算法终止条件
17   criteria = (cv.TERM_CRITERIA_EPS + cv.TERM_CRITERIA_MAX_ITER, 10, 1.0)
18   # 使用 k 均值聚类算法进行聚类
19   ret, label, center = cv.kmeans(data,2,None, criteria,2, cv.KMEANS_RANDOM_CENTERS)
20
21   # 输出结果
22   for i in range(len(center)):
23       print('第{}类的中心坐标：x={}   y={}'.format(i, int(center[i][0]), int
             (center [i][1])))
24
25   # 获取不同标签的点
26   A = data[label.ravel() == 0]
27   B = data[label.ravel() == 1]
28
29   # 绘制结果
30   plt.scatter(A[:, 0], A[:, 1], s=10, c='r')
31   plt.scatter(B[:, 0], B[:, 1], s=10, c='b')
32   plt.scatter(center[:, 0], center[:, 1], s=20, c='g', marker='*')
33   plt.scatter(center[:, 0], center[:, 1], c='', marker='o', edgecolors='g', s=5000)
34   plt.xlabel('x'), plt.ylabel('y')
35   plt.show()
```

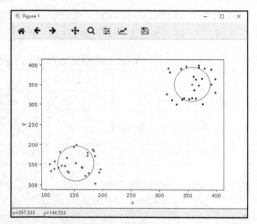

第0类的中心坐标：x=152　y=153
第1类的中心坐标：x=357　y=351

图 12-1　KMeanPoints.py 程序中数据点聚类结果和每个类的中心坐标

　　根据 k 均值聚类算法可以实现基于像素值的图像分割，与点聚类相似，图像分割时的聚类数据是每个像素值。代码清单 12-3 给出了利用 cv.kmeans() 函数进行图像分割的示例程序。程序中首先将每个像素值整理成符合 cv.kmeans() 函数处理要求的行数据形式，之后根据需求选择聚类数目。聚类完成后，将不同类中的像素表示成不同的颜色，最后在图像窗口中显示。程序中分别将原图像分割成 3 类和 5 类，图 12-2 所示为图像分割的结果。通过结果可以看出，在利用 k 均值聚类算法进行图像分割时，合适的聚类数目是一个重要的参数。

代码清单 12-3　KMeanImage.py

```
1  # -*- coding:utf-8 -*-
2  import numpy as np
3  import cv2 as cv
4
5
6  if __name__ == '__main__':
7      image = cv.imread('./images/people.jpg')
```

```
8      # 判断是否成功读取图像
9      if image is None:
10         print('Failed to read people.jpg.')
11         sys.exit()
12
13     # 记录图像尺寸
14     h, w, s = image.shape[::]
15
16     # 定义一个用来填充分割后图像的色彩集合（注意，此处的色彩数目不能少于图像分割的类别数）
17     colors = [(0, 0, 255), (0, 255, 0), (255, 0, 0), (0, 255, 255), (255, 255, 0),
           (255, 0, 255)]
18
19     # 构建图像数据
20     data = image.reshape((-1, 3))
21     data = np.float32(data)
22
23     # 定义迭代算法终止条件
24     criteria = (cv.TERM_CRITERIA_EPS + cv.TERM_CRITERIA_MAX_ITER, 10, 1.0)
25     # 设置图像分割的类别
26     num_clusters = 3
27     # 图像分割
28     ret, labels, centers = cv.kmeans(data, num_clusters, None, criteria, num_clusters,
           cv.KMEANS_RANDOM_CENTERS)
29     # 根据定义的颜色集合对不同类别的图像区域进行填色
30     for i in range(len(data)):
31         data[i] = colors[int(labels[i])]
32
33     # 展示结果
34     result = data.reshape((h, w, s))
35     cv.imshow('Origin', image)
36     cv.imshow('Result', result)
37
38     cv.waitKey(0)
39     cv.destroyAllWindows()
```

图 12-2　KMeanImage.py 程序中图像颜色分割的结果

12.1.2　k 近邻算法

　　k 近邻算法主要用于对目标的分类，其主要思想与人类对事物的判别方式有些相似。当我们需要对一个目标进行分类时，常将该目标与已知种类的物体进行比较。例如，在判断一个球是足球还是篮球时，你会将需要分类的球分别与足球和篮球进行对比，如果该球与足球更相似，则认为这个球是足球。k 近邻算法的原理如下。

将需要分类的数据与已知种类的数据进行比较，找到最相似的 N 个数据，如果这 N 个数据中 A 种类的数据较多，则认为这个需要分类的数据属于 A 类。

在图 12-3 中，需要判断中心区域的黑色圆是属于三角形还是正方形。在与黑色圆距离最近的 3 个图案中，有两个三角形和 1 个正方形，如果根据这 3 个图案判断黑色圆的分类，则黑色圆会归为三角形类中；如果以与黑色圆距离最近的 5 个图案作为判定依据，正方形有 3 个，而三角形有两个，则黑色圆将会被归为正方形。

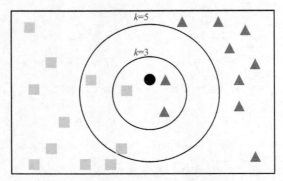

图 12-3　k 近邻算法的应用示例

k 近邻算法的原理比较简单，常用在每个种类具有大量数据的情况下，根据已知数据的分类情况，对新数据进行分类判断，例如对手写数字、手写字母等的识别。当我们得到大量 0～9 的手写图片和图片中数字的确切分类时，便可以使用 k 近邻算法实现对手写数字的识别。

传统机器学习方法在 OpenCV 4 中的实现方式与特征点实现方式相同，都是定义一个由所有方法都需要的基础函数集成的类，每种方法的具体实现都需要继承该类。这种方式使得每一种机器学习算法在实现时都具有相同的形式，极大地加快了使用者对每种算法的了解和掌握。OpenCV 4 提供了 KNearest 类，用于实现 k 近邻算法，而 KNearest 类继承自 StatModel 类。为了方便后续机器学习算法的介绍，本节首先介绍 StatModel 类，之后再对 KNearest 类的具体使用方式进行介绍。

StatModel 类是统计学习模块，该类中提供了对数据进行训练和预测的 train()函数和 predict()函数。当某些算法继承该类时，便可以使用这两个函数对数据进行训练和预测。我们首先介绍训练函数 cv.ml_StatModel.train()，该函数的原型在代码清单 12-4 中给出。

代码清单 12-4　cv.ml_StatModel.train()函数的原型
```
1  retval = cv.ml_StatModel.train(samples,
2                                 layout,
3                                 responses)
```

- samples：用来训练的样本数据矩阵。
- layout：样本数据排列方式的标志。
- responses：样本数据的标签矩阵。

该函数利用数据对模型进行训练，返回一个 bool 类型的数据用于表示是否成功完成模型的训练，True 表示训练完成。该函数的第 1 个参数的数据类型必须是 float32。当第 2 个参数为 cv.ml.ROW_SAMPLE（简记为 0）时，每个样本数据按行排列；当参数值为 cv.ml.COL_SAMPLE（简记为 1）时，表示每个样本数据按列排列。第 3 个参数中，如果标签是标量，则将它们存储为单行或者单列的矩阵，矩阵的数据类型为 float32 或 int32。

　　模型训练完成后，需要根据模型对新数据进行预测，StatModel 类中提供了 cv.ml_StatModel.predict()函数，用于实现对新数据的预测，该函数的原型在代码清单 12-5 中给出。

代码清单 12-5　cv.ml_StatModel.predict()函数的原型

```
1    retval, results = cv.ml_StatModel.predict(samples
2                                              [, results
3                                              [, flags]])
```

- samples：需要预测的输入数据矩阵。
- results：预测结果的输出矩阵。
- flags：模型构建方法的标志。

　　该函数根据训练结果实现对新数据的预测，并将预测结果通过值返回。该函数的第 1 个参数的数据类型必须是 32 位。第 3 个参数的具体取值与机器学习方法相关。如果需要利用新数据对原始模型进行更新，就可以使用 cv.ml.StatModel_UPDATE_MODEL 参数，该参数的默认值为 0，一般情况下使用参数默认值即可。

　　接下来，本节将重点介绍在 OpenCV 4 中实现 k 近邻算法的 KNearest 类。该类继承自 StatModel 类，因此可以使用 StatModel 类中的 train()函数训练模型，使用 predict()函数预测新数据，但在使用之前需要使用 cv.ml.KNearest_create()函数进行初始化。初始化完成后，可以通过 setDefaultK()函数设置最近邻的数目，该函数的参数为整数。同时，通过 setIsClassifier()函数设置模型是否为分类模型，该函数的参数为 bool 类型。

　　为了展示 OpenCV 4 中 k 近邻算法的使用方式，代码清单 12-7 给出了利用 5000 个手写数字数据对 k 近邻模型进行训练的示例程序。OpenCV 4 的数据集提供了一张有 500 个手写数字的尺寸为 2000×1000 的图像，每一个手写数字的尺寸都是 20×20。因此，在该示例程序中，首先提取图像中的手写数字数据，创建一个 5000×400 的矩阵，矩阵中每一行保存一张手写数字图像。之后创建一个 5000×1 的矩阵，用于保存每张手写数字图像内数字的具体数值标签。根据图像像素的位置关系，依次将手写数字图像数据和标签由原图像中提取出来，用于训练模型。然后创建 k 近邻类的对象，并设置 k 近邻距离和模型是否分类模型。接着用 StatModel 类中的 train()函数训练模型，最后将训练完成的模型用 save()函数保存成.yml 文件以便于后续的使用。运行代码清单 12-6 中的示例程序会生成图 12-4 所示的 3 个文件，它们分别是保存模型的.yml 文件、手写图像数据文件和对应图像的标签文件。生成后两个文件是因为后续的方法会继续使用这些数据。另外，保存成图像格式将会方便后续程序的使用。

代码清单 12-6　KNearestTrain.py

```
1    # -*- coding:utf-8 -*-
2    import numpy as np
3    import cv2 as cv
4
5
6    if __name__ == '__main__':
7        image = cv.imread('./images/digits.png')
8        # 判断是否成功读取图像
9        if image is None:
10           print('Failed to read digits.png.')
11           sys.exit()
12
13       # 转为灰度图像
14       gray = cv.cvtColor(image, cv.COLOR_BGR2GRAY)
15
16       # 读取图像中的数据并创建训练数据
```

```
17    cells = [np.hsplit(row, 100) for row in np.vsplit(gray, 50)]
18    x = np.array(cells)
19    # 创建训练数据
20    train_data = x.reshape(-1, 400).astype(np.float32)
21    # 创建训练标签
22    k = np.arange(10)
23    train_labels = np.repeat(k, 500)[:, np.newaxis]
24
25    # 加载训练数据集
26    knn = cv.ml.KNearest_create()
27    # 从每个类别中拿出 5 个数据
28    knn.setDefaultK(5)
29    # 设置模型为分类模型
30    knn.setIsClassifier(True)
31    # 训练 KNN
32    a = knn.train(train_data, cv.ml.ROW_SAMPLE, train_labels)
33
34    # 保存手写数据、标签和训练结果
35    cv.imwrite('./results/train_data.png', train_data)
36    cv.imwrite('./results/train_label.png', train_labels)
37    knn.save('./results/knn_model.yml')
```

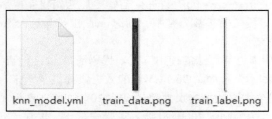

图 12-4　KNearestTrain.py 程序运行后生成的 3 个文件

　　训练模型后，使用已经完成的训练模型对新数据进行预测和判断。Knearest 类定义了加载模型的 cv.ml.KNearest_load()函数，该函数的原型在代码清单 12-7 中给出。

代码清单 12-7　cv.ml.KNearest_load()函数的原型

```
retval = cv.ml.KNearest_load(filepath)
```

　　filepath 表示要读取文件的路径。

　　cv.ml.KNearest_load()函数可以读取事先已经训练完成的数据模型，并将加载模型的 KNearest 对象通过值返回。

　　加载模型后，利用 cv.ml_StatModel.predict()函数对新数据进行预测，但是 KNearest 类也提供了对新数据进行预测的函数 cv.ml_KNearest.findNearest()，该函数的原型在代码清单 12-8 中给出。

代码清单 12-8　cv.ml_KNearest.findNearest()函数的原型

```
1    retval, results, neighborResponses, dist = cv.ml_KNearest.findNearest(samples,
2                                                                          k
3                                                                          [, results
4                                                                          [, neighborResponses
5                                                                          [, dist]]])
```

- samples：待根据 k 近邻算法预测的数据。
- k：最近邻样本的数目。
- results：每个新数据的预测结果。
- neighborResponses：可以选择输出的每个数据的 k 个最近邻样本。

- `dist`：可以选择输出的与 k 个最近邻样本的距离。

cv.ml_KNearest.findNearest() 函数可以根据已经得到的 k 近邻模型对新数据进行预测，并将预测结果通过值返回。该函数的第 1 个参数的存储格式与模型训练时的存储格式相同，都要求矩阵中每一行为一个数据，并且矩阵的数据类型为 float32。由于至少需要由一个以上的样本做出决策，因此第 2 个参数需要取大于 1 的整数。第 3 个参数的数据类型为 float32。最后两个参数都是可选输出的参数，如果不需要这两个参数，则可以使用默认值（表示不输出这两个数据）。

为了展示 k 近邻训练模型的加载方式，以及了解根据已知模型如何判断新数据的种类，代码清单 12-9 给出了关于模型加载、模型准确率计算及数据预测的示例程序。程序中首先加载手写数字图像数据和标签数据，直接读取代码清单 12-6 中生成的两张图像即可，之后读取代码清单 12-6 中训练完成的模型文件。将所有的手写数字图像数据利用已完成的训练模型进行预测，将预测结果与标签中的真实结果进行比较，计算模型预测的准确率。代码清单 12-9 还对任意手写数字图像中的数字进行预测，由于训练模型使用的是 20×20 的图像数据，因此将需要预测的图像的尺寸缩小为 20×20，之后利用 cv.ml_KNearest.findNearest() 函数对图像进行预测。该程序的运行结果在图 12-5 中给出。通过结果你可以知道，该模型的准确率为 96.4%，对于两张手写数字图像，它都能够较准确地识别出图像中的数字，模型准确率较高。

代码清单 12-9　KNearestTest.py

```
1   # -*- coding:utf-8 -*-
2   import numpy as np
3   import cv2 as cv
4
5
6   if __name__ == '__main__':
7       # 读取模型
8       knn = cv.ml.KNearest_load('./results/knn_model.yml')
9
10      # 读取数据及标签
11      train_data = cv.imread('./results/train_data.png', cv.COLOR_BGR2GRAY).astype
            ('float32')
12      train_labels = cv.imread('./results/train_label.png', cv.COLOR_BGR2GRAY).astype
            ('int32')
13
14      # 计算模型的准确率
15      ret, result, neighbours, dist = knn.findNearest(train_data, k=5)
16      matches = result==train_labels
17      correct = np.count_nonzero(matches)
18      accuracy = correct * 100.0 / result.size
19      print('模型分类的准确率为{}%'.format(accuracy))
20
21      # 测试模型对数字的识别
22      test_img1 = cv.imread('./images/handWrite01.png', cv.IMREAD_GRAYSCALE)
23      test_img2 = cv.imread('./images/handWrite02.png', cv.IMREAD_GRAYSCALE)
24      # 判断是否成功读取图像
25      if test_img1 is None or test_img2 is None:
26          print('Failed to read handWrite01.png or handWrite02.png.')
27          sys.exit()
28      cv.imshow('img1', test_img1)
29      cv.imshow('img2', test_img2)
30
31      # 缩小到指定尺寸
32      img1 = cv.resize(test_img1, (20, 20)).reshape((1, 400))
33      img2 = cv.resize(test_img2, (20, 20)).reshape((1, 400))
34      x = np.concatenate((img1, img2), axis=0)
```

```
35    test_data = x.astype(np.float32)
36
37    # 进行数字识别
38    ret, result, neighbours, dist = knn.findNearest(test_data, k=5)
39
40    # 展示结果
41    for i in range(len(result)):
42        print('第{}张图像的真实结果为{}，预测结果为{}'.format(i + 1, i + 1, int(result [i])))
43
44    cv.waitKey()
45    cv.destroyAllWindows()
```

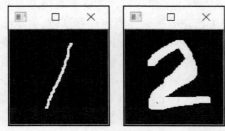

模型分类的准确率为 96.4%
第1张图像的真实结果为1，预测结果为1
第2张图像的真实结果为2，预测结果为2

图 12-5　KNearestTest.py 程序中模型分类的准确率以及对新数据的预测结果

12.1.3　决策树算法

决策树算法也是一种对数据进行分类的监督学习算法，其主要思想是通过构建一种树状结构对数据进行分类，树状结构的每个分支表示一个测试输出，每个叶节点表示一个类别。图 12-6 给出了决策树的示意图，图中需要根据特征对数字 1～4 进行分类。例如，第 1次根据大于平均数和小于平均数可以将其分成两类，之后再根据奇偶数进行分类。如果数据量较大，我们可以根据其他特性继续分类下去，每个种类可能会被细分成多个子类。当数据过少时，我们对数据不会继续进行细分。通过构建图 12-6 所示的决策树，我们可以为新数据的分类提供依据，不断在决策树中寻找节点，最终得到新数据的预测值。

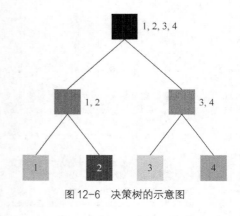

图 12-6　决策树的示意图

决策树算法在 OpenCV 4 中被集成为 ml 模块中的 DTrees 类，该类同样继承自 StatModel 类，因此，在 OpenCV 4 中，决策树算法的使用方式与 k 近邻算法相似，首先需要定义该算法类型的变量，并进行初始化。OpenCV 4 中初始化决策树类型变量的 cv.ml.DTrees_create() 函数的原型在代码清单 12-10 中给出。

代码清单 12-10　cv.ml.DTrees_create() 函数的原型

```
retval = cv.ml.DTrees_create()
```

该函数实例化一个 DTrees 类型的对象，初始化函数没有任何参数，其使用方法也与 k 近邻算法相似。DTrees 类中有众多构建决策树的约束参数，如表 12-2 所示。部分参数并不是算法执行时必须明确给出的参数，这些参数可以取默认值，但是，如果取默认值，可能会对结果的准确性有所影响。类似于代码清单 12-7，同样可以通过 retval = cv.ml.DTrees_ load() 函数加载已经训练好的 DTrees 模型文件。

表 12-2　　　　　　　　　　　　DTrees 类中构建决策树时需要的参数

参数	是否必需	说明
setMaxDepth()	是	树的最大深度，输入参数为正整数
setCVFolds()	是	交叉验证次数，一般使用 0 作为输入参数
setUseSurrogates()	否	表示是否建立替代分裂点，输入参数为 bool 类型
setMinSampleCount()	否	节点最小样本数量，当样本数量小于这个数值时，不再进行细分，输入参数为正整数
setUse1SERule()	否	表示是否严格剪枝，剪枝即停止分支，输入参数为 bool 类型
setTruncatePrunedTree()	否	表示分支是否完全移除，输入参数为 bool 类型

　　利用决策树方法构建手写数字图像模型以及预测手写数字图像中数字的方法和步骤与 k 近邻算法相似，都首先需要将样本数据转换成行数据，并且转换数据类型。之后实例化一个 DTrees 对象，设置表 12-2 中的相关参数。然后使用 StatModel 类中的 trian() 函数进行训练，使用 StatModel 类中的 predict() 函数对新数据进行预测。为了详细比较决策树算法与 k 近邻算法的不同之处，代码清单 12-11 给出了对手写数字图像模型进行训练和预测的示例程序。程序中使用的数据集与 k 近邻算法中使用的数据集相同，其中包括代码清单 12-6 中保存的数据及标签。DTrees 模型分类的准确率和对手写数字的预测结果在图 12-7 中给出。同时读者可以对相关参数的设置进行注释或取消注释，观察参数对模型结果的影响。

代码清单 12-11　DTrees.py

```
1   # -*- coding:utf-8 -*-
2   import numpy as np
3   import cv2 as cv
4
5
6   if __name__ == '__main__':
7       # 读取数据及标签
8       train_data = cv.imread('./results/train_data.png', cv.COLOR_BGR2GRAY).astype
            ('float32')
9       train_labels = cv.imread('./results/train_label.png', cv.COLOR_BGR2GRAY).astype
            ('int32')
10
11      # 训练随机树
12      dt = cv.ml.DTrees_create()
13      # 设置相关参数（你可以使用默认值，但是这会影响准确率，你可以自行取消注释以观察结果）
14      dt.setMaxDepth(8)                                           # 树的最大深度
15      dt.setCVFolds(0)                                            # 交叉验证次数
16      # dt.setUseSurrogates(False)                               # 是否建立替代分裂点
17      # dt.setMinSampleCount(2)                                  # 节点最小样本数量
18      # dt.setUse1SERule(False)                                  # 是否严格剪枝
19      # dt.setTruncatePrunedTree(False)                          # 分支是否完全移除
20      dt.train(train_data, cv.ml.ROW_SAMPLE, train_labels)
21      retval, results = dt.predict(train_data)
22
23      # 计算准确率
24      matches = results == train_labels
25      correct = np.count_nonzero(matches)
26      accuracy = correct * 100.0 / results.size
27      print('DTrees 模型分类的准确率为{}%'.format(accuracy))
28
```

```
29    # 测试模型对数字的识别情况
30    test_img1 = cv.imread('./images/handWrite01.png', cv.IMREAD_GRAYSCALE)
31    test_img2 = cv.imread('./images/handWrite02.png', cv.IMREAD_GRAYSCALE)
32    # 判断是否成功读取图像
33    if test_img1 is None or test_img2 is None:
34        print('Failed to read handWrite01.png or handWrite02.png.')
35        sys.exit()
36    cv.imshow('img1', test_img1)
37    cv.imshow('img2', test_img2)
38
39    # 缩小到指定尺寸
40    img1 = cv.resize(test_img1, (20, 20)).reshape((1, 400))
41    img2 = cv.resize(test_img2, (20, 20)).reshape((1, 400))
42    x = np.concatenate((img1, img2), axis=0)
43    test_data = x.astype(np.float32)
44
45    # 进行数字识别
46    ret, result = dt.predict(test_data)
47
48    # 展示结果
49    for i in range(len(result)):
50        print('第{}张图像的真实结果为{}，预测结果为{}'.format(i + 1, i + 1, int
            (result [i])))
51
52    cv.waitKey()
53    cv.destroyAllWindows()
```

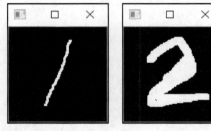

```
DTrees模型分类的准确率为87.94%
第1张图像的真实结果为1，预测结果为1
第2张图像的真实结果为2，预测结果为2
```

图 12-7　DTrees 模型分类的准确率和对手写数字的预测结果

12.1.4　随机森林算法

决策树算法在使用时只构建一棵树，这样容易出现过拟合的现象，可以通过构建多个决策树的方式来避免过拟合现象的产生。当构建多个决策树时，它们就构成了随机森林，随机森林算法是对决策树算法的改进和优化。由于随机森林中存在着多棵树，因此对新数据的分类由不同决策树判断的结果进行投票产生。

在 OpenCV 4 中，RTrees 类实现了随机森林算法。由于随机森林是对决策树的改进，两者具有较大的相似之处，因此 RTrees 类继承了决策树的 DTrees 类。随机森林算法和决策树算法的类名相似，使用过程也极相似，除具体算法的约束参数设置不同之外，其他基本相同，只是将程序代码中的"DTrees"改成"RTrees"。除表 12-2 所示的参数之外，随机森林的约束参数还具有其他约束参数，在表 12-3 中给出。在随机森林中，所有的约束参数都可以使用默认值，这样可以加快算法的运行速度。

表 12-3　　　　　　　RTrees 类中构建决策树时需要的参数（补充部分）

参数	是否必需	说明
setRegressionAccuracy()	否	回归算法精度，输入参数为 float 类型

续表

参数	是否必需	说明
setPriors()	否	数据类型，输入值常为 ndarray 数组矩阵
setCalculateVarImportance()	否	表示是否需要计算 Var，输入参数为 bool 类型
setActiveVarCount()	否	设置 Var 的数目，输出参数为正整数

代码清单 12-12 给出了 RTrees 类的初始化函数 cv.ml.RTrees_create()。

代码清单 12-12　cv.ml.RTrees_create()函数

```
retval = cv.ml.RTrees_create()
```

该函数实例化一个 RTrees 类型的对象，初始化函数没有任何参数，其使用方法与 k 近邻算法相似。类似于代码清单 12-7，我们可以通过 retval = cv.ml.RTrees_load() 加载已经训练好的 RTrees 模型文件。

随机森林算法与决策树算法极其相似，只要掌握了其中一个算法的使用方式，自然就会掌握另一个算法。代码清单 12-13，给出了利用随机森林算法对手写数字图像进行模型训练和识别手写数字的示例程序。建议读者对比代码清单 12-11 和代码清单 12-13 的相同和不同之处，体会两种算法的异同。使用随机森林算法的 RTees 模型的准确率和预测结果在图 12-8 中给出。

代码清单 12-13　RTrees.py

```
1   # -*- coding:utf-8 -*-
2   import numpy as np
3   import cv2 as cv
4
5
6   if __name__ == '__main__':
7       # 读取数据及标签
8       train_data = cv.imread('./results/train_data.png', cv.COLOR_BGR2GRAY).astype(
            'float32')
9       train_labels = cv.imread('./results/train_label.png', cv.COLOR_BGR2GRAY).astype(
            'int32')
10
11      # 训练随机树
12      rt = cv.ml.RTrees_create()
13      # 设置相关参数（你可以使用默认值以提高运行速度，但是这会影响准确率，你可以自行进行注释以观察结果）
14      rt.setTermCriteria((cv.TERM_CRITERIA_EPS + cv.TERM_CRITERIA_MAX_ITER, 100, 0.01))
15      rt.setMaxDepth(10)                          # 树的最大深度
16      rt.setMinSampleCount(10)                    # 设置最小样本数
17      rt.setCVFolds(0)                            # 交叉验证次数
18      rt.setRegressionAccuracy(0)                 # 回归算法精度
19      rt.setUseSurrogates(False)                  # 是否使用代理
20      rt.setMaxCategories(15)                     # 最大类别数
21      rt.setCalculateVarImportance(True)          # 是否需要计算 Var
22      rt.setActiveVarCount(4)                     # 设置 Var 的数目
23      rt.train(train_data, cv.ml.ROW_SAMPLE, train_labels)
24      retval, results = rt.predict(train_data)
25
26      # 计算准确率
27      matches = results == train_labels
28      correct = np.count_nonzero(matches)
29      accuracy = correct * 100.0 / results.size
30      print('RTrees 模型分类的准确率为{}%'.format(accuracy))
31
```

```
32    # 测试模型对数字的识别
33    test_img1 = cv.imread('./images/handWrite01.png', cv.IMREAD_GRAYSCALE)
34    test_img2 = cv.imread('./images/handWrite02.png', cv.IMREAD_GRAYSCALE)
35    # 判断是否成功读取图像
36    if test_img1 is None or test_img2 is None:
37        print('Failed to read handWrite01.png or handWrite02.png.')
38        sys.exit()
39    cv.imshow('img1', test_img1)
40    cv.imshow('img2', test_img2)
41
42    # 缩小到指定尺寸
43    img1 = cv.resize(test_img1, (20, 20)).reshape((1, 400))
44    img2 = cv.resize(test_img2, (20, 20)).reshape((1, 400))
45    x = np.concatenate((img1, img2), axis=0)
46    test_data = x.astype(np.float32)
47
48    # 进行数字识别
49    ret, result = rt.predict(test_data)
50
51    # 展示结果
52    for i in range(len(result)):
53        print('第{}张图像的真实结果为{}，预测结果为{}'.format(i + 1, i + 1, int(result [i])))
54
55    cv.waitKey()
56    cv.destroyAllWindows()
```

RTrees模型分类的准确率为 96.66%
第1张图像的真实结果为1，预测结果为1
第2张图像的真实结果为2，预测结果为2

图 12-8　RTrees.py 程序中使用随机森林算法的 RTree 模型的准确率和预测结果

12.1.5　支持向量机

支持向量机（SVM）也是一个分类器，可以将不同类的样本通过超平面分割在不同的区域内。图 12-9 给出了支持向量机对二维数据分割的示意图，在样本空间中存在两种数据，需要寻找一条直线，用于分割两类样本。图 12-9 左侧的图像表示不断地改变直线来寻找最优的直线，右侧图像表示基于支持向量机定义的最优分割方案。

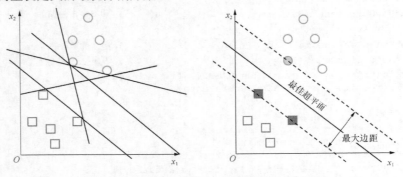

图 12-9　支持向量机对二维数据分割的示意图

在使用直线分割样本数据时，如果直线距离样本太近，则会使得直线容易受到噪声的影响，具有较差的泛化性。因此，寻找最佳分割直线就是寻找一条与所有点距离最远的直线。通过图 12-9 右侧图像可知，当经过两类样本边缘处数据的两条直线距离最远时，这两条直线的中心线便是最佳分割线。在支持向量机中，两条直线之间的距离称为间隔。关于最优分割线的推导与理论证明，本书不做详细介绍，感兴趣的读者可以阅读相关学习资料。

在 OpenCV 4 中，实现支持向量机算法的 SVM 类也集成在 ml 模块中，与前文介绍的算法相同，SVM 类也继承了 StatModel 类，因此 SVM 类的使用方法与 k 近邻算法、决策树及随机森林等算法相似。首先需要使用 cv.ml.SVM_create() 函数初始化一个 SVM 类型的对象，该函数的原型在代码清单 12-14 中给出。

代码清单 12-14　cv.ml.SVM_create() 函数的原型

```
retval = cv.ml.SVM_create()
```

该函数实例化一个 SVM 类型的对象，初始化函数没有任何参数，其使用方法也与 k 近邻算法相似。类似于代码清单 12-7，我们可以通过 retval = cv.ml.SVM_load() 加载已经训练好的 SVM 模型文件。

与决策树算法、随机森林算法相似，在 SVM 类中存在约束参数，它影响着支持向量机算法的效果，设置主要约束参数的函数在表 12-4 中给出。SVM 类中核函数模型可选的参数在表 12-5 中给出，SVM 类型可选的参数在表 12-6 中给出。

表 12-4　　　　　　　　　　　SVM 类中设置主要约束参数的函数

函数	是否必需	说明
setKernel()	否	设置核函数模型，具体可选参数在表 12-5 中给出
setType()	否	设置 SVM 的类型，具体可选参数在表 12-6 中给出
setTermCriteria()	否	设置停止迭代的条件
setGamma()	否	设置算法中的 γ 变量，默认值为 1，使用在 cv.ml.SVM_POLY、cv.ml.SVM_RBF、cv.ml.SVM_SIGMOID 或者 cv.ml.SVM_CHI2 参数中
setC()	否	设置算法中的 c 变量，默认值为 0，使用在 cv.ml.SVM_C_SVC、cv.ml.SVM_EPS_SVR 或者 cv.ml.SVM_NU_SVR 参数中
setP()	否	设置算法中的 ε 变量，默认值为 0，使用在 cv.ml.SVM_EPS_SVR 参数中
setNu	否	设置算法中的 v 变量，默认值为 0，使用在 cv.ml.SVM_NU_SVC、cv.ml.SVM_ONE_CLASS 或者 cv.ml.SVM_NU_SVR 参数中
setDegree	否	设置核函数中的度数，默认值为 0，使用在 cv.ml.SVM_POLY 参数中

表 12-5　　　　　　　　　　　SVM 类中核函数模型可选的参数

参数	简记	说明
cv.ml.SVM_LINEAR	0	线性核函数，没有进行映射，在原特征空间中进行回归运算，运算速度快
cv.ml.SVM_POLY	1	多项式核函数
cv.ml.SVM_RBF	2	径向基函数
cv.ml.SVM_SIGMOID	3	sigmoid 核函数
cv.ml.SVM_CHI2	4	指数卡方核函数
cv.ml.SVM_INTER	5	直方图交叉核函数

表 12-6　　　　　　　　　　　　　　　　　SVM 类型可选的参数

参数	简记	说明
cv.ml.SVM_C_SVC	100	支持向量分类
cv.ml.SVM_NU_SVC	101	支持向量分类
cv.ml.SVM_ONE_CLASS	102	分布估计，所有训练数据都来自同一个类，构建一个边界将某类与特征空间的其余部分分开
cv.ml.SVM_EPS_SVR	103	支持向量回归
cv.ml.SVM_NU_SVR	104	支持向量回归

支持向量机算法在 OpenCV 4 中的实现方式与 k 近邻算法、决策树算法等算法类似。由于支持向量机对高维数据的处理速度较慢，因此代码清单 12-15 给出了对二维像素进行分类的示例程序。程序中首先读取保存在./images/point.yml 文件中的样本像素和像素分类标签，为了增加两类像素的对比性，在白色背景的图像中用不同的颜色将两类像素绘制成实心圆。之后使用支持向量机寻找两类像素的分割线，由于像素分布为非线性分布，因此使用 cv.ml.SVM_INTER 参数。为了直观地给出支持向量机的分类结果，将图像中所有像素都利用支持向量机模型进行分类，并用对应的颜色信息表示分类结果。该程序运行结果在图 12-10 中给出，其中为了使显示效果更明显，每隔一个像素绘制一次分类结果的颜色信息。

代码清单 12-15　SVM.py

```
1   # -*- coding:utf-8 -*-
2   import numpy as np
3   import cv2 as cv
4
5
6   if __name__ == '__main__':
7       # 读取数据
8       points = cv.FileStorage('./data/point.yml', cv.FileStorage_READ)
9
10      # 判断 point.yml 文件是否成功打开
11      if points.isOpened():
12          # 读取数据
13          data = points.getNode('data').mat()
14          labels = points.getNode('labls').mat()
15
16          # 释放对象
17          points.release()
18
19          # 设置两种颜色以标注不同种类的像素
20          colors = [(0, 255, 0), (0, 0, 255)]
21
22          # 创建空白图像用于显示点
23          img = np.zeros((480, 640, 3), dtype='float32')
24          img[::] = 255
25          cv.imshow('Origin', img)
26          for i in range(len(data)):
27              x, y = data[i]
28              cv.circle(img, (int(x), int(y)), 3, colors[int(labels[i])], -1)
29          cv.imshow('Origin', img)
30
31          # 建立模型
32          svm = cv.ml.SVM_create()
33
```

```
34      # 设置参数
35      svm.setKernel(cv.ml.SVM_INTER)                    # 内核的模型
36      svm.setType(cv.ml.SVM_C_SVC)                      # SVM 的类型
37      svm.setTermCriteria((cv.TERM_CRITERIA_EPS + cv.TERM_CRITERIA_MAX_ITER, 100, 0.01))
38      # svm.setGamma(5.383)
39      # svm.setC(0.01)
40      # svm.setDegree(3)
41
42      # 训练模型
43      svm.train(data, cv.ml.ROW_SAMPLE, labels)
44      svm.save('./results/svm.dat')
45
46      # 用模型对图像中的全部像素进行分类
47      for i in range(0, 640, 2):
48          for j in range(0, 480, 2):
49              _, res = svm.predict(np.array([[i, j]], dtype='float32'))
50              img[j, i] = colors[int(res)]
51      # 展示分类预测结果
52      cv.imshow('Result', img.astype('uint8'))
53  else:
54      print('Can\'t open point.yml.')
55
56  cv.waitKey(0)
57  cv.destroyAllWindows()
```

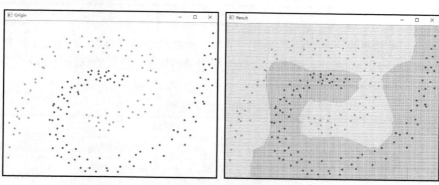

图 12-10　SVM.py 程序中使用 SVM 对二维像素进行分类的结果

12.2 OpenCV 与深度神经网络应用实例

随着深度神经网络的发展，OpenCV 提供了专门的模块，用于实现各种深度学习算法。本节将介绍如何使用 OpenCV 4 中的相关函数实现深度学习算法，重点展示相关示例程序和处理效果，目的是增加读者对深度学习在图像处理中的应用的了解，提高读者对图像处理的兴趣。

12.2.1 加载深度学习模型

深度学习中比较重要的部分就是对模型的训练，模型训练完成后就可以使用模型对新数据进行处理，例如识别图像中的物体、对图像中的人脸进行识别等。由于训练模型既耗费时间又容易失败，因此在实际项目中可以直接使用已有的模型，没必要每次都重新训练模型。OpenCV 4 提供了 cv.dnn.readNet() 函数，用于加载已经训练完成的模型，该函数的原型在代码清单 12-16 中给出。

代码清单 12-16　cv.dnn.readNet() 函数的原型

```
1   retval = cv.dnn.readNet(model
```

```
2                          [, config
3                          [, framework]])
```

- **model**：模型文件名称。
- **config**：配置文件名称。
- **framework**：框架种类。

cv.dnn.readNet()函数可以加载已经完成训练的深度学习模型，并返回一个 Net 类型的变量。模型文件以二进制的形式保存模型中的权重系数。不同框架的模型具有不同的扩展名，该函数能够加载的框架、模型文件扩展名、配置文件扩展名在表 12-7 中给出。不同框架的模型具有不同的扩展名，该函数的第 2 个参数的默认值表示不需要读取配置文件。该函数可以根据文件的格式判断框架的种类，但是也可以通过第 3 个参数直观地给出框架的种类，参数默认值为空，表示根据文件格式判断框架种类。

表 12-7　　　cv.dmn.redNet()能够加载的框架、模型文件扩展名和配置文件扩展名

框架种类	模型文件扩展名	配置文件扩展名
Caffe	*.caffemodel	*.prototxt
TensorFlow	*.pb	*.pbtxt
Torch	*.t7 | *.net	—
Darknet	*.weights	*.cfg
DLDT	*.bin	*.xml

cv.dnn.readNet()函数返回的 Net 类型是一个表示神经网络模型的类，OpenCV 4 在 Net 类中提供了多个函数，用于处理神经网络模型，例如得到网络的层数、每层的权重，以及通过网络预测结果等。表 12-8 给出了 Net 类中常用的函数。

表 12-8　　　　　　　　　　　　　Net 类中常用的函数

函数名称	说明
empty()	判断模型是否为空，不需要输入参数。若模型为空，则返回 True；否则，返回 False
getLayerNames()	得到每层网络的名称，不需要输入参数，返回值为 list 类型变量
getLayerId()	得到某层网络的 ID，输入参数为网络的名称，返回值为 int 类型变量
getLayer()	得到指向具体 ID 或名称的网络层的指针，输入参数为网络层 ID，返回值为 dnn_Layer 类型变量
forward()	执行前向传输，输入参数为需要输出的网络层的名称，返回值为 ndarray 类型数据
setInput()	设置网络中新的输入数据，具体参数在代码清单 12-17 中给出

代码清单 12-17　cv.dnn_Net.setInput()函数的原型
```
1  None = cv.dnn_Net.setInput(blob
2                          [, name
3                          [, scalefactor
4                          [, mean]]])
```

- **blob**：新的输入数据。
- **name**：输入网络层的名称。
- **scalefactor**：可选的标准化比例。
- **mean**：可选的减数数值。

该函数可以重新设置网络的输入值。其中，第 1 个参数的数据类型必须是 float32 或 uint8；第 2 个参数可以使用默认值；第 3 个参数的默认值为 1；第 4 个参数的默认值为 None。

加载模型后，我们可以通过 Net 类中的相关函数获取模型中的信息。代码清单 12-18 给出了利用 cv.dnn.readNet()函数加载已有模型并获取模型中网络信息的示例程序。程序中加载的模型是谷歌提供的 Caffe 框架的 googlenet 模型，模型文件名为 bvlc_googlenet.caffemodel，配置文件名为 bvlc_googlenet.prototxt。这两个文件在本章配套资源的./data 目录中。该程序输出了每层网络的 ID、名称及类型，部分结果在图 12-11 中给出。

代码清单 12-18　ReadNet.py

```python
1  # -*- coding:utf-8 -*-
2  import cv2 as cv
3  import sys
4
5
6  if __name__ == '__main__':
7      # 填写模型和配置文件路径
8      model = "./data/bvlc_googlenet.caffemodel"
9      config = "./data/bvlc_googlenet.prototxt"
10
11     # 加载模型
12     net = cv.dnn.readNet(model, config)
13
14     # 获取各层信息
15     layer_names = net.getLayerNames()
16     for name in layer_names:
17         i = net.getLayerId(name)
18         layer = net.getLayer(i)
19         print('网络层数: {:<6} 网络层类型: {:<12} 网络层名称: {:<}'.format(i, layer.type,
               layer.name))
```

```
网络层数: 1    网络层类型: Convolution   网络层名称: conv1/7x7_s2
网络层数: 2    网络层类型: ReLU          网络层名称: conv1/relu_7x7
网络层数: 3    网络层类型: Pooling       网络层名称: pool1/3x3_s2
网络层数: 4    网络层类型: LRN           网络层名称: pool1/norm1
网络层数: 5    网络层类型: Convolution   网络层名称: conv2/3x3_reduce
网络层数: 6    网络层类型: ReLU          网络层名称: conv2/relu_3x3_reduce
网络层数: 7    网络层类型: Convolution   网络层名称: conv2/3x3
网络层数: 8    网络层类型: ReLU          网络层名称: conv2/relu_3x3
网络层数: 9    网络层类型: LRN           网络层名称: conv2/norm2
网络层数: 10   网络层类型: Pooling       网络层名称: pool2/3x3_s2
网络层数: 11   网络层类型: Convolution   网络层名称: inception_3a/1x1
网络层数: 12   网络层类型: ReLU          网络层名称: inception_3a/relu_1x1
```

图 12-11　ReadNet.py 程序输出的部分结果

12.2.2　图像识别

深度学习在图像识别分支中取得了卓越的成果，部分图像识别模型对某些物体的识别可以达到非常高的识别率。本节将介绍如何利用已有的深度学习模型实现对图像中物体的识别。由于训练一个泛化能力较强的模型需要大量的数据、时间，以及较高配置的设备，因此，在一般情况下，我们直接使用已经训练完成的模型。本节中我们将使用谷歌训练完成的图像物体识别模型，该模型由 TensorFlow 搭建，模型文件名称为 tensorflow_inception_graph.pb。该模型识别出图像后会输出一系列表示识别结果的数字和概率，识别结果中的数字是在分类表中寻找具体分类物体的索引，识别结果包含在 magenet_comp_graph_label_strings.txt 文件中。这两个文件都可以在本章相关资源的./data 目录中找到。通过 cv.dnn.readNet()函数加载模型后将需要识别的图像输入网络中，然后在所有识别结果中寻找概率最大的结果，最后在分类表中找到与结果对应的种类。

我们在使用任何一个深度学习网络模型时都需要了解该模型中输入数据的大小。一般来说，在训练深度学习网络时，所有的数据都需要具有相同的大小，而且深度学习网络模型训练完成后只能处理与训练数据相同大小的数据。本节使用的网络模型中输入图像的尺寸为 224×224，我们需要将所有的图像尺寸都转换成 224×224。OpenCV 4 在 dnn 模块中提供了 cv.dnn.blobFromImages()函数，专门用于转换需要输入深度学习网络中的图像的尺寸，该函数的原型在代码清单 12-19 中给出。

代码清单 12-19　cv.dnn.blobFromImages()函数的原型

```
1  retval = cv.dnn.blobFromImages(images
2                                 [, scalefactor
3                                 [, size
4                                 [, mean
5                                 [, swapRB
6                                 [, crop
7                                 [, ddepth]]]]]])
```

- `images`：输入图像。
- `scalefactor`：图像像素的缩放系数。
- `size`：输出图像的尺寸。
- `mean`：像素值去均值化的数值。
- `swapRB`：是否交换三通道图像中的第 1 个通道和最后一个通道的标志。
- `crop`：调整尺寸时是否对图像进行剪切的标志。
- `ddepth`：输出图像的数据类型。

该函数能够将任意尺寸的图像转换成指定尺寸，并将转换结果通过值返回。该函数的第 1 个参数可以是单通道、三通道或者四通道图像。第 2 个参数是一个 float 类型的数据，参数默认值为 1.0，表示不进行任何缩放。第 3 个参数必须为大于 40 的整数值。去均值化的目的是减少光照变化对图像中内容的影响，第 4 个参数的默认值为空，表示不输入任何参数。由于 RGB 颜色空间中的图像在 OpenCV 中有两种颜色通道顺序，因此第 5 个参数可以实现 RGB 通道顺序和 BGR 通道顺序间的转换，参数默认值为 False，表示不进行交换。当第 6 个参数为 True 时，调整图像的尺寸使得图像的行（或者列）等于需要输出的尺寸，而图像的列（或者行）大于需要输出的尺寸，之后从图像的中心剪切出需要的尺寸作为结果输出；当该参数为 False 时，直接调整图像的行和列，以满足尺寸要求，不保证图像原始的横纵比，参数默认值为 False。最后一个参数是输出图像的数据类型，可选值为 cv.CV_32F 和 cv.CV_8U，参数默认值为 cv.CV_32F。

为了展示利用已有模型对图像进行识别的方法，代码清单 12-20 给出了利用 TensorFlow 框架中的图像识别模型对图像中的物体进行识别的示例程序。程序中首先利用 cv.dnn.readNet()函数加载模型文件 tensorflow_inception_graph.pb，读取保存有识别结果列表的 imagenet_comp_graph_label_strings.txt 文件，之后利用 cv.dnn.blobFromImages()函数将需要识别的图像的尺寸调整为 224×224，然后将图像数据通过 cv.dnn_Net.setInput()函数输入网络模型，并利用 forward()函数完成神经网络前向计算，得到预测结果。在预测结果中，选取概率最大的一项作为最终结果，使用概率最大的一项的索引在识别结果列表中寻找对应的类别。最后，将图像中的类别和可能是该类别的概率等相关信息在图像中输出，整个程序的运行结果在图 12-12 中给出。通过结果可以知道，在该模型预测的图像中，物体有 97.3004%的概率是一架飞机，预测结果与真实结果相同。

代码清单 12-20　ImagePattern.py

```
1  # -*- coding:utf-8 -*-
2  import cv2 as cv
```

```
3   import numpy as np
4   import sys
5
6
7   if __name__ == '__main__':
8       model = "./data/tensorflow_inception_graph.pb"
9       label_path = "./data/imagenet_comp_graph_label_strings.txt"
10
11      # 加载 TensorFlow 模型
12      net = cv.dnn.readNet(model)
13
14      # 获取模型对应标签
15      with open(label_path, 'r') as f:
16          label = f.readlines()
17
18      image = cv.imread("./images/airplane.jpg")
19      # 判断是否成功读取图像
20      if image is None:
21          print('Failed to read airplane.jpg.')
22          sys.exit()
23
24      # 调整图像尺寸
25      blob = cv.dnn.blobFromImage(image, size=(224, 224), swapRB=True, crop=False)
26      # 计算网络模型对图像的处理结果
27      net.setInput(blob)
28      prob = net.forward()
29
30      # 获取最有可能的得分及分类
31      score = round(max(prob[0]) * 100, 4)
32      class_name = label[np.argmax(prob[0])].split('\n')[0]
33      string = '{}: {}'.format(class_name, score)
34
35      # 展示结果
36      cv.putText(image, string, (50, 50), cv.FONT_HERSHEY_SIMPLEX, 1.0, (255, 255, 255), 2, 8)
37      cv.imshow('Detect Result', image)
38      cv.waitKey(0)
39      cv.destroyAllWindows()
```

图 12-12　ImagePattern.py 程序中图像识别结果

12.2.3　风格迁移

为了展示深度学习模块的使用方式，本节将介绍如何利用 dnn 模块实现图像风格迁移。图像风格迁移是指将原图像转换成指定风格的图像。目前已经有多种 Torch 框架的风格迁移模型，本书使用 the_wave.t7、mosaic.t7、feathers.t7、candy.t7 和 udnie.t7 这 5 种模型，这些模型文件可以在本章相关资源的./data 目录中找到。

代码清单 12-21 提供了利用上述 5 种模型实现图像风格迁移的示例程序，此处输入图像的尺寸为 500×500，并利用 cv.dnn.blobFromImage()函数调整图像尺寸为 512×512。调整尺寸前需要计算原图像中每个通道的像素均值，之后将像素均值用于 cv.dnn.blobFromImage()函数中，以进行去均值化和完成对网络模型输出结果中像素值的补偿。该网络模型的输出值为数据类型为 float32 的图像，因此在最后生成图像时需要对像素值进行归一化，将像素值归一化到 0~1，以便显示图像。原图像和风格迁移的结果在图 12-13 中给出。

> 💡提示　建议将代码清单 12-21 中的程序与代码清单 12-20 中的程序进行对比，通过分析两者之间的共同代码和不同代码加深对 dnn 模块与深度学习模型使用方式的理解。

代码清单 12-21　NeuralStyle.py

```
1   # -*- coding:utf-8 -*-
2   import cv2 as cv
3   import numpy as np
4
5
6   if __name__ == '__main__':
7       image = cv.imread('./images/lena.jpg')
8       # 判断是否成功读取图像
9       if image is None:
10          print('Failed to read lena.jpg.')
11          sys.exit()
12      cv.imshow('Origin', image)
13      # 计算图像均值
14      image_mean = np.mean(image)
15      # 计算图像尺寸
16      h, w = image.shape[:-1]
17
18      # 设置需要进行迁移的图像风格
19      styles = ['the_wave.t7', 'mosaic.t7', 'feathers.t7', 'candy.t7', 'udnie.t7']
20
21      for i in range(len(styles)):
22          # 加载模型
23          net = cv.dnn.readNet('./data/styles/{}'.format(styles[i]))
24
25          # 调整图像尺寸
26          blob = cv.dnn.blobFromImage(image, 1.0, size=(512, 512), mean=image_mean,
                swapRB=False, crop=False)
27          # 计算网络模型对图像的处理结果
28          net.setInput(blob)
29          prob = net.forward()
30
31          # 解析输出
32          prob = prob.reshape(3, prob.shape[2], prob.shape[3])
33          # 恢复图像减掉的均值
34          prob += image_mean
35          # 对图像进行归一化
36          prob /= 255.0
```

```
37        prob = prob.transpose(1, 2, 0)
38        prob = np.clip(prob, 0.0, 1.0)
39        cv.normalize(prob, prob, 0, 255, cv.NORM_MINMAX)
40
41        # 调整到最终需要显示的尺寸
42        result = np.uint8(cv.resize(prob, (w, h)))
43        cv.imshow('{}'.format(styles[i]), result)
44
45    cv.waitKey(0)
46    cv.destroyAllWindows()
```

图 12-13　NeuralStyle.py 程序中原图像与风格迁移结果

12.2.4　性别检测

一般来说，每个模型主要完成一件事情。例如，识别动作、行人检测等都只完成一项任务。如果需要识别行人的动作，就需要将两个模型联合在一起使用。本节将介绍如何通过多个模型检测图像中人物的性别，我们将使用人脸检测模型和性别检测模型。因为性别检测模型的输入量是人脸，而一张图像中可能有多张人脸，或者人脸只占据一小部分，所以需要先利用人脸检测模型对图像进行人脸检测，之后将检测结果作为输入传递给性别检测模型，最终实现图像中人物的性别检测。

对于人脸检测，我们使用 OpenCV 提供的 TensorFlow 框架模型。模型文件和配置文件可以在本书相关资源的./data 文件夹中找到，模型文件命名为 opencv_face_detector_uint8.pb，配置文件命名为 opencv_face_detector.pbtxt。该模型需要输入尺寸为 300×300 的图像，预测结果是一个包含人脸区域和概率的矩阵。矩阵中每一行为一条人脸检测信息，第 3 列为区域内有人脸的概率，后 4 列分别是人脸矩形区域左上角和右下角像素在图中的位置，用百分比表示。需要选择合适的概率阈值以寻找输出结果中真正有人脸的区域。

对于性别检测，我们使用 Caffe 框架的性别预测模型。模型文件和配置文件同样可以在本章相关资源的./data 目录中找到，模型文件命名为 gender_net.caffemodel，配置文件命名为 gender_deploy.

prototxt。该模型需要输入尺寸为 227×227 的图像，由于输入图像需要包含人脸信息，因此首先需要将由人脸检测模型得到的人脸区域提取出来，之后将其调整为尺寸符合要求的图像。模型输出结果是一个 2×1 的矩阵，两个元素分别表示人脸是男性和女性的概率，选择概率较大的结果作为最终检测的结果。

代码清单 12-22 给出了对图像中人物性别进行检测的示例程序。程序中根据人脸检测模型的特性实现人脸检测和人脸区域图像的提取。为了保证输入性别检测模型中的数据区域更精确，此处在人脸区域的四周各缩减 5 像素。人脸检测模型可以检测到图像中的多个人脸区域，因此需要对每个超过阈值的检测结果区域进行性别检测。运行程序最终可得到输出结果。

代码清单 12-22　GenderDetect.py

```
1   # -*- coding:utf-8 -*-
2   import cv2 as cv
3   import numpy as np
4
5
6   if __name__ == '__main__':
7       image = cv.imread('./images/faces.jpg')
8       # 判断是否成功读取图像
9       if image is None:
10          print('Failed to read faces.jpg.')
11          sys.exit()
12
13      # 读取人脸识别模型
14      face_model = './data/opencv_face_detector_uint8.pb'
15      face_config = './data/opencv_face_detector.pbtxt'
16      faceNet = cv.dnn.readNet(face_model, face_config)
17
18      # 读取性别检测模型
19      gender_model = './data/gender_net.caffemodel'
20      gender_config = './data/gender_deploy.prototxt'
21      genderNet = cv.dnn.readNet(gender_model, gender_config)
22
23      # 对整幅图像进行人脸检测
24      blob = cv.dnn.blobFromImage(image, 1.0, size=(300, 300), swapRB=False, crop=False)
25      faceNet.setInput(blob)
26      detections = faceNet.forward()
27      bboxes = []
28      # 计算图像尺寸
29      h, w = image.shape[:-1]
30      for i in range(detections.shape[2]):
31          confidence = detections[0, 0, i, 2]
32          if confidence > 0.4:
33              x1 = int(detections[0, 0, i, 3] * w)
34              y1 = int(detections[0, 0, i, 4] * h)
35              x2 = int(detections[0, 0, i, 5] * w)
36              y2 = int(detections[0, 0, i, 6] * h)
37              bboxes.append([x1, y1, x2, y2])
38              cv.rectangle(image, (x1, y1), (x2, y2), (0, 255, 0), 2, 8, 0)
39
40      padding = -5
41      genderList = ['Male', 'Female']
42      # 对每个人脸区域进行性别检测
43      for bbox in bboxes:
44          face = image[max(0, bbox[1] - padding): min(bbox[3] + padding, h - 1),
45                       max(0, bbox[0] - padding): min(bbox[2] + padding, w - 1)]
46          blob = cv.dnn.blobFromImage(face, 1.0, (227, 227), swapRB=False, crop=False)
```

```
47        genderNet.setInput(blob)
48        gender_res = genderNet.forward()
49        gender = genderList[gender_res[0].argmax()]
50        label = '{}'.format(gender)
51        cv.putText(image, label, (bbox[0], bbox[1] - 10), cv.FONT_HERSHEY_SIMPLEX,
              0.8, (0, 0, 255), 2, 8)
52
53    # 展示结果
54    cv.imshow('Result', image)
55    cv.waitKey(0)
56    cv.destroyAllWindows()
```

> **注意**　此处在对识别出的人脸区域进行性别检测前，在人脸区域四周缩减了 5 像素，这样识别效果更好。在检测性别时，是否为人脸区域扩展或缩减像素主要取决于模型文件训练时的数据，若读者同样调用别人已训练好的模型，可以适当调整人脸区域的大小以获得较好的识别效果。但在扩展区域时可能出现区域的坐标超过原始图像的像素坐标，因此需要检测扩展后是否出现越界的情况。

12.3　本章小结

本章主要介绍了传统机器学习算法与深度神经网络在 OpenCV 4 中的实现，包括传统机器学习中的 k 均值聚类算法、k 近邻算法、决策树算法、随机森林算法和支持向量机等，以及如何应用已有深度神经网络模型实现图像处理。本章内容侧重应用层面，读者需要重点体会 ml 模块和 dnn 模块的函数接口与使用方式，做到以点带面，从而推广到本章没有提及的算法和深度学习模型，达到举一反三的效果。

本章涉及的主要函数如下。

- cv.kmeans()：实现 k 均值聚类。
- cv.ml_StatModel.train()：训练模型。
- cv.ml_StatModel.predict()：利用模型对新数据进行预测。
- cv.ml.KNearest_load()：加载模型。
- cv.ml.KNearest.findNearest()：通过 k 近邻模型对新数据进行预测。
- cv.ml.DTrees_create()：创建决策树。
- cv.ml.RTrees_create()：创建随机森林。
- cv.ml.SVM_create()：创建支持向量机。
- cv.dnn.readNet()：加载已有深度神经网络模型。
- cv.dnn_Net.setInput()：向深度神经网络中输入新的数据。
- cv.dnn.blobFromImages()：转换输入深度神经网络模型中的数据类型。